JASP 데이터 분석

기초통계부터 머신러닝까지

김계수 지음

JASP 데이터 분석
기초통계부터 머신러닝까지

2023년 7월 24일 1판 1쇄 박음
2023년 7월 31일 1판 1쇄 펴냄

지은이 | 김계수
펴낸이 | 한기철 · 조광재

펴낸곳 | (주) 한나래플러스
등록 | 1991. 2. 25. 제22–80호
주소 | 서울시 마포구 토정로 222, 한국출판콘텐츠센터 309호
전화 | 02) 738–5637 · 팩스 | 02) 363–5637 · e–mail | hannarae91@naver.com
www.hannarae.net

ISBN 978–89–5566–305–1 93310

* 인쇄상 제약으로 일부 장(15장, 16장)을 제외한 본문에서 시각화 결과의 색상을 반영하지 못하였습니다. 독자 여러분의 양해를 부탁드립니다.

'양손잡이 경영'이라는 용어가 있습니다. 한 손으로는 현재의 주력 사업을, 동시에 다른 손으로는 미래가치가 뛰어난 사업을 벌이는 경영 방식을 일컫는 말입니다. 이는 비단 경영에서만 적용되는 개념은 아닐 것입니다. 우리도 양손으로 칼을 다룰 수 있는 무사처럼 이도류(二刀流)가 되어야 합니다. 데이터 분석에서도 현재 가장 주력인 하나의 프로그램만을 다루는 데 그치는 것이 아니라, 미래에 더 가치 있게 활용할 수 있는 다양한 프로그램을 다뤄보는 것이 중요합니다.

연구나 프로젝트 수행에서의 3박자는 모델링(Modeling) - 분석(Analysis) - 전략(Strategy) 수립입니다. 이 모든 것을 거뜬하게 해내는 역량을 갖춘 사람을 필자는 'MAS형 인재'라고 부릅니다. 대학에 몸담고 있는 사람으로서 학생들에게 'MAS형 인재'가 되어야 한다고 말합니다. 모델링 역량은 사회현상을 제대로 읽어내어 글과 수식, 그림으로 표현할 줄 아는 힘입니다. 분석 역량은 데이터 정리 능력에서 시작해 기초통계분석을 넘어 구조방정식모델, 네트워크, 머신러닝이나 딥러닝, 그리고 인공지능까지 다루면서 예측력을 키우는 힘입니다. 전략 수립은 데이터 분석을 기반으로 차별화된 가치를 만들어내는 능력입니다. 우리는 남들과 차별화할 수 있는 MAS 3가지 핵심 영역에 집중해야 합니다.

평소 이 같은 내용을 체계적으로 담아 쉽게 가르칠 수 있는 책이 있으면 좋겠다고 생각하였습니다. 그래서 이 책을 기획하게 되었고, 보다 많은 사람들이 데이터 분석 지식을 익힐 수 있도록 만들었습니다. 이 책의 기본 목표는 다음과 같습니다.

- 데이터 분석에서 복잡한 수식은 가급적 줄인다.
- 모델링(Modeling) - 분석(Analysis) - 전략(Strategy)의 MAS 역량을 키운다.
- 분석 개념을 제대로 이해하고, 분석 결과를 제대로 해석한다.

또한 이 책을 읽었으면 하는 독자는 다음과 같습니다.

- 기존에 데이터 분석 관련 연구와 공부를 했으나 제대로 다시 배워보고 싶은 분
- 다양한 분석방법을 체계적으로 쉽게 익혀 분석을 수행하고, 그 결과를 논문이나 연구보고서에 담고 싶은 분
- 기술통계부터 머신러닝까지 광범위한 데이터 분석의 범주 때문에 어디서부터 어떻게 시작해야 할지 막막한 분

이 책은 기초통계부터 머신러닝까지 폭넓은 분석방법들을 다루었으며, 다양한 데이터 분석을 위해서 JASP(Jeffrey's Amazing Statistics Program)를 사용하였습니다. JASP는 네덜란드 암스테르담 대학교에서 만든 통계 프로그램입니다. JASP는 무료(free)로 사용할 수 있고, 사용자 친화적(friendly)이며, 유연함(flexible)을 갖추었다는 의미의 3F's 핵심가치를 표방하여 만들어졌습니다. R과 SPSS 프로그램의 특장점만 가져와 인터랙티브한 분석 결과를 곧바로 제공합니다. JASP는 통계지식이 부족한 사람도 쉽게 사용할 수 있어 향후 데이터 분석에서 중요한 도구로 자리 잡을 것이라 예상됩니다.

이 책의 목표에 상응하는 3가지 특징을 정리하면 다음과 같습니다. 첫째, 분석을 쉽고 재미있게 배울 수 있습니다. R과 Python으로 코딩을 가르치면서 학생들이 초반에 손을 놓는 경우를 많이 보았습니다. 프로그램이 무료임에도 처음에 익히기가 어렵기 때문입니다. 이 책은 최대한 군더더기를 없애고 기초통계부터 구조방정식모델, 네트워크분석, 머신러닝까지 다양한 분석방법을 쉽게 접하고 학습할 수 있도록 구성하였습니다.

둘째, 시각화에 주력하였습니다. 데이터 분석의 꽃은 분석 결과를 이해관계자가 쉽게 파악할 수 있도록 시각화하는 것입니다. 이 책은 모든 분석에 대한 시각화 결과를 볼 수 있도록 하였습니다.

셋째, 분석 결과에 대한 친절한 설명을 담아 연구보고서나 논문 작성에 응용하기 쉽고, 전략 수립에 도움이 되도록 하였습니다. 분석 결과를 올바르게 해석하지 못하면 제대

로 된 전략을 수립할 수 없습니다. 제대로 된 결과 해석에는 올바른 가설의 설정, 유의수준(α)과 유의확률(p)에 대한 명확한 파악이 중요합니다. 이 책에서 제공하는 각종 통계 정보와 분석 결과에 대한 해석 내용은 논문이나 보고서 작성에 유용할 것입니다.

이 책은 실습 위주로 구성되어 있습니다. 데이터 분석은 눈으로 익히는 것이 아니라 직접 프로그램을 실행하고 클릭해보면서 손으로 익혀야 합니다. 그래야 분석 지능이 높아질 수 있습니다. 혹시 설명이 부족하여 이해가 안 되는 부분이 있거나 내용에 오류가 있다면 이는 전적으로 저자의 부족함에서 비롯된 일입니다. 책의 내용과 관련해 전할 의견이 있다면 언제든지 보내주십시오. 독자들의 의견은 즉각 확인하고 반영할 것입니다.

끝으로 이 자리를 빌어 믿고 응원해주는 가족들에게 감사하다는 인사를 전합니다. 부족한 원고를 세상에 드러날 수 있도록 도와주신 한나래출판사 한기철, 조광재 공동대표께도 감사할 따름입니다. 모든 분 감사합니다.

JASP으로 자습하여 통계분석 역량을 키우세요!

2023년 7월

저자 김계수 드림

차례

4부 인과분석

10장 신뢰성과 타당성 분석

11장 구조방정식모델분석

12장 구조방정식모델분석-고급

5부 네트워크와 머신러닝

13장 네트워크

14장 머신러닝_회귀

15장 머신러닝의 분류

16장 머신러닝_클러스터링

1부

JASP 운영과 데이터 분석 기본

1장 JASP 설치와 기본 구동

학습목표

☑ JASP 사이트에 접근하여 프로그램을 설치한다.
☑ JASP에서 분석할 수 있는 통계분석을 확인한다.
☑ JASP 프로그램에서 자신이 보유한 데이터를 불러올 수 있다.
☑ 데이터 척도를 변경할 수 있다.
☑ 상관분석을 실시하고 해석할 수 있다.

1 JASP에 대하여

JASP(Jeffreyss Amazing Statistics Program)는 네덜란드 암스테르담 대학교(https://www.uva.nl/en)의 JASP Team이 2016년부터 개발하기 시작한 통계 프로그램으로, 암스테르담 대학교에서 통계분석을 위해 지원하는 무료 오픈소스 프로그램이다. JASP는 SPSS 사용자에게 친숙하고 사용하기 쉽게 설계되어 있으며, 고전적 형식과 베이지안 형식 모두에서 표준 분석 절차를 제공한다.

해롤드 제프리스 경(Sir Harold Jeffreys, 1891~1989)은 영국의 수학자, 통계학자, 지구물리학자이자 천문학자로 활약했던 인물이다. 1939년에 처음 출판된 그의 저서 《확률이론(Theory of Probability)》은 확률에 대한 객관적 베이지안 관점을 되살리는 데 중요한 역할을 하였다. 베이즈 확률론은 어떤 사건이 일어날 확률을 구하기 위해 선험적인 가설로 설정된 사전 확률을, 일정한 데이터를 통해 보완한 사후 확률로 보정하는 방법이다. 사전 확률은 아직 검증되지 않은 주관적 믿음이지만 이후 보정을 거쳐 되먹임(feedback)되기 때문에 점차 정확도가 향상되는 특징이 있다.

JASP의 핵심 가치는 3F's(Free, Friendly, Flexible)로 표현된다. 첫째, 암스테르담 대학교의 지원을 받아 오픈소스 프로젝트를 지향하므로 누구나 무료로 자유롭게 사용할 수 있다. 둘째, 사용자 친화적인 직관적 인터페이스를 제공한다. 셋째, 고전적인 형식과 베이지안 형식 모두에서 표준화된 분석 프러시저를 제공하는 유연성을 가진다.

알아두면 좋아요!

JASP 프로그램에 대한 전반적인 사항을 살펴볼 수 있어 JASP 프로그램을 처음 접하는 독자라면 한 번쯤 읽어보길 권한다.

• JASP 프로그램 위키피디아 설명

JASP 제공 통계분석

JASP는 동일한 통계 모델에 대한 빈도중심 추론과 베이지안 추론을 제공한다. 빈도중심 추론은 무한 완전 반복 한계에서 오류율을 제어하는 p-값과 신뢰구간을 사용한다. 베이지안 추론은 신뢰구간과 베이지안 요인을 사용하여 이용 가능한 데이터와 사전지식이 주어진 신뢰할 수 있는 매개 변수 값과 모델 증거를 추정한다.

JASP에서는 다음과 같은 분석을 사용할 수 있다.

[표 1-1] JASP 지원 통계분석 종류

분석	빈도	베이지안
A/B test		✓
ANOVA, ANCOVA, Repeated measures ANOVA, MANOVA	✓	✓

분석	빈도	베이지안
Audit	✓	✓
Bain	✓	✓
Binomial test	✓	✓
Confirmatory factor analysis(CFA)	✓	
Contingency tables (including Chi-squared test)	✓	✓
Correlation: Pearson, Spearman, and Kendall	✓	✓
Equivalence T-Tests: Independent, Paired, One-Sample	✓	
Exploratory factor analysis (EFA)	✓	
Linear regression	✓	✓
Logistic regression	✓	
Log-linear regression	✓	✓
Machine Learning	✓	
Mann-Whitney U and Wilcoxon	✓	✓
Mediation Analysis	✓	
Meta Analysis	✓	✓
Mixed Models	✓	✓
Multinomial test	✓	✓
Network Analysis	✓	
Principal component analysis (PCA)	✓	
Reliability analyses	✓	✓
Structural equation modeling (SEM)	✓	
T-tests: independent, paired, one-sample	✓	✓
Visual Modeling: Linear, Mixed, Generalized Linear	✓	

자료: JASP 홈페이지

3 JASP 설치하기

1단계 : JASP 사이트(https://jasp-stats.org/)를 방문한다.

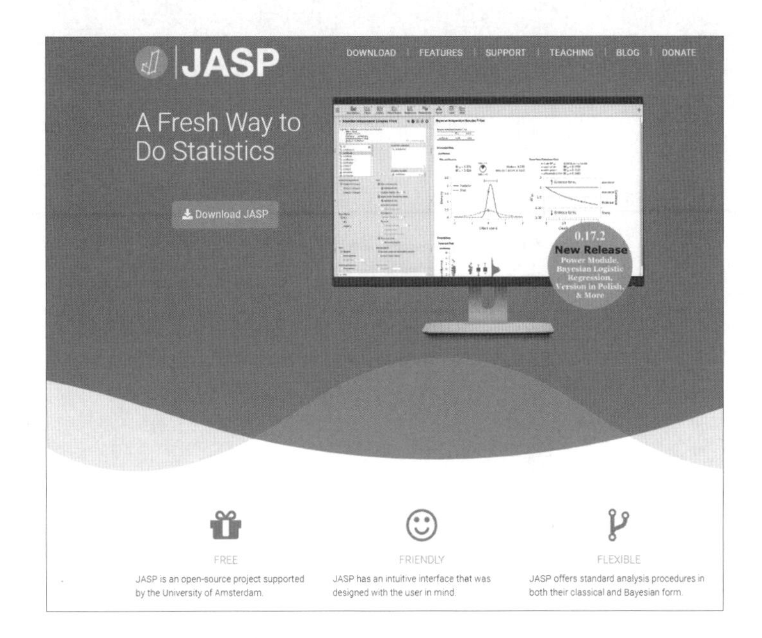

2단계 : [Download JASP] 버튼을 눌러 JASP 프로그램을 다운로드한다.

3단계: 자신이 쓰는 컴퓨터의 사용 정보를 시스템에서 확인한 후, 그에 맞는 프로그램을 내려받는다. 필자는 Window 64bit를 사용하기 때문에 목록 중 [Windows 64bit]를 선택하였다.

4단계: 컴퓨터 왼쪽 하단의 [JASP-0.17.2-64bit.msi] 버튼을 누른다. JASP는 Microsoft에서 확인된 앱이 아니기 때문에 다시 한 번 설치 확인창이 나타난다. [설치 진행] 버튼을 눌러준다.

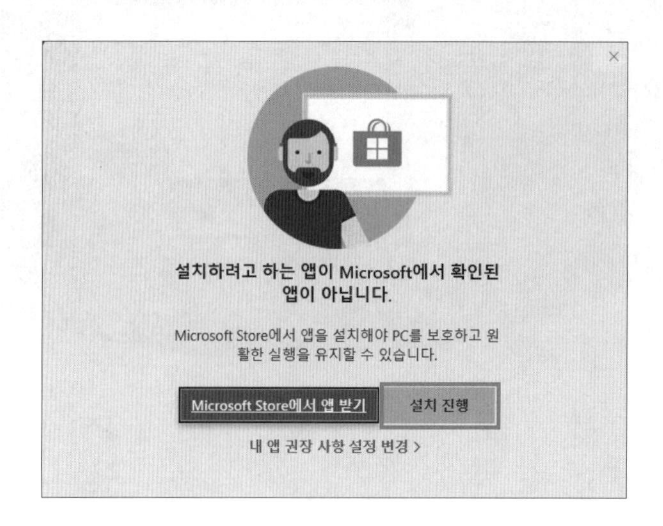

5단계: [I accept the terms in the License Agreement]를 누른 다음, [Install] 버튼을 누른다.

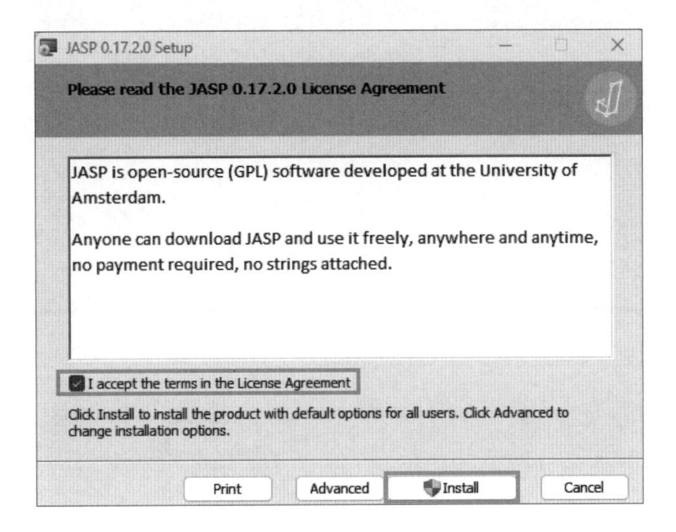

6단계: JASP 설치 진행 과정을 아래와 같이 확인할 수 있다.

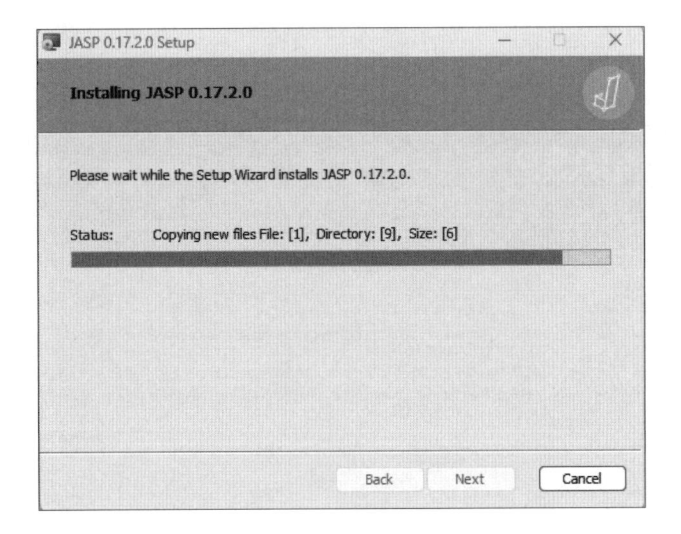

7단계 : 이어서 [Finish] 버튼을 누르면 설치가 완료된다.

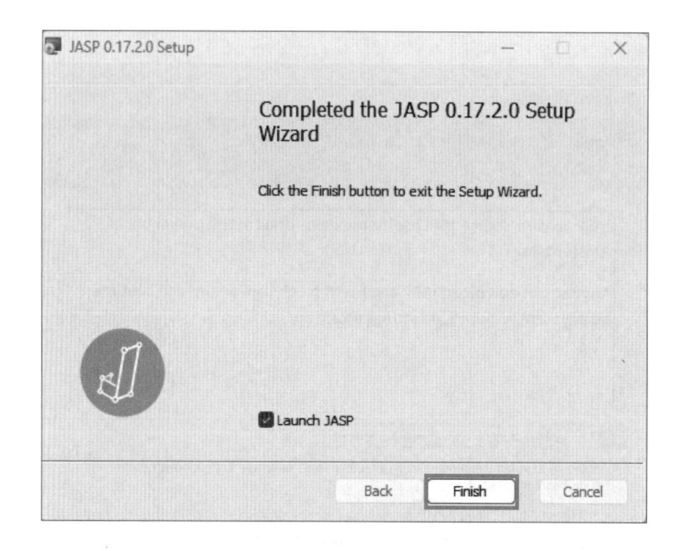

8단계 : 설치가 완료되면 다음과 같이 JASP 초기화면이 자동 생성된다.

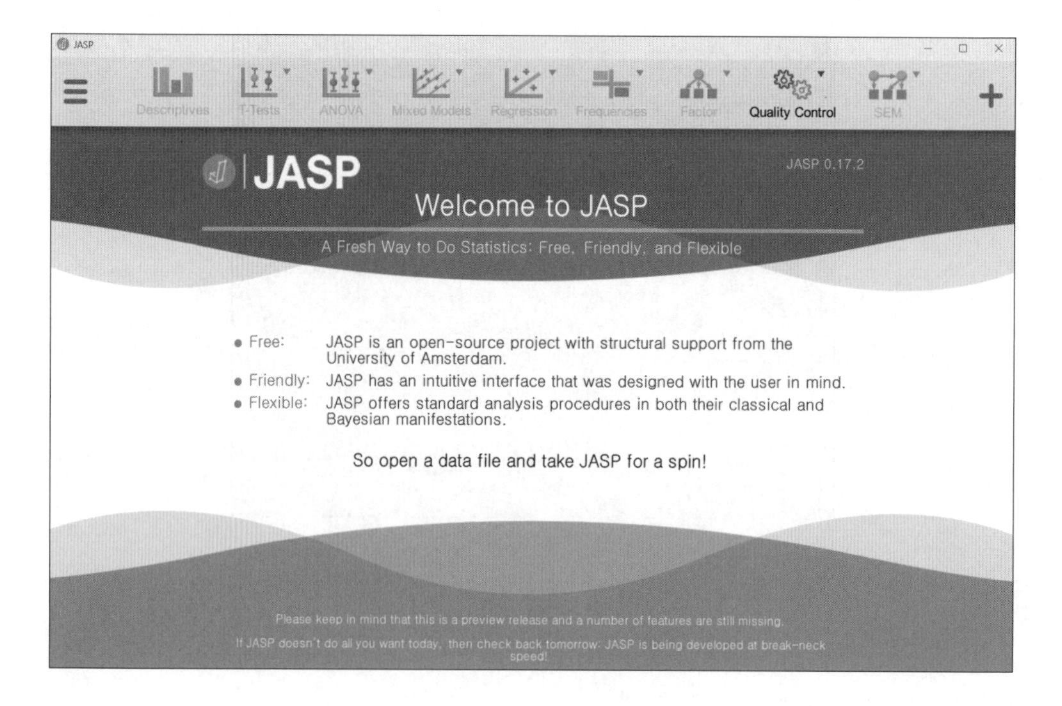

4 JASP 실행

예제 1

S카드사 전략기획센터에 근무하는 N사원은 월요일 오전 임원회의 시간까지 세대별 고객특성 관련 리포트를 작성하라는 센터장의 지시를 받았다. 주말이라 회사에 설치된 통계프로그램을 사용할 수 없었던 N사원은 JASP를 사용하여 10명의 고객 데이터를 분석해보기로 했다. N사원은 변수 간의 관련성을 파악하는 상관분석을 실시하고 분석 결과를 시각화하여 나타내고자 한다. y는 카드보유수, x1은 가족구성원수, x2는 가족소득(단위: 천원), x3은 자동차 보유대수 등을 나타낸다.

데이터 ch1.csv

id	y	x1	x2	x3
1	3	1	3,500	1
2	5	1	3,600	2
3	5	3	10,200	2
4	6	3	11,200	1
5	6	4	160,000	3
6	6	4	170,000	2
7	7	6	175,000	2
8	9	6	172,000	3
9	8	6	180,000	2
10	8	5	150,000	2

1단계: JASP 프로그램으로 상관분석을 수행하기 위해 먼저 데이터 ch1.csv 파일을 불러와야 한다. 참고로 파일을 CSV(Comma Seperated Value) 형식으로 저장하면 다른 형식에 비해 컴퓨터 용량을 덜 차지한다. CSV 형식은 빅데이터 분석 및 인공지능 분석에서 많이 이용하는 저장 방식이다.

JASP에서 데이터를 불러오기 위해 [So open a data file and take JASP for a spin!] 버튼을 누른다.

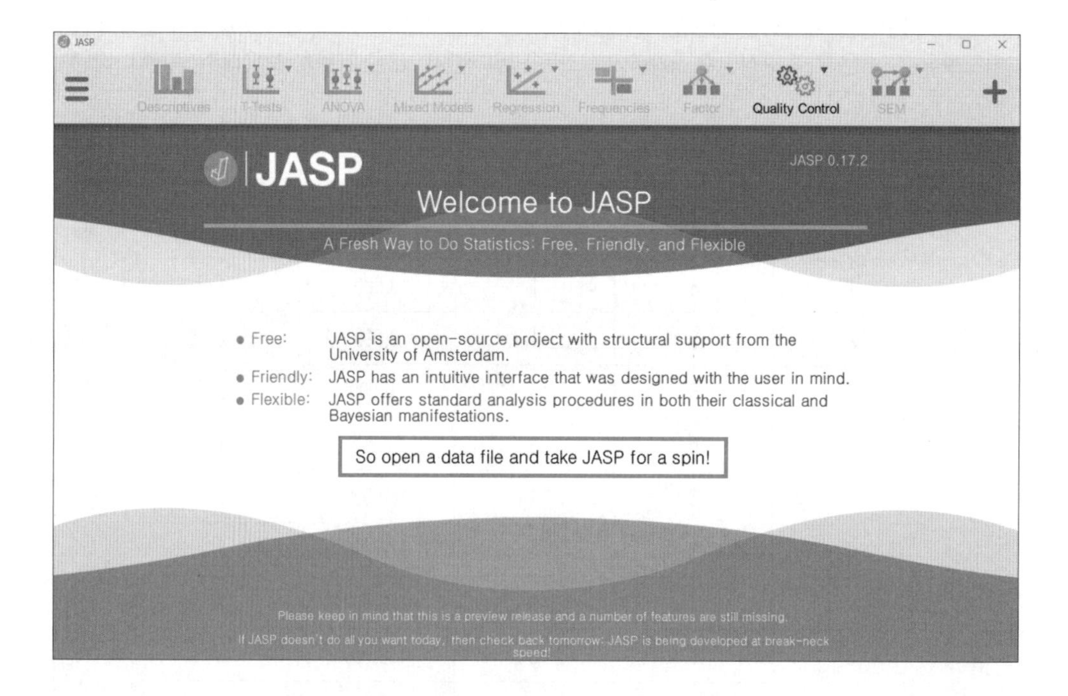

2단계 : [Open] → [Computer] → [Browser] 버튼을 눌러서 파일이 저장된 디렉터리에서 ch1.csv 파일을 불러온다.

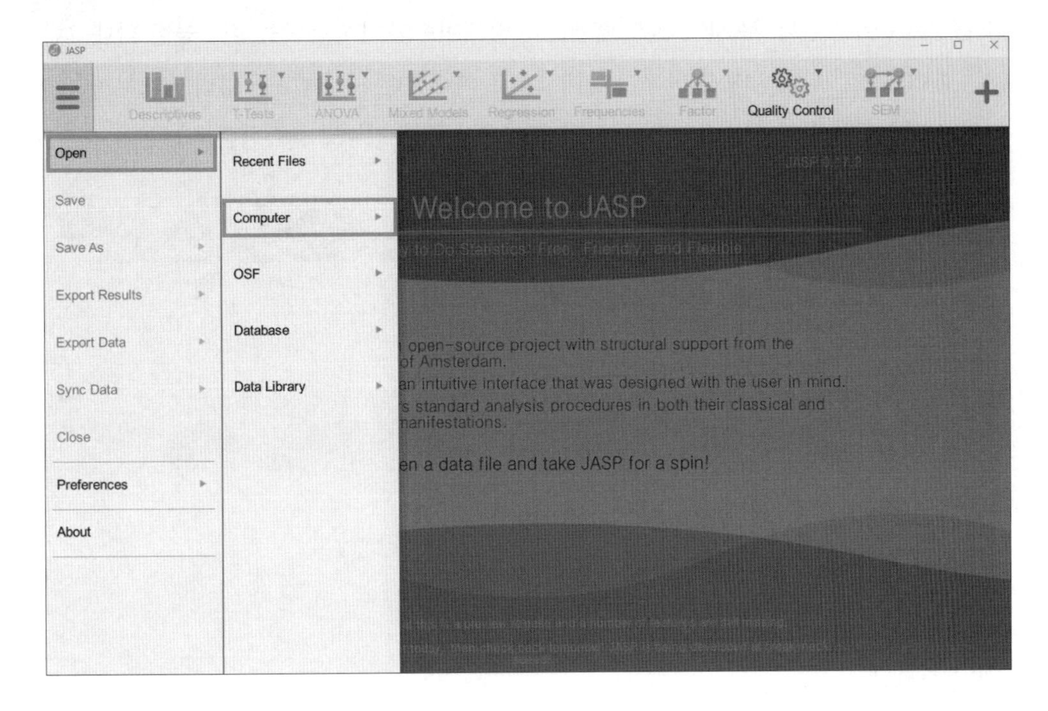

3단계 : 앞의 작업을 실시하면 다음과 같은 창이 나타난다.

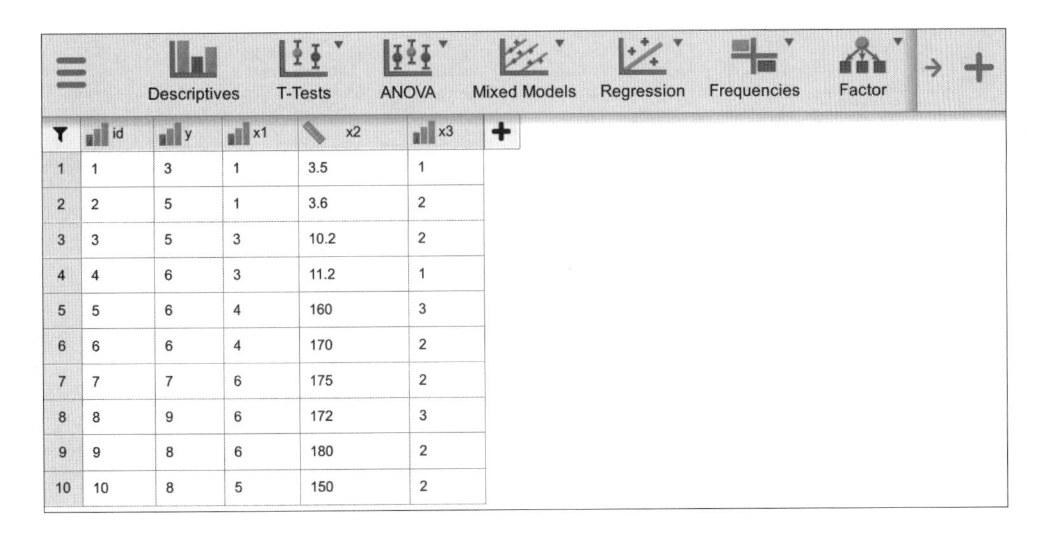

	id	y	x1	x2	x3
1	1	3	1	3.5	1
2	2	5	1	3.6	2
3	3	5	3	10.2	2
4	4	6	3	11.2	1
5	5	6	4	160	3
6	6	6	4	170	2
7	7	7	6	175	2
8	8	9	6	172	3
9	9	8	6	180	2
10	10	8	5	150	2

4단계 : 분석가는 분석방법에 적합한 데이터의 형식을 지정해주어야 한다. 상관분석은 기본적으로 양적변수(수치형 데이터) 간의 관련성을 파악하는 방법이다. 따라서 데이터 형식을 변경해주어야 한다. JASP 프로그램에서는 양적변수(수치형 변수)는 비스듬한 막대그림( ) 아이콘으로 나타낸다. 일반적인 막대그래프 아이콘은 서열척도를 나타낸다.
수치형 변수로 바꾸기 위해서 y 변수 하단에 마우스를 올려놓고 클릭한다.

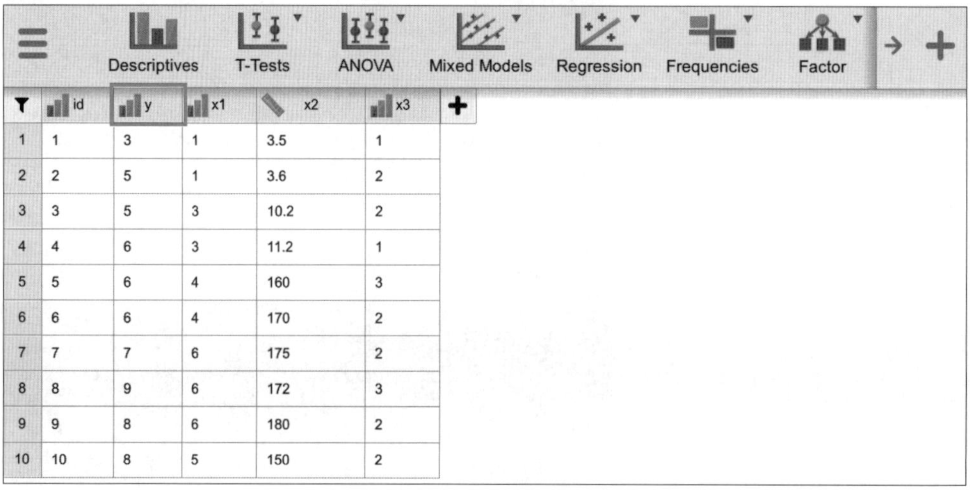

Descriptives T-Tests ANOVA Mixed Models Regression Frequencies Factor

	id	y	x1	x2	x3
1	1	3	1	3.5	1
2	2	5	1	3.6	2
3	3	5	3	10.2	2
4	4	6	3	11.2	1
5	5	6	4	160	3
6	6	6	4	170	2
7	7	7	6	175	2
8	8	9	6	172	3
9	9	8	6	180	2
10	10	8	5	150	2

5단계 : [Click here to change column type]을 누른다.

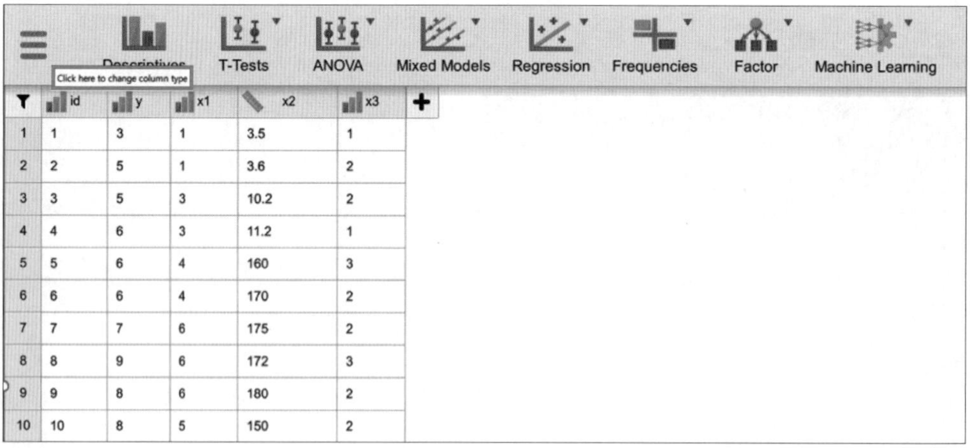

Descriptives T-Tests ANOVA Mixed Models Regression Frequencies Factor Machine Learning

Click here to change column type

	id	y	x1	x2	x3
1	1	3	1	3.5	1
2	2	5	1	3.6	2
3	3	5	3	10.2	2
4	4	6	3	11.2	1
5	5	6	4	160	3
6	6	6	4	170	2
7	7	7	6	175	2
8	8	9	6	172	3
9	9	8	6	180	2
10	10	8	5	150	2

6단계 : 그러면 [Scale], [Ordinal], [Nominal] 등이 나타나는데 수치형 변수로 바꾸려면 [Scale], 서열변수는 [Ordinal], 명목변수는 [Nominal]을 지정하면 된다. 반복적인 작업을 통해서 수치형(Scale) 변수로 바꾼다. 다음 그림은 수치형 변수로 변경된 모습이다.

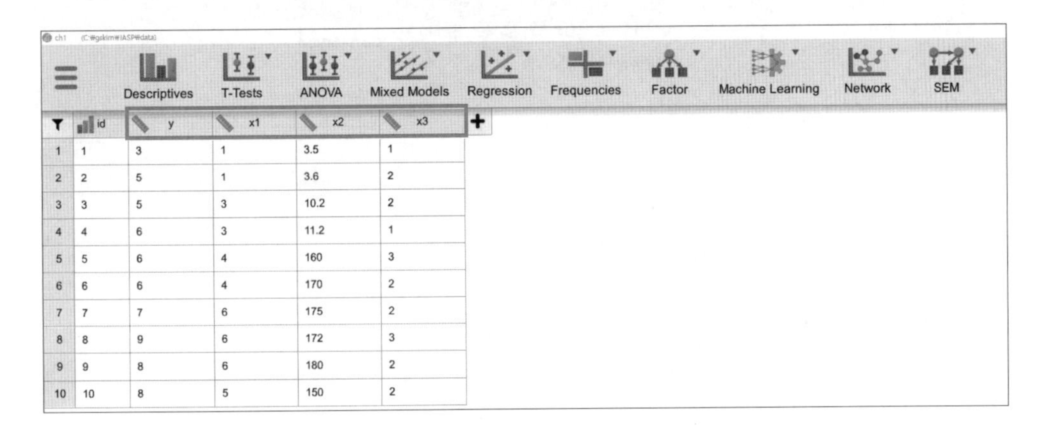

	id	y	x1	x2	x3
1	1	3	1	3.5	1
2	2	5	1	3.6	2
3	3	5	3	10.2	2
4	4	6	3	11.2	1
5	5	6	4	160	3
6	6	6	4	170	2
7	7	7	6	175	2
8	8	9	6	172	3
9	9	8	6	180	2
10	10	8	5	150	2

7단계 : y, x1, x2, x3 변수 간 상관관계 분석을 하기 위해서 [Regression] 버튼을 누른다. 이어 [Classical]에서 [Correlation]을 지정한다.

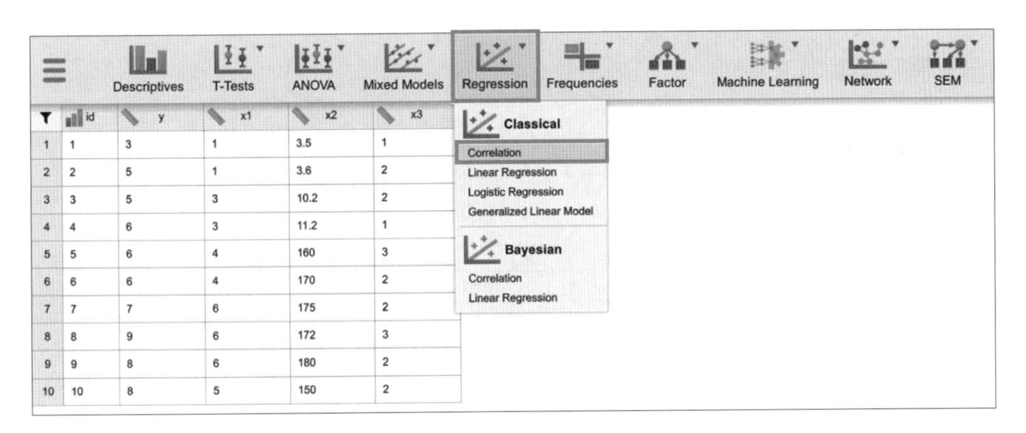

	id	y	x1	x2	x3
1	1	3	1	3.5	1
2	2	5	1	3.6	2
3	3	5	3	10.2	2
4	4	6	3	11.2	1
5	5	6	4	160	3
6	6	6	4	170	2
7	7	7	6	175	2
8	8	9	6	172	3
9	9	8	6	180	2
10	10	8	5	150	2

8단계: 그러면 다음과 같은 상관분석 창이 나타난다.

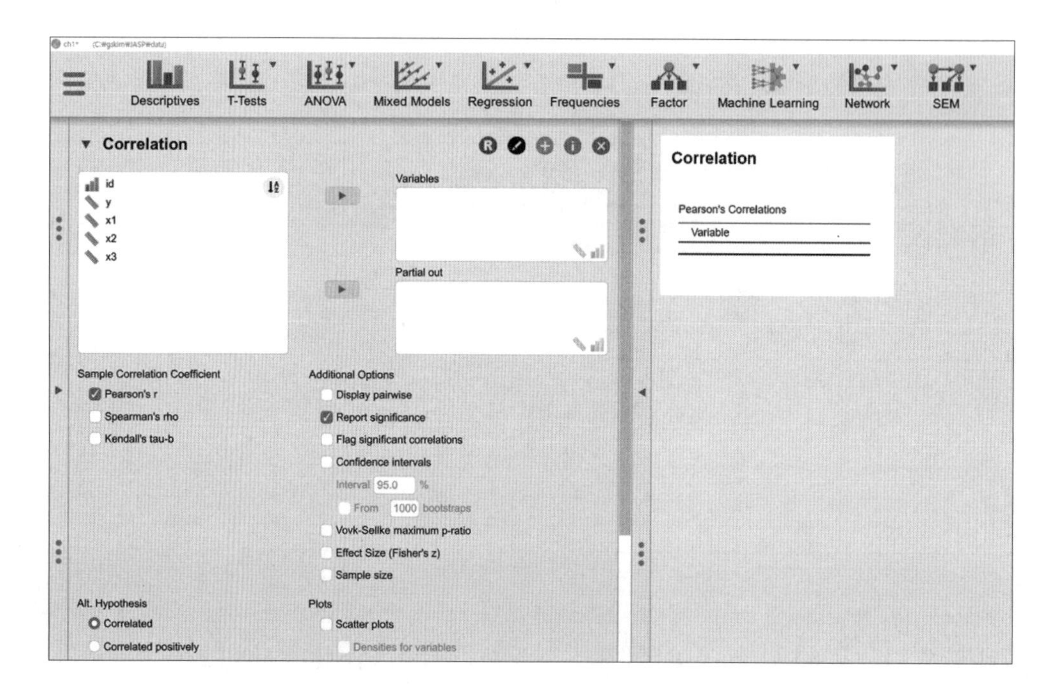

9단계: 이어 [Variables(변수창)]에 y, x1, x2, x3 변수를 옮긴다. 그러면 곧바로 오른쪽에 상관분석 결과가 나타난다.

Correlation

Pearson's Correlations

Variable		y	x1	x2	x3
1. y	Pearson's r	—			
	p-value	—			
2. x1	Pearson's r	0.898	—		
	p-value	< .001	—		
3. x2	Pearson's r	0.766	0.881	—	
	p-value	0.010	< .001	—	
4. x3	Pearson's r	0.566	0.523	0.634	—
	p-value	0.088	0.121	0.049	—

결과 설명

y는 카드 보유 수, x1(가족구성원수), x2(가족소득, 단위(천원)), x3(자동차보유대수)의 관계를 나타낸 정방행렬을 확인할 수 있다. 여기서 y(카드보유수)와 x1(가족구성원수)의 상관계수는 0.898이고

p-value < α=0.001이므로 유의한 관련성이 있음을 알 수 있다. y(카드보유수)와 x2(가족소득)의 관련성은 0.766이고 p(0.01) < α=0.05이므로 유의한 관련성이 있음을 알 수 있다. x1(가족구성원수)과 x2(가족소득)의 상관계수는 0.881이고 p-value < α=0.01로 매우 유의한 관련성이 있음을 알 수 있다. 또한 x2(가족소득)와 x3(자동차보유대수)은 상관계수가 0.634이고 p-value(0.049) < α=0.05이므로 유의한 관련성이 있음을 알 수 있다. 참고로 p-value < α=0.05이면 '통계적으로 유의하다!'라고 해석한다. 반면에 p-value > α=0.05이면 '통계적으로 유의하지 않다!'라고 해석한다.

10단계: 끝으로 상관계수 값을 그림으로 나타내본다. 왼쪽 [Correlation(상관분석)] 창에서 드롭다운 버튼을 눌러 [Plots]의 [Heatmap(히트맵)]을 누른다.

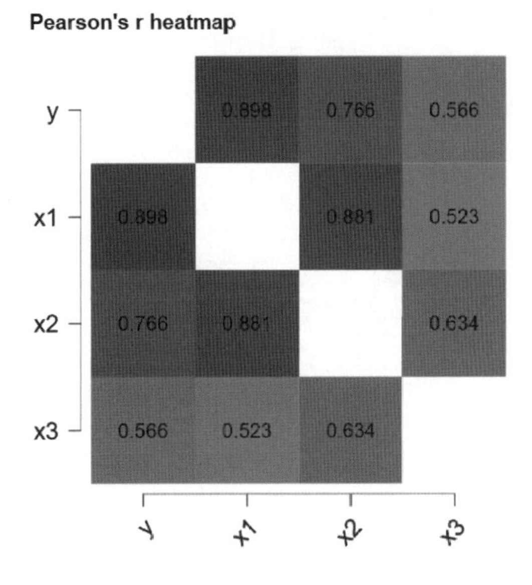

결과 설명

히트맵(heatmap)은 열을 뜻하는 히트(heat)와 지도를 뜻하는 맵(map)을 결합한 단어로, 색상으로 표현할 수 있는 다양한 정보를 일정한 이미지 위에 열분포 형태의 그래픽으로 시각화한 것이다. 히트맵에서 색상이 진할수록 연한 색상에 비해 변수 간 관련성이 매우 높음을 알 수 있다.

분석 도전

1. 다음 자료는 신입사원들의 첫 연봉과 학점 간의 관계를 조사한 것이다. 상관계수를 구하고 정방행렬 시각화 자료로 나타내어 동료와 토론해보자.

연봉(만 원)	학점
2600	3.2
2900	3.4
2500	2.6
2600	3.5
3000	3.7
2900	4
2200	2.5
2400	3.3

2장 가설 검정과 데이터 관리

학습목표

- ☑ 가설의 정의와 가설 종류를 이해한다.
- ☑ 단측검정과 양측검정을 이해한다.
- ☑ 데이터의 척도 종류를 이해한다.
- ☑ 데이터 종류에 따른 분석방법을 분류한다.
- ☑ 데이터 변환방법을 알아본다.

1 가설 검정

1-1 가설

통계적 연구의 시작은 가설 검정으로 시작한다. 제대로 된 가설을 세워서 이를 검정하는 과정이 체계적인 연구라고 할 수 있다. 가설을 설정하여 연구를 진행하다 보면 연구과정에서 새로운 내용을 발견하는 것은 물론 가설 채택과 기각 결정을 하면서 새로운 사실과 지식을 축적할 수 있다.

연구자는 자신의 연구목적을 달성하기 위하여 다음과 같은 연구절차를 수행한다. 연구자는 연구문제를 정의하고 이 연구문제를 확인하기 위해서 이론적 배경과 경험적인 사실에 근거하여 가설을 설정한다. 이후 데이터 분석을 실시한다. 마지막 절차는 데이터에 기반한 전략 수립이다.

연구문제 정의 → 가설 설정 → 분석 → 전략 수립

[그림 2-1] 연구절차

우리가 수행하는 조사연구의 내용 중에는 기존에 있던 가설, 또는 새로운 가설을 검정하여 결론을 제시하는 것이 있다. 가설(hypothesis)은 실증적인 증명에 앞서 세우는 잠정적인 진술이며 나중에 논리적으로 검정할 수 있는 명제이다. 이때 검정 대상이 되는 가설은 확신에 근거를 두고 있는 것이 아니므로 연구 결과에 따라 기각될 수 있으며 또한 수정될 수 있다. 연구자는 가설 수립에서 발생하는 무의식적 편향을 줄여나가기 위해 인간의 사고방식은 본래부터 편향적이고 즉흥적이라는 사실을 냉정하게 인식해야 한다. 그리고 연구자의 자기 인식에 기반하여 지속적으로 사고하는 연습을 꾸준히 해야 한다. 연구자는 기존 가설이 틀릴 수도 있음을 전제하고, 다양한 실험을 통해 가설을 지지할 수 있는 증거를 찾고 결론을 내려야 한다. 다양성이 확장되고 빠르게 변화하는 시대에 나만이 옳다는 확신에 빠지지 않고 유연한 사고를 하기 위해서는 기존의 생각을 의심하고 다시 한 번 점검해보는 태도가 필요하다.

연구의 방향을 결정하는 가설에는 귀무가설과 연구가설 2가지가 있다.

- **귀무가설**: 통계량의 차이는 단지 우연의 법칙에서 나온 표본추출오차로 생긴 정도라는 주장이다(예, H_0: A 정당을 지지하는 유권자의 평균 나이는 35세이다. 또는 $H_0 : \mu = 35$).
- **연구가설**: 통계량의 차이는 우연 발생적인 것이 아니라 표본이 대표하는 모집단의 모수와 유의한 차이가 있다는 진술이다(예, $H_1 : \mu \neq 35$).

정리하면, 귀무가설은 통계치가 제공하는 확률의 측면에서 평가하는 것이며 연구가설은 논리적 대안으로서 검정하고자 하는 현상에 관한 예측이다. 연구자가 반드시 기억해야 할 사실은 의사결정의 기본은 귀무가설이라는 사실이다. 귀무가설이 채택되면 이에 대한 내용을 설명하면 된다. 만약 귀무가설이 기각되면 연구가설이 채택된다. 연구가설은 귀무가설을 부정하고 논리적인 대안을 받아들이기 위한 진술이므로 대립가설 또는 대체가설이라고도 한다. 따라서 이 두 가설은 모집단과 표본을 연결해주는 역할을 한다. 예를 들어, 바둑돌을 오른손으로 2번 가득 움켜잡은 뒤에 각각의 경우 바둑돌의 평균 무게를 알아보고, 이 바둑돌이 동일한 품질의 모집단에서 나왔는지 여부를 결정한다고 하자. 논리적으로 보면 첫 번째 경우의 평균 무게와 두 번째 경우의 평균 무게가 비슷하다면 동일한 모집단에서 나왔다고 할 수 있다. 그러나 임의추출 과정에서 생긴 표본추출오차 때문에 두 경우의 평균 무게는 다를 수 있다. 평균 무게에서 차이가 나더라도 그 차이가 표본추출오차 정도라면 동일한 모집단에서 나온 것이라 할 수 있고, 만일 그 차이가 표본추출오차보다 더 크면 서로 다른 모집단에서 각각 나온 것이라고 할 수 있다.

1-2 가설 검정의 절차

가설을 채택 또는 기각하는 절차를 가설 검정이라고 한다. 가설 검정은 연구 실험 또는 실제 상황에서 예측한 것과 결과치를 비교할 때 쓰인다. 가설 검정 절차를 간단히 살펴보면 다음과 같다.

① 귀무가설(H_0)과 연구가설(H_1) 설정
② 유의수준과 임계치 결정
③ H_0의 채택영역과 기각영역 결정
④ 통계량 계산
⑤ 통계량과 임계치 비교 및 결론

첫째, 귀무가설과 연구가설은 서로 반대되는 개념이다. 2개의 상반된 가설을 귀무가설과 연구가설로 나누는 기준은 무엇일까? 일반적으로는, 현재까지 주장되어 온 주장을 귀무가설로, 이와 반대로 기존 상태로부터 새로운 변화 또는 효과가 존재한다는 주장을 연구가설로 설정한다.

가설 검정의 종류는 크게 양측검정과 단측검정으로 나누며, 단측검정은 다시 왼쪽꼬리검정과 오른쪽꼬리검정으로 나눈다. 이것을 표로 나타내면 다음과 같다.

[표 2-1] 가설 검정의 종류

양측검정	단측검정	
	왼쪽꼬리검정	오른쪽꼬리검정
$H_0 : \mu = 35$ $H_1 : \mu \neq 35$	$H_0 : \mu \geq 35$ $H_1 : \mu < 35$	$H_0 : \mu \leq 35$ $H_1 : \mu > 35$

위의 표에서 보면 양측검정은 등호를, 단측검정은 부등호를 가지고 있다. 검정방법을 선택하는 기준은 연구자의 관심에 달려 있다. 연구자의 연구가설에서 모평균이 진술된 값(여기서는 35)과 같지 않다고 주장하면 양측검정을 이용한다. 그리고 모평균이 진술된 값보다 작다면 왼쪽꼬리검정, 진술된 값보다 크다면 오른쪽꼬리검정을 이용한다. 양측검정에서는 진술된 가설이 참인가 아닌가만을 밝히며, 단측검정은 증감 방향을 구체적으로 검정한다. 귀무가설은 각각의 연구가설과 반대로 하면 된다. 유의할 것은 가설의 채택 또는 기각 대상이 귀무가설이라는 점이다.

둘째, 일반적으로 가설 검정에서 α의 수준은 $\alpha = 0.10$, 0.05, 0.01 등으로 정한다. 이때 α를 유의수준이라고 한다. 다시 말하면 유의수준이란 제1종 오류 α의 최대치를 말한다. '유의하다'고 할 때, 이것은 모수와 표본통계량의 차이가 현저하여 통계치의 확률이 귀무가설을 부정할 수 있을 만큼 낮은 경우를 뜻한다.

유의수준이 설정되었을 때 가설을 채택하거나 기각하는 판단 기준이 있어야 하는데, 이 값을 임계치(臨界値)라고 한다. $\alpha = 0.05$ 수준에서 $P < 0.05$로 표기할 수 있는데, 이것은 계산된 확률 수준이 0.05보다 작으면 귀무가설을 기각한다는 의미이다. 이를 '통계적으로 유의하다'고 해석한다. 만일 '$P < 0.01$이면 매우 유의하다'고 한다. 여기서 P값은 귀무가설을 가정했을 때 주어진 표본 관측 결과, 관찰치 이상으로 귀무가설에서 먼 방향의 값이 나올 확률이다. 바꿔 말하면 관찰된 차이가 우연의 산물일 확률이 5% 이하일 경우 통계적으로 유의하다고 하며, 오차나 우연으로 설명할 수 있는 범위의 차이는 통계적으로 유의하지 않다고 해석한다.

가설 검정을 시행할 때 2가지 오류를 범할 수 있는데, 실제로 올바른 가설(H_0)을 기각시키는 경우와 그릇된 가설을 채택하는 경우이다. 이는 무죄인 피의자를 유죄로 선고하거나, 유죄인 피의자를 무죄로 선고하는 것에 비유할 수 있다. 전자의 경우를 제1종 오류라고 하여 α로 나타내고, 후자의 경우를 제2종 오류라고 하여 β로 나타낸다. 이를 쉽게 설명하기 위해 귀무가설 검정 결과에 따른 의사결정을 표로 나타낸 것이 [표 2-2]이다.

[표 2-2] 가설 검정의 종류

의사결정 \ 실제 상태	올바른 H_0	그릇된 H_0
H_0 채택	올바른 결정	제2종 오류, β오류
H_0 기각	제1종 오류, α오류	올바른 결정

$$P(\text{제1종 오류}) = P(H_0 \text{ 기각} \setminus H_0 \text{ 진실}) = \alpha$$

$$P(\text{제2종 오류}) = P(H_0 \text{ 채택} \setminus H_0 \text{ 거짓}) = \beta$$

끝으로, 3종류의 검정방법에서 H_0의 채택영역과 기각영역을 그림으로 나타내고, 계산된 통계량을 임계치를 기준으로 비교할 때 귀무가설(H_0)이 어떻게 채택 또는 기각되는지 살펴보자.

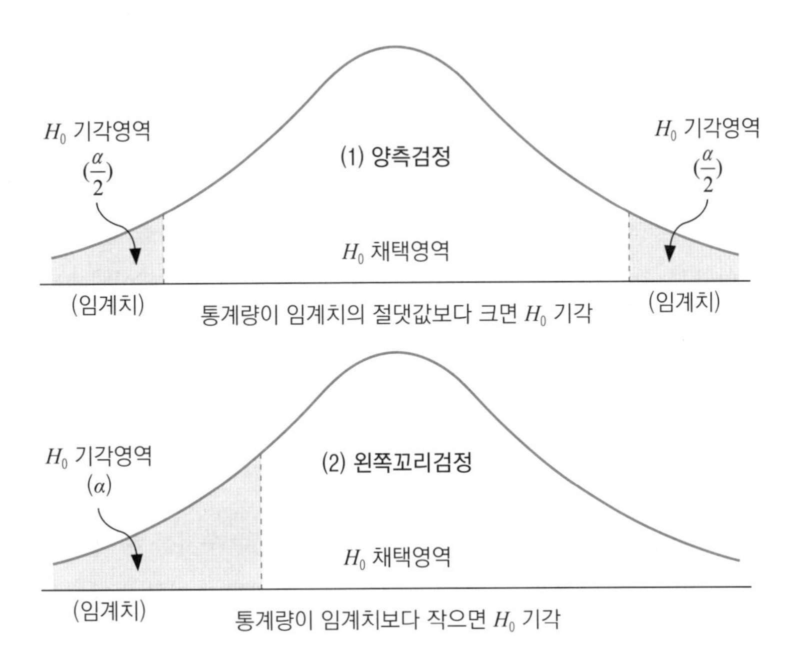

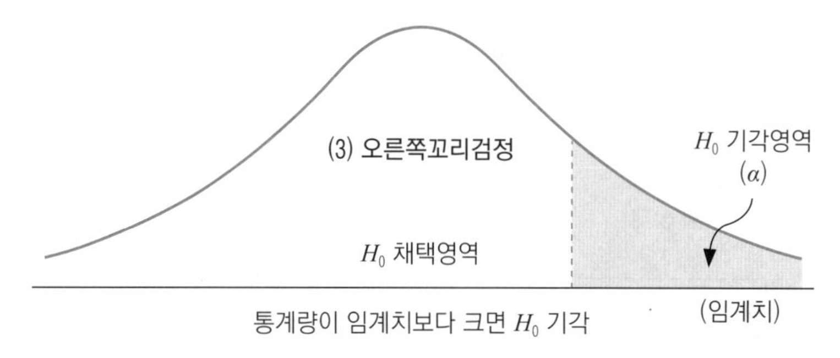

[그림 2-2] H_0의 채택영역 및 기각영역

2 데이터의 종류

2-1 데이터

데이터(data)는 통계분석의 원재료이다. 필요한 데이터를 수집한 후에 그것이 정확한지, 또는 사용 가능한지를 제대로 평가하지 않고 실시한 통계분석은 신뢰할 수 없다. 데이터 수집과 관리는 연구에서 매우 중요한 기본 요소로 연구의 성패를 좌우한다고 해도 과언이 아니다. 질 좋은 데이터를 확보하여야 신뢰도 높은 타당한 결과를 산출할 수 있기 때문에 올바른 연구를 위해서는 적절한 데이터를 수집하여야 한다. 데이터에는 조직 내부에서 수집하는 일상적인 데이터도 있고, 정부 또는 사설 기관에서 수집하는 경제 및 사회 관련 데이터도 있다. 이와 같이 데이터란 대상 또는 상황을 나타내는 상징으로서 수량, 시간, 금액, 이름, 장소 등을 표현하는 기본 사실들의 집합을 뜻한다.

적절한 데이터를 얻으려면 관찰 대상에 내재하는 성질을 파악하는 기술이 필요하다. 이를 위해서는 규칙에 따라 관찰 대상에 대하여 기술적으로 수치를 부여하게 되는데, 이것을 측정(measurement)이라고 한다. 여기서 규칙이란 어떻게 측정할지 정하는 것을 의미한다. 예를 들어, 3종류의 자동차에 대한 개인적인 선호도를 조사한다고 하자. 각 자동차에 대하여 개별적으로 '좋다-보통이다-나쁘다' 중 하나를 택하게 할지, 혹은 선호하는 순서대로 3종류의 자동차에 순위를 매길 것인지 등의 여러 가지 방법을 고려해볼 수 있다. 이와 같이 측정이란 관찰 대상이 가지는 속성의 질적 상태에 따라 값을 부여하는 것을 뜻한다.

2-2 척도

측정 규칙의 설정은 척도의 설정을 의미한다. 척도(scale)란 일정한 규칙을 가지고 관찰 대상을 측정하기 위하여 그 속성을 일련의 기호 또는 숫자로 나타내는 것을 말한다. 즉, 척도는 질적인 데이터를 양적인 데이터로 전환해주는 도구이다. 이러한 척도의 예로 온도계, 자, 저울 등이 있다. 척도에 의하여 관찰 대상을 측정하면 그 속성을 객관화할 수 있으며 본질을 명백하게 파악할 수 있다. 뿐만 아니라 관찰 대상들을 서로 비교할 수 있으며 그들 사이의 일정한 관계를 알 수 있다. 관찰 대상에 부여한 척도의 특성을 아는 것은 중요하다. 척도의 성격에 따라서 통계분석 기법이 달라질 수 있으며, 가설 설정과 통계적 해석의 오류를 사전에 방지할 수 있기 때문이다. 척도로 구성되어 있는 데이터의 유형을 제대로 알면 데이터의 정리 과정에서 시간을 절약할 수 있고, 분석 과정에서의 실수를 사전에 방지할 수 있다.

척도는 측정의 정밀성에 따라 명목척도, 서열척도, 등간척도, 비율척도로 분류한다. 이를 차례로 설명하면 다음과 같다.

1) 명목척도

명목척도(nominal scale)는 단지 구분을 목적으로 사용하는 척도이다. 이 숫자는 양적인 의미는 없으며 단지 데이터가 지닌 속성을 상징적으로 구분할 뿐이다. 따라서 이 척도는 관찰 대상을 범주로 분류하거나 확인하기 위하여 숫자를 이용한다. 명목척도는 일반적으로 더미변수(dummy variable)라고 부르기도 한다. 파이썬에서는 명목척도를 불(bool) 자료라고 부르기도 한다. 불 자료는 참(true)과 거짓(false)을 나타내는 자료를 말한다. 예를 들어, 회사원을 남녀로 구분하면서 남자에게는 '1', 여자에게는 '2'를 부여한 경우 1과 2라는 숫자는 단순히 성별을 분류하기 위해 사용된 것이지 여성이 남성보다 크다거나 남성이 여성보다 우선함을 의미하지는 않는다. 명목척도는 측정 대상을 속성에 따라 상호 배타적이고 포괄적인 범주로 구분하는 데 이용한다. 이것으로 얻은 척도값은 4가지 척도의 형태 중 가장 적은 양의 정보를 제공한다. JASP 프로그램에서 명목척도는 [Nominal]로 표시된다.

2) 서열척도

서열척도(ordinal scale)는 관찰 대상이 지닌 속성의 순서적 특성만을 나타내는 것으로, 그 척도 간의 차이가 정확한 양적 의미를 나타내는 것은 아니다. 예를 들어 좋아하는 운동 종목을 순서대로 나열한다고 하자. 1순위로 선정된 종목이 야구, 2순위가 축구라고 할 때, 축구보다 야구를 2배만큼 좋아한다고 할 수는 없다. 이것이 의미하는 바는 단지 축구보다 야구를 상대적으로 더 좋아한다는 것뿐이다. 이 척도는 관찰 대상의 비교 우위를 결정하며 각 서열 간의 차이는 문제 삼지 않는다. 이들의 차이가 같지 않더라도 단지 상대적인 순위만 구별한다. 이 척도는 정확하게 정량화하기 어려운 소비자의 선호도 같은 것을 측정하는 데 이용된다. JASP 프로그램에서 서열척도는 [Ordinal]로 표시된다.

3) 등간척도

등간척도(interval scale)는 관찰치가 지닌 속성 차이를 의도적으로 양적 차이로 측정하기 위해서 균일한 간격을 두고 분할하여 측정하는 척도이다. 대표적인 것으로 리커트 5점 척도와 7점 척도가 있다. 이 5점 척도에서 1과 2, 4와 5 등의 각 간격의 차이는 동일하다. 등간척도에서 구별되는 단위 간격은 동일하며, 각 대상의 지위를 크고 작은 것 또는 같은 것으로 구별한다. 속성에 대한 순위는 부여하되 순위 사이의 간격이 동일하다. 측정 대상의 위치에 따라 수치를 부여할 때 이 숫자상의 차이를 산술적으로 다루는 것은 의미가 있다. JASP 프로그램에서 등간척도는 [Scale]로 표시된다.

4) 비율척도

비율척도(ratio scale)는 앞서 설명한 각 척도의 특수성에 비율 개념이 첨가된 척도이다. 연구조사에서 가장 많이 사용되는 척도로 절대적 0을 출발점으로 하여 측정 대상이 지니고 있는 속성을 양적 차이로 표현하는 척도이다. 이 척도는 서열성, 등간성, 비율성이라는 3가지 속성을 모두 가지고 있으므로 곱하거나 나누거나 가감하는 것이 가능하며, 그 차이는 양적인 의미를 지니게 된다. 이 척도는 거리, 무게, 시간 등에 적용된다. A는 B의 2배가 되며, B는 C의 1/2배가 되는 등 비율이 성립한다. 비율척도에서 값이 영(0)인 경우에 이것은 측정 대상이 아무것도 가지고 있지 않다는 뜻이다. JASP 프로그램에서 비율척도는 [Scale]로 표시된다.

이상 4가지 종류의 척도에 대하여 알아보았다. 측정 방법은 측정 대상과 조사자의 연구목적에 따라 달라지며, 관찰 대상을 측정할 때 어떠한 척도를 선택하는가에 따라 통계 작업이 영향을 받는다. 조사연구를 할 때 데이터가 지닌 성격을 정확히 파악하는 것도 중요한 일이지만 그러한 속성을 고정적인 것으로 생각하고 그 틀에 갇힐 필요는 없다. 데이터의 기본 속성에서 크게 벗어나지 않는다면 연구목적에 맞게 명목척도와 순위척도를 마치 등간척도나 비율척도처럼 사용하는 경우도 있다. 그러나 위 4가지 척도에서 정보의 수준이 높아져가는 단계를 보면 명목척도, 서열척도, 등간척도, 비율척도의 순서이다. 명목척도와 서열척도로 측정된 데이터는 비정량적 데이터 또는 질적 데이터라고 부른다. 한편 등간척도와 비율척도로 측정된 데이터는 정량적 데이터 또는 양적 데이터라고 한다. 비정량적 데이터에 적용 가능한 방법은 비모수 통계기법이며, 정량적 데이터에는 모수 통계기법이 이용된다. 데이터의 성격에 적합한 분석기법을 선택하는 것은 중요하다. 비모수 통계분석은 주로 순위 데이터와 명목 데이터로 측정된 데이터에 대한 통계적 추론에 이용되는 분석방법이다. 그러나 주로 사용하는 통계기법은 모수 통계분석인데, 이는 주로 양적 데이터를 대상으로 표본의 특성치인 통계량을 이용하여 모집단의 모수를 추정하거나 검정하는 분석방법이다. 지금까지 설명한 내용을 표로 정리하면 다음과 같다.

[표 2-3] 척도별 분석방법

구분	자료	설명	분석방법	예	JASP 프로그램 표기
질적 데이터 (변수)	명목척도 (nominal scale)	분류나 구분을 위한 척도	빈도분석, 교차분석	성별(예: 여성 1, 남성 2, 집단구분, 성공 여부(성공, 실패)	
	서열척도 (ordinal scale)	대소 및 순서가 있는 척도	서열상관분석, 비모수통계	선호도, 소득수준	
양적 데이터 (변수)	등간척도 (interval scale)	등간격에 의미가 있는 척도	모수통계	온도, 인지도, 선호도	
	비율척도 (ratio scale)	비례에 의미가 있는 척도	모수통계	학점, 매출액, 소득, 나이	

2-3 척도에 따른 통계분석 방법 분류

1) 일변량분석

일변량(univariate)은 분석에 이용될 변수가 하나인 경우에 해당한다. 이 분석은 통계분포나 t검정, χ^2검정 등 표본집단의 특성을 분석하는 방법이 대부분이다.

2) 다변량분석

다변량(multivariate)은 분석에 이용하는 변수가 2개 이상인 경우를 말한다. 변수들의 관계가 독립변수인지 종속변수인지에 따라 분석방법을 달리할 수 있다. 독립변수(Independent Variable, IV)는 현상에서 영향을 주는 변수를 말한다. 종속변수(Dependent Variable, DV)는 영향을 받는 변수이다. 독립변수와 종속변수의 특성에 따른 분석방법의 종류를 표로 제시하면 다음과 같다.

[표 2-4] 분석방법 종류

변수와 분석방법 관련성		독립변수	
		비연속(범주형)/질적변수	연속형/양적변수
종속변수	비연속(범주형)/질적변수	교차분석	로지스틱 회귀분석
			판별분석
			군집분석
	연속형/양적변수	t검정, 분산분석	상관분석
			회귀분석
			경로분석
			구조방정식모델분석
			조건부 프로세스 분석

알아두면 좋아요!

다양한 통계분석 방법에 대하여 정리해놓은 사이트들이다.

- 10가지 데이터 분석방법 소개

- 데이터사이언티스트에게 유익한 정보

- 데이터분석 마스터하기

데이터 파일 관리

3-1 JASP에서 불러올 수 있는 데이터 원천

JASP는 다양한 형식의 데이터를 불러올 수 있다. .csv, .tsv, .txt(콤마로 분리된 값, 세미콜론/콜론/탭으로 분리된 텍스트 파일), SPSS 파일(.sav 또는 .por), Excel, SAS 파일, Stata, 오픈사이언스프레임워크(Open Science Framework) 등의 파일을 불러올 수 있다. JASP에서 불러올 수 있는 데이터 원천을 그림으로 나타내면 다음과 같다.

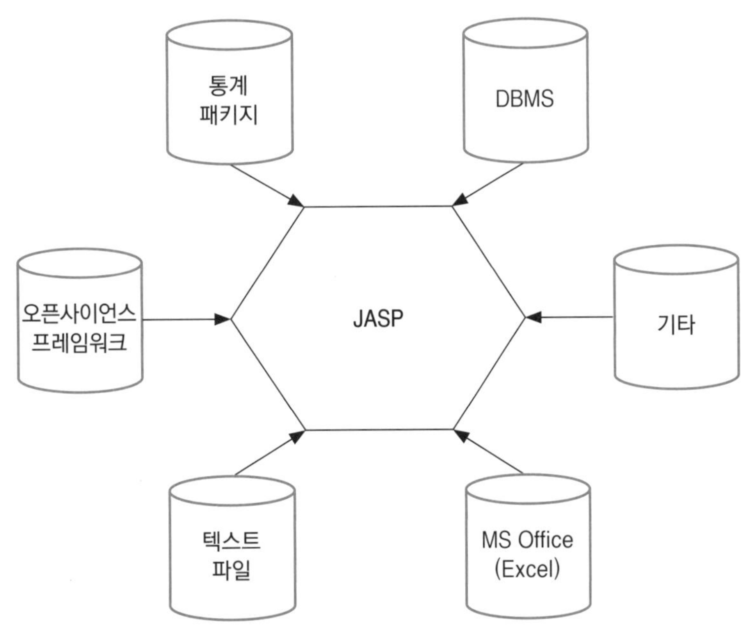

[그림 2-3] JASP에서 불러올 수 있는 데이터 원천

알아두면 좋아요!

연구와 데이터 분석 관련 가설검정과 데이터 정리에 대해 다룬 곳이다. 읽어보면 도움을 얻을 수 있다.

• 가설검정에 대한 정리 사이트

• 데이터 정리 관련 사이트

3-2 데이터 불러오기

1) If 문장을 통한 이변량 변환

데이터 불러오기와 데이터 관리를 연습해보자.

예제 1

연습할 데이터 파일은 A온라인 쇼핑업체를 이용하는 고객(n＝143명)을 대상으로 조사한 고객 관련 기본 정보, 고객 인지 정보, 고객 성과 정보에 관한 내용이다.

[표 2-5] 설문 형태

데이터 total.csv, total.sav

변수 설명	변수 형태	설명
고객 거래 정보		
x1(고객 유형)	질적변수	1. 1년 미만, 2. 1~5년, 3. 5년 이상
x2(성별)	질적변수	0. 여성, 1. 남성
x3(고객 구매경험)	질적변수	0. 신규고객, 1. 장기 거래 고객
x4(거주지역)	질적변수	0. 서울, 1. 서울 이외 지역
x5(주문빈도)	질적변수	1. 1주일 한번, 2. 1주일 2회 이상
고객 인지 정보		
x6(제품품질)	양적변수	0. 매우 만족하지 못함 10. 매우 탁월함
x7(홈페이지 이미지)	양적변수	0. 매우 만족하지 못함 10. 매우 탁월함
x8(기술지원)	양적변수	0. 매우 만족하지 못함 10. 매우 탁월함
x9(불평해결)	양적변수	0. 매우 만족하지 못함 10. 매우 탁월함

x10(광고)	양적변수	0. 매우 만족하지 못함 10. 매우 탁월함
x11(제품구성)	양적변수	0. 매우 만족하지 못함 10. 매우 탁월함
x12(제품결제흐름)	양적변수	0. 매우 만족하지 못함 10. 매우 탁월함
x13(콜센터직원 친절도)	양적변수	0. 매우 만족하지 못함 10. 매우 탁월함
x14(보증)	양적변수	0. 매우 만족하지 못함 10. 매우 탁월함
x15(신제품구성)	양적변수	0. 매우 만족하지 못함 10. 매우 탁월함
x16(할인쿠폰구성)	양적변수	0. 매우 만족하지 못함 10. 매우 탁월함
x17(가격유연성)	양적변수	0. 매우 만족하지 못함 10. 매우 탁월함
x18(배달속도)	양적변수	0. 매우 만족하지 못함 10. 매우 탁월함
고객 성과 정보		
x19(고객만족)	양적변수	0. 매우 만족하지 못함 10. 매우 탁월함
x20(추천의도)	양적변수	0. 매우 만족하지 못함 10. 매우 탁월함
x21(고객성과)	양적변수	0. 매우 만족하지 못함 10. 매우 탁월함

1단계 : JASP 프로그램으로 total.csv 파일을 불러오자. JASP를 실행한 후 [So open a data file and take JASP for a spin!] 버튼을 누른다.

2단계 : [Open] → [Computer] → [Browser] 버튼을 누르고 total.csv 파일이 저장된 디렉터리에서 해당 파일을 불러온다.

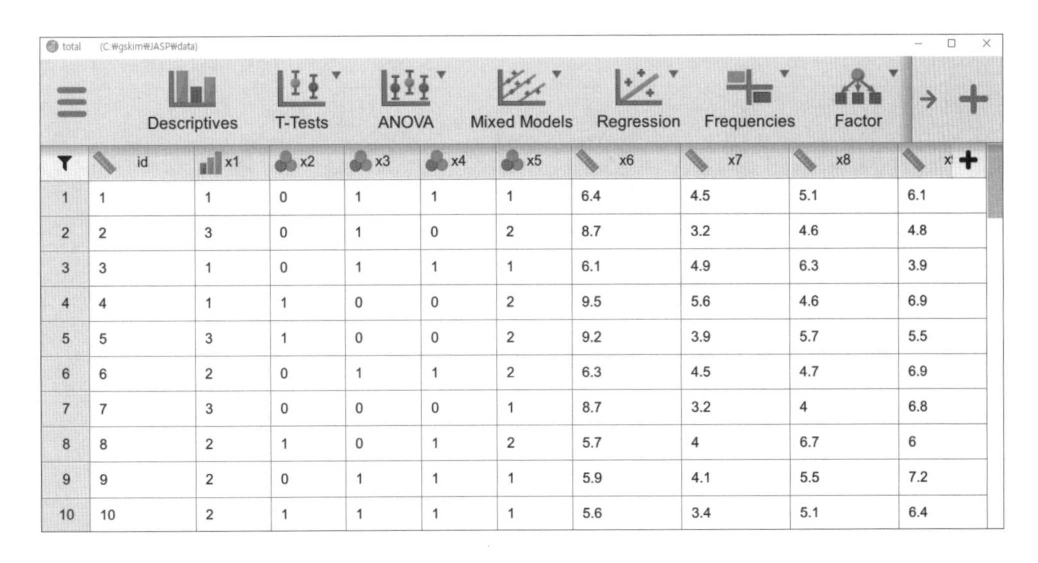

	id	x1	x2	x3	x4	x5	x6	x7	x8	x
1	1	1	0	1	1	1	6.4	4.5	5.1	6.1
2	2	3	0	1	0	2	8.7	3.2	4.6	4.8
3	3	1	0	1	1	1	6.1	4.9	6.3	3.9
4	4	1	1	0	0	2	9.5	5.6	4.6	6.9
5	5	3	1	0	0	2	9.2	3.9	5.7	5.5
6	6	2	0	1	1	2	6.3	4.5	4.7	6.9
7	7	3	0	0	0	1	8.7	3.2	4	6.8
8	8	2	1	0	1	2	5.7	4	6.7	6
9	9	2	0	1	1	1	5.9	4.1	5.5	7.2
10	10	2	1	1	1	1	5.6	3.4	5.1	6.4

3단계: 데이터창에서 변수성격을 확인한다. 아래 파란색 실선으로 표시한 부분을 확인해 보자.

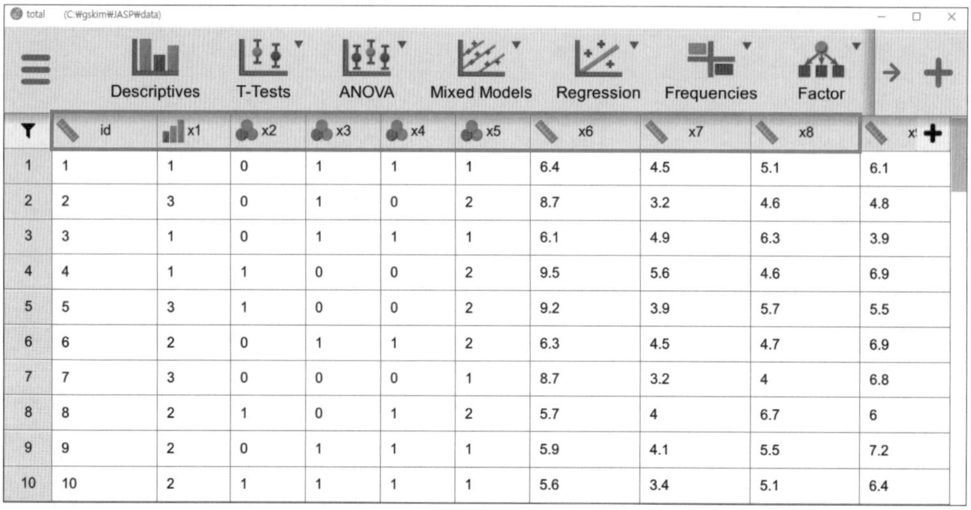

total (C:₩gskim₩JASP₩data)

Descriptives T-Tests ANOVA Mixed Models Regression Frequencies Factor

	id	x1	x2	x3	x4	x5	x6	x7	x8	x
1	1	1	0	1	1	1	6.4	4.5	5.1	6.1
2	2	3	0	1	0	2	8.7	3.2	4.6	4.8
3	3	1	0	1	1	1	6.1	4.9	6.3	3.9
4	4	1	1	0	0	2	9.5	5.6	4.6	6.9
5	5	3	1	0	0	2	9.2	3.9	5.7	5.5
6	6	2	0	1	1	2	6.3	4.5	4.7	6.9
7	7	3	0	0	0	1	8.7	3.2	4	6.8
8	8	2	1	0	1	2	5.7	4	6.7	6
9	9	2	0	1	1	1	5.9	4.1	5.5	7.2
10	10	2	1	1	1	1	5.6	3.4	5.1	6.4

4단계: 수치형 변수(양적변수)는 [Scale], 서열변수는 [Ordinal], 명목변수는 [Nominal] 등으로 나타낸다.

5단계: '1. 1년 미만, 2. 1–5년, 3. 5년 이상'으로 되어 있는 x1(고객유형) 변수를 '1. 1년 미만 2. 1년 이상'의 명목변수로 변환하는 연습을 해보자. 먼저 x1 변수에 마우스를 올려놓고 [Click here to change column type]을 누른다.

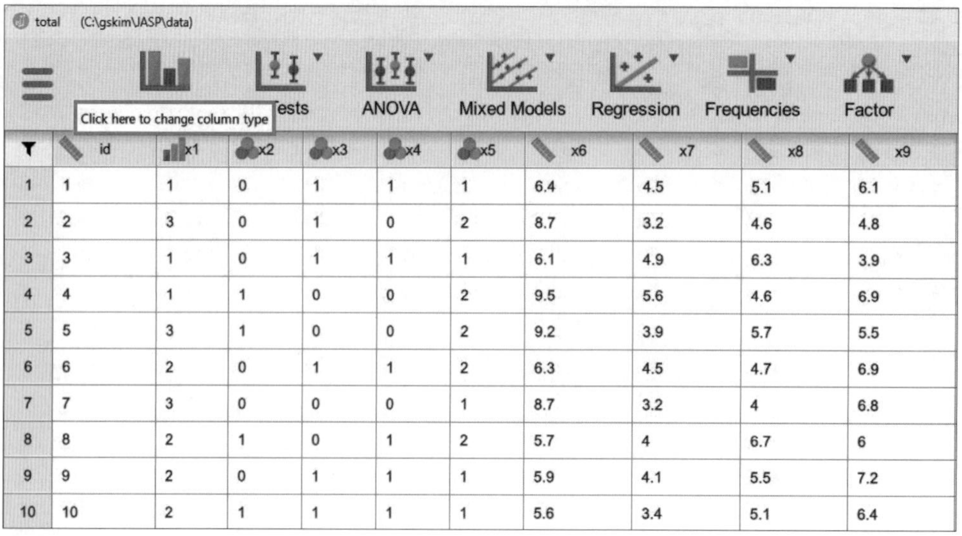

total (C:\gskim\JASP\data)

Descriptives T-Tests ANOVA Mixed Models Regression Frequencies Factor

Click here to change column type

	id	x1	x2	x3	x4	x5	x6	x7	x8	x9
1	1	1	0	1	1	1	6.4	4.5	5.1	6.1
2	2	3	0	1	0	2	8.7	3.2	4.6	4.8
3	3	1	0	1	1	1	6.1	4.9	6.3	3.9
4	4	1	1	0	0	2	9.5	5.6	4.6	6.9
5	5	3	1	0	0	2	9.2	3.9	5.7	5.5
6	6	2	0	1	1	2	6.3	4.5	4.7	6.9
7	7	3	0	0	0	1	8.7	3.2	4	6.8
8	8	2	1	0	1	2	5.7	4	6.7	6
9	9	2	0	1	1	1	5.9	4.1	5.5	7.2
10	10	2	1	1	1	1	5.6	3.4	5.1	6.4

6단계: 데이터창에서 [Nominal] 버튼을 누른다.

Descriptives | T-Tests | ANOVA | Mixed Models | Regression | Frequencies | Factor

Scale / Ordinal / Nominal

	id	x1	x2	x3	x4	x5	x6	x7	x8	x
1	1			1	1	1	6.4	4.5	5.1	6.1
2	2			1	0	2	8.7	3.2	4.6	4.8
3	3	1	0	1	1	1	6.1	4.9	6.3	3.9
4	4	1	1	0	0	2	9.5	5.6	4.6	6.9
5	5	3	1	0	0	2	9.2	3.9	5.7	5.5
6	6	2	0	1	1	2	6.3	4.5	4.7	6.9
7	7	3	0	0	0	1	8.7	3.2	4	6.8
8	8	2	1	0	1	2	5.7	4	6.7	6
9	9	2	0	1	1	1	5.9	4.1	5.5	7.2
10	10	2	1	1	1	1	5.6	3.4	5.1	6.4

7단계: 데이터창에서 [Nominal] 버튼을 누르고 명목변수로 전환되어 있는지를 확인한다. 이어 [Click here to change labels]를 누른다.

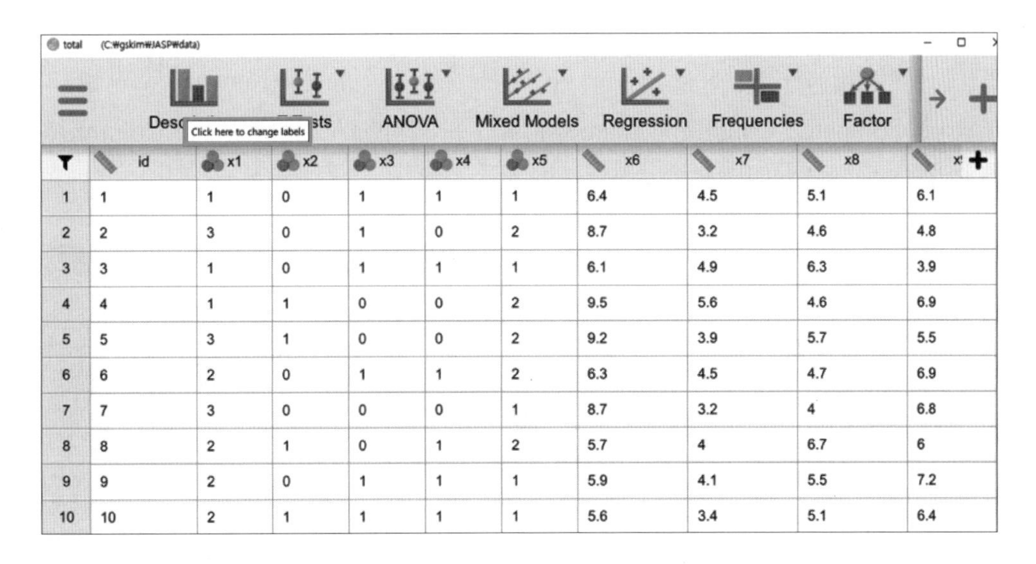

	id	x1	x2	x3	x4	x5	x6	x7	x8	x
1	1	1	0	1	1	1	6.4	4.5	5.1	6.1
2	2	3	0	1	0	2	8.7	3.2	4.6	4.8
3	3	1	0	1	1	1	6.1	4.9	6.3	3.9
4	4	1	1	0	0	2	9.5	5.6	4.6	6.9
5	5	3	1	0	0	2	9.2	3.9	5.7	5.5
6	6	2	0	1	1	2	6.3	4.5	4.7	6.9
7	7	3	0	0	0	1	8.7	3.2	4	6.8
8	8	2	1	0	1	2	5.7	4	6.7	6
9	9	2	0	1	1	1	5.9	4.1	5.5	7.2
10	10	2	1	1	1	1	5.6	3.4	5.1	6.4

8단계 : 데이터창에서 Value와 Label을 확인할 수 있다.

Descriptives T-Tests ANOVA Mixed Models Regression Frequencies Factor

x1

Filter	Value	Label
✓	1	1
✓	2	2
✓	3	3

	id	x1	x2	x3	x4	x5	x6	x7	x8	
1	1	1	0	1	1	1	6.4	4.5	5.1	6.1
2	2	3	0	1	0	2	8.7	3.2	4.6	4.8
3	3	1	0	1	1	1	6.1	4.9	6.3	3.9
4	4	1	1	0	0	2	9.5	5.6	4.6	6.9
5	5	3	1	0	0	2	9.2	3.9	5.7	5.5
6	6	2	0	1	1	2	6.3	4.5	4.7	6.9
7	7	3	0	0	0	1	8.7	3.2	4	6.8

9단계 : 데이터창에서 + 버튼을 누른다. 변수의 성격을 명목형 변수(Nominal)로 지정하고 [Create Computed Column]의 [name]에 'nx1'을 입력한다. 이어 [Create Column]을 누른다.

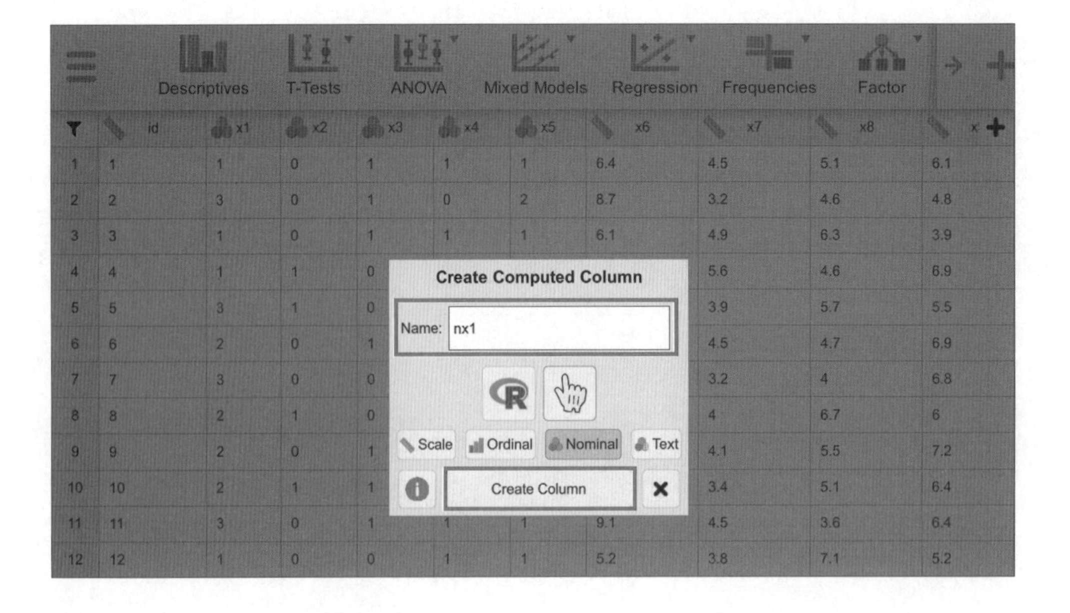

10단계 : 'x1 = 1'을 입력하고 [Compute Column] 버튼을 클릭한다.

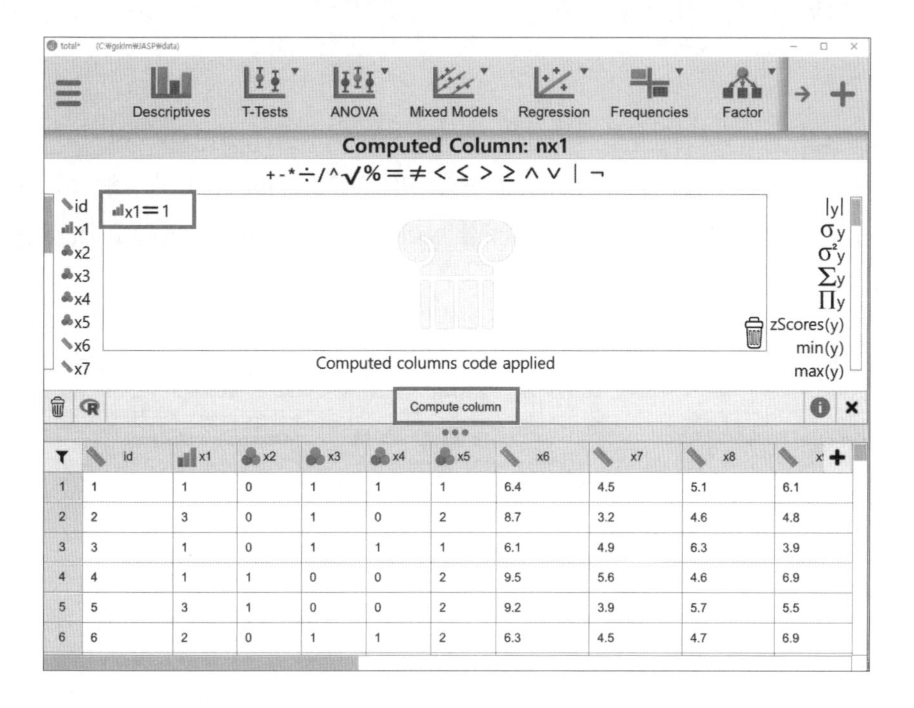

11단계 : 마우스를 이용하여 데이터창의 맨 오른쪽 열을 확인하면 새로운 변수 nx1이 생성되어 있고 1은 TRUE, 나머지는 FALSE로 지정되어 있음을 알 수 있다.

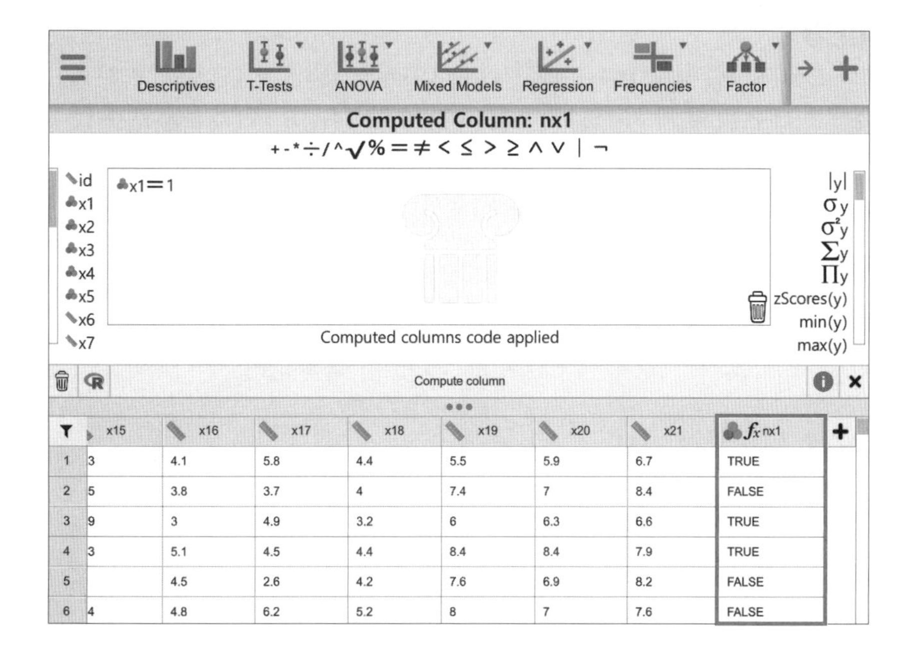

분석자는 다양한 함수를 이용하여 변수의 성격을 설정하고 해당 값을 재계산할 수 있다.

12단계: 여기서 간단한 기술통계분석을 실시하여보자. 고객유형(nx1, TRUE, FALSE)에 따른 고객만족도(x19)를 알아보고자 한다. 먼저 [Descriptives] 버튼을 누른다. 이어 [Variables]에 'x19'를, [Split]에 'nx1'을 입력하면 오른쪽에 기술통계량(Descriptive Statistics)이 나타난다.

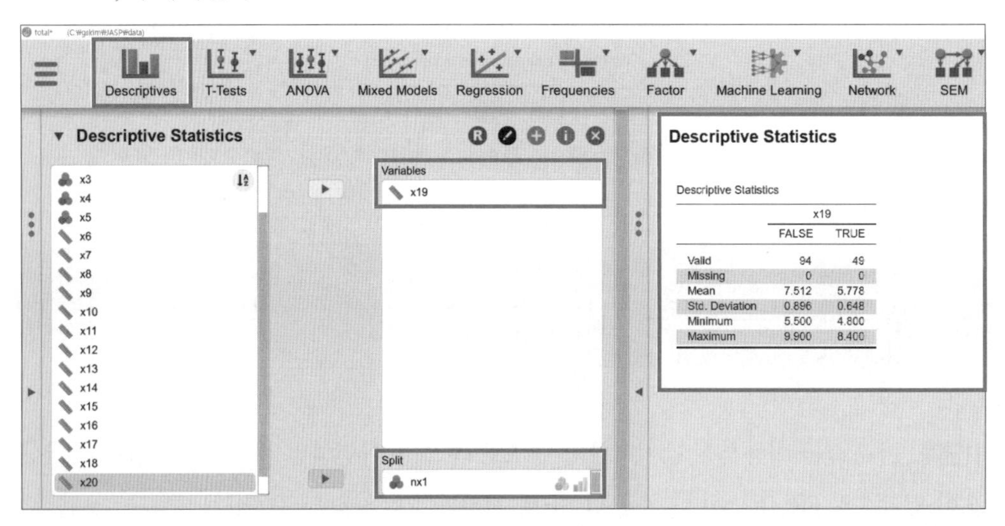

	x19	
	FALSE	TRUE
Valid	94	49
Missing	0	0
Mean	7.512	5.778
Std. Deviation	0.896	0.648
Minimum	5.500	4.800
Maximum	9.900	8.400

결과 설명

1년 미만의 고객(TRUE)은 49명이고, 이때 고객만족 정도는 5.778점이다. 2년 이상 고객(FALSE)의 고객만족 정도는 7.512점이다. 즉 거래연수가 높은 고객일수록 고객만족도가 높음을 알 수 있다.

2) If else로 양적변수를 질적변수로 변환

1단계 : [Descriptives]를 이용하여 먼저 x21(고객성과)의 평균을 구한다.

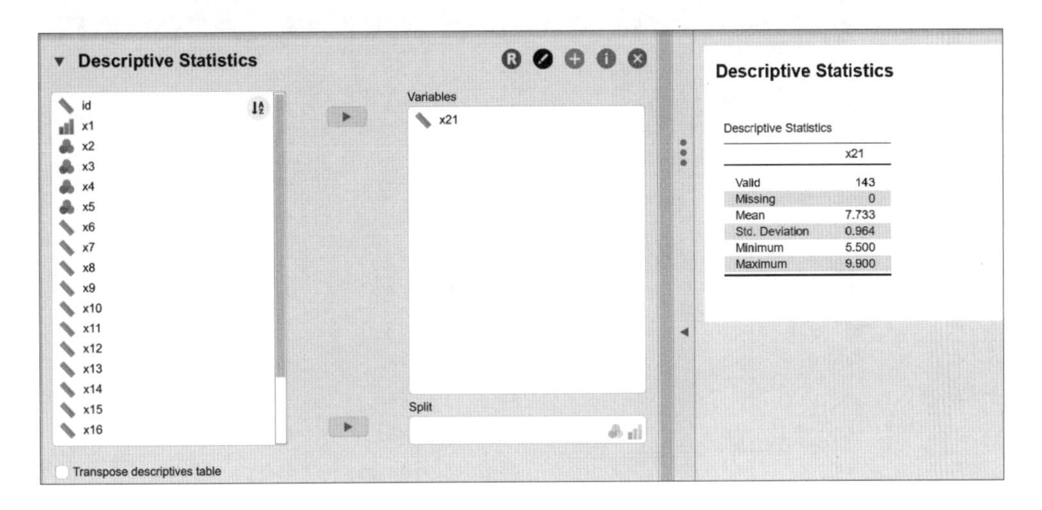

2단계 : 8 이상은 '3', 7.7-7.9는 '2', 7.6 이하는 '1'인 질적변수로 변환하기 위해서 if-else 문을 사용하기로 한다.

```
if ( 조건 1 ) {  ('조건1'일 때 실행될) 문장 또는 명령어
} if else ( 조건 2 ){
  ('조건1'이 아니고 '조건2'일 때 실행될) 문장 또는 명령어
} else {
  ('조건1'도, '조건2'도 아닐 때 실행될) 문장 또는 명령어
}
```

3단계 : 데이터창에서 [+] 기호를 클릭한다.

Regression Frequencies Factor +

x14	x15	x16	x17	x18	x19	x20	x21	+
5.4	5.3	4.1	5.8	4.4	5.5	5.9	6.7	
5.8	7.5	3.8	3.7	4	7.4	7	8.4	
5.8	5.9	3	4.9	3.2	6	6.3	6.6	
6.5	5.3	5.1	4.5	4.4	8.4	8.4	7.9	
6.7	3	4.5	2.6	4.2	7.6	6.9	8.2	
6	5.4	4.8	6.2	5.2	8	7	7.6	
6.1	5	4.3	3.9	4.5	6.6	6.4	7.1	
6.7	5.4	4.2	6.2	4.5	6.4	7.5	7.2	
6.2	6.3	5.7	5.8	4.8	7.4	6.9	8.2	
5.4	6.1	5	6	4.5	6.8	7.5	7.9	
5.8	6.7	4.5	6.1	4.4	7.6	8.5	8.8	
7.1	4.6	3.3	4.9	3.3	5.4	5.5	7	
7.2	4.5	5.4	3.9	4.5	6.6	6.9	7.2	
5.1	4.2	2.7	5	3.6	8	7.6	8.8	

4단계 : [Ordinal(서열척도)] 버튼을 클릭하고 [Name]에 'nx21'을 입력한다. [Create Column] 버튼을 클릭한다.

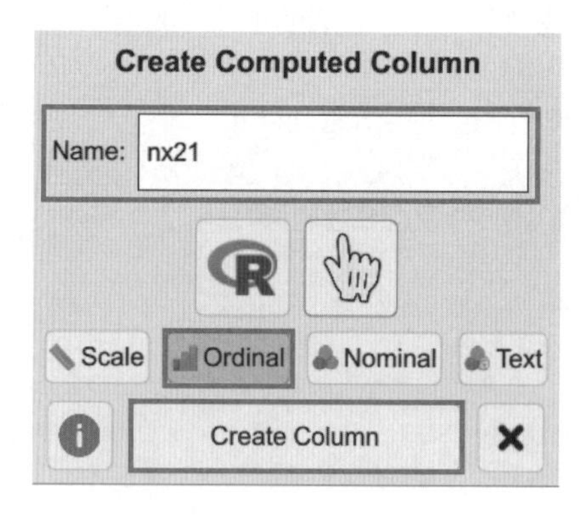

5단계 : 마우스로 드롭다운 버튼을 눌러 'ifElse(y)'로 지정한다.

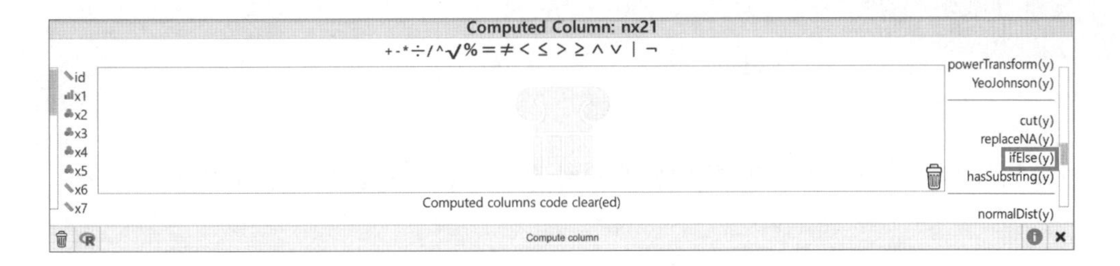

6단계 : 다음과 같이 명령어를 입력하고 [Compute Column] 버튼을 누른다.

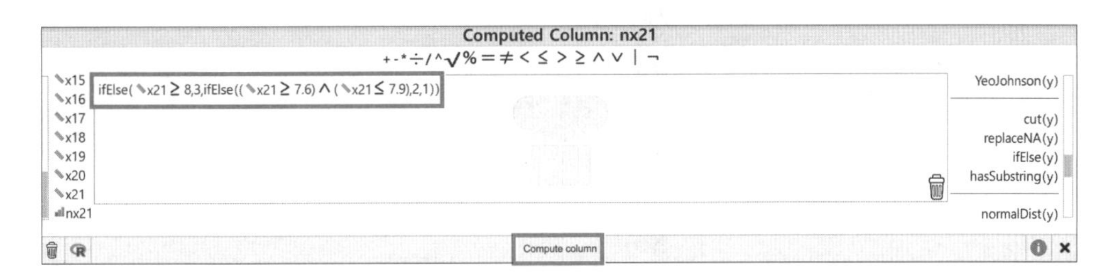

수식 ifElse(x21≥8,3,ifElse((x21≥7.6)^(x21≤7.9),2,1))은 x21이 8 이상이면 3, x21이 7.6 이상이고 7.9 이하면 2, 이외에는 1로 표시하라는 내용이다(문장 입력이 어려운 경우는 ch2.jasp 파일에서 [f_x nx21]를 눌러 확인할 수 있다).

7단계 : [Compute column] 버튼을 누르면 새로운 변수가 입력되어 있음을 알 수 있다,

Compute column

x15	x16	x17	x18	x19	x20	x21	f_x nx21
5.3	4.1	5.8	4.4	5.5	5.9	6.7	1
7.5	3.8	3.7	4	7.4	7	8.4	3
5.9	3	4.9	3.2	6	6.3	6.6	1
5.3	5.1	4.5	4.4	8.4	8.4	7.9	2
3	4.5	2.6	4.2	7.6	6.9	8.2	3
5.4	4.8	6.2	5.2	8	7	7.6	2
5	4.3	3.9	4.5	6.6	6.4	7.1	1
5.4	4.2	6.2	4.5	6.4	7.5	7.2	1

분석 도전

1. 다음 자료는 신입사원들의 첫 연봉과 학점 간의 상관관계를 조사한 자료이다.

연봉(만 원)	학점
2600	3.2
2900	3.4
2500	2.6
2600	3.5
3000	3.7
2900	4
2200	2.5
2400	3.3

1) 이 자료를 연봉이 3,000만 원 이상이면 TRUE, 나머지는 FALSE로 분류하여 입력하는 방법을 연습해보자.

2) 연봉을 기준으로 분류한 두 그룹의 평균 학점을 확인해보자.

3장 기술통계

학습목표

☑ 기술통계의 개념을 이해한다.
☑ 기술통계를 실행한다.
☑ 기술통계를 해석한다.
☑ 플롯 그리기를 실행하고, Q-Q Plot을 해석한다.
☑ 줄기와 잎 테이블을 분석하고 해석한다.

기술통계: 단일변량

단일변량(univariate)은 데이터 파일에서 단일변수(variable)를 말한다. 단일변량 기술통계는 표본에서 단일변수의 주요 특징을 설명하는 방법이다. 단일변량 기술통계로 변수의 분포, 중심경향 및 분산을 이해할 수 있다. 단일변량분석에서 기술통계분석, 테이블, 그래프 분석을 수행할 수 있다.

기술통계분석에서 평균, 중앙값, 최빈값, 범위, 표준편차 및 점수에 대한 중심경향 및 분산의 기타 척도를 계산할 수 있다. 빈도 분포로는 구간별 빈도수와 퍼센트를 확인할 수 있다. 또한 히스토그램, 박스플롯, 원형 차트 또는 기타 유형의 그래프 분석으로 분포를 시각화할 수 있다.

분석자는 데이터를 확보한 후에 분석하고자 하는 변수의 기본 특성을 알아봐야 한다. JASP에서는 기술통계 모듈을 제공한다. total.csv 데이터에서 x6(제품품질) 변수의 기술통계를 알아보기 위해 [So open a data file and take JASP for a spin!] 버튼을 눌러 total.csv를 불러온다.

1단계: 기술통계분석을 위해서 [Descriptives] 버튼을 누른다. 왼쪽 변수창에서 x6(제품품질) 변수를 오른쪽 [Variables] 칸으로 옮긴다. 이어 [Statistics] 버튼을 누른다.

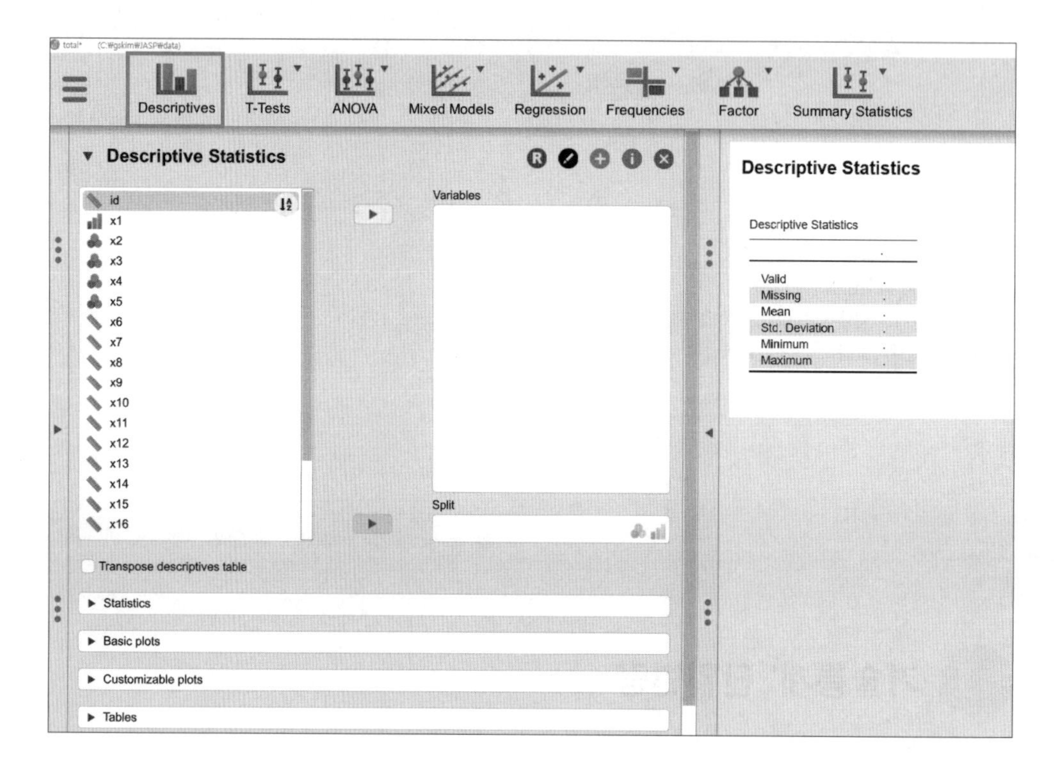

2단계 : [Central tendency(중심경향)]에서 [Mode(최빈값)], [Median(중앙값)], [Mean(평균)]에 체크한다. [Distribution(분포)]에서 [Skewness(왜도)], [Kurtosis(첨도)], [Shapiro-Wilk test]에 체크한다. Shapiro-Wilk test는 정규분포 여부를 검정하는 통계분석 방법이다.

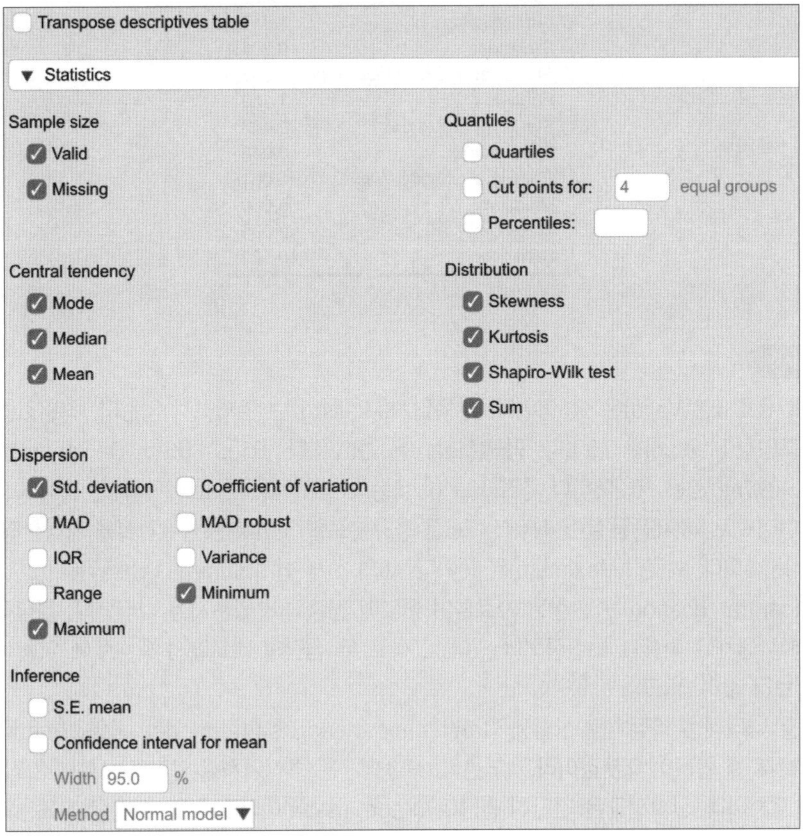

Transpose descriptives table
▼ Statistics
Sample size
Valid
Missing
Quantiles
Quartiles
Cut points for: 4 equal groups
Percentiles:
Central tendency
Mode
Median
Mean
Distribution
Skewness
Kurtosis
Shapiro-Wilk test
Sum
Dispersion
Std. deviation
Coefficient of variation
MAD
MAD robust
IQR
Variance
Range
Minimum
Maximum
Inference
S.E. mean
Confidence interval for mean
Width 95.0 %
Method Normal model ▼

Descriptive Statistics

	x6
Valid	143
Missing	0
Mode	9.900
Median	7.900
Mean	7.822
Std. Deviation	1.417
Skewness	-0.205
Std. Error of Skewness	0.203
Kurtosis	-1.159
Std. Error of Kurtosis	0.403
Shapiro-Wilk	0.948
P-value of Shapiro-Wilk	< .001
Minimum	5.000
Maximum	10.000
Sum	1118.500

결과 설명

x6 변수의 유효표본(Valid)은 143명이다. 무응답치(Missing)는 존재하지 않는다. 최빈값(Mode)은 9.9이다. 중앙값(Median)은 7.9이다. 평균(Mean)은 7.822이다. 표준오차(Std. Deviation)는 1.417이다. 왜도(Skewness)는 −0.205이다. 첨도(Kurtosis)는 −1.159이다. Shaprio-Wilk는 0.948이다. P-값은 < 0.001이므로 x6(제품품질)은 N=H_0 : x6은 정규분포일 것이라는 귀무가설을 기각한다. 최솟값(Minimun)은 5이다. 최댓값(Maximum)은 10이다. x6의 전체 합계(Sum)는 1,118.5이다.

중심위치(central location)는 관찰된 자료들이 어디에 집중되어 있는지를 나타낸다. 정상적인 빈도곡선의 경우 대체로 가운데에 집중되어 있다. 그리고 두 집단의 비교에서 오른쪽에 위치한 분포가 왼쪽의 것보다 값이 더 크다.

중심위치를 나타내는 측정치는 산술평균(arithmetic mean), 최빈값(mode), 중앙값(median) 등이 있다. 이 3가지를 합하여 대푯값이라고 부른다. 산술평균은 중심위치를 알려주는 데에 가장 많이 사용되는 측정치이다. 산술평균은 간단히 평균(average, mean)이라고 한다. 모집단과 표본의 평균을 계산하는 공식은 다음과 같다.

- **모집단 평균** $\mu = \frac{1}{N}(X_1 + X_1 + \cdots + X_N) = \frac{1}{N}\Sigma X_i$
- **표본평균** $\overline{X} = \frac{1}{n}(X_1 + X_2 + \cdots + X_n) = \frac{1}{n}\Sigma X_i$

위 공식에서 모집단 평균은 μ[mju:]라고 하며, 표본평균은 X-bar라고 읽는다.

중앙값(median)은 가운데 등수에 위치한 관찰치이다. 중앙값을 구하려면 자료를 크기 순서대로 늘어놓아야 한다.

- **중앙값** $m_d = X_{\frac{n+1}{2}}$

분산(variance)과 표준편차(standard deviation)는 산포의 정도를 나타내는 데 가장 많이 사용되는 매우 중요한 개념이다. 이들의 계산은 모집단과 표본으로 나누어 설명할 수 있다.

먼저 모집단 분산과 표준편차의 계산을 살펴보자. N개의 관찰치가 있는 모집단의 평균이 μ이면, 모집단 분산 σ^2과 표준편차 σ는 다음과 같다.

- **모집단 분산** $\sigma^2 = \frac{1}{N}\Sigma(X_i - \mu)^2$

- **모집단 표준편차** $\sigma = \sqrt{\frac{1}{N}\Sigma(X_i - \mu)^2}$

n개의 관찰치를 가지는 표본에서 평균을 $\overline{X}$라고 할 때, 분산 S^2과 표준편차 S를 구하는 공식을 살펴보자.

- **표본의 분산** $S^2 = \frac{1}{n-1}\Sigma(X_i - \overline{X})^2$

- **표본의 표준편차** $S = \sqrt{\frac{1}{n-1}\Sigma(X_i - \overline{X})^2}$

비대칭도는 분포의 모양이 중앙에서 왼쪽, 혹은 오른쪽으로 얼마나 치우쳐져 있는가를 나타내며, 이를 왜도(skewness)라고 한다. 도수분포의 왜도를 알기 위해서는 평균, 최빈값, 중앙값 등을 비교하면 된다. 이에 대해서는 이미 앞에서 설명하였다.

왜도를 측정하기 위해서는 피어슨의 비대칭계수(Pearson's coefficient)를 이용한다. 왜도는 다음과 같이 2가지 방법으로 측정할 수 있다.

• 왜도 $Sk = \frac{3(\overline{X} - m_d)}{S}$

여기서 $\overline{X}$ = 평균, m_d = 중앙값, S = 표준편차

$$S_k = \frac{[\bar{x} - M_o]}{S}$$

여기서 $\overline{X}$ = 평균, M_o = 중앙값, S = 표준편차

대칭 분포인 경우에는 왜도의 값이 0이며, 왼쪽꼬리(skew to left)분포인 경우에는 음수, 반대로 오른쪽꼬리(skew to right)분포인 경우에는 양수의 값을 가진다.

첨도(kurtosis)는 평균값을 중심으로 분포의 모양이 얼마나 뾰족한가를 나타낸다. 첨도의 값이 0이면 정규분포에 가깝다. 첨도가 양의 값을 가지면 정규분포보다 좁게 밀집되어 뾰족한 형태를 보이며, 음의 값을 가지면 정규분포보다 넓게 퍼진 모양을 보인다.

• 첨도 $a = \frac{\frac{1}{N}\sum f_i (X_i - \mu)^4}{\sigma^4}$

위 식에서 $\alpha = 3$이면 정규분포(normal), $\alpha > 3$이면 위로 뾰족(leptokurtic), $\alpha < 3$이면 완만(platykurtic)한 경우임을 나타낸다. 여기서는 –1.159이므로 완만한 첨도를 보인다고 할 수 있다.

2 플롯

1단계: 분석자는 수치로 나타내는 기술통계량과 함께 이를 시각적인 도표로 나타내어 데이터의 기본 특성을 파악할 수 있다. [Basic plots]을 눌러서 [Interval plots], [Q-Q plots], [Dot plots]에 체크한다.

▼ Basic plots

Distribution plots　Correlation plots

Display density

Display rug marks

Bin width type　Sturges ▼

Number of bins　30

Categorical plots

Pareto plots

Pareto rule　90　%

Likert plots

Assume all variables share the same levels

Adjustable font size for vertical axis　Normal ▼

☑ Interval plots

☑ Q-Q plots

Pie charts

☑ Dot plots

▼ Customizable plots

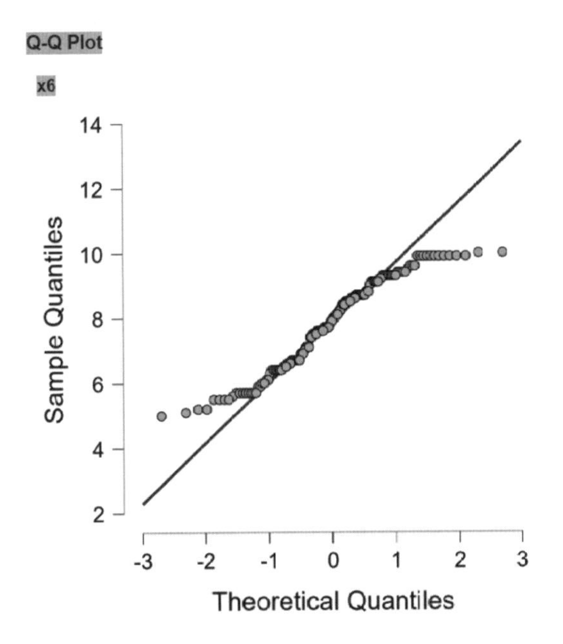

결과 설명

Q-Q Plot은 분위수 대조도라고도 하며, 정규모집단 가정을 하는 방법 중 하나이다. 이는 수집 데이터를 표준정규분포의 분위수와 비교하여 그리는 그래프로, 간단하게 데이터의 정규성 가정을 검토할 수 있다. 모집단이 정규성을 따른다면 직선 형태로 그려지는데, Q-Q Plot에서 점들이 기울기가 45도인 직선에 밀집되어 있어야 정규분포를 가정할 수 있다. 여기서는 기울기가 45도인 직선에서 벗어난 점들이 나타나기 때문에 정규분포를 보인다고 할 수 없다.

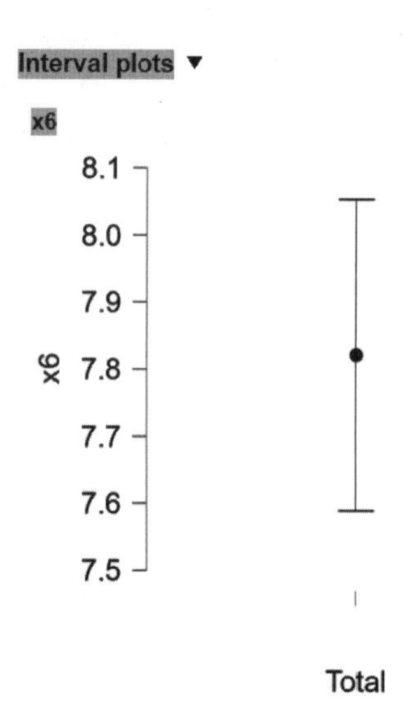

결과 설명

간격 그래프(interval plot)는 실제 선의 간격 집합으로 구성된 무방향 그래프이며, 각 간격에 대한 꼭짓점과 간격이 교차하는 꼭짓점 사이에 가장자리가 있다. 그래프의 점은 중앙값(median)을 나타낸다.

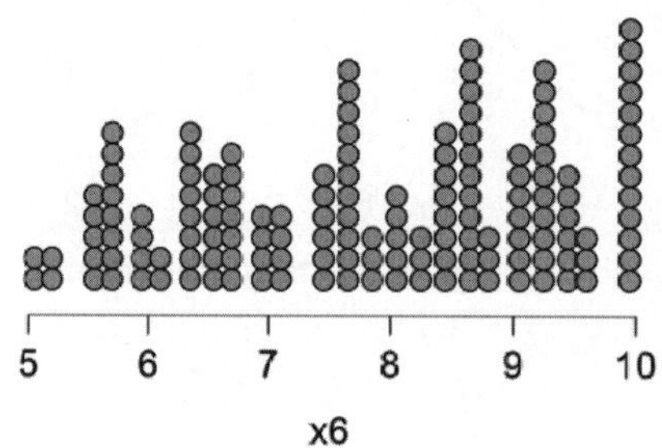

결과 설명

점 도표 혹은 점 그래프(Dot Plot)는 통계학에서 데이터들의 분포를 점으로 나타내주는 그래프, 또는 그러한 그래프로 나타내는 방법으로, 각 점수대별 분포(원)가 나타나 있다.

3 테이블

많은 자료를 간단하게 요약하여 기술하기 위해 테이블을 작성하는 방법이 있다. 여기서는 [Tables]를 누르고 [Stem and leaf tables]에 체크한다.

그러면 다음과 같은 그림을 얻을 수 있다.

Stem and Leaf

x6

Stem		Leaf
5	|	0122
5	|	5555677777777799
6	|	001134444444
6	|	5556667777777999
7	|	0111144
7	|	555566666677777899
8	|	00011223444
8	|	55555666677777777888
9	|	0111111223333333344444
9	|	566699999999999
10	|	00

Note. The decimal point is at the |

결과 설명

줄기 잎 그림(stem-and-leaf plot)은 자료를 표와 그래프 형태가 혼합된 방법으로 나타낸 것이다. 줄기(stem)에는 자료들의 공통되는 부분을 모아놓으며, 잎(leaf)에는 줄기의 나머지 부분을 모아둔다. 도수는 한 줄기에 속하는 자료의 개수를 의미한다.

4 기술통계: 다변량

2개 이상의 변수가 조합을 분석하는 것을 다변량(multivariate)이라고 한다. 다음 예제를 이용하여 알아보자.

> **예제 1**
>
> total.csv 데이터를 이용하여 x2(성별, 0=여성, 1=남성)에 따른 x19(고객만족)와 x20(추천의도)의 관계를 플롯을 그려 설명하는 방법을 알아보자.

1단계: 기술통계분석을 위해서 [Descriptives] 버튼을 누르고 x19와 x20 변수를 [Variables] 칸으로 옮긴다. 이어 x2 변수(성별)를 [Split] 칸으로 옮긴다.

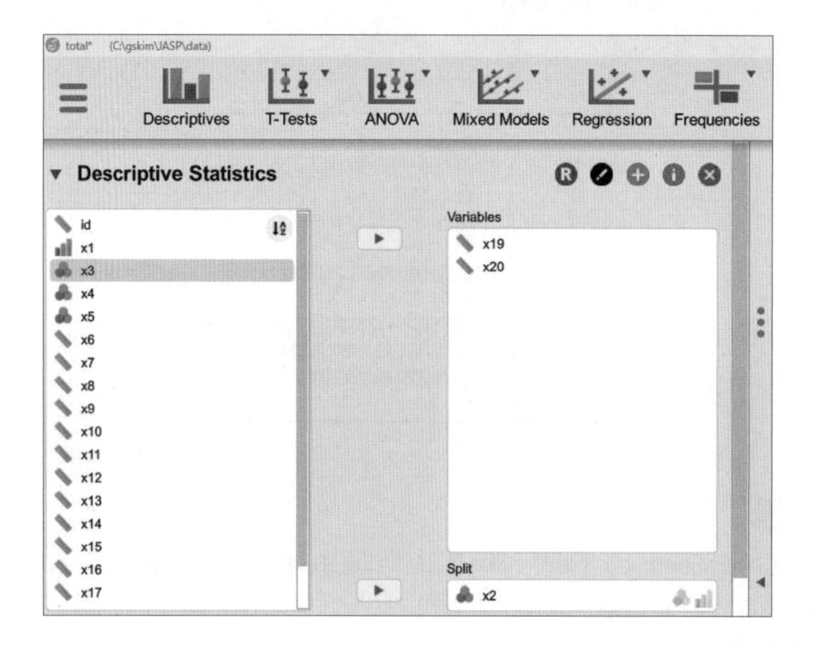

2단계: [Scatter plots] 칸의 [Graph above scatter plot]에서 [Density(밀도)]를 지정한다. 이어 [Graph right of scatter plot]에서도 [Density]를 지정한다. [Add regression line(회귀선 추가)]을 누르고 [Linear(선형)]를 지정한다. 이어 범례를 보여주기 위해서 [Show legend]를 지정한다.

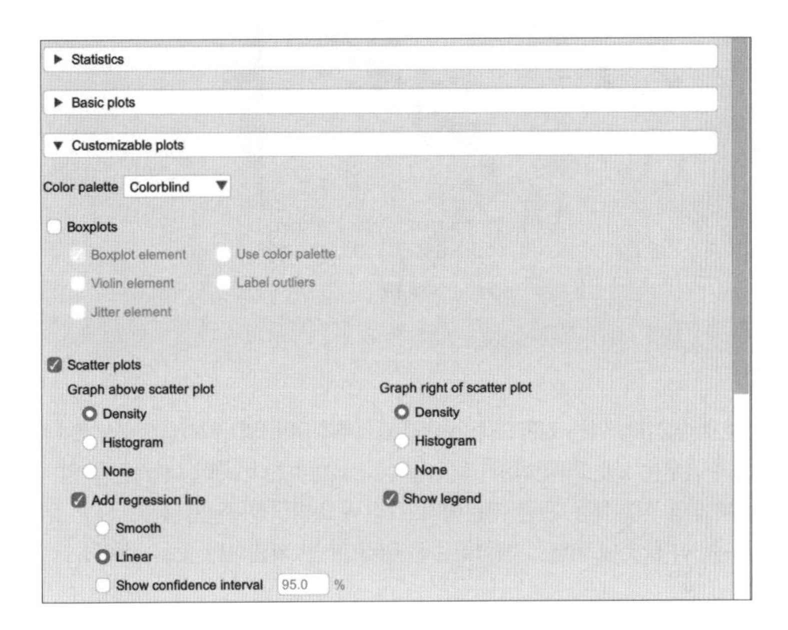

3단계: 출력 결과를 올바르게 해석한다.

Descriptive Statistics

Descriptive Statistics

	x19		x20	
	0	1	0	1
Valid	82	61	82	61
Missing	0	0	0	0
Mean	7.056	6.731	6.955	6.869
Std. Deviation	1.147	1.165	1.005	1.050
Minimum	4.800	4.800	4.600	5.000
Maximum	9.000	9.900	9.900	9.600

결과 설명

성별(0=여성, 1=남성)에 따른 x19(고객만족)와 x20(추천의도)의 유효(Valid)빈도, 평균(Mean), 표준편차(Std. Deviation), 최솟값(Minimum)과 최댓값(Maximum)이 나타나 있다.

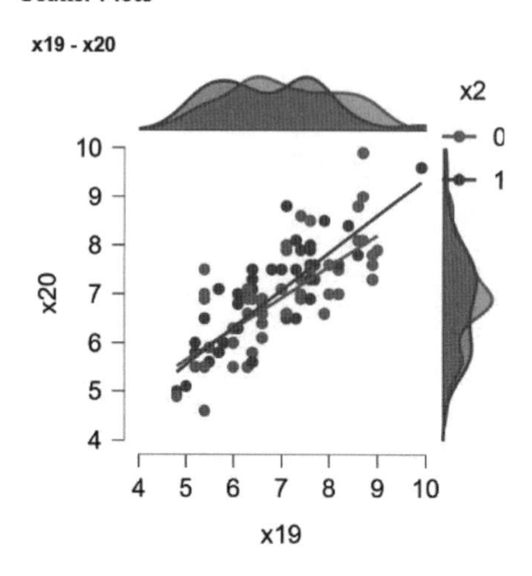

결과 설명

x2(성별, 0=여성, 1=남성)에 따른 x19(고객만족)와 x20(추천의도)의 관계가 플롯으로 나타나 있다. 여성에 비해 남성의 경우는 x19(고객만족)가 높아질수록 x20(추천의도)이 더 커짐을 알 수 있다. 이 내용은 '5장 분석분석'의 '상호작용' 관련 부분이나 '12장 구조방정식모델분석_고급'의 '조절효과분석'에서도 다루는 내용이니 플롯을 어떻게 해석하는지 미리 한 번 확인하면 좋을 것이다.

알아두면 좋아요!

데이터 분석, 최신 분석방법, 데이터 사이언스 관련 정보가 총망라되어 있는 사이트이다. 자주 방문해보면 유익한 정보를 얻을 수 있다.

- STHDA(Statistical tools for high-throughput data analysis) 사이트

- 데이터 사이언스 정보 사이트

분석 도전

1. 다음은 어느 학교 학생 60명의 몸무게를 측정하여 정수로 기록한 자료이다. 이 자료를 이용하여 도수분포표를 만들어라.

40	70	46	52	55	56	62	71	53	62	50	44	63	45	62	48	57	58	57	56
56	66	56	57	67	50	68	41	60	59	51	60	52	55	49	68	54	58	59	50
55	56	48	67	49	53	62	48	53	61	61	72	57	52	52	58	59	69	47	64

1) 평균과 표준편차를 구해보자.

2) 정규분포 여부를 Shapiro–Wilk test와 Q–Q plot을 그려 알아보자.

3) 줄기와 잎 테이블을 그려보자.

힌트) 먼저, 40~49는 1, 50~59는 2, 60~69는 3, 70 이상은 4로 재정의하는 방법을 권한다.

2부
평균비교

4장 t검정과 교차분석

학습목표

- ☑ 단일표본 t검정을 실행하고 해석방법을 이해한다.
- ☑ 독립표본 t검정을 실행하고 해석방법을 이해한다.
- ☑ 쌍체표본을 실행하고 해석방법을 이해한다.
- ☑ 교차분석의 개념을 이해하고 분석 결과를 해석한다.

1 t검정

1-1 단일표본

t검정은 표본평균 검정이라고도 한다. 표본평균의 검정은 일정한 기준(임계치)에서 평균에 대한 가설을 채택할 것인가, 혹은 기각할 것인가를 결정하는 방법이다. 단일표본의 추론은 모분산 σ^2을 아는 경우와 모르는 경우로 나누어야 한다. 또한 대표본($n \geq 30$), 소표본($n < 30$)에 따라 적용하는 분포가 달라진다.

[표 4-1] 분포 구분

	모분산(σ^2)을 아는 경우	모분산(σ^2)을 모르는 경우
대표본	Z	Z
소표본	Z	t

여기서는 신뢰구간을 이용하여 설명하는데, 신뢰구간(confidence interval)이란 일정한 확률 범위 내에 모수가 포함될 가능성이 있는 구간을 뜻한다. 이 신뢰구간에 귀무가설(H_0)의 통계량이 포함되면 귀무가설은 채택된다고 해석한다. 반면에 신뢰구간에 귀무가설(H_0)의 통계량이 포함되지 않으면 귀무가설은 기각된다고 해석한다.

① σ^2을 아는 경우

$$\mu \in \bar{X} \pm Z_{\frac{\alpha}{2}} \cdot \frac{\sigma}{\sqrt{n}}$$

② σ^2을 모르는 경우

$$\mu \in \bar{X} \pm Z_{\frac{\alpha}{2}} \cdot \frac{S}{\sqrt{n}}$$

③ σ^2을 모르거나, 소표본인 경우(모집단 정규분포 가정)

$$\mu \in \bar{X} \pm t_{(\frac{\alpha}{2}, n-1)} \cdot \frac{S}{\sqrt{n}}$$

예제 1

분석자는 total.csv 파일에서 'x20(추천의도)이 5일 것이다'라는 귀무가설(H_0)을 검정하고자 한다.

1단계: 단일표본 t검정(one sample t-test)을 위해서 다음과 같은 귀무가설(H_0)과 연구가설(H_1)을 설정한다.

- $H_0 : \mu = 5$
- $H_1 : \mu \neq 5$

2단계: 단일표본 t검정을 위해서 [T-Tests]를 누른다. 이어 [Classical]에서 [One Sample T-Test] 버튼을 누른다.

3단계 : x20 변수를 [Variables] 칸으로 옮긴다. 이어서 [Test Value:]에 '5'를 입력하고 [Descriptives]를 누른다.

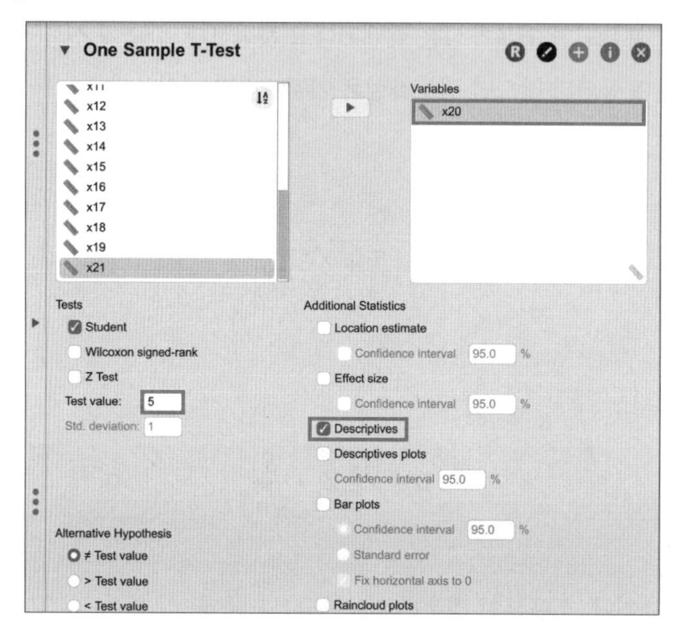

4단계 : 오른쪽 창에 결과가 나타난다.

One Sample T-Test

One Sample T-Test

	t	df	p
x20	22.454	142	< .001

Note. For the Student t-test, the alternative hypothesis specifies that the mean is different from 5.
Note. Student's t-test.

Descriptives

Descriptives

	N	Mean	SD	SE	Coefficient of variation
x20	143	6.918	1.022	0.085	0.148

결과 설명

x20(추천의도)의 t통계량은 22.454, 자유도(df)는 142이다. 이에 대한 유의확률은 <0.001이기 때문에 'H_0 : $\mu = 5$일 것이다'라는 귀무가설을 기각하고 H_1을 채택한다. 전체 표본(N)은 143, 평균(Mean)은

6.918임을 알 수 있다. 표준편차(SD)는 1.022, 표준오차(SE)는 0.085이다. 분산계수(Coefficient of variation)는 0.148이다.

1-2 독립적인 두 표본

독립적인 두 표본을 비교하는 데 가장 많이 사용하는 것은 두 평균의 차이를 검정하는 것이다. 두 모집단에서 각각의 표본을 뽑았을 때 그 평균차의 표본분포의 평균과 분산은 다음과 같다.

- **평균** : $\mu_{\overline{x_1}-\overline{x_2}} = \mu_1 - \mu_2$
- **분산** : $\sigma_{\overline{x_1}-\overline{x_2}} = \dfrac{\sigma_1^2}{n_1} + \dfrac{\sigma_2^2}{n_2}$

두 표본의 평균 차이에 관하여 신뢰구간을 구하는 방법은 크게 3가지로 나눈다.

① σ_1^2과 σ_2^2을 알고 있을 때

$$\mu_1 - \mu_2 \in (\overline{x_1} - \overline{x_2}) \pm z_{\frac{\alpha}{2}} \cdot \sigma_{\overline{x_1}-\overline{x_2}}$$

② σ_1^2과 σ_2^2을 모르거나 같다고 가정하고, 대표본의 경우

$$\mu_1 - \mu_2 \in (\overline{x_1} - \overline{x_2}) \pm z_{\frac{\alpha}{2}} \cdot S_{\overline{x_1}-\overline{x_2}}$$

$$\text{여기서 } S_{\overline{x_1}-\overline{x_2}} = \sqrt{\frac{S_1^2}{n_1} + \frac{S_2^2}{n_2}}$$

③ σ_1^2과 σ_2^2을 모르거나 같다고 가정하고, 소표본의 경우

$$\mu_1 - \mu_2 \in (\overline{x_1} - \overline{x_2}) \pm t_{(\frac{\alpha}{2},\, n-1)} \cdot S_{\overline{x_1}-\overline{x_2}}$$

$$\text{여기서 } S_{\overline{x_1}-\overline{x_2}} = S_p \sqrt{\frac{1}{n_1} + \frac{1}{n_2}}$$

$$S_p = \sqrt{\frac{(n_1 - 1)S_1 + (n_2 - 1)S_2}{n_1 + n_2 - 2}}$$

(t의 자유도 $= n_1 + n_2 - 2$)

예제 2

total.csv 파일에서 'H_0 : x2(성별: 0=여성, 1=남성)에 따라 x19(고객만족)가 같을 것이다'라는 귀무가설을 검정하고자 한다.

1단계 : 독립표본 t검정(independent samples t-test)을 위해서 다음과 같은 귀무가설(H_0)과 연구가설(H_1)을 설정한다.

- $H_0 : \mu_{female} = \mu_{male}$
- $H_1 : \mu_{female} \neq \mu_{male}$

2단계 : 독립표본 t검정을 위해서 [T-Tests]를 누른다. 이어 [Classical]에서 [Independent Samples T-Test] 버튼을 누른다.

3단계 : [Dependent Variable(종속변수)] 칸에는 x20 변수를, [Grouping Variable(집단변수)] 칸에는 x2 변수를 지정한다. 이어 [Descriptives], [Descriptives plots], [Bar plots]과 [Raincloud plots]의 [Horizontal display]를 지정한다. 또한 [Assumption Checks]에서 [Normatlity(정규분포성)], [Equality of Variance(분산 동일성)]를 지정한다(지정화면을 모두 나타낼 수 없어 그림에서 생략함).

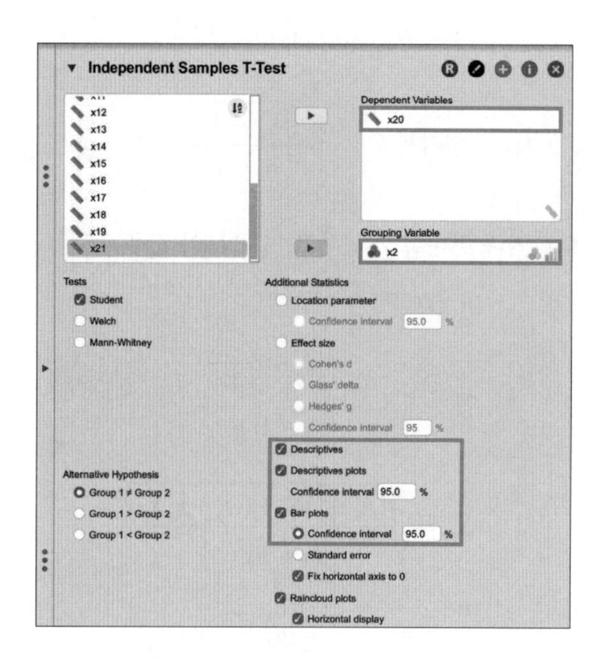

참고로, Tests에서 Student, Welch, Mann-Whitney의 차이점을 살펴보면 다음과 같다. 두 집단 평균 비교방법 중 모분산이 같다는 기본 가정을 만족하는 경우 t-test, 두 집단 평균비교 시 정규분포 기본 가정을 만족하지 못하는 경우 Welch 검정이나, Mann-Whitney 분석을 실시한다.

Independent Samples T-Test

Independent Samples T-Test

	t	df	p
x20	0.497	141	0.620

Note. Student's t-test.

결과 설명

x20 변수(추천의도)의 Student's t통계량은 0.497, 자유도(df)는 141, 이에 대한 확률값(p)은 0.620이다.

$$H_0 : \mu_1 - \mu_2 = 0$$
$$H_1 : \mu_1 - \mu_2 \neq 0$$

따라서 p(0.620) > α=0.05이기 때문에 여성과 남성 간의 평균 추천의도 차이는 통계적으로 유의하지 않음을 알 수 있다.

Assumption Checks ▼

Test of Normality (Shapiro-Wilk) ▼

		W	p
x20	0	0.980	0.236
	1	0.964	0.074

Note. Significant results suggest a deviation from normality.

Test of Equality of Variances (Levene's)

	F	df_1	df_2	p
x20	0.876	1	141	0.351

Descriptives

Group Descriptives

	Group	N	Mean	SD	SE	Coefficient of variation
x20	0	82	6.955	1.005	0.111	0.145
	1	61	6.869	1.050	0.134	0.153

결과 설명

성별(0,1)에 따른 x20 변수의 정규분포성을 Shapiro-Wilk 방식에 의해 검정한 결과, 여성(0)인 경우 W=0.980, 유의확률=0.236 > α=0.05이므로 'H_0 : x20 변수는 정규분포를 보일 것이다'라는 귀무가설을 채택한다. 또한 남성(1)인 경우는 W=0.964, p=0.074이므로 'H_0 : x20 변수는 정규분포를 보일 것이다'라는 귀무가설을 채택한다.

평균 차이 검정에 앞서 분산의 동일성 검정(Levene 등분산 검정)을 먼저 한다. 여기서는 분석 결과에서 두 집단의 모집단이 동일할 때는 Equal variances assumed를 이용하여 가설 검정을 하고, 모분산이 다를 때에는 Equal variances not assumed를 이용한다. 분산 동일성에 대한 가설 검정은 다음과 같다.

[Levene 등분산 검정: F = 0.876, $df_1 = 1$, $df_2 = 141$, 유의확률 = 0.351] 독립표본 t검정을 위해서는 먼저 두 집단의 분산의 동일성 가정을 검정하여야 한다. 이러한 분산의 동일성 여부는 Levene의 검정, 즉 F값을 이용한다.

- $H_0 : \sigma_1^2 = \sigma_2^2$
- $H_1 : \sigma_1^2 \neq \sigma_2^2$

F값이 0.876이고 유의확률(P) = 0.351 > α = 0.05이므로 두 모집단의 분산이 동일하다는 귀무가설(H_0)이 채택되어, 등분산이 가정된 상황에서 t검정을 실시한다. 만약 유의확률(P) < 0.05이면 등분산이 가정되지 않은 상황에서 실시한다.

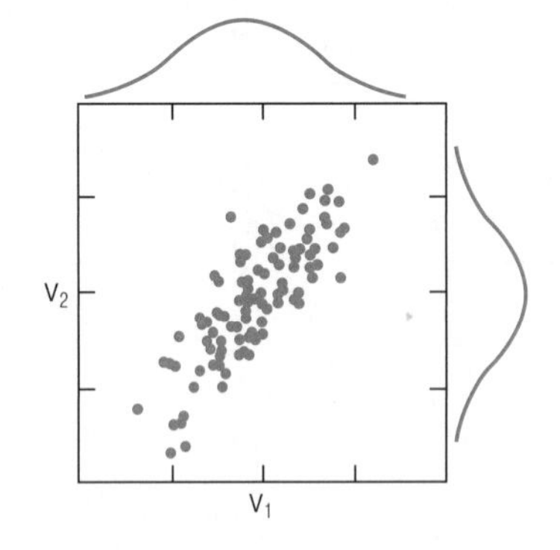

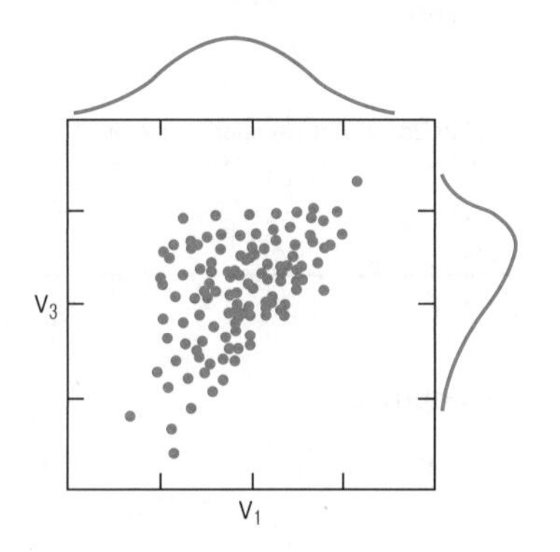

[그림 4-1] 등분산과 이분산

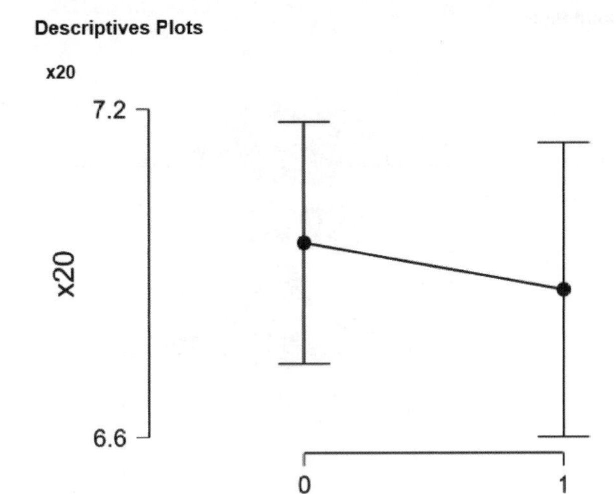

결과 설명

여성(0)과 남성(1)의 x20 변수(추천의도)에 대한 평균을 그래프로 처리한 것을 볼 수 있다.

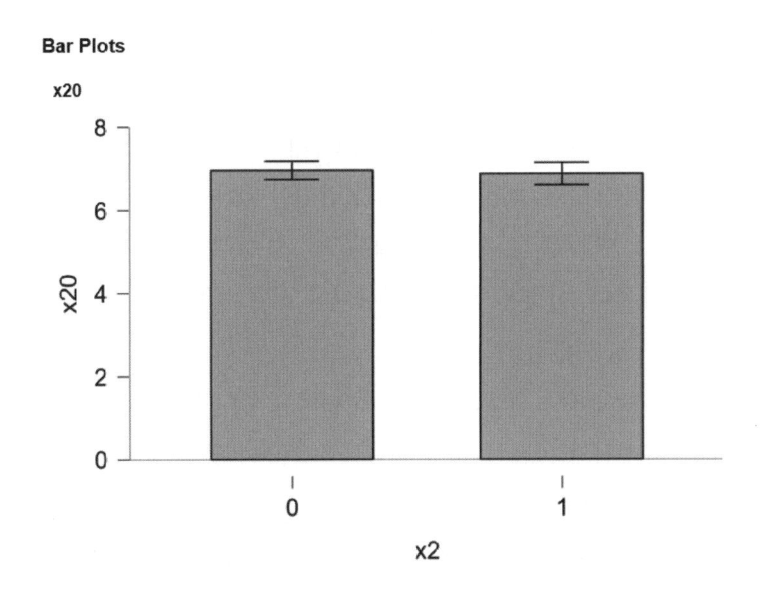

결과 설명

여성(0)과 남성(1)의 x20 변수(추천의도)에 대한 막대그래프가 나타나 있다.

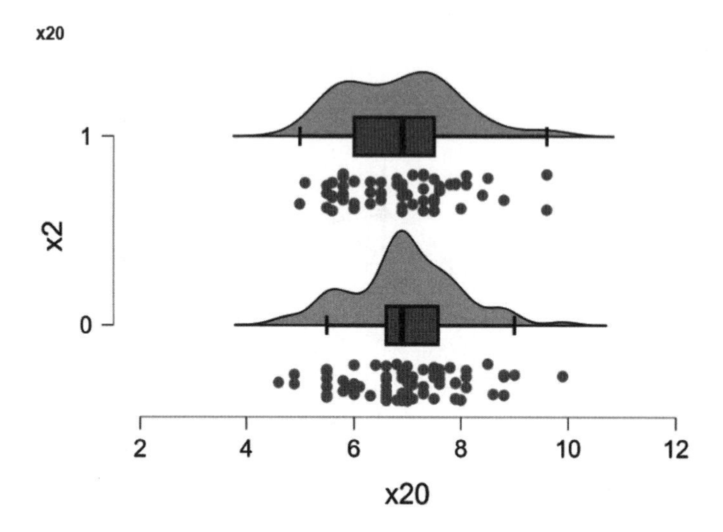

결과 설명

여성(0)과 남성(1)의 x20 변수(추천의도)에 대해 비구름(Raincloud) 방식의 박스플롯과 분포도가 나타나 있다.

1-3 동일 모집단으로부터의 두 표본

앞에서 설명한 두 모집단 추론 문제에서는 두 표본이 독립적이라고 가정하였다. 다시 말하면 한 표본의 관찰치는 다른 표본의 관찰치와 관련이 없다는 것이다. 여기에서는 두 표본이 독립적이지 않고, 먼저 뽑은 표본의 통계량과 나중에 뽑은 표본의 통계량이 서로 관련이 있는 경우를 다룬다. 이것은 동일한 사람이나 사물에 대하여 일정한 시간을 두고 2번 표본을 추출하는 경우이다.

예를 들어, 어느 회사에서 새로운 광고를 준비하고 있다고 하자. 이 광고의 노출효과가 있는지 여부를 분석하기 위해서 10명을 표본추출하여 광고 전에 광고 노출을 한 후, 1달 후에 매출액을 산출해보면 된다. 이 경우에 두 평균 차이가 유의한지 여부를 분석하기 위하여 앞에서 실시한 방법대로 검정을 하는 것은 옳지 않다. 실험 이전의 표본이나 실험 이후의 표본이 동일한 모집단에서 추출되었으므로 상당한 상관관계를 지니고 있기 때문이다. 이러한 경우에는 t검정 대신에 쌍표본 t검정(paired samples t-test)을 사용한다. 동일 모집단의 표본평균 차이 μ_d의 신뢰구간은 다음과 같다.

$$\mu_d \in \bar{d} \pm t_{(\frac{\alpha}{2},\, n-1)} \frac{S_d}{\sqrt{n}}$$

$$\text{여기서 } \bar{d} = \frac{\sum d}{n}$$

$$S_d = \sqrt{\frac{\sum(d - \bar{d})^2}{n-1}}$$

예제 3

SMU Wellness 센터에서는 센터를 이용하는 회원들의 운동효과를 알아보려고 한다. 이를 위해 센터 회원 중 10명을 뽑아 1달 동안 운동 프로그램을 실행한 후 운동 실시 전(before)과 실시 후(after)의 체중을 재어 비교해보았다. 결과는 다음과 같다. 식이요법을 통한 체중 변화 여부를 $\alpha=0.05$에서 가설 검정하여라.

데이터 wellness.csv

before	after
70	68
62	62
54	50
82	75
75	76
64	57
58	60
57	53
80	74
63	60

1단계 : wellness.csv를 불러오기 위해서 JASP 프로그램을 실행한 후 [So open a data file and take JASP for a spin!] 버튼을 누른다. 이어 [Recent Folders]의 [Browse] 버튼을 눌러 wellness.csv를 지정한다.

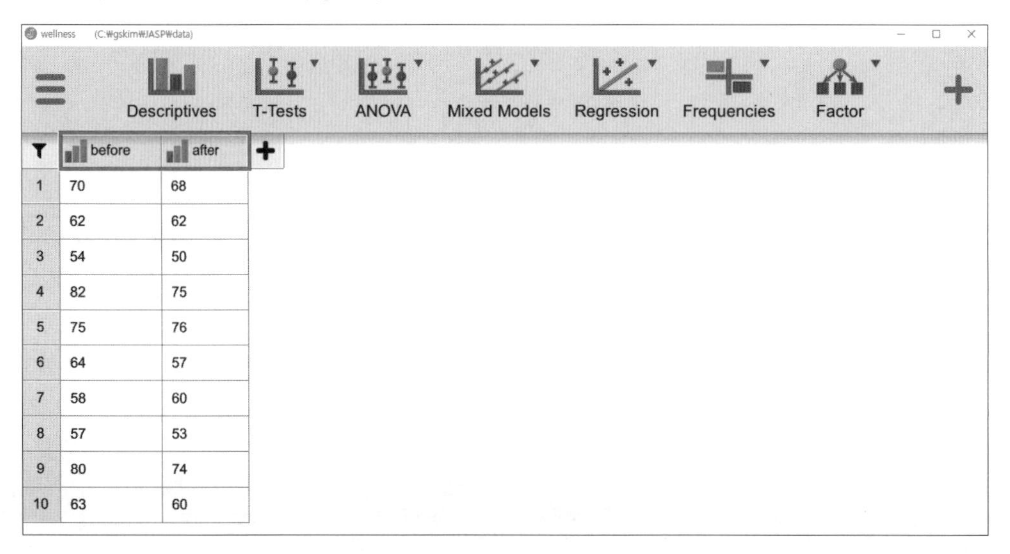

2단계 : before 변수와 after 변수를 현재 서열척도(ordinal)에서 비율척도(scale)로 변경한다. 독립표본 t검정(independent samples t-test)을 위해서 [T-Tests]를 누른다. 이어 [Classical]에서 [Paired Samples T-test] 버튼을 누른다.

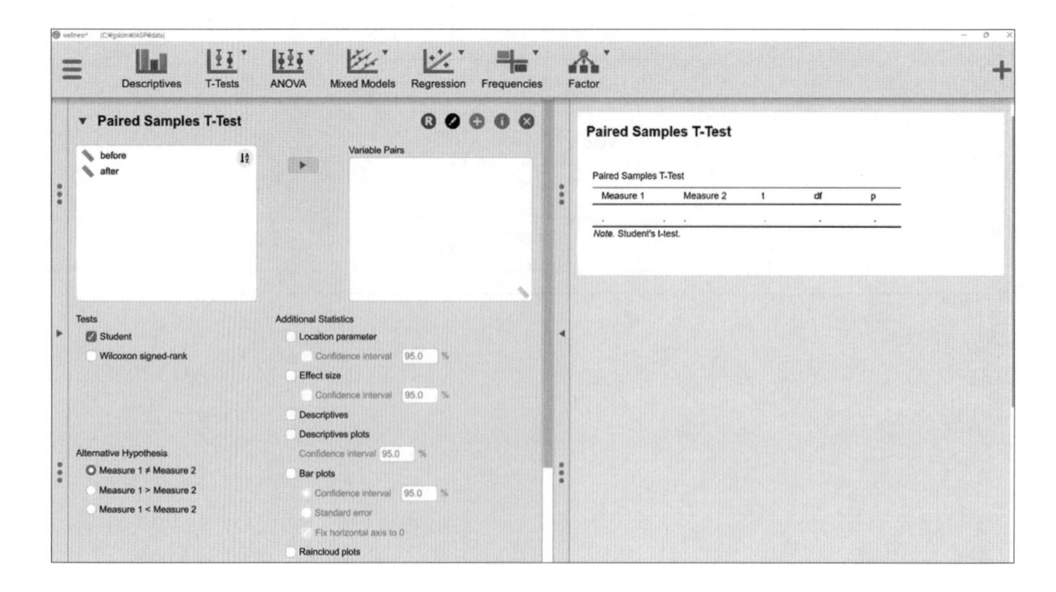

3단계: [Additional Statistics]에서 [Location Parameter]를 지정한다. 또한 [Descriptives], [Descriptives plots], [Rain cloud plots]에 체크한다.

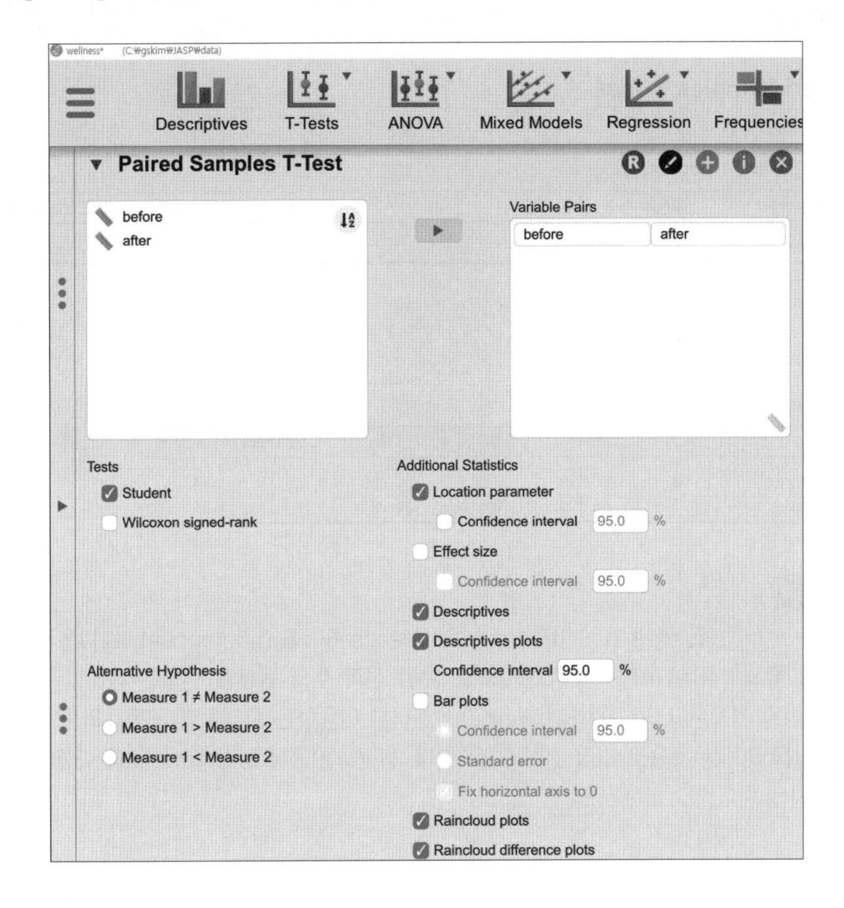

참고로 Alternatives Hypothesis(연구가설, 대체가설)의 [Measure 1 ≠ Measure 2]는 양측검정을, [Measure 1 > Measure 2]는 단측검정의 왼쪽꼬리검정을, [Measure 1 < Measure 2]는 단측검정의 오른쪽꼬리검정을 나타낸다.

4단계 : 다음의 결과를 해석한다.

Results ▾

Paired Samples T-Test

Paired Samples T-Test

Measure 1		Measure 2	t	df	p	Mean Difference	SE Difference
before	-	after	2.935	9	0.017	3.000	1.022

Note. Student's t-test.

Descriptives

Descriptives

	N	Mean	SD	SE	Coefficient of variation
before	10	66.500	9.801	3.099	0.147
after	10	63.500	9.312	2.945	0.147

결과 설명

[before-after t=2.935, df=9, p=0.017, Mean Difference=3, SE Difference=1.022] t통계량=2.935, 자유도=9, p(유의확률)=0.017 < α=0.05이므로 '운동 전과 후의 몸무게 변화는 동일할 것이다'라는 H_0(귀무가설)을 기각한다. 따라서 SU Wellness 센터를 이용하는 고객들의 운동효과는 체중감소에 유의한 영향을 미치는 것으로 나타났다고 해석한다. 평균 차이(Mean Difference)는 3(66.5-63.5)이다. 표준오차의 차이(SE Difference)는 1.022이다.

[before N=10, Mean=66.50, SD=9.801, SE=3.099, Coefficient of variation=0.147] 운동 전 Mean(평균)=66.50, SD(표준편차)=9.801, SE(표준오차)=3.099, Coefficient of variation(분산계수)=0.147임을 알 수 있다.

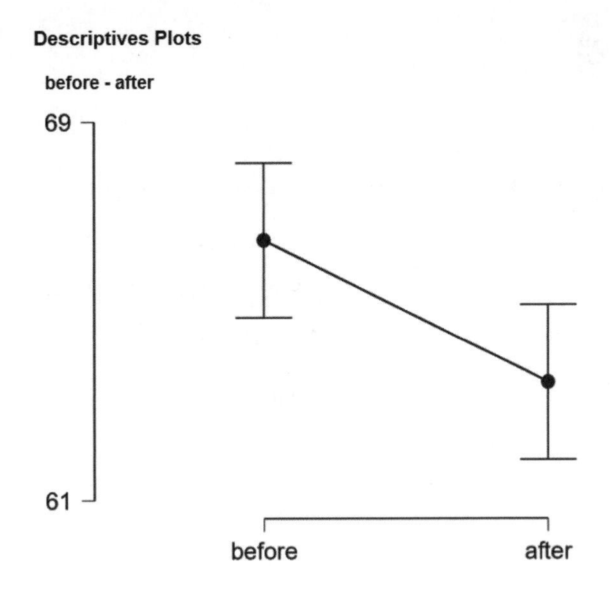

결과 설명

운동 전(before)과 운동 후(after)의 평균변화 그래프가 나타나 있다.

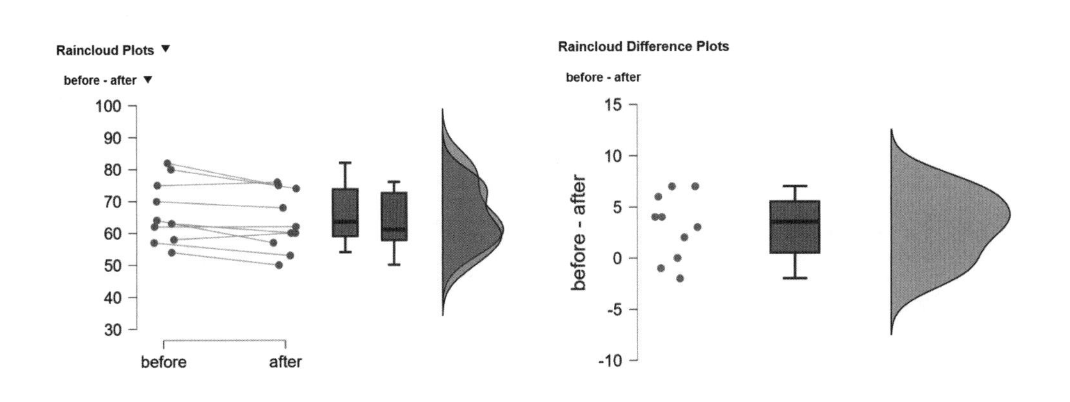

결과 설명

Raincloud Plots에서 10명의 표본에 대한 운동 전과 후의 그림이 박스플롯(봉차트)으로 나타나 있다. Raincloud Difference Plots에는 10개 표본의 평균 차이 정도가 박스플롯으로 나타나 있다.

2 교차분석

통계자료를 수집·분석할 때에 특정 분류기준에 따라 표로 만들어 정리하면 복잡한 자료를 쉽게 이해할 수 있다. 이것을 분할표(contingency table)라 하는데, 일반적으로 행(row)에는 r개, 열(column)에는 c개의 범주가 있다. 우리는 행과 열의 분류기준에 따라 관찰대상을 분류하고 $r \times c$ 분할표를 만들 수 있다. 이 절에서는 분할표를 이용하여 여러 모집단의 성질에 대하여 설명하는 교차분석(crosstabulation analysis)을 다루기로 한다.

교차분석은 두 변수 간에 어떠한 관계가 있는지를 살펴보는 가장 기본적인 분석방법이다. 분할표로 정리된 자료를 분석하는 데에는 χ^2검정(chi-square test)이 이용된다. χ^2검정의 기본 원리는 다음과 같다.

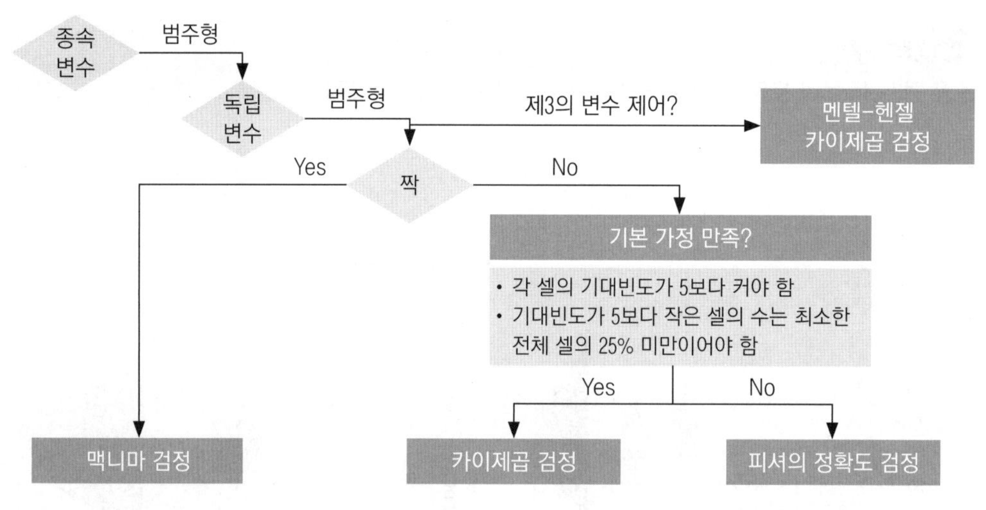

[그림 4-2] χ^2검정 기본원리

χ^2검정은 다음의 3가지 목적을 갖는다. 첫째, 자료를 범주에 따라 분류하였을 때에 그 범주 사이에 관계가 있는지 여부를 알고자 한다. 이를 독립성 검정이라고 한다. 둘째, 통계분석에서 모집단에 대한 확률분포를 이론적으로 가정하는 경우에 조사 자료가 어떤 특정 분포에서 나온 것인가를 알고자 한다. 이를 적합성 검정이라 한다. 셋째, 2개 이상의 다항분포가 동일한지 여부를 검정하고자 한다. 이를 동일성 검정이라고 한다.

2-1 독립성 검정

관찰 자료를 2가지 분류기준으로 나누었을 때 분류기준이 된 변수들이 서로 독립적인가를 알아보기 위해서는 χ^2검정을 이용한다.

독립성에 대한 χ^2검정 절차는 다음과 같다.

① 귀무가설과 대립가설을 설정한다.

② 유의수준 α에서 $\chi^2_{(\alpha,\, df)}$를 구한다. 자유도 df=(r-1) (c-1)이며, r은 분할표의 행의 수, c는 열의 수를 나타낸다.

③ 만일 $\chi^2 \leq \chi^2_{(\alpha,\, df)}$이면, H_0를 채택한다.
만일 $\chi^2 > \chi^2_{(\alpha,\, df)}$이면, H_0를 기각한다.

④ χ^2의 계산

$$\chi^2 = \sum \frac{(f_0 - f_e)^2}{f_e}$$

여기서, f_0=관찰도수, f_e=기대도수

⑤ 결론: 두 변수 사이의 독립성을 검정하기 위해 다음과 같이 가설을 세울 수 있다.

- H_0 : 구독 서비스는 도서 종류와 독립적일 것이다.
- H_1 : 구독 서비스는 도서 종류와 독립적이지 않을 것이다.

$p > \alpha = 0.05$이면 H_0를 채택하고, $p < \alpha = 0.05$이면 H_0를 기각하고 H_1을 채택한다.

2-2 적합도 검정

통계분석을 하다 보면 모집단이나 표본에 대해 이론적으로 확률분포를 가정하는 경우가 많다. 이때 그 가정이 현실적으로 타당한지 여부를 검정할 수 있는데, 이를 적합도 검정(goodness-of-fit test)이라고 부른다. 예를 들어, 어느 학교의 통계학 성적 분포가 정규분포인지를 검정하려면 다음과 같이 가설을 세운다.

- H_0 : 통계학 성적 분포는 정규분포이다.
- H_1 : 통계학 성적 분포는 정규분포가 아니다.

또는 연구모델의 적합도를 평가하기 위한 가설을 검정하려면 다음과 같이 가설을 세운다.

- H_0 : 연구모델은 모집단 자료를 제대로 설명할 것이다. 연구모델은 적합할 것이다.
- H_1 : 연구모델은 모집단 자료를 제대로 설명하지 못할 것이다.
  연구모델은 적합하지 않을 것이다.

χ^2검정을 이용한 적합도 검정의 의사결정은 독립성 검정과 마찬가지이다. 여기서 $p > \alpha = 0.05$이면 H_0를 채택하고, $p < \alpha = 0.05$이면 H_0를 기각하고 H_1을 채택한다.

2-3 동일성 검정

동일성 검정은 2개 이상의 독립적인 표본들이 동일성을 가지고 있는지 여부에 대한 검정을 이용한다. 귀무가설과 연구가설 설정은 다음과 같이 한다.

- H_0 : A제품에 대한 품질 선호도는 성별(남, 여) 간에 동일할 것이다.
- H_1 : A제품에 대한 품질 선호도는 성별(남, 여) 간에 동일하지 않을 것이다.

χ^2검정을 이용한 적합도 검정방법은 χ^2검정의 일반적인 절차를 따른다. $p > \alpha = 0.05$이면 H_0를 채택하고, $p < \alpha = 0.05$이면 H_0를 기각하고 H_1을 채택한다.

2-4 JASP 분석

> **예제 4**
> 2장에서 다룬 A온라인 쇼핑업체를 이용하는 고객(n = 143명)을 대상으로 조사한 고객 관련 데이터(ch2.jasp)를 이용하여 교차분석을 실시해보자.

교차분석 중 독립성 검정 대상은 x2(성별)에 따른 x1(고객유형)을 알아보기 위한 것이다. 따라서 다음과 같은 가설을 수립할 수 있다.

- H_0 : 고객유형은 성별의 종류와 독립적일 것이다.
- H_1 : 고객유형은 성별의 종류와 독립적이지 않을 것이다.

1단계 : ch2.jasp 파일을 불러온 다음, [Frequencies]의 [Classical] 버튼을 누른다. 이어서 [Contingency Tables] 버튼을 누른다.

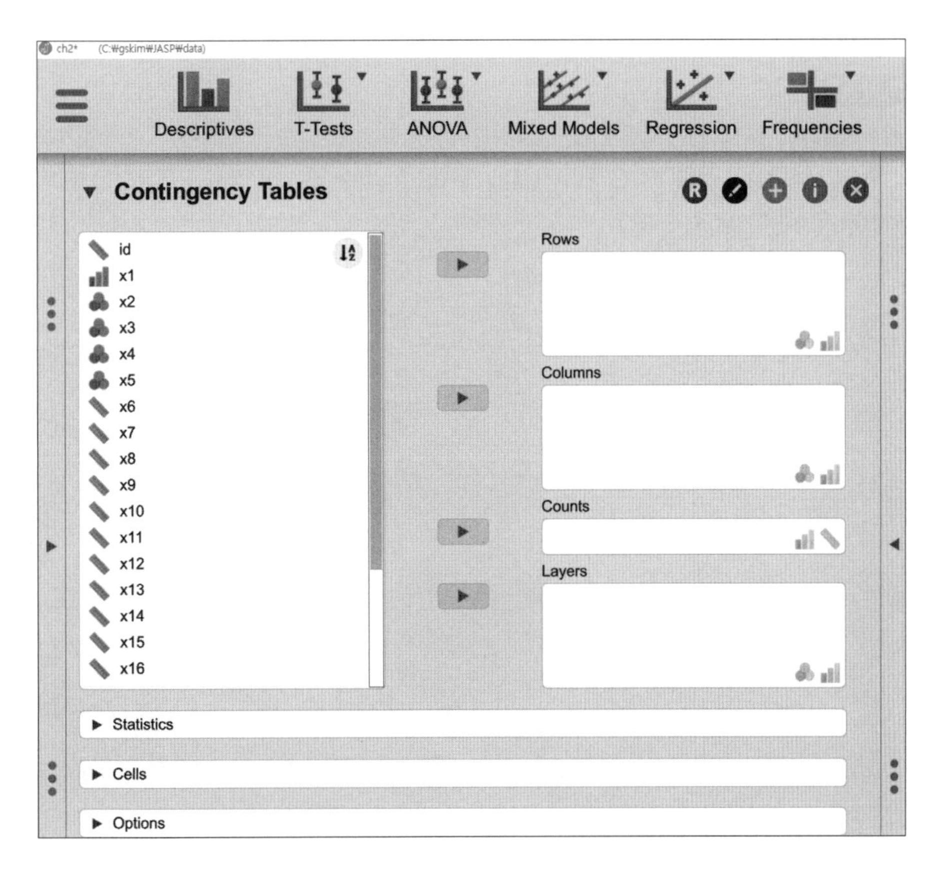

2단계 : x1(고객유형) 변수를 [Row(행)] 칸으로, x2(성별) 변수를 [Columns(열)] 칸으로 옮긴다. 교차분석에서 행에는 종속변수를, 열에는 독립변수를 넣는 것이 일반적인 방법이다. 그러면 다음과 같은 결과를 얻을 수 있다.

Contingency Tables ▼

Contingency Tables

	x2		
x1	0	1	Total
1	27	22	49
2	24	25	49
3	31	14	45
Total	82	61	143

Chi-Squared Tests

	Value	df	p
X^2	3.954	2	0.138
N	143		

결과 설명

계산된 χ^2통계량이 3.954이고, 자유도(df, (3−1)×(2−1))=2, P=0.138 〉 α=0.05이므로 'H_0 : 고객유형은 성별의 종류와 독립적일 것이다'라는 귀무가설이 채택됨을 알 수 있다. 따라서 고객유형은 성별과 독립적임을 알 수 있다.

3단계: [Cells] 칸의 [Percentages]에서 [Row], [Column], [Total]에 체크한다.

Contingency Tables

x1		x2 0	x2 1	Total
1	Count	27.000	22.000	49.000
	% within row	55.102 %	44.898 %	100.000 %
	% within column	32.927 %	36.066 %	34.266 %
	% of total	18.881 %	15.385 %	34.266 %
2	Count	24.000	25.000	49.000
	% within row	48.980 %	51.020 %	100.000 %
	% within column	29.268 %	40.984 %	34.266 %
	% of total	16.783 %	17.483 %	34.266 %
3	Count	31.000	14.000	45.000
	% within row	68.889 %	31.111 %	100.000 %
	% within column	37.805 %	22.951 %	31.469 %
	% of total	21.678 %	9.790 %	31.469 %
Total	Count	82.000	61.000	143.000
	% within row	57.343 %	42.657 %	100.000 %
	% within column	100.000 %	100.000 %	100.000 %
	% of total	57.343 %	42.657 %	100.000 %

결과 설명

첫 번째 셀에 입력된 x2(성별)가 0(여성)일 경우에 count 27, 55.102%, 32.927%, 18.881%는 각각 빈도수, 빈도수/행합계 비율, 빈도수/열합계 비율, 빈도수/전체합계의 비율을 나타낸다.

알아두면 좋아요!

JASP 관련 각종 통계분석 정보와 JASP와 Jamovi 비교 내용을 확인할 수 있다.

- JASP 블로그(각종 통계분석 정보)

- JASP와 Jamovi 비교 유튜브 채널

분석 도전

1. (주)팻푸드는 새로 개발한 A, B 두 종류의 돼지 사료 중 어느 것이 더 좋은지 알아보기 위해 돼지들을 12마리씩 두 집단으로 나눈 다음 일정 기간 동안 각각 A사료와 B사료를 먹이로 주었다. 실험기간 이후 체중(kg)이 얼마나 증가했는지 측정해보니 다음 표와 같은 결과를 얻었다. A사료와 B사료 사이에 차이가 있는지 여부를 $\alpha = 0.05$에서 검정하라.

A	31	34	29	26	32	35	38	34	30	29	32	31
B	26	24	28	29	30	29	32	26	31	29	32	28

2. 환자 6명을 대상으로 특정 진정제가 맥박에 주는 영향을 조사하였다. 다음은 진정제를 투여하기 전과 후의 맥박수를 기록한 것이다. 진정제 투여 전과 후에 맥박수 차이가 있는지 여부를 $\alpha = 0.05$에서 검정하라.

환자	전	후
1	80	74
2	82	79
3	79	75
4	84	76
5	80	80
6	81	78

3. S전자는 스마트폰 사용 고객들에게 제품경험에 당위성을 부여하는 자연스러운 UX(User Experience) 이벤트를 제공하고 있다. 고객 10명을 대상으로 UX 이벤트 이전의 스마트폰 브랜드 지수와 이후의 브랜드 지수를 조사하였다. UX 이벤트 이전과 이후에 브랜드 지수 차이가 있는지 여부를 $\alpha = 0.05$에서 검정하라.

고객	이전 브랜드 지수	이후 브랜드 지수
1	75	95
2	65	80
3	85	90
4	75	88
5	84	95
6	57	84
7	78	95
8	64	88
9	89	97
10	76	89

5장 분산분석

학습목표

☑ 분산분석 개념과 종류를 이해한다.
☑ 일원분산분석을 이해하고, 실행 및 해석한다.
☑ 이원분산분석을 이해하고, 실행 및 해석한다.
☑ 반복측정분산분석을 이해하고, 실행 및 해석한다.

1 분산분석의 이해

1-1 분산분석의 의의

실생활이나 학문 연구에서는 2개 이상의 여러 모집단을 한꺼번에 비교하는 경우가 많다. 예를 들어, 교육 수준별로 월급여액을 조사한다고 하자. 이들을 교육수준별로 고졸, 전문대졸, 대졸 등으로 구분한 후에 각 집단별 월급여액을 비교연구할 때 단일변량분산분석(Analysis of Variance, ANOVA) 기법을 이용할 수 있다. 이 기법은 2개 이상의 모집단 평균 차이를 한 번에 검정할 수 있게 해준다. 위의 예에서 보면 ANOVA는 교육수준이라는 하나의 질적인 독립변수(명목척도, 서열척도)와 월급여액이라는 양적인 종속변수 사이의 관계를 연구하는 기법이다.

단일변량분산분석은 독립변수(들)에 대한 효과를 분석하는 데 기본적으로 사용된다. 위의 경우에서 교육수준은 독립변수가 되며, 월급여액은 종속변수가 된다. 그리고 독립변수를 요인(factor)이라고 부른다. 한 요인 내에서 실험 개체에 영향을 미치는 여러 가지 특별한 형태를 요인수준(factor level) 또는 처리(treatment)라고 한다. 교육수준을 요인이라고 하면 고졸, 전문대졸, 대졸은 한 요인 내에서 요인수준 또는 처리가 된다. 요인수준과 처리는 같은 용어로 사용된다.

단일변량분산분석은 독립변수의 종류에 따라서 여러 종류로 나눌 수 있다. 만약, 연령층의 단일요인과 만족도 사이의 관계를 분석할 경우 일원분산분석(one-way ANOVA)이라고 한다. 이것은 표본자료 조사에 대한 측정치의 한 가지 기준으로만 구분하여 분석하는 것이 된다. 그런데 이 모델에 교육수준뿐만 아니라 남녀라는 성별요인을 추가하여 두 요인이 월급여액에 미치는 영향을 조사한다면 이원분산분석(two-way ANOVA)이 된다. 요인의 수가 늘어나면 종속변수에 대한 영향력을 더 정밀하게 분석할 수 있다.

반면에 하나의 개체에 대하여 2개 이상의 주제 또는 변수를 동시에 관찰하였을 때 이용하는 기법을 다변량분산분석(Multivariate Analysis of Variance, MANOVA)이라고 한다. 위의 경우에서 월급여액뿐만 아니라 전기요금에 대해서도 동시에 연구한다고 할 때 MANOVA가 된다. ANOVA와 MANOVA의 차이는 실험 개체를 대상으로 놓고 측정되는 종속변수가 하나인가 혹은 복수인가에 달려 있다.

이론적 근거와 선행 연구를 토대로 연구자는 처리요인과 공분산(covariate)을 동시에 분석할 수 있다. 이를 공변량분산분석(Analysis of Covariance, ANCOVA)이라고 한다. 공변량분산분석은 둘 이상의 요인변수에서 한 연속형 종속변수의 평균을 비교하고, 요인에 미치는 공분산의 효과와 공분산 상호작용을 분석한다. 요인변수는 모집단을 여러 그룹으로 나눈다. 공분산은 독립변수와 관계없고 종속변수에 유의한 영향을 주는 양적변수에 해당된다. 공분산을 파악하기 위해, 첫째, 요인과 종속변수 간의 분산분석을 실시한다. 둘째, 회귀분석을 통해서 유의한 영향을 미치는 양적인 독립변수를 탐색한다. 셋째, 회귀분석 결과 유의한 독립변수는 공분산으로 채택한다. 넷째, 요인변수와 공분산을 함께 독립변수로 투입하여 공변량분산분석을 실시한다.

MANOVA는 종속변수의 수가 2개 이상인 경우에서 여러 모집단의 평균벡터를 동시에 비교하는 분석기법이다. 예를 들어, 어느 동물의 암컷과 수컷에서 몸무게, 길이, 가슴너비를 각각 잰 후에 두 모집단의 크기에 차이가 있는지 여부를 연구하고자 할 때 MANOVA를 이용할 수 있다. 또는 세 종류의 산업에 속한 여러 회사들의 경영 실태를 분석하기 위하여 유동성비율, 부채비율, 자본수익률 등을 비교할 때 MANOVA를 이용할 수 있다. 그리고 MANOVA에서는 종속변수의 조합에 대한 효과의 동시 검정을 중요시한다. 그 이유는 대부분의 경우에 종속변수들은 서로 독립적이지 않고, 또한 이 변수들은 동일한 개체에서 채택되어서 상관관계가 있기 때문이다.

MANOVA는 여러 모집단을 비교 분석할 때 쓰일 뿐만 아니라, 모집단에 대하여 여러 상황을 놓고서 여러 개의 변수를 동시에 반복적으로 관찰하는 경우에도 유용하다. ANOVA와 MANOVA의 차이는 실험 개체를 대상으로 놓았을 때 변수가 단수인가 혹은 복수인가에 달려 있다. MANOVA 설계의 특징은 종속변수가 벡터변수라는 점이다. 이 종속변수는 각 모집단에 대하여 같은 공분산행렬을 가지며 다변량 정규분포를 이룬다고 가정한다. 공분산행렬이 같다는 것은 ANOVA에서 분산이 같다는 가정을 MANOVA로 연장시킨 것이다. MANOVA의 연구 초점은 모집단의 중심, 즉 평균벡터 사이에 차이가 있는지 여부에 대한 것이다. 다시 말해, 모집단들의 종속변수(벡터)에 의해 구성된 공간에서 중심(평균)이 같은지 여부를 조사하고자 하는 것이다.

이해를 돕기 위하여 간략하게 설명하면, 가령 세 모집단에 대하여 2개의 변수를 동시에 비교할 때 귀무가설은 다음과 같다.

$$H_0 : \begin{bmatrix} \mu_{11} \\ \mu_{12} \end{bmatrix} = \begin{bmatrix} \mu_{21} \\ \mu_{22} \end{bmatrix} = \begin{bmatrix} \mu_{31} \\ \mu_{32} \end{bmatrix}$$

다변량분산분석은 요인의 수에 따라 단일변량의 경우와 마찬가지로 일원 다변량분산분석(one-way MANOVA), 이원 다변량분산분석(two-way MANOVA) 등으로 나눈다.

반복측정분산분석(repeated measure ANOVA)은 동일 대상에 대하여 실험과 측정이 3번 이상 이루어는 경우에 실험효과를 확인하기 위한 분석법이다. 사회과학 분야나 의학 분야에서 유용하게 이용할 수 있는 방법이다. 연구자는 실험대상이나 실험동물에게 행한 실험의 효과를 특정 시점마다 수치로 확인할 수 있는 경우에 반복측정을 이용한다.

정리하면, 분산분석은 질적인 독립변수와 양적인 종속변수 관계를 분석하는 방법이다. 분산분석은 질적인 독립변수와 양적인 종속변수의 종류에 따라 다음 표와 같이 명칭과 분석방법을 달리한다.

[표 5-1] 분산분석 종류

종류	독립변수의 수(질적)	종속변수의 수(양적)
일원분산분석(one way ANOVA)	1	1
이원분산분석(two way ANOVA)	2	1
공분산분산분석(ANCOVA)	질적 독립변수, 양적 독립변수(통제)	1
다변량분산분석(MANOVA)	2개 이상	2개 이상
반복측정분산분석	동일 표본 시점별 측정	동일 표본 시점별 측정

1-2 분산분석 절차

1) 일원분산분석

분산분석의 귀무가설은 여러 모집단의 평균들이 같다는 것이다. 분산분석에서 평균 차이는 사실상 처리 효과를 뜻하며, 따라서 서로 다른 처리에 대한 평균치에 초점을 맞춘다. 비모수적 방법으로는 크루스칼-왈리스 검정(Kruskal-Wallis test)을 이용한다. 각 요인수준의 확률분포로부터 얻은 표본자료를 분석할 때는 다음의 두 단계를 거친다.

먼저 모든 요인수준의 평균들이 같은가를 결정한다.

- $H_0 : \mu_1 = \mu_2 = \mu_3$
- H_1 : 세 평균이 반드시 같지는 않다.

위 가설을 검정하기 위하여 다음과 같은 분산분석 표(ANOVA table)를 만든다.

[표 5-2] 분산분석 표

원천	제곱합(SS)	자유도(DF)	평균제곱(MS)	F
그룹 간	$SSB = \sum_{n_j} (\bar{Y}_j - \bar{Y})^2$	g-1	$MSE = \dfrac{SSB}{g-1}$	$\dfrac{MSE}{MSW}$
그룹 내	$SSW = \sum_{n_j} (Y_{ij} - \bar{Y}_j)^2$	n-g	$MSW = \dfrac{SSW}{n-g}$	
합계	$SST = \sum\sum (Y_{ij} - \bar{Y})^2$	n-1		

검정통계량(F=MSE/MSW)이 임계치보다 작으면 귀무가설을 채택하고, 평균들이 같다고 결론을 내린다. 반대로 F값이 임계치보다 커서 귀무가설을 기각시키는 경우에는 다음 단계로 진행한다.

만일 모평균들이 같지 않다면 신뢰구간을 이용하여 얼마나 다른가를 조사하고, 그 차이가 의미하는 것은 무엇인가를 규명한다.

$$\mu_j\text{의 신뢰구간}: \bar{Y}_j \pm t_{(\frac{\alpha}{2},\, n-g)} S_{\bar{y}_j}$$

$$\text{여기서 } S_{\bar{y}_j} = \sqrt{\frac{MSW}{n_j}}$$

n_j=각 요인수준의 관찰치 개수

2) 이원분산분석

이원분산분석을 실시할 때에 다음과 같은 순서로 자료를 분석하면 도움이 된다.

1단계 : 두 요인에 상호작용 효과(interaction effect)가 있는가를 조사한다.
2단계 : 만일 상호작용이 없으면 두 요인을 따로 분석하여 하나씩 조사한다.
3단계 : 만일 상호작용은 있으나 중요하지 않으면 2단계로 돌아간다.
4단계 : 만일 상호작용이 중요하면, 자료를 변환하여 그 상호작용을 중요하지 않게 만들 수 있는지 여부를 결정한다. 만일 그렇게 할 수 있다면 자료를 변환한 후에 2단계로 간다.
5단계 : 자료의 의미 있는 변환으로도 상호작용이 중요하다면, 두 요인과 함께 분석한다.

3) 반복측정분산분석

앞서 4장에서 살펴본 동일 모집단으로부터의 두 표본 검정의 경우에는 같은 집단에 대해서 실험 전후의 차이만을 확인할 수 있는 반면, 반복측정 분석법은 두 집단 이상과 여러 시점별로 실험효과를 분석할 수 있다는 점이 특징이다. 즉, 반복측정분산분석은 동일 개체에 대한 결과를 시간의 흐름에 따라 여러 번 반복측정한 자료를 분석하는 방법으로, 쌍체표본(paired t-test) 검정을 확장한 것이라고 할 수 있다. 반복측정한 자료들은 변수 내에서 서로 상관성을 가지며, 반복측정분산분석은 ANOVA에 비해서 작은 변동도 잡아낼 수 있어 연구의 정확도가 높다는 장점이 있다.

반복측정분산분석에서는 정규성, 등분산성, 구형성(sphericity)의 3가지 가정을 만족해야 한다. 정규성은 독립변수에 따른 종속변수는 정규분포를 만족해야 한다는 것을 의미한다. 등분산성은 독립변수에 따른 종속변수의 분포의 분산은 각 군마다 동일해야 한다는 것을 의미한다. 구형성은 반복측정 시점 사이의 관측(측정)값들의 분산이 모두 동일해야 함을 의미한다. 연구자는 반복측정분산분석에서 분석 결과를 보고 다음 사항을 순차적으로 확인해야 한다.

① 측정결과가 어떠한 실험 수준에 따라 차이가 있는가? (개체 간 효과)
② 측정결과는 관찰시점에 따라 차이가 있는가? (개체 내 효과)
③ 실험 수준과 관찰시점에 따른 상호작용 효과는 존재하는가?
④ 시간에 따른 실험수준의 효과는 어떻게 변화하고 있는가? (프로파일 도표 분석)

2 일원분산분석

일원분산분석을 실습해보자.

예제 1

카페 4곳(s1, s2, s3, s4)의 전반적인 만족도를 조사한 자료가 있다. 이를 바탕으로 점포별 만족도가 같은지 여부를 $\alpha = 0.05$에서 검정해보자.

	s1	s2	s3	s4
고객만족도 (satis)	87	71	66	65
	85	82	74	69
	78	75	79	67
	82	80		63

다음과 같이 가설을 설정한다.

- $H_0 : \mu_1 = \mu_2 = \mu_3 = \mu_4$
- H_1 : 만족도는 반드시 같지 않을 것이다.

1단계: 다음과 같이 데이터를 입력한다.

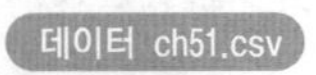

	A	B
1	store	satis
2	1	87
3	1	85
4	1	78
5	1	82
6	2	71
7	2	82
8	2	75
9	2	80
10	3	66
11	3	74
12	3	79
13	4	65
14	4	69
15	4	67
16	4	63

2단계: ch51.csv를 불러오기 위해서 JASP 프로그램을 실행하여 [So open a data file and take JASP for a spin!] 버튼을 누른다. 이어 [Recent Folders]의 [Browse] 버튼을 눌러 ch51.csv를 지정한다.

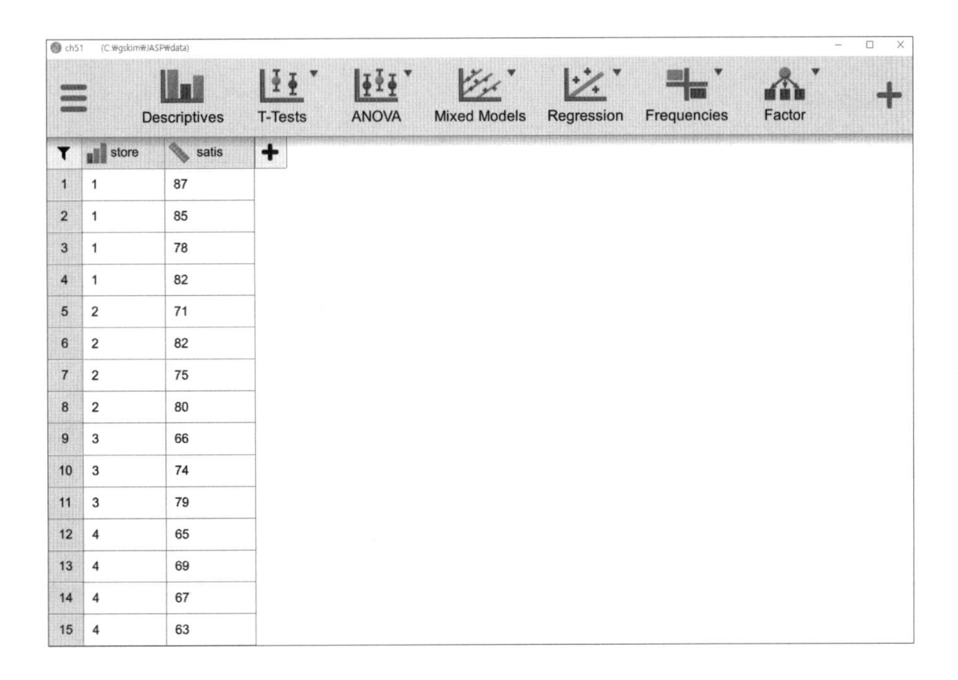

	store	satis
1	1	87
2	1	85
3	1	78
4	1	82
5	2	71
6	2	82
7	2	75
8	2	80
9	3	66
10	3	74
11	3	79
12	4	65
13	4	69
14	4	67
15	4	63

3단계 : [ANOVA]를 누르고 [Classical] 칸에서 [ANOVA]를 지정한다.

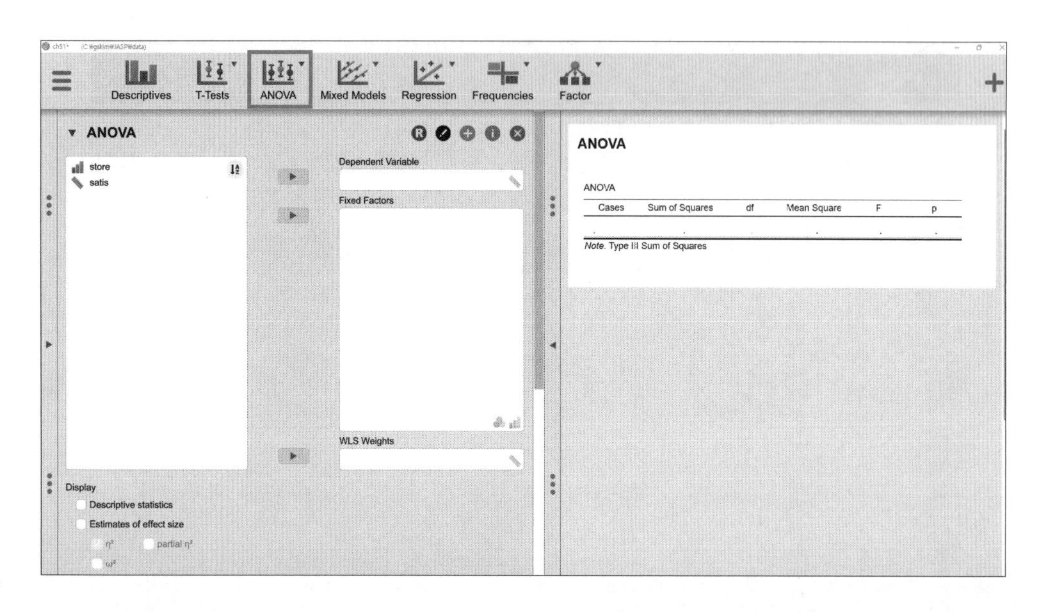

4단계 : Satis 변수를 [Dependent variable] 칸으로 옮기고, store 변수는 [Fixed Factors] 칸으로 옮긴다.

ANOVA ▼

ANOVA - satis

Cases	Sum of Squares	df	Mean Square	F	p
store	607.733	3	202.578	9.860	0.002
Residuals	226.000	11	20.545		

Note. Type III Sum of Squares

결과 설명

분산분석표(Analysis of Variance Table)에 제시된 통계량을 이해하는 것은 매우 중요하다. 집단 간 제곱합(Sum of Squares)은 607.733, 집단 내 제곱합(Residuals Sum of Squares)은 226.000이다. 집단 간 자유도(df)는 3(4-1), 집단 내 자유도는 11(15-4)이다. 집단 간의 평균제곱(Mean Square)은 집단 간의 제곱합을 자유도로 나눈 값으로 202.578이다. 집단 내의 평균제곱은 집단 내 제곱합을 자유도로 나눈 값으로 20.545이다. F값(집단 간 평균제곱/집단 내 평균제곱)은 9.860이다. 이를 확률로 나타내면 0.002이다. $p=0.002 < \alpha=0.05$이므로 '4개 카페의 만족도는 동일하다'라는 귀무가설(H_0)은 기각된다.

결과 화면 하단을 보면 'Note. Type III Sum of Squares'라고 나타나 있는데 이는 제3유형 제곱합을 말한다. 즉, 제1유형 제곱합(Type I Sum of Squares)은 모델에 요인을 순서대로 추가하면서 그 변동을 고려한 제곱합을 말한다. 반면에 제3유형 제곱합(Type III SS)은 다른 요인들이 모두 모델에 들어가 있다는 가정하에 마지막에 새로 추가되는 요인의 변동을 고려한 제곱합을 말한다. 두 결과를 확인해보면 두 주효과에 대한 제1유형 제곱합과 제3유형 제곱합은 다르다. 이에 반하여 상호작용효과에 대한 제곱합은 같은 값을 가지는 것을 확인할 수 있다.

5단계: ANOVA 지정창에서 기본 통계량을 다음과 같이 지정한다.

[표 5-3] 기본 통계량 지정

선택 버튼	선택	설명
Display	Descriptive statistics	기술통계량 표시
Assumption Checks	Homogeneity tests	분산의 동일성 검정
	Q-Q plot of residuals	정규분포성 검정
Post Hoc Tests	store 변수 지정	사후검정
	Display Confidence interval: 95.0%	사후검정을 위한 신뢰구간 체크
Descriptive Plots	Horizontal Axis에 store 변수 지정	기술 플롯으로 시각화
Kruskal-Wallis Test	store 변수 지정	표본수가 적거나 분산의 동일성, 정규분포성의 기본 가정(독립성, 정규성, 등분산성)을 만족하지 못하는 경우 Kruskal-Wallis Test를 선택할 수 있음

6단계: 결과를 중심으로 해석한다.

Descriptives

Descriptives - satis

store	N	Mean	SD	SE	Coefficient of variation
1	4	83.000	3.916	1.958	0.047
2	4	77.000	4.967	2.483	0.065
3	3	73.000	6.557	3.786	0.090
4	4	66.000	2.582	1.291	0.039

결과 설명

각 점포별 평균(Mean), 표준편차(SD), 표준오차(SE), 변동계수(Coefficient of variation)가 나타나 있다. 평균은 store1 > store2 > store3 > store4의 순서임을 알 수 있다.

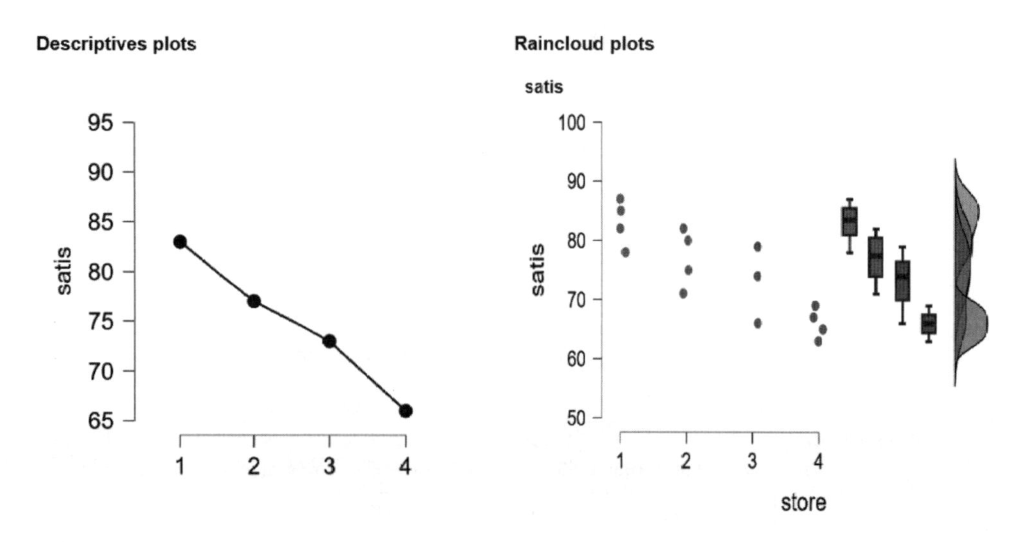

결과 설명

기술통계량 플롯(Descriptives plots)에는 각 점포별 평균이 나타나 있다. 비구름 플롯(Raincloud plots)에는 점포별 도수와 Boxplot, 그리고 정규분포도가 나타나 있다.

Assumption Checks

Test for Equality of Variances (Levene's)

F	df1	df2	p
1.204	3.000	11.000	0.354

결과 설명

분산의 동일성을 체크하기 위해 레벤(Levene's) 검정을 실시한 결과이다. F=1.204, p=0.354로 'H_0: 분산은 동일할 것이다'라는 귀무가설을 채택한다.

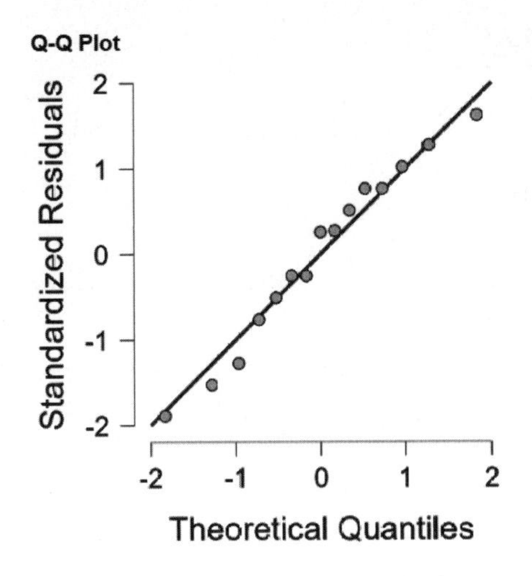

결과 설명

Q-Q Plot은 잔차가 정규분포를 따르는지 여부를 판단하는 그래프이다. 표준화된 잔차가 대부분 직선 주변에 고르게 퍼져 있는 것을 확인할 수 있다. 따라서 분산분석의 정규분포 기본 가정을 만족한다는 것을 알 수 있다.

Post Hoc Tests

Standard

Post Hoc Comparisons - store

		Mean Difference	95% CI for Mean Difference		SE	t	p_{tukey}
			Lower	Upper			
1	2	6.000	−3.646	15.646	3.205	1.872	0.294
	3	10.000	−0.419	20.419	3.462	2.889	0.061
	4	17.000	7.354	26.646	3.205	5.304	0.001
2	3	4.000	−6.419	14.419	3.462	1.155	0.665
	4	11.000	1.354	20.646	3.205	3.432	0.025
3	4	7.000	−3.419	17.419	3.462	2.022	0.238

Note. P-value and confidence intervals adjusted for comparing a family of 4 estimates (confidence intervals corrected using the tukey method).

결과 설명

그룹 간(카페 간) 평균 차이를 검정하기 위해 튜키 사후검정(Tukey HSD)을 실시한 결과, s1과 s4 간의 평균값 차이가 있고, s2와 s4 간에 평균 차이가 유의함을 알 수 있다($p < \alpha=0.05$). 또한 신뢰구간의 하한값(Lower)과 상한값(Upper)이 제시되어 있는데, 신뢰구간 안에 0을 포함하면 '그룹 간 평균차이가 없다'는 귀무가설(H_0)이 채택된다. 반면에 신뢰구간 안에 0을 포함하지 않으면 귀무가설(H_0)이 기각된다.

3 이원분산분석

이원분산분석을 실습해보자.

예제 2

여행연구소에서 두바이와 싱가포르를 여행한 고객들의 항공사(airplane)별 비행요금(airfare)을 조사한 자료가 있다. 이를 바탕으로 목적지(nation, 두바이, 싱가포르)에 따른 비행요금의 차이 여부를 검정해보자.

(단위: 천원)

	A1	A2	A3
두바이	889	896	644
	862	876	621
	818	869	677
	862	825	667
	795	802	700
싱가포르	606	593	1096
	569	577	903
	576	623	984
	615	600	935
	655	577	929

다음과 같이 가설을 설정한다.

- $H_0 : \mu_1 = \mu_2$
- H_1 : 목적지별 비행요금은 같지 않을 것이다.

또한 이용한 항공사별 비행요금의 차이 여부도 검정해보자. 다음과 같이 가설을 설정한다.

- $H_0: \mu_1 = \mu_2 = \mu_3$
- H_1: 항공사별 비행요금은 같지 않을 것이다.

이어서, 반복측정(replication measurement)을 실시하였으므로 독립변수(목적지, 항공사) 간 상호작용 여부에 대한 가설을 설정한다.

- H_0: 두 변수 간 상호작용은 없을 것이다.
- H_1: 두 변수 간 상호작용은 있을 것이다.

1단계: 다음과 같이 데이터를 입력한다.

데이터 airfare1.csv

	A	B	C
1	nation	airplane	airfare
2	dubai	a1	889
3	dubai	a1	862
4	dubai	a1	818
5	dubai	a1	862
6	dubai	a1	795
7	singapore	a1	606
8	singapore	a1	569
9	singapore	a1	576
10	singapore	a1	615
11	singapore	a1	655
12	dubai	a2	896
13	dubai	a2	876
14	dubai	a2	869
15	dubai	a2	825
16	dubai	a2	802
17	singapore	a2	593
18	singapore	a2	577
19	singapore	a2	623
20	singapore	a2	600
21	singapore	a2	577
22	dubai	a3	1096
23	dubai	a3	903
24	dubai	a3	984
25	dubai	a3	935
26	dubai	a3	929
27	singapore	a3	644
28	singapore	a3	621
29	singapore	a3	677
30	singapore	a3	667
31	singapore	a3	700

2단계 : airfare1.csv를 불러오기 위해서 JASP 프로그램을 실행하여 [So open a data file and take JASP for a spin!] 버튼을 누른다. 이어서 [Recent Folders]의 [Browse] 버튼을 눌러 airfare1.csv를 지정한다.

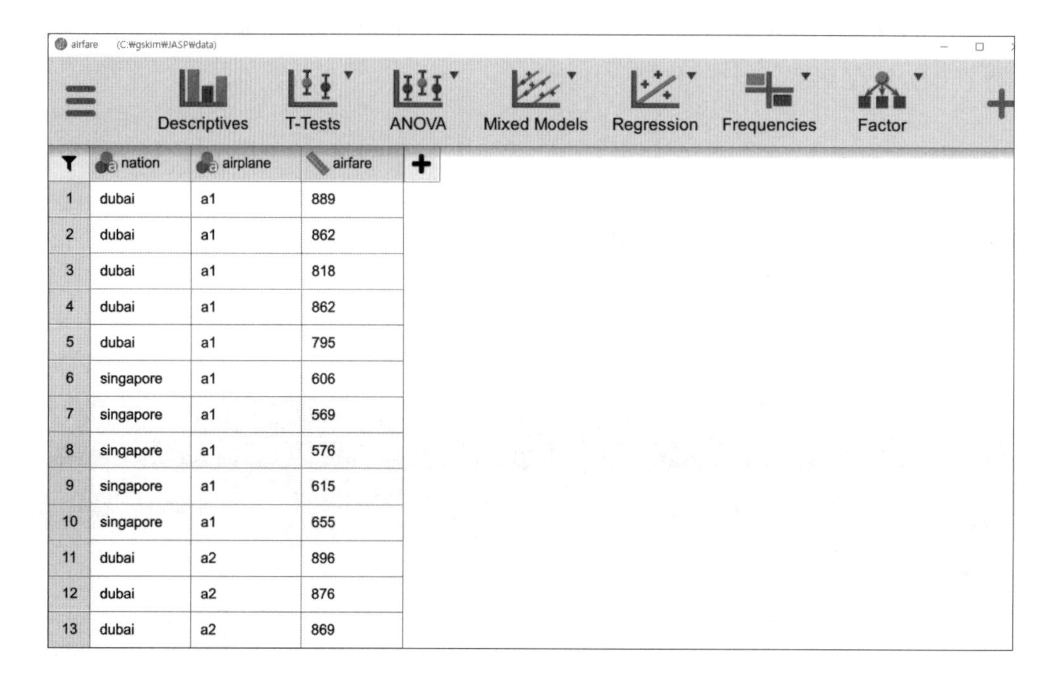

	nation	airplane	airfare
1	dubai	a1	889
2	dubai	a1	862
3	dubai	a1	818
4	dubai	a1	862
5	dubai	a1	795
6	singapore	a1	606
7	singapore	a1	569
8	singapore	a1	576
9	singapore	a1	615
10	singapore	a1	655
11	dubai	a2	896
12	dubai	a2	876
13	dubai	a2	869

3단계 : [ANOVA]를 누르고 [Classical]에서 [ANOVA]를 지정한다.

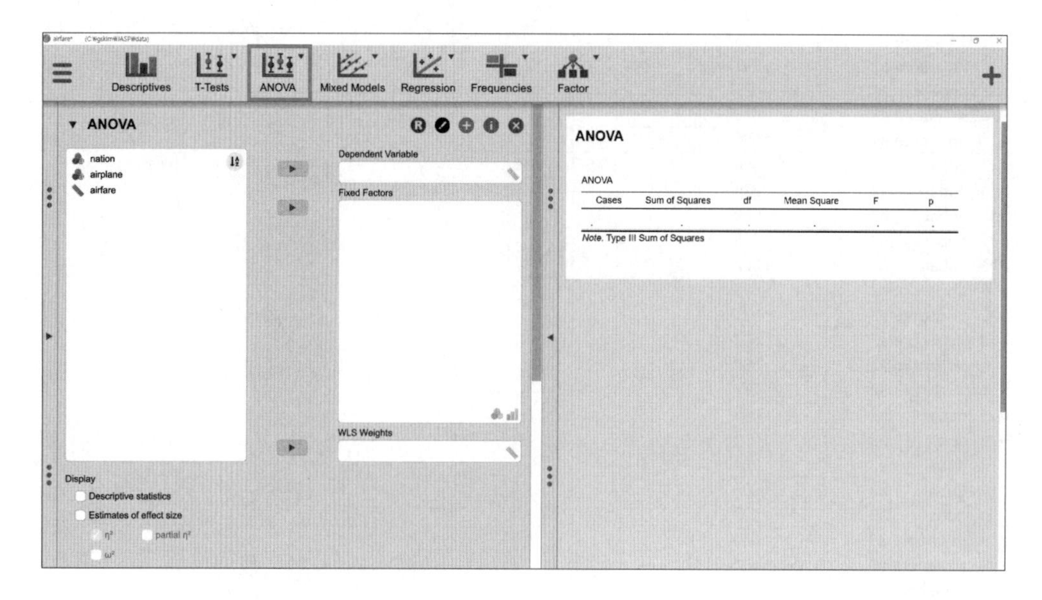

4단계: [Dependent Variable]에 airfare 변수를, [Fixed Factors]에 nation과 airplane 변수를 지정한다. 그러면 다음과 같은 결과를 얻을 수 있다.

ANOVA ▼

ANOVA - airfare

Cases	Sum of Squares	df	Mean Square	F	p
nation	544322.700	1	544322.700	289.567	< .001
airplane	55636.200	2	27818.100	14.799	< .001
nation ∗ airplane	5904.600	2	2952.300	1.571	0.229
Residuals	45114.800	24	1879.783		

Note. Type III Sum of Squares

결과 설명

여행 목적지(nation)에 따른 비행요금 차이 F=289.567, 유의확률=<0.001로 유의한 것으로 나타났다. 즉 '국가마다 비행요금이 동일할 것이다'라는 귀무가설(H_0)이 기각되고 연구가설(H_1)을 채택하게 된다. 항공사별(airplane) 비행요금 차이는 F=14.799, 자유도(df)=2, 유의확률=0.001 < α=0.05로 유의하다.

두 변수 국가(nation)와 항공사별(airplane) 상호작용 효과(2-Way Interaction) 여부를 시각적으로 살펴본 결과, F=1.571, 자유도(df)=2, 유의확률=0.229 > α=0.05로 상호작용이 유의하지 않은 것으로 나타났다.

5단계: ANOVA 지정창에서 기본 통계량을 다음과 같이 지정한다.

[표 5-4] 기본 통계량 지정

선택버튼	선택	설명
Display	Descriptive statistics	기술통계량 표시
Assumption Checks	Homogeneity tests	분산의 동일성 검정
	Q-Q plot of residuals	정규분포성 검정
Post Hoc Tests	nation, airplane nation*airplane 변수 지정	사후검정
	Display Confidence interval: 95.0%	사후검정을 위한 신뢰구간 체크

선택버튼	선택	설명
Descriptive Plots	Horizontal Axis 칸에 airplane 변수 지정 Separate Line 칸에 nation 변수 지정	기술 플롯으로 시각화
Kruskal-Wallis Test	airplane과 nation 변수 지정	표본수가 적거나 분산의 동일성, 정규분포성의 기본 가정(독립성, 정규성, 등분산성)을 만족하지 못하는 경우 Kruskal-Wallis Test를 선택할 수 있음

Descriptives

Descriptives - airfare

nation	airplane	N	Mean	SD	SE	Coefficient of variation
dubai	a1	5	845.200	37.891	16.945	0.045
	a2	5	853.600	38.785	17.345	0.045
	a3	5	969.400	76.592	34.253	0.079
singapore	a1	5	604.200	34.405	15.386	0.057
	a2	5	594.000	19.079	8.532	0.032
	a3	5	661.800	30.409	13.599	0.046

결과 설명

두바이(dubai)와 항공사 3편에 대한 평균(Mean), 표준편차(SD), 표준오차(SE), 변동계수(Coefficient of Variation)가 나타나 있다. 싱가포르(singapore)와 항공사 3편에 대한 평균(Mean), 표준편차, 표준오차, 변동계수도 나타나 있다.

Descriptives plots ▼

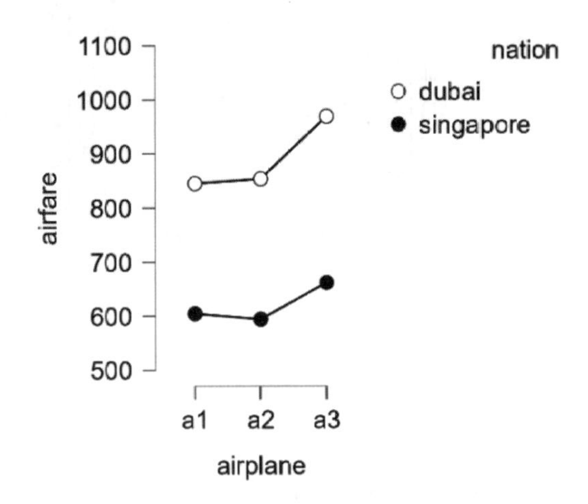

결과 설명

기술통계량 플롯(Descriptives plots)은 자료를 일차적으로 분석하는 데 유용한 프로파일 분석이라 부른다. 두 직선이 모두 교차(cross)하지 않아 국가(nation)와 항공사(airplane) 간 상호작용은 존재하지 않음을 알 수 있다. 각 처리(treatment)의 평균이 각 수준에서 동일하고 직선이 평행인 경우는 상호작용이 없다고 판단한다. 반면에 각 처리 수준에서 평균이 일정하지 않으나 일정한 패턴을 보이고 직선이 평행이 아닐 경우에는 서열 상호작용(ordinal interaction)이 있다고 해석한다. 이는 통계적인 검정을 통해서 확인할 수 있다. 무서열 상호작용(disordinal interaction)은 처리 수준별 직선이 평행이 아니고 관통하는 경우를 말한다. 이런 경우에는 실험설계를 다시 하여 재실험해야 한다.

상호작용과 관련한 프로파일을 그림으로 나타내면 다음과 같다. 예를 들어, x축은 카페에서 판매하는 음료의 종류(tea, latte, expresso)를, y축은 평균매출을 나타낸다고 하자. 실험변수(범례)는 음료상태인 hot과 ice이다. 첫 번째 그림은 실험변수의 직선이 평행이기 때문에 상호작용이 없는 것이다. 두 번째 그림은 직선이 평행하지 않으니 음료상태(hot, ice)에 따라 평균매출의 차이가 있다. 즉 뜨거운 음료(hot)의 평균매출이 높음을 알 수 있다. 이 경우에는 통계적인 검정을 통해 유의한지 여부를 판단해야 한다. 세 번째 그림은 무서열 상호작용을 나타내는 것으로 2개의 직선이 서로 교차하는 것을 알 수 있다. 즉 뜨거운(hot) 에스프레소(expresso) 매출이 급격히 증가하는 것을 알 수 있다. 이 경우는 실험 수준의 변화로 관찰 주요 효과가 변화하는 것을 의미한다.

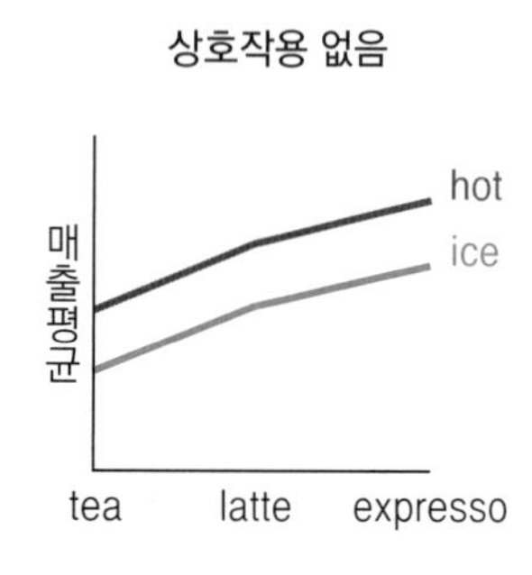

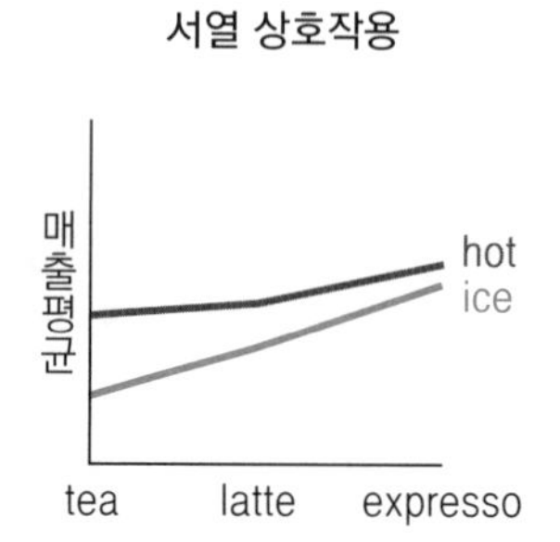

[그림 5-1] 상호작용 프로파일

Assumption Checks ▼

Test for Equality of Variances (Levene's)

F	df1	df2	p
2.005	5.000	24.000	0.114

결과 설명

분산의 동일성 체크를 위해서 레벤(Levene's) 검정을 실시한 결과이다. F=2.005, p=0.114로 'H_0 : 분산은 동일할 것이다'라는 귀무가설을 채택한다.

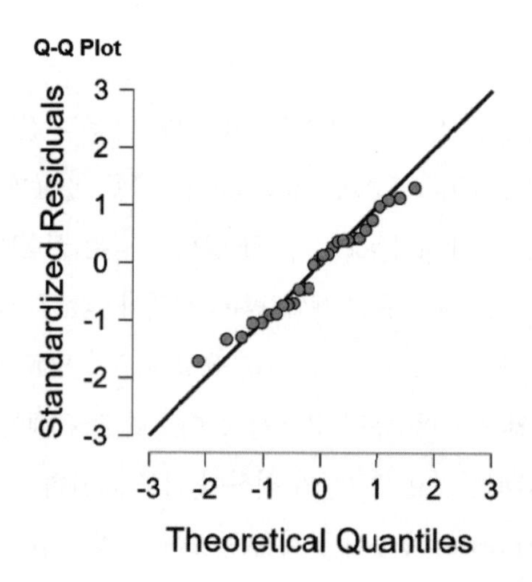

결과 설명

Q-Q Plot은 잔차가 정규분포를 따르는지 여부를 판단하는 그래프이다. 표준화된 잔차가 대부분 직선 주변에 고르게 퍼져 있는 것을 볼 수 있다. 따라서 정규분포 가정을 만족함을 알 수 있다.

Post Hoc Tests

Standard

Post Hoc Comparisons - nation

		Mean Difference	SE	t	p_{tukey}
dubai	singapore	269.400	15.832	17.017	< .001

Note. Results are averaged over the levels of: airplane

Post Hoc Comparisons - airplane

		Mean Difference	SE	t	p_{tukey}
a1	a2	0.900	19.390	0.046	0.999
	a3	−90.900	19.390	−4.688	< .001
a2	a3	−91.800	19.390	−4.734	< .001

Note. P-value adjusted for comparing a family of 3
Note. Results are averaged over the levels of: nation

Post Hoc Comparisons - nation ✻ airplane

		Mean Difference	SE	t	p_{tukey}
dubai a1	singapore a1	241.000	27.421	8.789	< .001
	dubai a2	−8.400	27.421	−0.306	1.000
	singapore a2	251.200	27.421	9.161	< .001
	dubai a3	−124.200	27.421	−4.529	0.002
	singapore a3	183.400	27.421	6.688	< .001
singapore a1	dubai a2	−249.400	27.421	−9.095	< .001
	singapore a2	10.200	27.421	0.372	0.999
	dubai a3	−365.200	27.421	−13.318	< .001
	singapore a3	−57.600	27.421	−2.101	0.320
dubai a2	singapore a2	259.600	27.421	9.467	< .001
	dubai a3	−115.800	27.421	−4.223	0.004
	singapore a3	191.800	27.421	6.995	< .001
singapore a2	dubai a3	−375.400	27.421	−13.690	< .001
	singapore a3	−67.800	27.421	−2.473	0.172
dubai a3	singapore a3	307.600	27.421	11.218	< .001

Note. P-value adjusted for comparing a family of 6

결과 설명

목적지별(dubai, singapore) 평균 차이를 검정하기 위해 튜키 사후검정(Tukey HSD)을 실시한 결과, 목적지별 평균값 차이가 있었다(<0.001). 항공사(airplane)별 사후검정 결과도 나타나 있다. 또한 목적지별, 항공사별 상호작용의 사후검정 결과도 나타나 있다. dubai a1과 singapore a1 간에 평균 차이가 유의함을 알 수 있다($p < \alpha=0.05$). 또한 신뢰구간의 하한값(Lower)과 상한값(Upper)이 제시되어 있는데 신뢰구간 안에 0을 포함하면 '그룹 간 평균 차이가 없다'는 귀무가설(H_0)을 채택한다. 반면에 신뢰구간 안에 0을 포함하지 않으면 귀무가설(H_0)을 기각한다.

두바이와 싱가포르에 해당하는 항공사의 a3의 비행요금 데이터를 교체해보자 (airfare2.csv). 이어 데이터분석창에서 다음을 지정한다.

[표 5-5] 기본 통계량 지정

선택버튼	선택	설명
Display	Descriptive statistics	기술통계량 표시
Assumption Checks	Homogeneity tests	분산의 동일성 검정
	Q-Q plot of residuals	정규분포성 검정
Post Hoc Tests	nation, airplane nation*airplane 변수 지정	사후검정
	Display Confidence interval: 95.0%	사후검정을 위한 신뢰구간 체크
Descriptive Plots	Horizontal Axis 칸에 'airplane' 변수 지정 Separate Line 칸에 'nation' 변수 지정	기술 플롯으로 시각화
Kruskal-Wallis Test	airplane과 nation 변수 지정	표본수가 적거나 분산의 동일성, 정규분포성의 기본 가정(독립성, 정규성, 등분산성)을 만족하지 못하는 경우 Kruskal-Wallis Test를 선택할 수 있음

ANOVA

ANOVA - airfare

Cases	Sum of Squares	df	Mean Square	F	p
nation	31040.833	1	31040.833	16.513	< .001
airplane	55636.200	2	27818.100	14.799	< .001
nation ∗ airplane	519186.467	2	259593.233	138.097	< .001
Residuals	45114.800	24	1879.783		

Note. Type III Sum of Squares

결과 설명

목적지 국가(nation)에 따른 비행요금 차이 F=16.513, 유의확률=<0.001으로 유의한 것으로 나타났다. 즉, '목적지마다 비행요금이 동일할 것이다'라는 귀무가설(H_0)이 기각되고 연구가설(H_1)을 채택하게 된다. 항공사(airplane)에 따른 비행요금 차이는 F=14.799, 자유도(df)=2, 유의확률=0.001 < α=0.05로 유의하다.

두 변수 목적지(nation)와 항공사(airplane)의 상호작용 효과(2-Way Interaction) 여부를 시각적으로 살펴본 결과, F=138.097, 자유도(df)=2, 유의확률=0.001 < α=0.05로 무서열 상호작용이 유의한 것으로 나타났다.

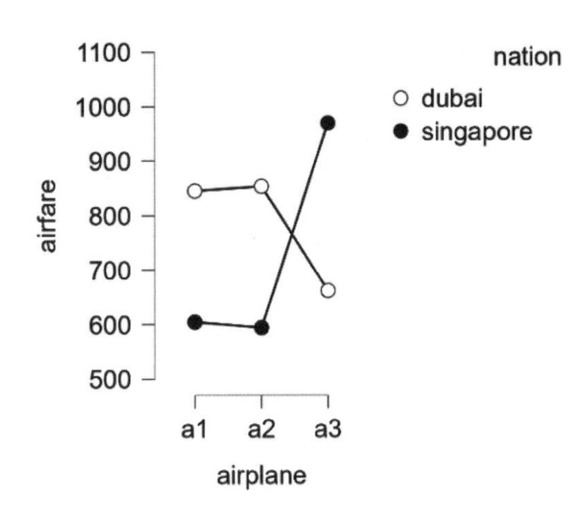

결과 설명

두 직선이 모두 교차(cross)하고 있어 목적지(nation)와 항공사(airplane) 간 무서열 상호작용이 존재함을 알 수 있다. 이로써 바로 앞의 유의확률=0.001 < α=0.05로 상호작용이 유의한 것으로 나타난 것을 재확인할 수 있다.

4 반복측정분산분석

반복측정분산분석을 실습해보자.

예제 3

S대학 K교수는 모든 강좌에서 경제신문을 부교재로 채택하고 있다. K교수는 경제신문을 부교재로 채택한 것이 교육효과가 있는지 여부를 확인하기 위해 학생(SI) 10명을 대상으로 경제신문 채택 전 경제이해력 점수(t1), 경제신문 채택 1달 이후의 경제이해력 점수(t2), 경제신문 채택 2달 이후의 경제이해력 점수(t3)를 3번 조사하였다. 이 자료를 바탕으로 경제신문 채택 전후 경제이해력에 차이가 있는지 검정해보자.

경제신문 읽기 전후의 경제이해력 점수

데이터 businessnewspaper.csv

SI	t1	t2	t3
1	65	68	70
2	64	62	62
3	45	50	54
4	65	75	82
5	76	76	75
6	50	57	64
7	50	60	58
8	50	53	57
9	67	74	80
10	60	60	63

1단계: businessnewspaper.csv를 불러오기 위해 JASP 프로그램을 실행하여 [So open a data file and take JASP for a spin!] 버튼을 누른다. 이어 [Recent Folders]의 [Browse] 버튼을 눌러 데이터 저장 폴더를 찾은 다음 'businessnewspaper.csv'를 지정한다. 데이터에서 t1, t2, t3가 수치형 변수로 지정되어 있는지 확인하고 수치형으로 변환되어 있지 않다면 변환한다.

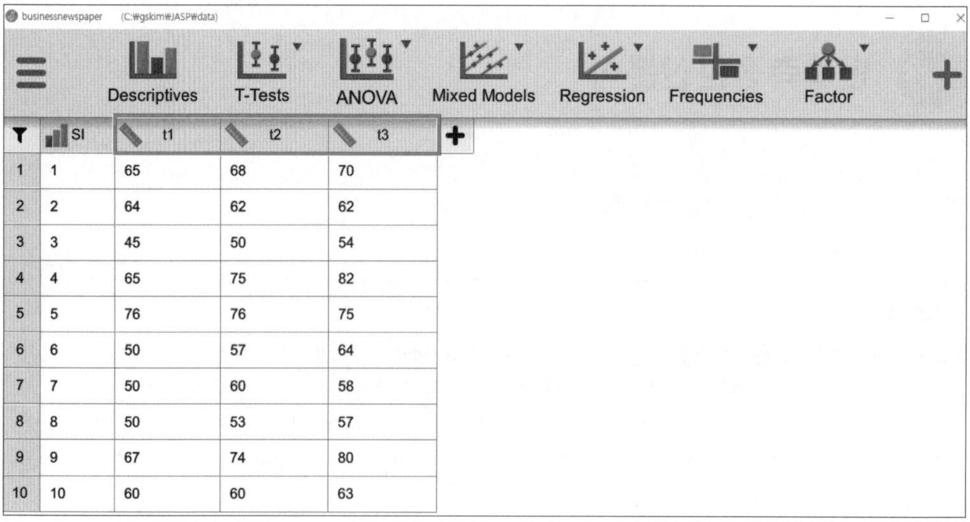

businessnewspaper (C:₩gskim₩JASP₩data)

Descriptives T-Tests ANOVA Mixed Models Regression Frequencies Factor

	SI	t1	t2	t3
1	1	65	68	70
2	2	64	62	62
3	3	45	50	54
4	4	65	75	82
5	5	76	76	75
6	6	50	57	64
7	7	50	60	58
8	8	50	53	57
9	9	67	74	80
10	10	60	60	63

2단계 : [ANOVA]를 누르고 [Classical]에서 [Repeated Measures ANOVA]를 지정한다.

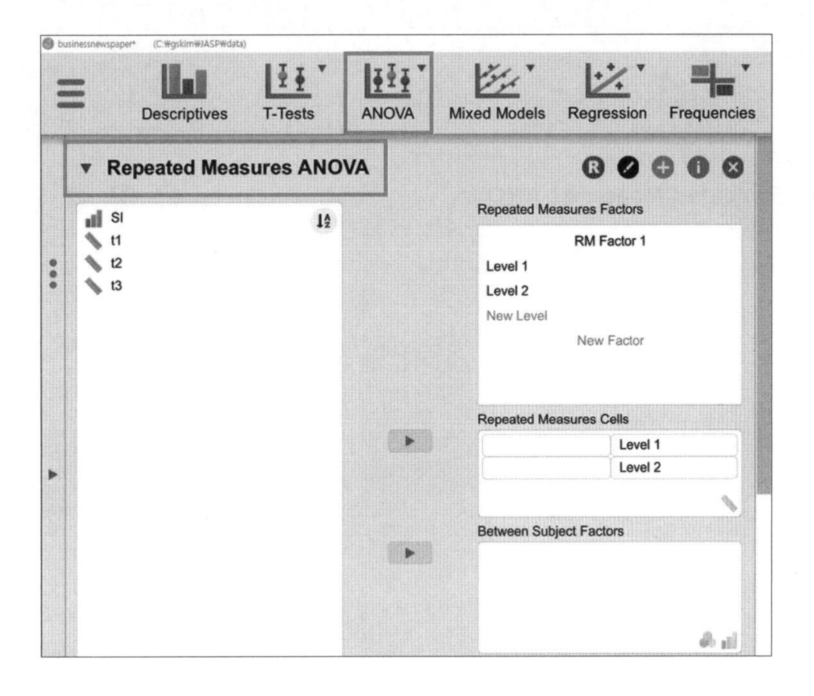

3단계 : [Repeated Measures Factors]에서 Level1을 t1, Level 2를 t2, New Level을 t3으로 변경한다.

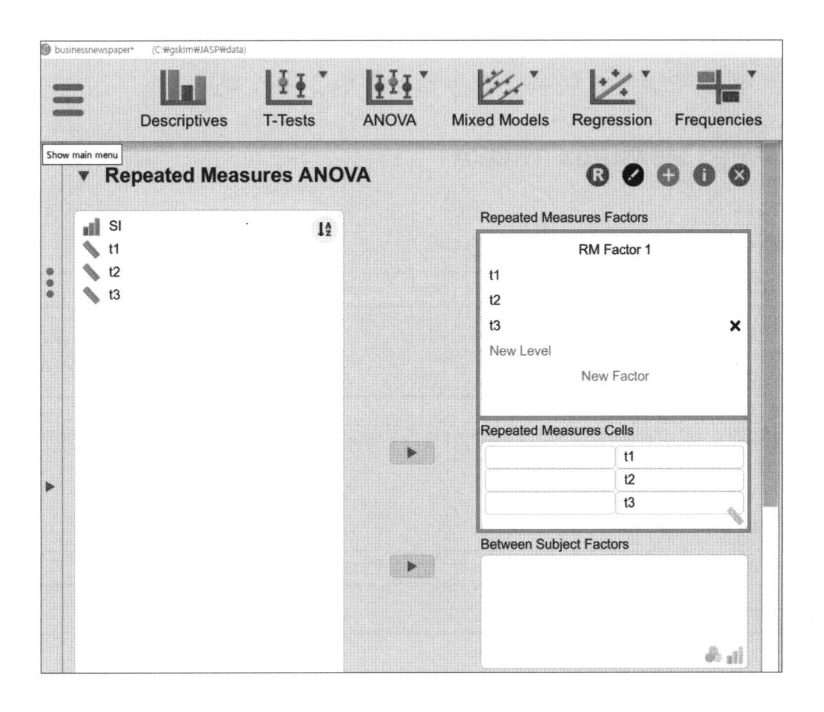

4단계: [Repeated Measures Cells]에 t1, t2, t3 변수를 클릭해서 지정한다.

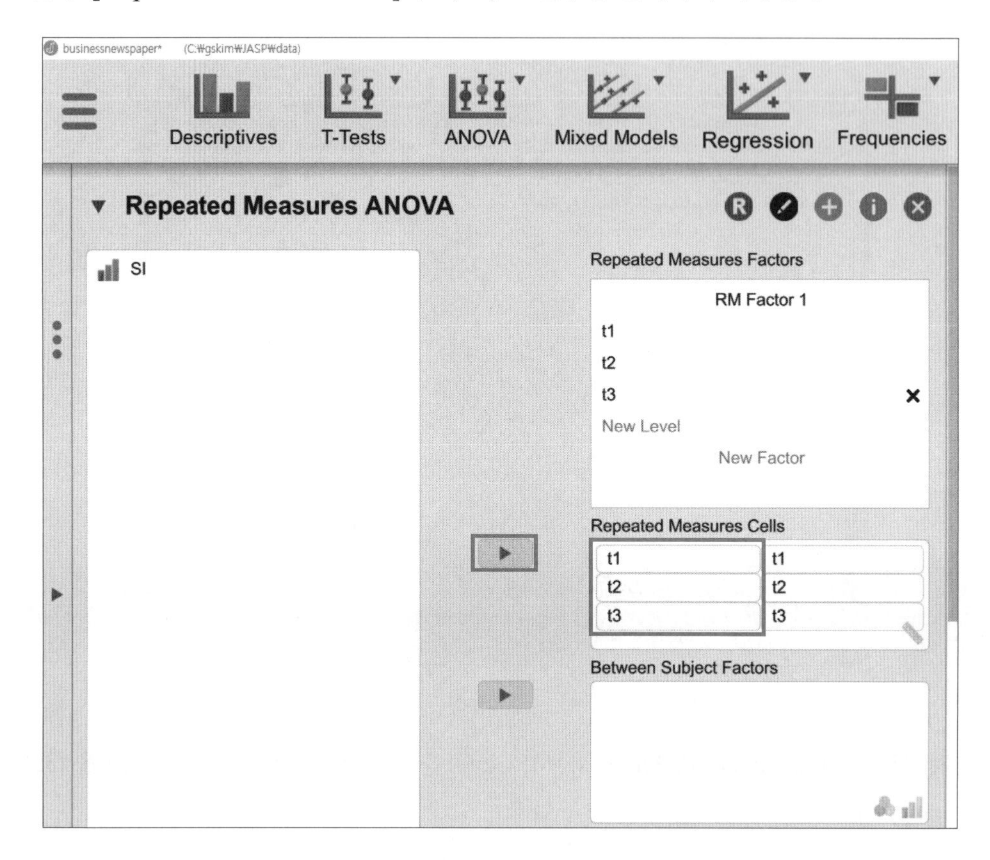

5단계: 앞서 작업을 완료하면 다음과 같은 결과를 얻을 수 있다.

Repeated Measures ANOVA

Within Subjects Effects

Cases	Sum of Squares	df	Mean Square	F	p
RM Factor 1	269.267[a]	2[a]	134.633[a]	11.954[a]	< .001[a]
Residuals	202.733	18	11.263		

Note. Type III Sum of Squares

[a] Mauchly's test of sphericity indicates that the assumption of sphericity is violated ($p < .05$).

Between Subjects Effects

Cases	Sum of Squares	df	Mean Square	F	p
Residuals	2331.867	9	259.096		

Note. Type III Sum of Squares

결과 설명

RM Factor1의 제곱합(Sum of Squares)은 269.267, 자유도(df)는 2(3-1), 평균제곱(Mean Sqaure)은 134.633, F값은 11.954, 이에 대한 확률값은 <0.00로, '경제신문 채택 전 경제이해력 점수(t1), 경제신문 채택 1달 이후 경제이해력 점수(t2), 경제신문 채택 2달 이후 경제이해력 점수(t3)는 동일할 것이다'라는 귀무가설(H_0)을 기각하고 대체가설(H_1)을 채택한다. 즉 경제신문을 채택하여 부교재로 이용한 것은 교육효과가 있다고 판단할 수 있다. 오차(Residuals)의 제곱합은 202.733, 자유도는 18로 나타나 있다.

결과표 하단에 나타나는 '[a] Mauchly's test of sphericity indicates that the assumption of sphericity is violated ($p < .05$)'라는 문장은 모클리의 단위행렬(구형성) 검정에 관한 것으로 'H_0: 모상관행렬은 단위행렬이다'라는 가설을 검정하는 방법이다. 여기서는 $p < .05$이기 때문에 귀무가설을 기각하고, 상관행렬은 단위행렬(대각선이 1이고 나머지는 모두 0인 행렬)이 아니라는 것을 보여주고 있다. 즉 변수들 간에 관계가 없다는 가설을 기각하는 것이다.

참고로, 모클리의 단위행렬(구형성) 검정(Mauchly's test of sphericity)에 대해 좀 더 자세히 살펴보면 다음과 같다.

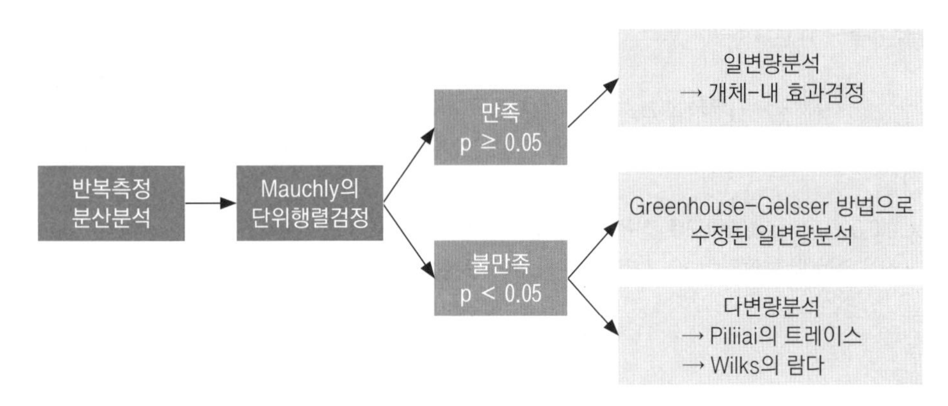

[그림 5-2] 모클리의 단위행렬(구형성) 검정

모클리의 단위행렬(구형성) 검정 결과는 시차에 따른 분산의 동일성을 나타내는 검정으로 적합성 검정이다. 모클리 단위행렬의 가설은 다음과 같다.

- 귀무가설(H_0): 구형성 가정을 만족한다($P \geq 0.05$).
- 대립가설(H_1): 구형성 가정을 만족하지 않는다($P < 0.05$).

엡실론(Epsilon)의 Greenhouse-Geisser, Huynh-Feldt 값들은 구형성 가설을 보정하는 값으로 이 값들이 1에 가까울수록 구형성 가설이 타당하다고 보고, 1과 멀어질수록 구형성 가설이 타당하지 않다고 본다. 만약 1에 가까운 값을 보이면 구형성 가설을 만족하였다고 볼 수 있다. 가장 좋은 것은 구형성 검정에 통과하고, 그 가정하에 분산분석을 실시하는 것이다.

6단계: 따라서 여기서는 모클리의 구형성 검정에 위반되기 때문에 [Sphericity] 칸에서 [Greenhouse-Geisser]를 지정한다.

Assumption Checks

Test of Sphericity

	Mauchly's W	Approx. X²	df	p-value	Greenhouse-Geisser ε	Huynh-Feldt ε	Lower Bound ε
RM Factor 1	0.407	7.189	2	0.027	0.628	0.682	0.500

결과 설명

모클리의 단위행렬(구형성) 검정 결과는 시차에 따른 분산의 동일성을 나타내는 검정으로 적합성 검정이다. 모클리 단위행렬의 가설은 다음과 같다.

- 귀무가설(H_0): 구형성 가정을 만족한다(P ≥ 0.05).
- 대립가설(H_1): 구형성 가정을 만족하지 않는다(P < 0.05).

p-value(0.027) < α=0.05이므로 상관행렬은 단위행렬이 아님을 입증하고 있고 Greenhouse-Geisser와 Huynh-Feldt의 보정값이 1에 가까운 값을 보여 구형성 검정은 어느 정도 만족한다고 할 수 있다.

7단계: 데이터분석창에서 다음과 같이 지정하면 추가 결과를 얻을 수 있다.

[표 5-6] 기본 통계량 지정

선택 버튼	선택	설명
Display	Descriptive statistics	기술통계량 표시
Descriptive Plots	Horizontal Axis 칸에 'RM Fator1' 변수 지정	기술 플롯으로 시각화
Raincloud Plots	Horizontal Axis 칸에 'RM Fator1' 변수 지정	비구름 플롯 시각화

Descriptives ▼

Descriptives plots

Raincloud plots

Dependent

RM Factor 1

결과 설명

Descriptives plots에는 각 t1, t2, t3 시점별 평균이 나타나 있다. Raincloud plots(비구름 플롯)에는 점포별 도수와 Boxplot, 그리고 정규분포도가 나타나 있다.

알아두면 좋아요!

분산분석에 대한 내용이 잘 정리되어 있는 사이트들이다.

• 분산분석 기본 내용

• 분산분석 기본과 심층 정보

• 분산분석 기본과 코딩 방법

분석 도전

1. 분산분석의 종류를 이야기하고 각각의 특징을 설명해보자.

2. 3개 매장이 있는 커피전문점이 있다. 각 매장별(A, B, C)로 매장 내 향을 달리하여 고객의 반응을 조사하였다. 고객반응은 1~20점(1:매우 불만, 20: 매우 만족)으로 측정하였다.

	라벤더	시트러스	무향
A	13	18	12
	16	20	16
	19	15	15
	16	18	15
B	15	17	14
	12	17	9
	14	14	12
	13	17	13
C	11	15	15
	19	16	16
	15	20	11
	16	18	12

1) 이원분산분석을 실시하여라.

2) $\alpha = 0.05$를 이용하여 결론을 도출하여라.

3. 한 빵집에서 진열대의 선반높이(상, 중, 하)와 매장 내 조명의 조도(높음, 낮음)를 달리 하여 빵 판매량을 조사한 결과가 다음과 같이 나왔다. 빵 판매에 영향을 미치는 요인을 $\alpha = 0.05$에서 검정하여라.

선반높이	조도	
	낮음	높음
상	50 38	25 45
중	100 121	130 141
하	30 21	35 40

1) 이원분산분석을 실시하여라.

2) $\alpha = 0.05$에서 가설을 검정하고 결론을 도출하여라.

6장 다변량분산분석

학습목표

- ☑ 분산분석과 다변량분산분석의 차이를 설명한다.
- ☑ ANCOVA 개념을 살펴보고, 분석 실행 후 분석 결과를 해석한다.
- ☑ 다변량분산분석을 실행하고 결과를 해석한다.

1 다변량분산분석 이해

다변량분산분석(Multivariate Analysis of Variance, MANOVA)은 분산분석(Analysis of Variance, ANOVA)의 연장이다. 분산분석은 양적인 종속변수에 영향을 미치는 질적인 독립변수들의 관계를 분석하는 것이며, 다변량분산분석은 2개 이상의 종속변수와 2개 이상의 질적인 변수 관계를 이용하여 평균 차이를 분석하는 방법이라고 할 수 있다. 분산분석과 다변량분산분석의 차이를 다음 그림과 같이 나타낼 수 있다.

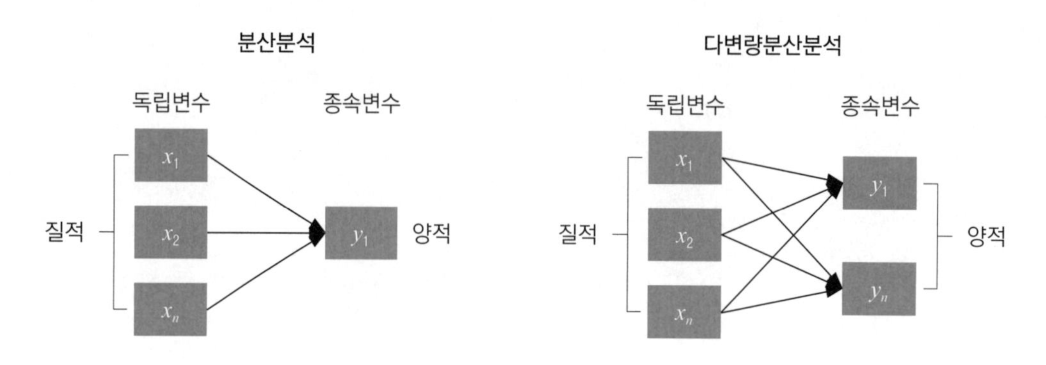

[그림 6-1] 분산분석과 다변량분산분석

분산분석과 마찬가지로 다변량분산분석은 집단(또는 실험처리) 간 차이의 규명에 관심이 있다. 분산분석은 단일 종속변수에 대한 집단별 차이를 확인하는 데 사용하는 단일 변량 절차를 따른다. 반면에 다변량분산분석은 양적인 종속변수에 대한 집단 간 차이를 확인하기 때문에 다변량 절차를 따른다. 분산분석과 다변량분산분석의 귀무가설 설정은 다음과 같이 한다.

- **분산분석**

  $H_0: \mu_1 = \mu_2 = \mu_3 = \cdots \mu_k$, 동일한 모집단에서 추출된 모든 집단의 평균은 동일하다.

- **다변량분산분석**

  $$H_1: \begin{bmatrix} \mu_{11} & \mu_{12} & \mu_{13} & \mu_{1k} \\ \mu_{21} \neq & \mu_{22} \neq & \mu_{23} \neq & \mu_{2k} \\ \mu_{p1} & \mu_{p2} & \mu_{p3} & \mu_{pk} \end{bmatrix}$$, 모든 집단의 벡터량은 동일하지 않다.

  여기서 μ_{pk}는 p변수와 k집단의 평균을 말한다.

독립변수 내에 집단 수와 종속변수의 수에 따른 검정을 표로 나타내면 다음과 같다.

[표 6-1] 분산분석 구분

구분		종속변수의 수	
		1	2개 이상
집단수	2개 집단	t검정	Hotelling's T^2
	2개 집단 이상	ANOVA	MANOVA

이 장에서는 공변량분산분석과 다변량분산분석을 중심으로 설명하고 이에 대한 예제를 주로 다룰 것이다.

1) 공변량분산분석

공변량분산분석(Analysis of Covariance, ANCOVA)은 요인과 공변량에 의해서 영향을 받는 종속변수 간의 관계를 분석하는 방법이다. 공변량분산분석의 목적은 반응의 부분만을 확인하기 위해서 외부효과를 제거하려는 데 있다. 공변량분산분석에는 질적인 요인과 양적인 공변량(covariate)이 동시에 투입된다는 점이 특징이다. 이는 앞으로 다룰 회귀분석에서 종속변수와 관련이 있는 종속변수에서 변동을 제거하기 위한 목적과 유사하다. 공변량은 독립변수와는 유의한 관련이 없고 종속변수와 유의한 관계가 있는 경우에 분석을 실시한다. 공변량분산분석(ANCOVA)에서 확장하여 다변량(multivariate) 종속변수에 적용하면 다변량공분산분석(MANCOVA)이라고 부른다.

공변량분산분석의 최대 공변량 수는 다음과 같이 정하며, 분석 절차는 아래와 같다.

$$\text{공변량 수} = (0.1 \times \text{표본 크기}) - (\text{집단 수} - 1)$$

1단계: 질적인 독립변수를 투입하고 분산분석을 실시한다.

2단계: 종속변수에 영향을 미치는 유의한 양적인 독립변수를 회귀분석을 통해 찾아낸다. 즉, 독립변수 간에는 관련성이 낮으나 회귀분석의 종속변수에 유의한 영향을 미치는 양적인 독립변수를 탐색한다.

3단계: 회귀분석 결과와 관련 문헌 고찰을 통해서 유의한 양적 독립변수를 공변량으로 설정한다.

4단계: 질적 독립변수와 양적 독립변수를 동시에 투입하여 공변량분산분석을 실시한다.

2) 다변량분산분석

다변량분산분석에서 귀무가설은 여러 모집단의 평균벡터가 같다는 것을 서술한다. 이 분석 절차는 일반적으로 다음과 같은 단계를 거친다.

1단계: 먼저 종속변수 사이에 상관관계가 있는지 여부를 조사한다. 만일 상관관계가 없다면 변수들에 대해 개별적으로 ANOVA 검정을 한다. 반대로 상관관계가 있으면 MANOVA를 준비한다.

2단계 : 변수들의 기본 가정인 다변량 정규분포성과 등공분산성 등을 조사한다.

3단계 : 모든 요인수준의 평균벡터들이 같은지를 검정한다.

4단계 : 만일 모든 평균벡터들이 같다는 귀무가설이 채택되면 검정은 여기서 끝난다. 그러나 귀무가설이 기각되어 모든 평균벡터들이 반드시 같지 않다면, 변수들을 개별적으로 조사하여 어떤 변수가 얼마나 다른지, 그리고 그 차이가 의미하는 것은 무엇인지를 규명한다.

 공변량분석

예제 1

다음 자료는 농업작물시험소에서 산화칼륨의 비료 시비량에 따른 딸기의 당도(sugar content)를 알아보기 위해 측정한 자료이다. 실험처리(treatment)에 해당하는 산화칼륨의 양은 36ml, 54ml, 72ml, 108ml, 144ml였다. 주된 실험의 목적은 이 5개 처리 간의 효과 차이를 검정하는 것이다. 실험에 채택된 서로 다른 3가지 토질(fertility)을 3개의 블록으로 지정하고 각 블록마다 5개의 처리를 무작위로 실험장에 시비하였다.

블록(block) \ 처리(treatment)	t1(36)	t2(54)	t3(72)	t4(108)	t5(144)
블록1	7.62(3.05)*	8.14(3.30)	7.76(3.10)	7.17(2.87)	7.46(2.98)
블록2	8.00(3.16)	8.15(3.30)	7.73(3.10)	7.57(3.03)	7.68(3.07)
블록3	7.93(3.17)	7.87(3.15)	7.74(3.10)	7.80(3.13)	7.21(2.85)

*()는 비옥도를 나타냄

1단계: 다음과 같이 Excel에서 strawberry.csv 파일로 데이터를 저장한다.

데이터 strawberry.csv

	A	B	C	D
1	block	treatment	fertility	sugar
2	1	1	3.05	7.62
3	2	1	3.16	8
4	3	1	3.17	7.93
5	1	2	3.3	8.14
6	2	2	3.3	8.15
7	3	2	3.15	7.87
8	1	3	3.1	7.76
9	2	3	3.1	7.73
10	3	3	3.1	7.74
11	1	4	2.87	7.17
12	2	4	3.03	7.57
13	3	4	3.13	7.8
14	1	5	2.98	7.46
15	2	5	3.07	7.68
16	3	5	2.85	7.21

2단계: strawberry.csv를 불러오기 위해서 JASP 프로그램을 실행하여 [So open a data file and take JASP for a spin!] 버튼을 누른다. 이어 [Recent Folders]의 [Browse] 버튼을 눌러 strawberry.csv를 지정한다.

	block	treatment	fertility	sugar
1	1	1	3.05	7.62
2	2	1	3.16	8
3	3	1	3.17	7.93
4	1	2	3.3	8.14
5	2	2	3.3	8.15
6	3	2	3.15	7.87
7	1	3	3.1	7.76
8	2	3	3.1	7.73
9	3	3	3.1	7.74
10	1	4	2.87	7.17
11	2	4	3.03	7.57
12	3	4	3.13	7.8
13	1	5	2.98	7.46
14	2	5	3.07	7.68
15	3	5	2.85	7.21

3단계 : [Regression]을 누르고 [Classical]에서 [Linear Regression(선형회귀분석)]을 지정한다. [Dependent Variables(종속변수)]에 sugar(당도) 변수를 옮기고, [Covariates(공변량)]에 fertility(비옥도) 변수를 옮긴다.

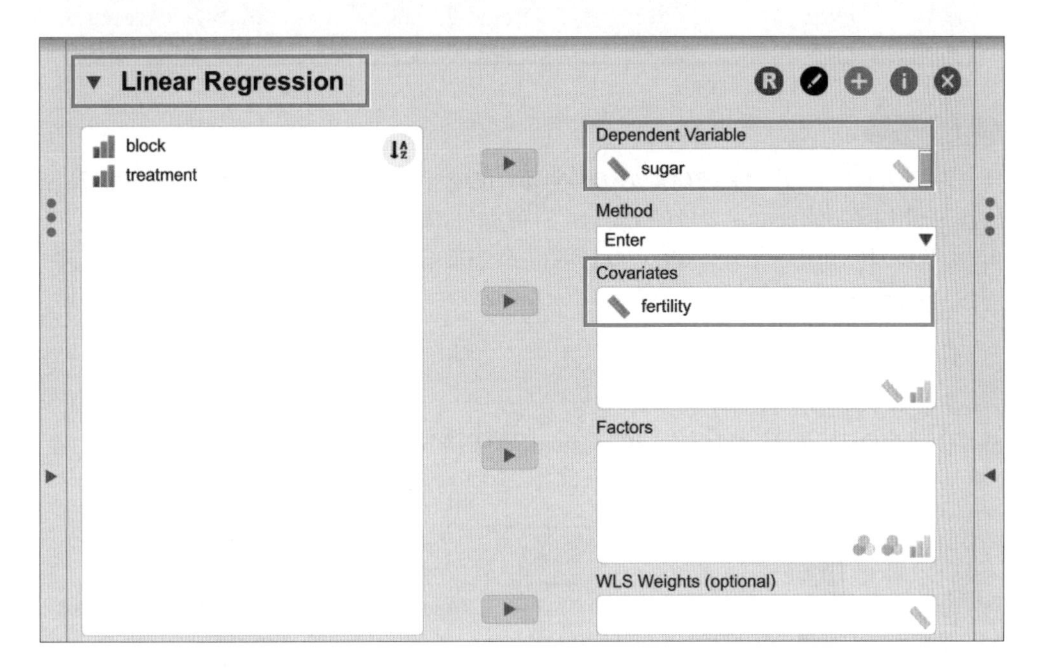

4단계 : 그러면 다음과 같은 결과를 얻을 수 있다.

Linear Regression ▼

Model Summary - sugar

Model	R	R^2	Adjusted R^2	RMSE
H_0	0.000	0.000	0.000	0.290
H_1	0.989	0.978	0.977	0.044

ANOVA

Model		Sum of Squares	df	Mean Square	F	p
H_1	Regression	1.153	1	1.153	583.731	< .001
	Residual	0.026	13	0.002		
	Total	1.179	14			

Note. The intercept model is omitted, as no meaningful information can be shown.

Coefficients

Model		Unstandardized	Standard Error	Standardized	t	p
H_0	(Intercept)	7.722	0.075		103.056	< .001
H_1	(Intercept)	0.781	0.288		2.717	0.018
	fertility	2.246	0.093	0.989	24.161	< .001

결과 설명

추정회귀식 $\widehat{Y(당도)} = 0.781 + 2.246 \times fertility$은 α=0.05에서 p(<0.000)이기 때문에 유의함을 알 수 있다. 또한 비옥도(fertility)는 α=0.05에서 p(<0.000)이기 때문에 유의한 영향을 미침을 알 수 있다. 따라서 연구자는 비옥도가 양적변수이면서 회귀분석 결과 유의한 변수임을 확인하였기 때문에 공변량(covariate) 변수임을 판단할 수 있다.

5단계 : [ANOVA] 버튼을 누르고 [Classical]에서 [ANCOVA]를 지정한다.

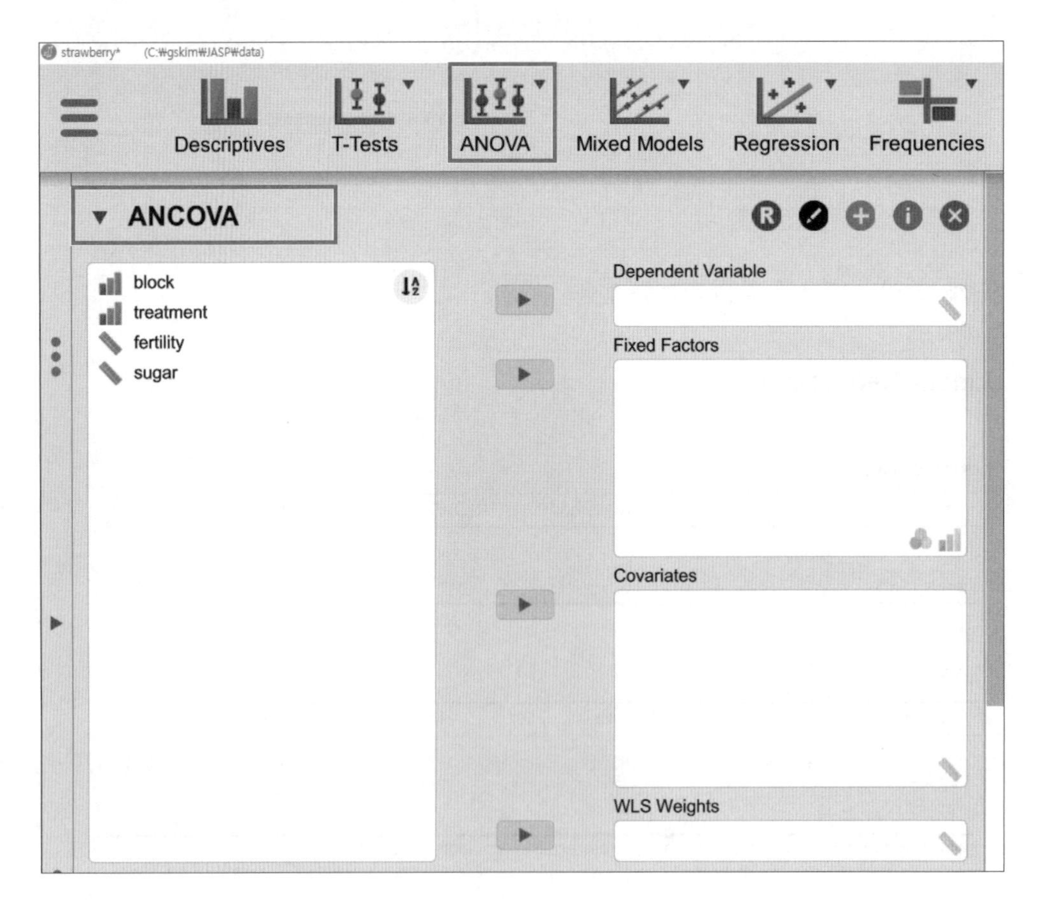

6단계: [Dependent Variable] 칸에 sugar 변수를 옮기고, [Fixed Factor(고정요인)] 칸에 block과 treatment 변수를 옮긴다. fertility 변수는 [Covariates] 칸으로 옮긴다.

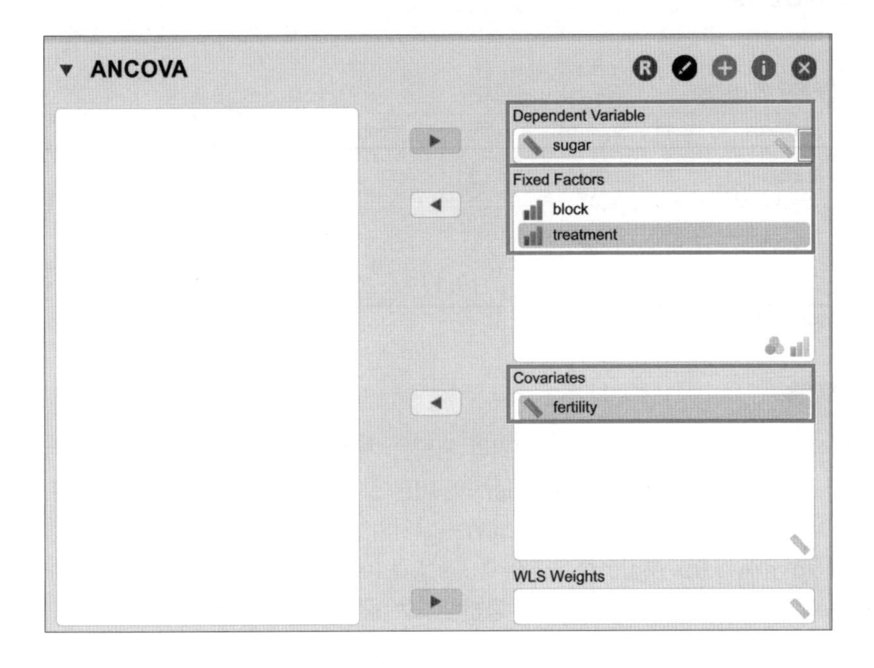

7단계: 이어 [Model] 칸에서 3개 변수를 [Model Terms(모델 항)]으로 옮긴다.

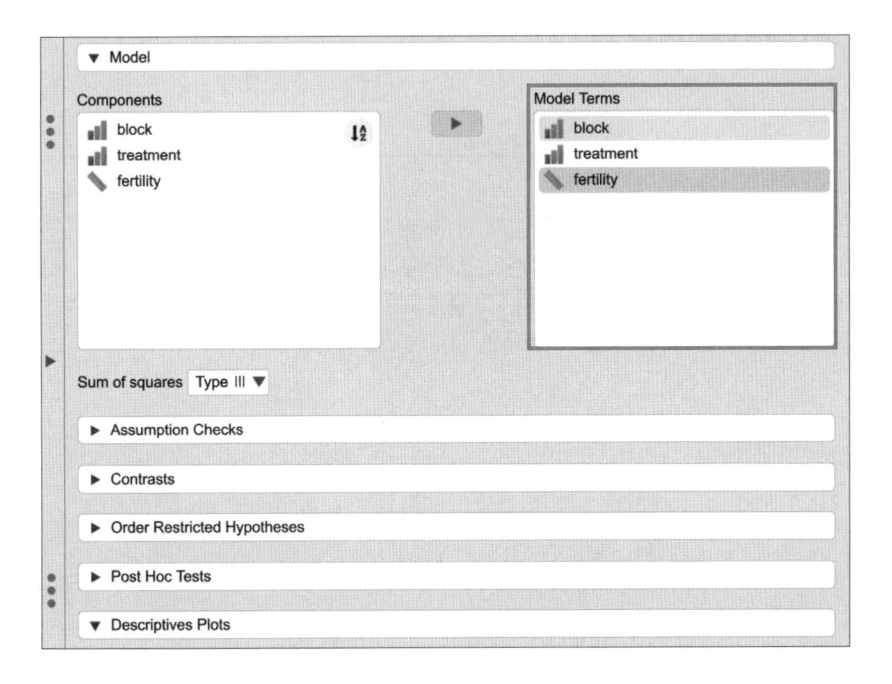

8단계 : 이와 같이 지정하면 다음과 같은 결과를 얻을 수 있다.

ANCOVA ▾

ANCOVA - sugar

Cases	Sum of Squares	df	Mean Square	F	p
block	0.004	2	0.002	1.319	0.327
treatment	0.011	4	0.003	1.859	0.223
fertility	0.339	1	0.339	227.177	< .001
Residuals	0.010	7	0.001		

Note. Type III Sum of Squares

결과 설명

공변량분석 결과 블록(block)에 따른 딸기의 당도는 차이가 없는 것으로 나타났다($p=0.327 > \alpha=0.05$). 또한 산화칼륨의 처리수준(treatment)에 따른 딸기의 당도는 차이가 없는 것으로 나타났다($p=0.223 > \alpha=0.05$). 공변량인 비옥도(fertility)는 딸기의 당도에 유의한 영향을 미치는 것으로 나타났다($p=0.001 < \alpha=0.05$). 분산분석 과정에서 block과 treatment 변수에 의한 당도 차이를 검정할 경우는 순수한 실험효과를 검정할 수 없어 공변량(또는 공변수)을 투입하게 된다.

다변량분산분석

예제 2

한 광고회사는 고객유형(과거고객, 현재고객)과 제품(제품1, 제품2)에 따른 고객의 반응(관심, 구매의도)에 관심을 가지고 있다. 이 회사는 고객에 따라 제품에 대한 반응 정도가 다를 것이라는 연구가설을 설정하고 직접 조사에 나섰다. 그 결과 다음과 같은 조사표를 만들 수 있었다. 여기서 반응점수(숫자)는 관심 및 구매의도가 낮으면 1점, 높으면 10점으로 나타냈다.

구분		고객반응			
		제품1(product1)		제품2(product2)	
		관심 (attention)	구매의도 (purchase)	관심 (attention)	구매의도 (purchase)
고객유형 (customer)	과거고객(1)	1	3	3	4
		2	1	4	3
		2	3	4	5
		3	2	5	5
	현재고객(2)	4	7	6	7
		5	6	7	8
		5	7	7	7
		6	7	8	6

1단계 : 다음과 같이 데이터를 Excel에서 저장한다(customer.csv).

데이터 customer.csv

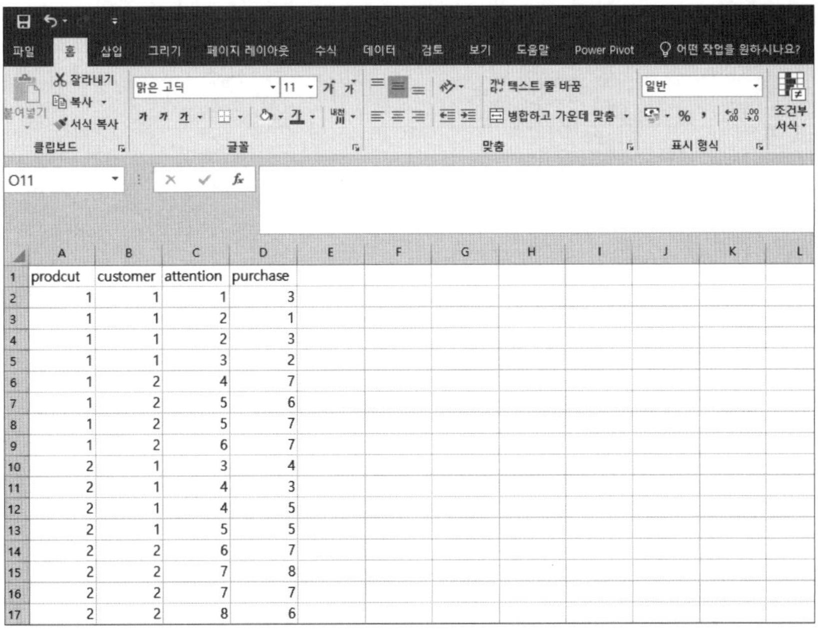

	A	B	C	D
1	prodcut	customer	attention	purchase
2	1	1	1	3
3	1	1	2	1
4	1	1	2	3
5	1	1	3	2
6	1	2	4	7
7	1	2	5	6
8	1	2	5	7
9	1	2	6	7
10	2	1	3	4
11	2	1	4	3
12	2	1	4	5
13	2	1	5	5
14	2	2	6	7
15	2	2	7	8
16	2	2	7	7
17	2	2	8	6

2단계: customer.csv를 불러오기 위해서 JASP 프로그램을 실행하여 [So open a data file and take JASP for a spin!] 버튼을 누른다. 이어 [Recent Folders]의 [Browse] 버튼을 눌러 customer.csv를 지정한다. 불러온 데이터 파일의 변수가 질적변수와 양적변수로 나타나 있는지 확인한다.

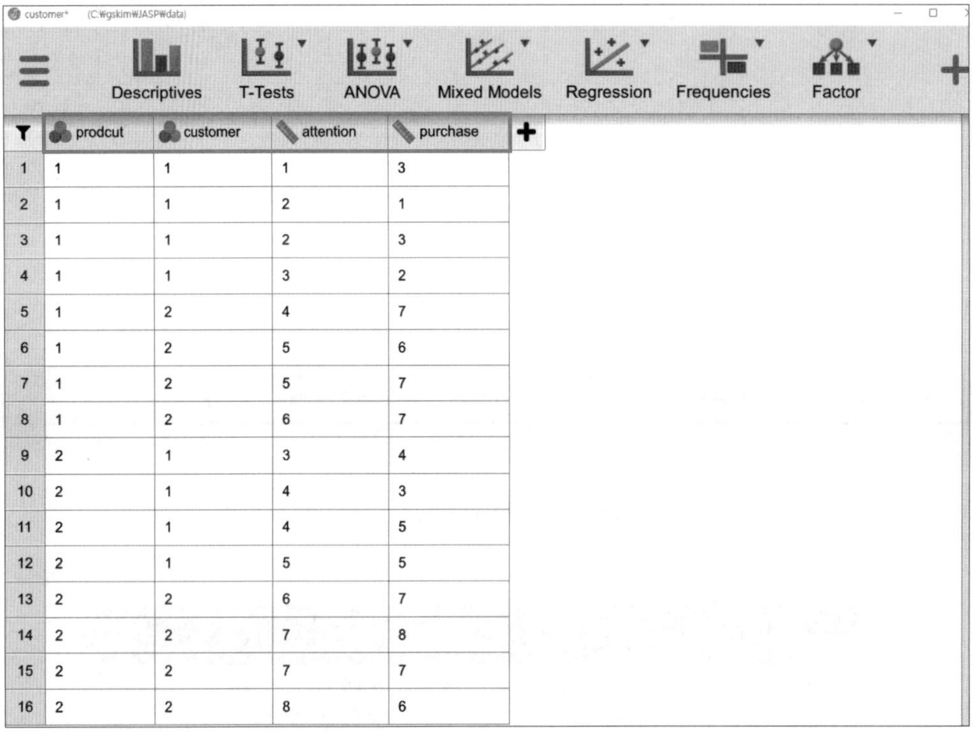

customer* (C:₩gskim₩JASP₩data)

Descriptives T-Tests ANOVA Mixed Models Regression Frequencies Factor

	prodcut	customer	attention	purchase
1	1	1	1	3
2	1	1	2	1
3	1	1	2	3
4	1	1	3	2
5	1	2	4	7
6	1	2	5	6
7	1	2	5	7
8	1	2	6	7
9	2	1	3	4
10	2	1	4	3
11	2	1	4	5
12	2	1	5	5
13	2	2	6	7
14	2	2	7	8
15	2	2	7	7
16	2	2	8	6

3단계 : [ANOVA] 버튼을 누르고 [Classical]에서 [MANOVA]를 지정한다.

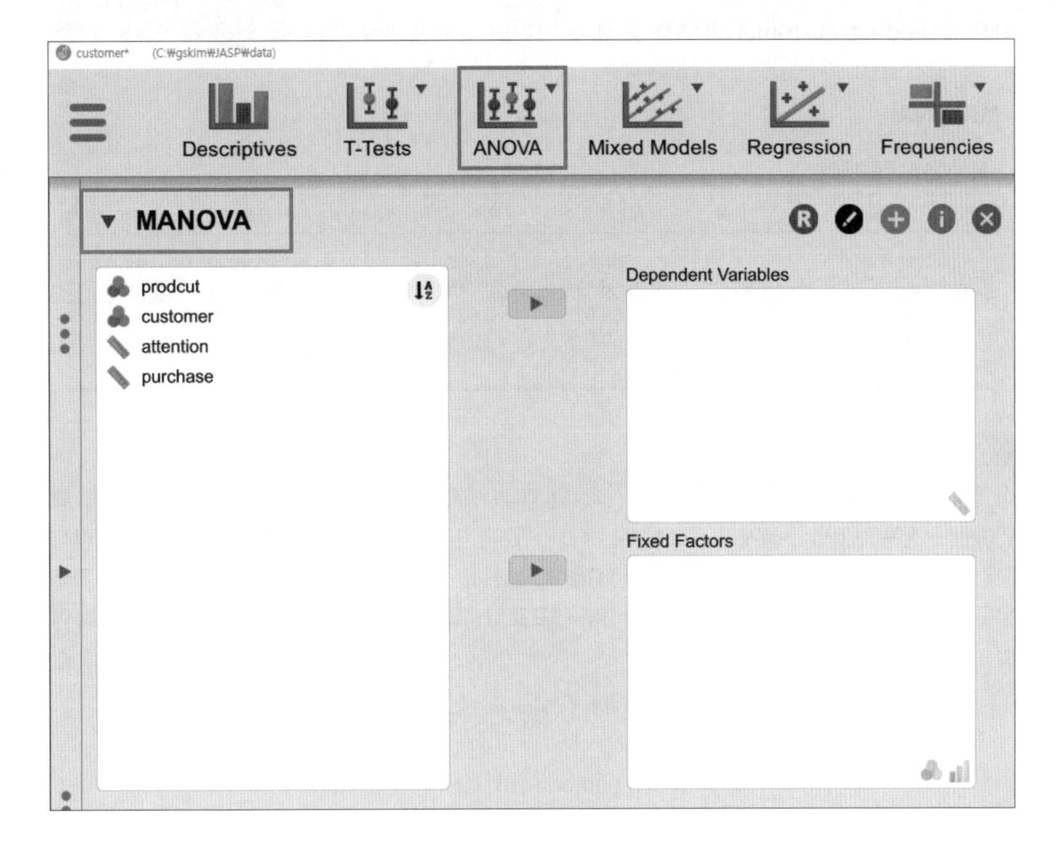

4단계 : [Dependent Variables] 칸으로 attention, purchase 변수를 옮긴다. [Fixed Factors] 칸으로 product, customer 변수를 옮긴다. 그러면 다음과 같은 결과를 얻을 수 있다.

MANOVA

MANOVA: Pillai Test

Cases	df	Approx. F	$Trace_{Pillai}$	Num df	Den df	p
(Intercept)	1	565.442	0.990	2	11.000	< .001
prodcut	1	16.119	0.746	2	11.000	< .001
customer	1	68.073	0.925	2	11.000	< .001
prodcut ∗ customer	1	2.073	0.274	2	11.000	0.172
Residuals	12					

결과 설명

이 결과는 Pillai 검정의 결과이다. 이는 Wilks의 람다(Wilk's Lambda)와 유사한 다변량 차이를 확인하는 검정통계량이다. 통계 프로그램에는 4개가 있다. 이들은 다변량분산분석의 귀무가설을 검정하기 위한 기본 통계량으로 우도(likelihood)를 최대화하는 방향으로 모수를 추정하는 방법인 최대우도값 또는 U통계량이라고 부른다. 이는 JASP 프로그램의 Additional Option의 Test 창에서 확인할 수 있다.

$$\text{Pillai Test : } V = \Sigma \frac{\lambda_i}{1+\lambda_i}$$

$$\text{Wilk's Lambda : } W = \Pi \frac{\lambda_i}{1+\lambda_i}$$

$$\text{Hotelling-Lawley : } T = \Sigma \lambda_i$$

$$\text{Roy : } R = \frac{\lambda_{\max}}{1+\lambda_{\max}}$$

결과에서 intercept는 상수를 의미한다. 상수는 종속변수를 독립변수의 함수관계를 나타낼 때 필요하다. product와 customer의 확률이 $\alpha=0.05$보다 작아 '평균 벡터가 같을 것이다'라는 귀무가설을 기각시킨다. 그러므로 제품(product)과 고객(customer)의 관심(attention)과 구매의도(purchase)는 차이가 있음을 알 수 있다($p < 0.001$). 또한 상호작용효과를 검정하기 위해서 product*customer 칸의 유의확률을 확인한 결과 p(0.172) < $\alpha=0.05$이므로 '상호작용은 없을 것이다'라는 귀무가설(H_0)을 기각한다.

5단계 : [Additional Option]에서 [Homogeneity of covariance matrices]와 [Multivariate normality]를 누른다. 그러면 다음과 같은 결과를 얻을 수 있다.

Assumption Checks

Box's M-test for Homogeneity of Covariance Matrices

χ^2	df	p
2.296	9	0.986

Shapiro-Wilk Test for Multivariate Normality

Shapiro-Wilk	p
0.965	0.751

결과 설명

공분산행렬의 분산 동일성을 확인하기 위해서 Box's M의 p=0.986 > α=0.05이므로 'H_0 : 분산은 동일할 것이다'라는 귀무가설을 채택한다. 마찬가지로 비모수통계분석 Shapiro-Wilk Test 결과 p=0.751 > α=0.05이므로 'H_0 : 다변량 정규분포를 보일 것이다'라는 귀무가설을 채택한다.

알아두면 좋아요!

다변량 분산분석에 대한 유익한 정보를 얻을 수 있다.

- 다변량분산분석 정보 제공

- 다변량분산분석 정보 제공 (R코딩 정보 포함)

- 다변량분산분석 심층 정보

분석 도전

1. ANCOVA와 다변량분산분석의 유사성과 차이점을 설명하라.

2. total.csv 파일에서 (x19(고객만족), x20(추천의도)) = f(x1(고객유형), x2(성별))의 다변량 분산분석을 실시하고 이를 해석하여라.

3부

예측분석

7장 상관분석

학습목표

- ☑ 상관분석의 개념을 이해한다.
- ☑ 상관분석을 실행하고 해석한다.
- ☑ 부분상관계수의 개념을 이해한다.
- ☑ 부분상관계수 분석을 실행하고 해석한다.

1 공분산

기온과 아이스크림 판매량은 관계가 있을까? 코딩 학습시간과 코딩 역량은 얼마나 관계가 있을까? 대인관계와 업무 역량은 관계가 있을까? 수면시간과 스트레스에는 어떤 관련성이 있을까? 우리는 다양한 변수 간의 관련성에 관심을 가진다. 이러한 두 변수 사이의 연관성을 설명하는 방법으로는 3가지가 있는데, 산포도에 의한 방법, 공분산에 의한 방법, 상관계수에 의한 방법이다. 먼저 공분산에 대하여 살펴보자.

공분산(covariance)은 두 확률변수가 어느 정도 결합되어 있는가를 측정한다. 두 변수 X와 Y 사이의 공분산은 $Cov(X, Y)$, 또는 σ_{xy}로 표기한다. 그러나 현실적으로 모집단의 특성치인 평균과 분산을 알기란 쉬운 일이 아니며, 때에 따라서는 불가능하다. 그러므로 표본에 대하여 공분산을 아는 것은 중요하다.

모집단 공분산 $Cov(X, Y) = \sigma_{XY} = E(X - \mu_x)(Y - \mu_y)$

$$= \frac{1}{N}\sum(X - \mu_X)(Y - \mu_Y)$$

표본 공분산 $S_{xy} = \dfrac{\sum(x - \bar{x})(y - \bar{y})}{n - 1}$

공분산은 두 변수에 대한 편차를 서로 곱한 것임을 알 수 있다. 공분산의 부호는 3가지로 나타낼 수 있다. 양의 값을 가지면 X와 Y는 같은 방향으로 움직이는 것을 알 수 있다. 즉 X가 커지면 Y도 커지고, X가 작아지면 Y도 작아진다. 그리고 그 값이 클 때 두 변수가 밀접하게 움직인다고 한다. 이와 반대로, 음의 값을 가지면 X와 Y는 반대방향으로 움직이고 있음을 나타낸다. X가 커지면 Y는 작아지고, X가 작아지면 Y는 커진다. 만일 공분산의 값이 0이라면 두 변수 사이에는 아무런 증감관계도 없음을 알 수 있다. 그런데 두 확률변수 X, Y가 서로 독립적이면 공분산은 0이 된다. 여기서 유의할 것은 공분산이 0이라고 해서 두 변수가 반드시 독립적인 것은 아니라는 점이다.

두 확률변수 X, Y가 독립적인 경우는 다음과 같다.

① $E(XY) = E(X) \cdot E(Y)$

② $Cov(X, Y) = E(X-\mu_x)(Y-\mu_y) = 0$

③ $Var(X \pm Y) = Var(X) + Var(Y)$

공분산의 값이 0에 가깝게 계산된 이유는 단순히 자료의 측정단위 때문이다. 이러한 경우에 두 확률변수의 관계를 공분산으로 파악하는 것은 옳지 않다. 즉, 공분산은 측정단위가 달라짐에 따라 그 값이 변하기 때문에 두 변수 간의 선형관계를 측정하는 도구로 적합하지 않을 수 있다. 이러한 문제를 해소하기 위해 상관계수를 이용한다.

2 상관계수

두 확률변수 X, Y 간의 일차적인 관계가 얼마나 강한지를 지수로 측정하고 싶을 때가 있다. 이때 두 변수의 일차관계의 방향과 정도를 나타내는 측정치를 상관계수(correlation coefficient), 또는 피어슨 상관계수라고 한다. 이 상관계수를 이용한 통계기법을 상관분석(correlation analysis)이라고 한다.

모집단의 경우 상관계수는 ρ(rho), 표본의 상관계수는 r로 표시한다.

모집단상관계수 $$\rho = \frac{\sigma_{xy}}{\sqrt{\sigma_x^2}\sqrt{\sigma_y^2}} = \frac{\sigma_{xy}}{\sigma_x \sigma_y}, \quad -1 \le \rho \le +1$$

표본상관계수 $$r = \frac{S_{xy}}{\sqrt{S_x^2}\sqrt{S_y^2}} = \frac{S_{xy}}{S_x S_y}, \quad -1 \le r \le +1$$

여기서 $$S_x^2 = \frac{1}{n-1}\sum(x-\overline{x})^2$$

$$S_y^2 = \frac{1}{n-1}\sum(y-\overline{y})^2$$

$$S_{xy} = \frac{1}{n-1}\sum(x-\overline{x})(y-\overline{y})$$

위의 식에서 볼 수 있듯이 상관계수는 공분산을 변수 X와 변수 Y의 두 표준편차로 나누어준 값, 즉 표준화된 공분산(standardized covariance)을 의미한다. 이 상관계수는 모집단에서 두 확률변수의 일차적인 연관성을 나타낸다.

일반적으로 상관계수의 값을 보고 두 변수의 관련 정도를 알 수 있는데, 그 정도를 다음과 같이 평가할 수 있다.

상관계수와 변수의 관련성

0.0 ~ 0.7 (-1.0 ~ -0.7)의 경우: 매우 강한 관련성

0.7 ~ 0.4 (-0.7 ~ -0.4)의 경우: 상당한 관련성

0.4 ~ 0.2 (-0.4 ~ -0.2)의 경우: 약간의 관련성

0.2 ~ 0.0 (-0.2 ~ -0.0)의 경우: 관련 없음

만일 두 변수가 독립적이면 공분산은 0이 되고, 따라서 상관계수도 0이 된다. 그러나 이것의 역(逆)이 반드시 성립하지는 않는다.

3 상관계수의 가설 검정

모집단상관계수 ρ에 대한 추론을 위하여 표본상관계수 r의 표본분포 특성을 보면 다음과 같다. 모집단의 변수들 사이에 상관계수가 없다면 t 통계량은 다음과 같다.

t 통계량 $t = \dfrac{r-0}{S_r}$

여기서 $S_r = \sqrt{\dfrac{1-r^2}{n-2}}$

df = n-2

이 검정을 위한 귀무가설과 대립가설은 다음과 같다.

- $H_0 : \rho = 0 \qquad P > \alpha = 0.05$
- $H_1 : \rho \neq 0 \qquad P < \alpha = 0.05$

예제 1

다음은 어느 건강클럽에서 10명의 회원(표본)을 상대로 키와 가슴둘레를 조사, 측정한 결과이다. JASP를 이용하여 산포도 분석, 공분산, 상관계수를 계산하고 결과를 해석해보자.

(단위: cm)

회원(id)	1	2	3	4	5	6	7	8	9	10
키(x1)	182	154	162	179	178	170	184	172	174	175
가슴둘레(x2)	102	105	100	97	97	98	96	99	96	100

1단계: Excel 프로그램에서 데이터를 입력하고 ch71.csv 파일로 저장한다.

데이터 ch71.csv

	A	B	C
1	id	x1	x2
2	1	182	102
3	2	154	105
4	3	162	100
5	4	179	97
6	5	178	97
7	6	170	98
8	7	184	96
9	8	172	99
10	9	174	96
11	10	175	100

2단계: JASP 프로그램을 실행한다. [So open a data file and take JASP for a spin!] 버튼을 누른다. 이어서 [Recent Folders]의 [Browse] 버튼을 눌러 ch71.csv를 지정한다.

3단계: 서열척도로 되어 있는 x1 변수와 x2 변수를 양적(수치형, scale) 변수로 변환한다.

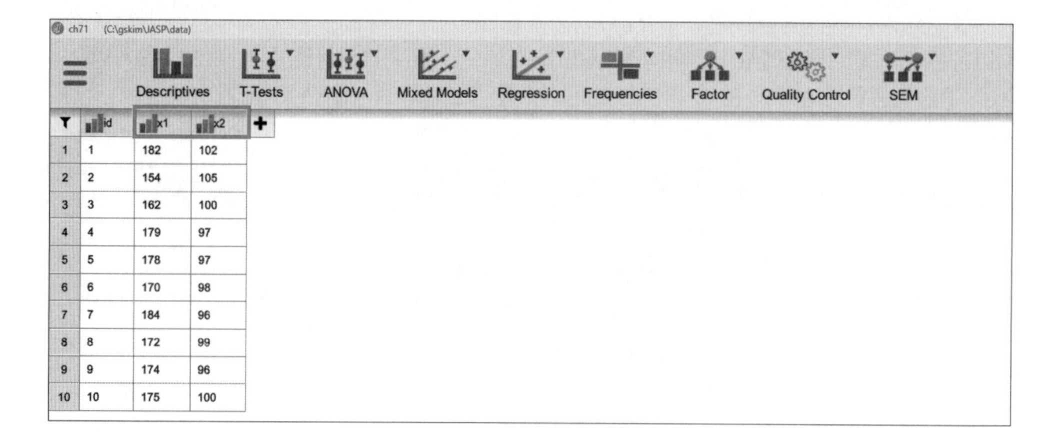

	id	x1	x2
1	1	182	102
2	2	154	105
3	3	162	100
4	4	179	97
5	5	178	97
6	6	170	98
7	7	184	96
8	8	172	99
9	9	174	96
10	10	175	100

4단계: 본격적인 상관분석을 위해서 [Regression] 버튼을 누른다. [Classical]에서 [Correlation]을 누른다.

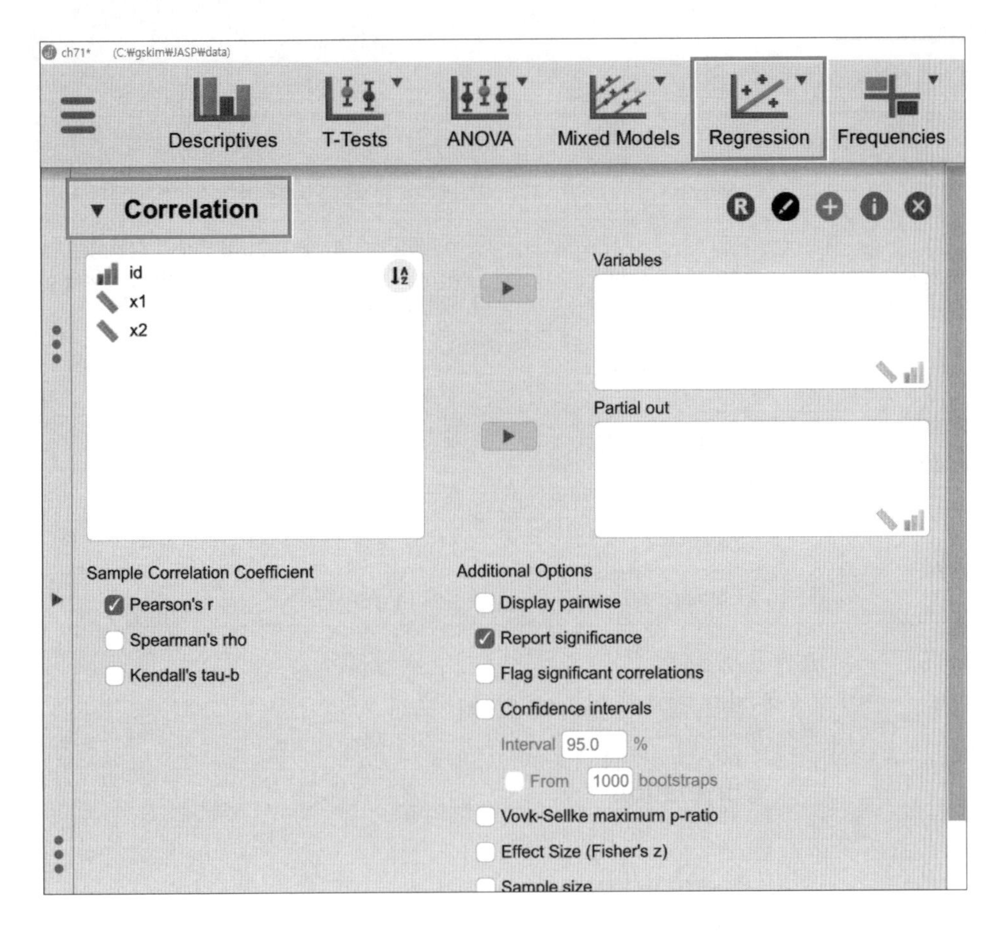

5단계 : x1 변수와 x2 변수를 지정하여 [Variables] 칸으로 옮긴다. 이어 세부 분석 결과를 얻기 위해 추가로 다음과 같이 지정한다.

[표 7-1] 상관분석 설정 메뉴

선택 버튼	선택	설명
Sample correlation coefficient	Pearson's r	연속형 변수와 연속형 변수 간의 상관관계 확인
	Spearman's rho	스피어만 순위상관계수, 두 변수가 정규성을 따르지 않는 순위척도로 구성된 변수 간 피어슨 상관계수를 사용함
	Kendall's tau-b	켄달 Tau, 두 연속형 변수 간의 순위를 비교하여 관련성을 계산하는 방법
Additional Options	Report significance	유의성 표시
	Flag significant correlations	상관행렬에 유의수준을 * 표시로 나타냄
Plots	Scatter plots	산포도 플롯
	Heatmap	열로 나타낸 지도

6단계 : 그러면 다음과 같은 결과를 얻을 수 있다.

Correlation ▼

Pearson's Correlations

Variable		x1	x2
1. x1	Pearson's r	—	
	p-value	—	
2. x2	Pearson's r	-0.637*	—
	p-value	0.048	—

* p < .05, ** p < .01, *** p < .001

결과 설명

x1(키)과 x2(가슴둘레)의 관련성은 -0.637*로 유의함을 알 수 있다($p=0.048 < \alpha=0.05$). 즉, 키가 크면 클수록 가슴둘레는 작음을 알 수 있다.

- $H_0 : \rho = 0 \qquad P > \alpha = 0.05$
- $H_1 : \rho \neq 0 \qquad P < \alpha = 0.05$

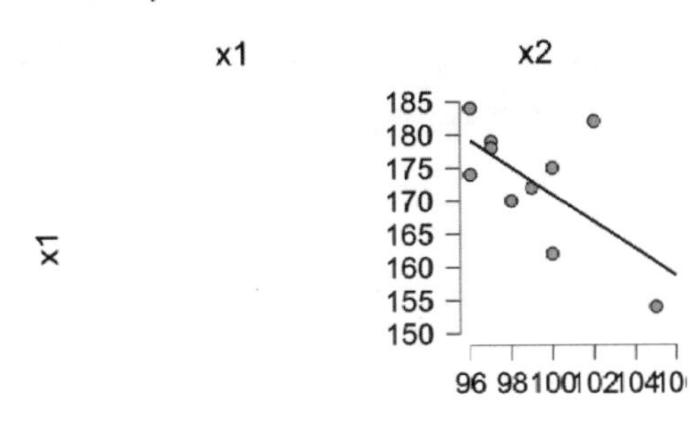

결과 설명

x1(키)과 x2(가슴둘레)의 관련성은 역상관이 있음을 시각적으로 확인할 수 있다.

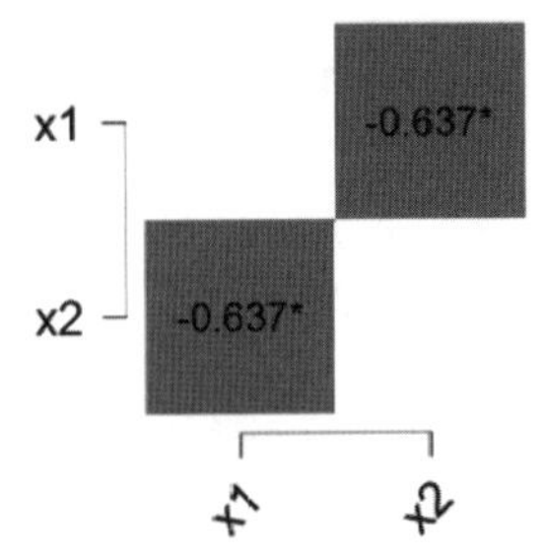

결과 설명

히트맵(heatmap)은 데이터 시각화 방법 중 하나로, 열을 뜻하는 heat와 지도를 뜻하는 map이 결합된 의미를 가지고 있다. 여기서는 두 변수의 상관계수 -0.637*이 나타나 있다.

4 부분상관계수

부분상관계수(partial correlation coefficient)는 다른 변수들의 영향을 제거한 상태에서 두 변수만의 상관관계를 측정한 값이다. 부분상관분석의 목적은 변수 간의 순수한 관계를 파악하기 위해 외적인 측정변수를 통제하는 것이다.

예제 2

다음은 어느 회사 신입사원 면접 점수를 측정한 결과이다. 여기서는 외모(x1), 학점(x2), 면접점수(x3) 변수를 다뤄보기로 하자. JASP를 이용하여 산포도 분석, 공분산, 상관계수를 계산하고 결과를 해석해보자.

데이터 ch72.csv

x1	x2	x3
90	4	85
80	3.5	75
75	4.5	90
88	3.2	86
90	4.3	92
83	4	86
90	4.3	92
83	4	88
86	2.7	85
90	3.8	92

1단계: JASP 프로그램을 실행한다. [So open a data file and take JASP for a spin!] 버튼을 누른다. 이어 [Recent Folders]의 [Browse] 버튼을 눌러 ch72.csv를 지정한다. 3개 변수(x1, x2, x3)가 수치형 변수(양적변수)로 지정되어 있는지를 확인한다.

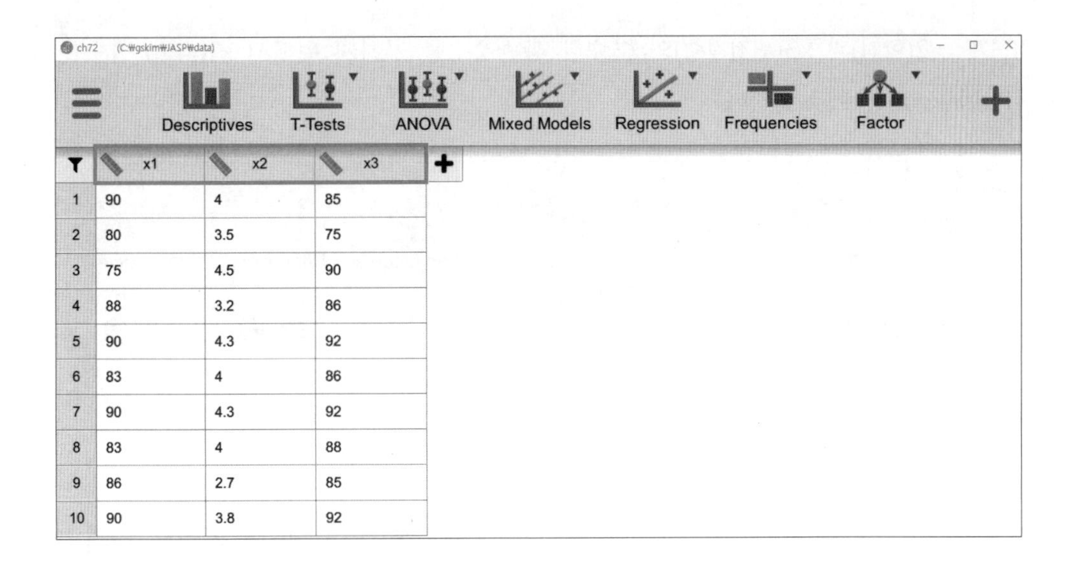

	x1	x2	x3
1	90	4	85
2	80	3.5	75
3	75	4.5	90
4	88	3.2	86
5	90	4.3	92
6	83	4	86
7	90	4.3	92
8	83	4	88
9	86	2.7	85
10	90	3.8	92

2단계: 본격적인 분석을 위해 [Regression] 버튼을 누른다. 그런 다음 [Classical]에서 [Correlation]을 누른다.

3단계: 세 변수의 상관계수를 구하기 위해서 [Variables] 칸에 x1, x2, x3 변수를 지정한다.

Correlation

Pearson's Correlations

Variable		x1	x2	x3
1. x1	Pearson's r	—		
	p-value	—		
2. x2	Pearson's r	-0.130	—	
	p-value	0.720	—	
3. x3	Pearson's r	0.373	0.509	—
	p-value	0.288	0.133	—

결과 설명

세 변수 간 관련성을 확인할 수 있다. 외모(x1)와 학점(x2)은 상관계수가 -0.130으로 $p=0.720 > \alpha=0.05$로 약한 상관관계가 있고, 외모(x1)와 면접점수(x3)는 상관계수가 0.373으로 $p=0.288 > \alpha=0.05$로 약한 상관관계가 있다. 학점(x2)과 면접점수(x3)는 상관계수가 0.509로 $p=0.133 > \alpha=0.05$로 약한 상관관계가 있다.

4단계 : x2(학점)과 x3(면접점수)의 순수한 상관계수를 구하기 위해서 x1(외모) 변수를 [Partial out] 칸으로 옮긴다.

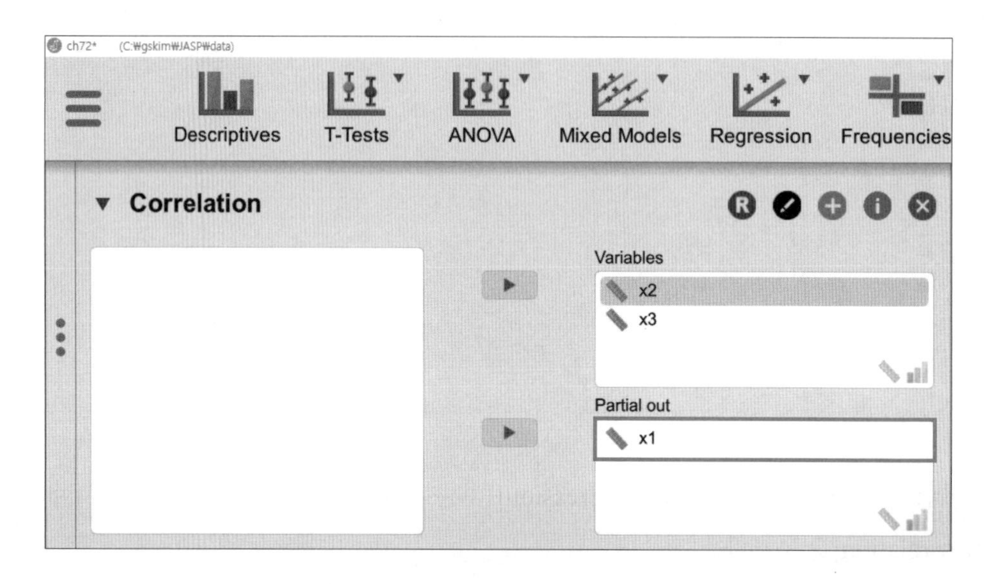

5단계 : 설정을 마치면 다음과 같은 결과를 얻을 수 있다.

Correlation

Pearson's Partial Correlations

Variable		x2	x3
1. x2	Pearson's r	—	
	p-value	—	
2. x3	Pearson's r	0.606	—
	p-value	0.084	—

Note. Conditioned on variables: x1.

결과 설명

학점(x2)과 면접점수(x3)는 상관계수가 0.606으로 $p=0.084 > \alpha=0.05$로 유의한 상관관계는 아니더라도 상관관계가 있는 것으로 나타났다. 앞에서 세 변수를 동시에 투입하고 학점(x2)과 면접점수(x3)의 상관계수를 구하면 0.509이었으나 부분상관계수를 구한 결과 다소 높아진 것을 확인할 수 있다.

알아두면 좋아요!

변수 간의 관련성을 나타내는 상관분석에 대한 내용을 잘 정리해놓은 사이트이다.

• 상관분석 설명 사이트

• 상관분석 설명 및 R-코딩 방법 소개

분석 도전

1. 어느 회사의 인사관리 책임자는 올해의 신입사원 전체 중 표본추출된 7명의 입사시험 성적과 입사 6개월 후의 인사고과 점수 사이의 관계를 연구하였다. 이 점수는 모두 8점 단위척도로 측정하였다.

사원	1	2	3	4	5	6	7
입사시험	3	4	6	8	2	7	5
인사고과	5	7	5	6	6	7	6

1) 산포도를 그려라.

2) 두 변수 사이의 공분산을 구하고 그 의미를 설명하라.

3) 상관계수를 구하고 그 의미를 설명하라.

2. 다음은 한 제조회사의 작업자 중 표본으로 추출된 7명의 1년간 무단결근일수와 월평균 생산량을 조사한 표이다.

결근일수	3	2	4	2	1	6	3
생산량	75	88	82	93	90	70	83

1) 산포도를 그려라.

2) 두 변수 사이의 공분산을 구하고 그 의미를 설명하라.

3) 표본상관계수를 구하고 그 의미를 설명하라.

4) 두 변수 사이의 상관이 없다는 가설을 $\alpha=0.05$에서 t검정하여라.

3. 다음은 대학교 학점과 졸업 후 월급의 관계를 조사하기 위한 표본자료이다.

학점	4.2	2.5	3.2	3.2	2.9	3.2
인사고과	10	8	9	9	8	8
월급(단위: 십만 원)	3.8	3.5	4.2	3.7	2.8	3.0

1) 산포도를 그려라.

2) 세 변수의 상관계수를 구하라.

3) 인사고과가 월급에 미치는 순수한 효과를 알아보기 위해서 학점변수를 통제하고 인사고과 점수와 월급의 부분상관계수를 구하고 해석해보자.

8장 회귀분석

학습목표

- ☑ 회귀분석의 개념을 이해하고 실행한다.
- ☑ 회귀분석 추정회귀식을 만든다.
- ☑ 추정회귀식의 유의성을 검정한다.
- ☑ 회귀분석의 기본 가정을 검토한다.

1 회귀분석 이해

회귀분석(regression analysis)은 독립변수(independent variable)가 종속변수(dependent variable)에 미치는 영향력 크기를 조사하여 독립변수의 일정한 값에 대응하는 종속변수 값을 예측하는 기법을 의미한다. 여기서 독립변수는 시간적인 우선순위로 종속변수에 영향을 주는 변수를 말한다. 종속변수는 독립변수의 영향을 받는 변수를 말한다. 예를 들어 아파트 평수와 전기소모량 사이에 어떤 관계가 있을 때, 일단 평수의 수준이 결정되면 회귀분석을 통하여 전기소모량을 예상할 수 있다.

회귀분석은 3가지 주요 목적을 갖는다. 첫 번째는 기술적 목적으로, 변수들(예: 평수와 전기소모량) 사이의 관계를 기술하고 설명할 수 있다. 두 번째는 통제 목적으로, 변수들(예: 비용과 생산량 혹은 결근율과 생산량) 사이의 관계를 조사하여 생산 및 운영 관리의 효율적 통제에 이용할 수 있다. 세 번째는 예측 목적으로, 변수들 관계를 파악하여 소모량을 예측하거나 생산비용 등을 예측(예: 가구당 평수를 파악하여 전기소모량 예측)할 수 있다.

이미 설명한 분산분석과 여기서 설명하는 회귀분석의 차이는 다음과 같다. 회귀분석은 독립변수(들)의 수준과 평균반응치 사이의 통계적인 관계를 연구한다. 여기서 종속변수와 독립변수는 모두 양적이어야 한다. 회귀분석 안에서의 분산분석은 사실 회귀계수의 검정에 관한 여러 방편 중 하나에 불과한 것이다. 앞 장에서 설명한 분산분석은 종속변수와 독립변수(들) 사이의 관계를 연구하는 방법이지만 회귀분석에서 쓰이는 통계적인 관련성은 필요로 하지 않는다. 그리고 독립변수는 반드시 양적일 필요가 없으며, 성, 지역적인 위치, 기계종류 등과 같은 양적인 표시도 가능하다.

회귀분석은 단순회귀분석(simple regression analysis)과 중회귀분석(multiple regression analysis)으로 나눈다.

[표 8-1] 회귀분석의 종류

구분	독립변수	종속변수
단순회귀분석	1	1
중회귀분석	2개 이상	1
일반선형분석	2개 이상	2개 이상

일반적인 회귀분석의 절차는 다음과 같다.

① 산포도를 그려서 자료 변동의 대략적인 추세를 살펴본다.
② 회귀모델의 형태를 결정한다. 일반적으로 곡선보다는 직선의 선형모형이 많이 이용된다.
③ 회귀모델의 계수와 정도를 구한다.
④ 회귀모델이 통계적으로 유의한가를 검정한다.
⑤ 유의한 회귀모델에 대하여 추론을 한다.

회귀모델이 정해졌을 때, 누구도 이것이 적절하다고 쉽게 단언할 수 없다. 따라서 본격적인 회귀분석을 하기 전에 자료분석을 위한 회귀모델의 타당성을 검토하는 것은 중요하다. 회귀모델의 타당성은 다음과 같이 검토해볼 수 있다.

① 결정계수 r^2이 지나치게 작아서 0에 가까우면 회귀선은 적합하지 못하다.
② 분산분석에서 회귀식이 유의하다는 가설이 기각된 경우에는 다른 모형을 개발하여야 한다.
③ 적합결여검정(lack of fit test)을 통하여 모형의 타당성을 조사한다.
④ 잔차(residual)를 검토하여 회귀모델의 타당성을 조사한다.

여기서는 잔차의 분석에 대해서만 설명한다. 무엇보다도 회귀모델이 타당하려면 잔차들이 X축에 대하여 임의(random)로 나타나 있어야 한다.

2 단순회귀분석

단순회귀분석(simple regression analysis)의 목적은 두 변수, 즉 하나의 독립변수와 종속변수 사이의 관계를 알아내는 것이다.

예제 1

이해를 돕기 위해 아파트의 1가구당 평수에 따른 전기소모량에 관한 예를 들어보자. 전기소모량이 순전히 아파트 평수에 달려 있다고 가정하고, 아파트 단지 내의 여러 가구 중에서 10가구를 임의로 추출하여 다음과 같이 자료를 정리하였다.
이 자료를 이용하여 ①추정회귀식을 구하고, ②평수가 30평일 때의 전기소모량을 예측해본 다음, ③추정회귀식의 추정선(plot)과 신뢰구간대를 그림으로 나타내보자.

데이터 ch81.csv

가구(id)	평수(평, py)	전기소모량(kw)
1	25	100
2	52	256
3	38	152
4	32	140
5	25	150
6	45	183
7	40	175
8	55	203
9	28	152
10	42	198

1단계: JASP 프로그램을 실행한다. [So open a data file and take JASP for a spin!] 버튼을 누른다. 이어 [Recent Folders]의 [Browse] 버튼을 눌러 ch81.csv를 지정한다.

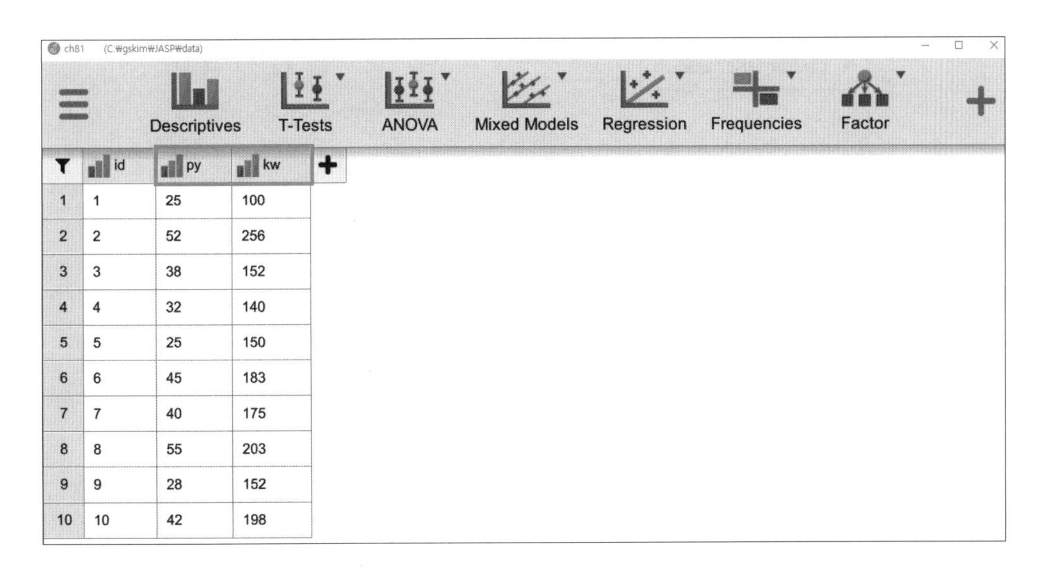

2단계: 서열척도로 되어 있는 py 변수와 kw 변수를 양적(수치형, scale)변수로 변환한다.

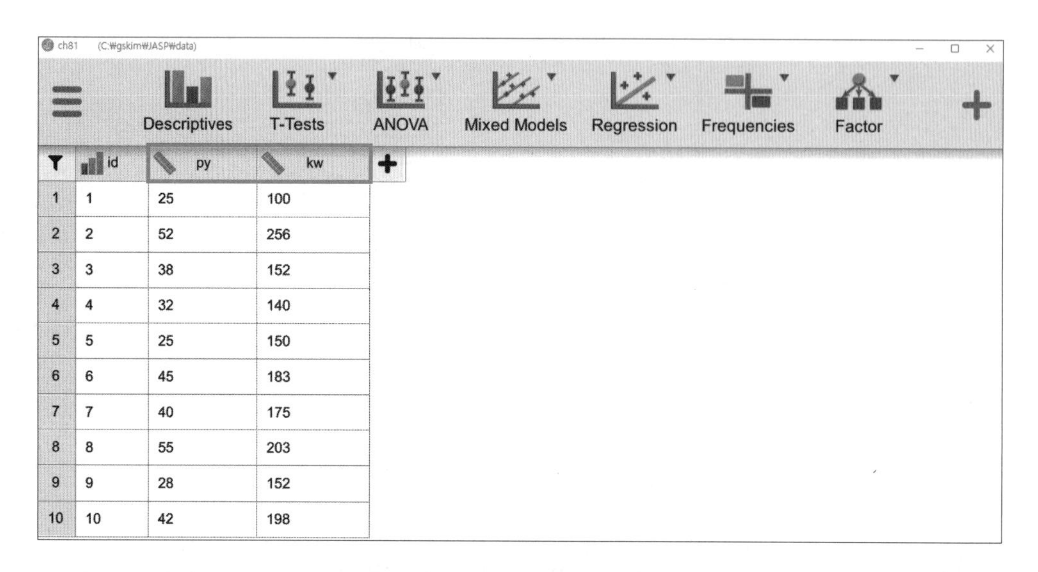

	id	py	kw
1	1	25	100
2	2	52	256
3	3	38	152
4	4	32	140
5	5	25	150
6	6	45	183
7	7	40	175
8	8	55	203
9	9	28	152
10	10	42	198

3단계: 본격적으로 상관분석을 실시하기 위해 [Regression] 버튼을 누른다. [Classical]에서 [Linear Regression]을 누른다.

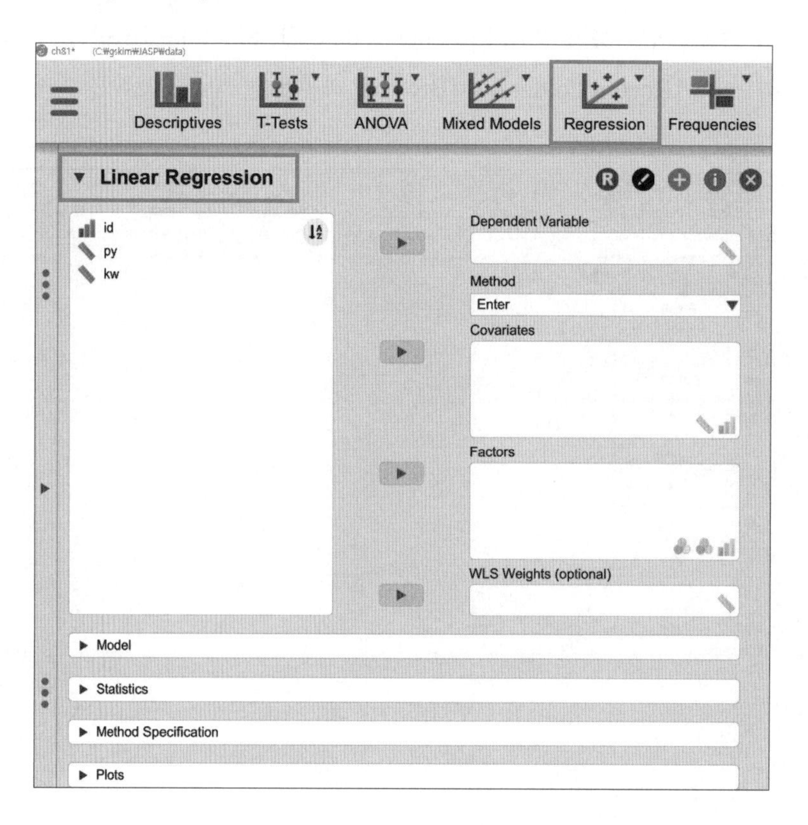

4단계 : py 변수를 [Covariates(독립변수)] 칸으로, kw 변수를 [Dependent Variable(종속변수)] 칸으로 옮긴다. 그러면 다음과 같은 결과를 얻을 수 있다.

Linear Regression

Model Summary - kw

Model	R	R^2	Adjusted R^2	RMSE
H_0	0.000	0.000	0.000	42.561
H_1	0.857	0.734	0.701	23.291

ANOVA

Model		Sum of Squares	df	Mean Square	F	p
H_1	Regression	11963.253	1	11963.253	22.054	0.002
	Residual	4339.647	8	542.456		
	Total	16302.900	9			

Note. The intercept model is omitted, as no meaningful information can be shown.

Coefficients

Model		Unstandardized	Standard Error	Standardized	t	p
H_0	(Intercept)	170.900	13.459		12.698	< .001
H_1	(Intercept)	40.561	28.715		1.413	0.195
	py	3.412	0.727	0.857	4.696	0.002

결과 설명

[H_1 R. 0.857 R^2 0.734 Adjusted R^2 0.701 RMSE(Std. Error of the Estimate) 23.291] 상관계수=0.857, 결정계수(R^2)=0.734, 수정결정계수(Adjusted R^2)=0.701, 회귀계수의 표준오차(standard error of coefficient)=23.291이다. 이는 추정회귀식이 유의함을 나타낸다. 결정계수(R^2)에 대한 내용은 바로 다음 플롯에서 자세히 설명하기로 한다.

[ANOVA sig. 0.002] 회귀식이 통계적으로 유의한지를 검정하는 분산분석표이다. F 통계량에 대한 유의확률=0.002 $<$ α=0.05이므로 추정회귀식은 유의하다고 할 수 있다.

[H_1 (Intercept) 40.561, Std. Error 28.715, t 1.413, p 0.195] 회귀식의 절편(constant)=40.561, 절편의 표준오차=28.715, t=40.561/28.715=1.413, 유의확률(p)=0.1915 $>$ α=0.05이므로 절편은 유의하지 못하다.

[py(평수) Unstandardized 3.412 Standard Error 0.727 Standardized 0.857 t 4.696 p 0.002] 평수의 회귀계수(Unstandardized)=3.412, 표준오차(Standard Error)=0.727, 자료를 표준화시킨 후

에 얻은 회귀계수(Standardized)=0.857, t=회귀계수(B)/표준오차(Std. Error)=4.696이다. 유의확률 (p)=0.02 < α=0.05이므로 아파트 평수는 유의하다고 할 수 있다. 즉, 다음의 가설에서 귀무가설(H_0)을 기각하고 연구가설(H_1)을 채택한다.

$$H_1 : \beta_1 = 0$$
$$H_1 : \beta_1 \neq 0$$

이에 다음과 같은 추정회귀식을 만들 수 있다.
추정회귀선 $\widehat{kw} = 40.561 + 3.412py$는 유의하다고 할 수 있다. 따라서 평수가 30평인 경우에 전기소모량은 $\hat{Y} = 40.562 + 3.412(30) = 142.992(Kw)$라고 추정할 수 있다. 여기서 기울기가 3.412이므로 평수가 1평씩 넓어짐에 따라 전기소모량은 3.412Kw씩 증가한다고 할 수 있다. Y절편은 40.562이므로 1가구당 평수가 0일 때 전기소모량이 40.562Kw인 셈이다. 그러나 이는 현실적으로 불가능한 이야기이므로 절편의 수치는 의미가 없다고 본다. 여기서 회귀모델의 적용 범위를 제한해야 할 필요성이 생긴다. 이 제한은 조사계획이나 수집된 자료의 범위에 의하여 결정된다. 이 예제의 경우에는 아파트 평수 25~55평 사이에서 전기소모량이 결정되어야 할 것이다. 만일 이 범위를 넘어간다면 회귀함수의 모양이 달라지므로 신뢰성이 매우 떨어지게 된다.

5단계 : 단순회귀분석의 플롯을 그리기 위해서 [Plots]을 누르고 [Other Plots]에서 [Marginal effects plots], [Confidence intervals: 95.0%], [Prediction intervals: 95.0%]에 체크한다.

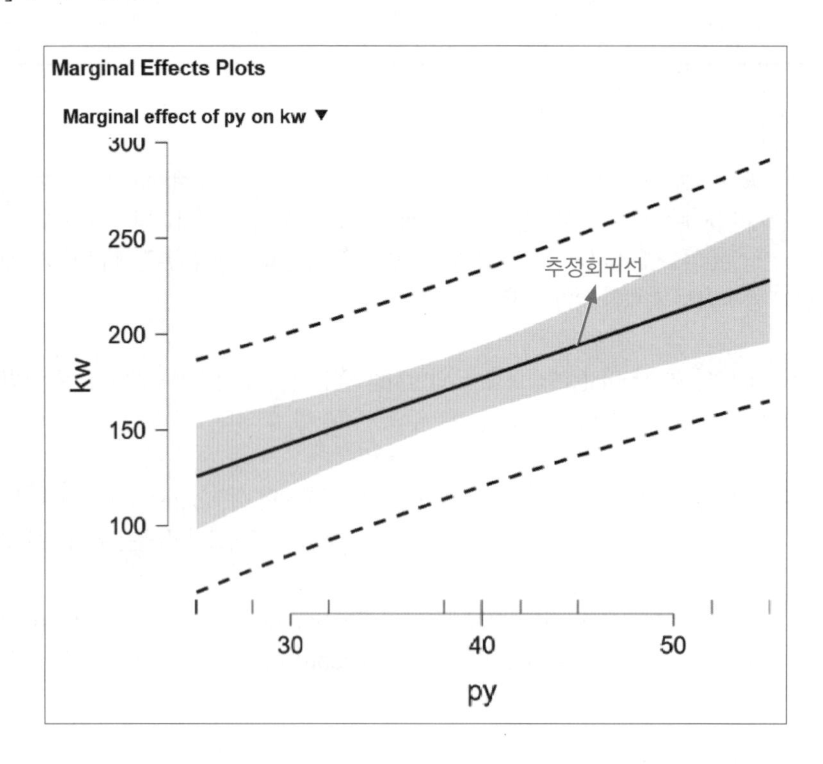

결과 설명

두 변수 사이의 관계를 알아보기 위한 회귀분석에서 종속변수인 전기소모량이 독립변수인 평수(py)의 변화에 따라 어떻게 조직적으로 변하는가를 알 수 있다. 추정회귀선 $\widehat{kw} = 40.561 + 3.412py$의 직선과 95% 신뢰구간대를 확인할 수 있다. 분석자는 이 추정회귀선 Plots을 통하여 두 변수 간의 관계를 대체로 한눈에 파악할 수 있다. 즉, 아파트 평수가 넓을수록 전기소모량이 많아진다는 것이다. 그리고 그 추세를 어느 정도 정확하게 예측하기 위해서 산포도 위 평균에 일차직선을 그을 수 있다. 이 선을 회귀선(regression line)이라고 한다.

이제 모집단에 대한 단순회귀의 선형모형을 다음과 같이 나타낼 수 있다.

- **단순회귀직선모형** $Y_i = \beta_0 + \beta_1 X + \varepsilon_i$

  여기서 Y_i = i번째 반응치

  β_0 = 절편 모수

  β_1 = 기울기 모수

  X_i = 이미 알려진 독립변수의 i번째 값

  ε_i = 오차이며 분포는 $N(0, \sigma^2)$

  $Cov(\varepsilon_i, \varepsilon_j) = 0$ (단 $i \neq j$)

또한 회귀모델의 가정을 정리하면 다음과 같다.

- **회귀모델의 가정**

  ① X는 확률변수가 아니라 확정된 값이다.

  ② 모든 오차는 정규분포를 이루며, 평균이 0, 분산은 σ^2으로 X값에 관계없이 동일하다. 즉, $\varepsilon_i \sim N(0, \sigma^2)$

  ③ 서로 다른 관찰치의 오차는 독립적이다.
  즉, $Cov(\varepsilon_i, \varepsilon_j) = 0$ (단 $i \neq j$)

  ④ $Y \sim N(\beta_0 + \beta_1 X, \sigma^2)$

이제 표본결정계수에 대하여 알아보자.

- **표본결정계수** $r^2 = \frac{SSR}{SST} = 1 - \frac{SSE}{SST}$

표본결정계수 r^2은 총변동 중에서 회귀선에 의하여 설명되는 비율로, 범위는 $0 \le r^2 \le 1$이다. 만일에 모든 관찰치들과 회귀선이 일치한다면 $SSE = 0$이 되어 $r^2 = 1$이 된다. 이렇게 되면 X와 Y 사이에는 상관관계가 100% 있다고 본다. 왜냐하면 $r = \pm\sqrt{r^2}$ 이기 때문이다. r^2의 값이 1에 가까울수록 회귀선은 표본의 자료를 설명하는 데 유용성이 높다. 반대로 관찰치들이 회귀선에서 멀리 떨어져 있다면, SSE는 커지게 되며 r^2의 값은 0에 가까워진다. 이 경우에 회귀선은 쓸모없는 회귀모델이 되고 만다. 따라서 표본결정계수 r^2의 값에 따라 모형의 유용성을 판단할 수 있다.

앞에서 표본결정계수(r^2) 0.734는 다음과 같이 구한다. 결과 ANOVA 테이블에서 $r^2 = \frac{SSR}{SST} = \frac{11,963.253}{16,302.900} = 0.734$ 임을 알 수 있다.

이 회귀선이 총변동 중에서 설명하는 부분은 73.4%이며 추정된 회귀선의 정도는 높은 편이다. 따라서 유용한 회귀모델이라고 할 수 있다. 경우에 따라 다르기는 하지만 총변동의 70% 이상을 설명할 수 있는 회귀모델은 유용한 것으로 생각할 수 있다.

추정회귀선이 통계적으로 유의한가(statistically significant)를 검정하는 것은 매우 중요하다. 회귀모델이 아무리 설명력이 높다고 해도 유의하지 못하면 소용이 없기 때문이다. 회귀선의 적합성(goodness of fit) 여부, 즉 주어진 자료에 적합(fit)시킨 회귀선이 유의한가는 분산분석(analysis of variance)을 통하여 알 수 있다. 이를 위해 분산분석표를 만들면 다음과 같다.

[표 8-2] 단순회귀의 분산분석표

원천	제곱합(SS)	자유도(DF)	평균제곱(MS)	F
회귀	$SSR = \sum(\hat{Y} - \bar{Y})^2$	k	$MSR = \frac{SSR}{k}$	$\frac{MSR}{MSE}$
잔차	$SSE = \sum(Y - \hat{Y})^2$	n−(k+1)	$MSE = \frac{SSE}{n-k-1}$	
합계	$SST = \sum(Y - \bar{Y})^2$	n−1		

(k=독립변수의 수이며, 그 값은 1이다)

위 표에서 평균제곱은 제곱합을 각각의 자유도로 나눈 것이다. 통계량 MSR/MSE는 자유도(k, n−(k+1))의 F 분포를 한다고 알려져 있다. 회귀의 평균제곱 MSR이 잔차의 평균제곱 MSE보다 상대적으로 크다면, X와 Y의 관계를 설명하는 회귀선에 의하여 설명되는 부분이 설명되지 않는 부분보다 크기 때문이다.

회귀선의 검정에 대한 귀무가설과 대립가설은 다음과 같다.

- H_0 : 회귀선은 유의하지 못하다. 또는 ($\beta_1 = 0$)
- H_1 : 회귀선은 유의하다. 또는 ($\beta_1 \neq 0$)

F 분포표를 이용한 유의수준 $\alpha = 0.05$에서 $p = 0.002 < \alpha = 0.05$로 회귀선은 유의하다고 결론 내릴 수 있다.

3 중회귀분석

앞에서 독립변수와 종속변수가 각각 하나인 경우의 회귀분석을 공부하였다. 이와 달리 여러 개의 독립변수들이 종속변수에 어떻게 영향을 미치고 있는가를 분석하는 것이 중회귀분석(multiple regression analysis)이다.

예제 2

가정집의 전기소모량은 아파트의 평수뿐만 아니라 가족 구성원의 수에도 영향을 받는다고 생각할 수 있다. 이 연구를 위하여 수집한 자료는 다음과 같다. 이 자료는 앞에 나온 예제 1의 데이터에 가족수(family member, fm)를 추가한 것이다. 다음 자료를 이용하여 추정회귀식을 구하고 독립변수의 유의성을 언급한 다음, 중회귀분석의 기본 가정을 점검해보자.

데이터 ch81.csv

가구(id)	평수(py)	가족수(fm)	전기소모량(kw)
1	25	3	100
2	52	6	256
3	38	5	152
4	32	5	140
5	25	4	150
6	45	7	183
7	40	5	175
8	55	4	203
9	28	2	152
10	42	4	198

1단계: JASP 프로그램을 실행한다. [So open a data file and take JASP for a spin!] 버튼을 누른다. 이어 [Recent Folders]의 [Browse] 버튼을 눌러 ch82.csv를 지정한다. 독립변수(py, fm)와 종속변수(kw)가 양적변수(수치형 변수, scale)로 되어 있는지 확인한다.

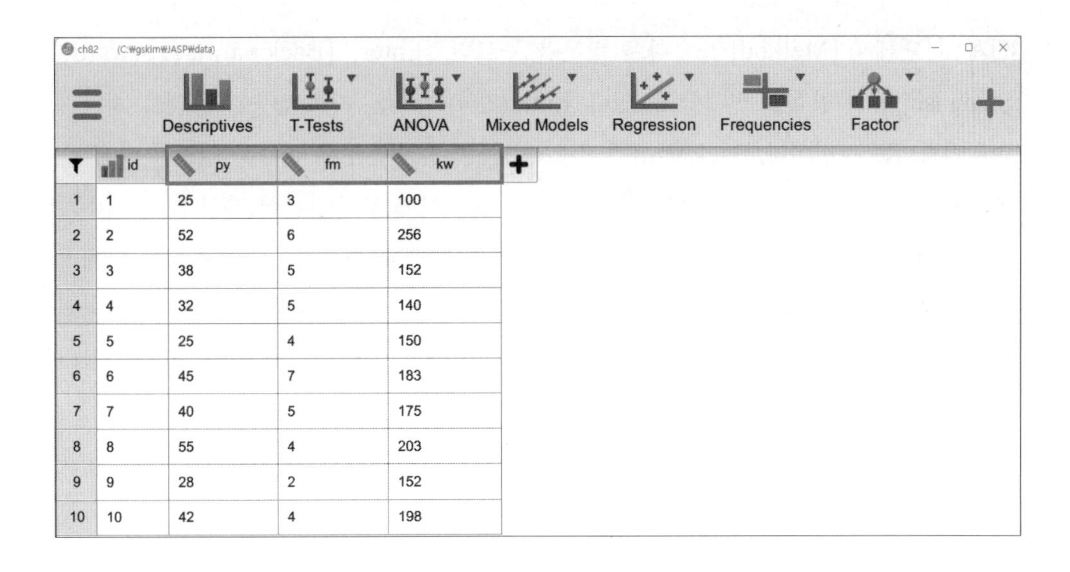

	id	py	fm	kw
1	1	25	3	100
2	2	52	6	256
3	3	38	5	152
4	4	32	5	140
5	5	25	4	150
6	6	45	7	183
7	7	40	5	175
8	8	55	4	203
9	9	28	2	152
10	10	42	4	198

2단계: 본격적으로 회귀분석을 실시하기 위해 [Regression] 버튼을 누른다. 이어 [Classical]에서 [Linear Regression]을 누른다. 이어 py(평수), fm(가족수) 변수를 [Covariate(독립변수)] 칸으로 옮긴다. kw를 [Dependent variable(종속변수)] 칸으로 옮긴다.

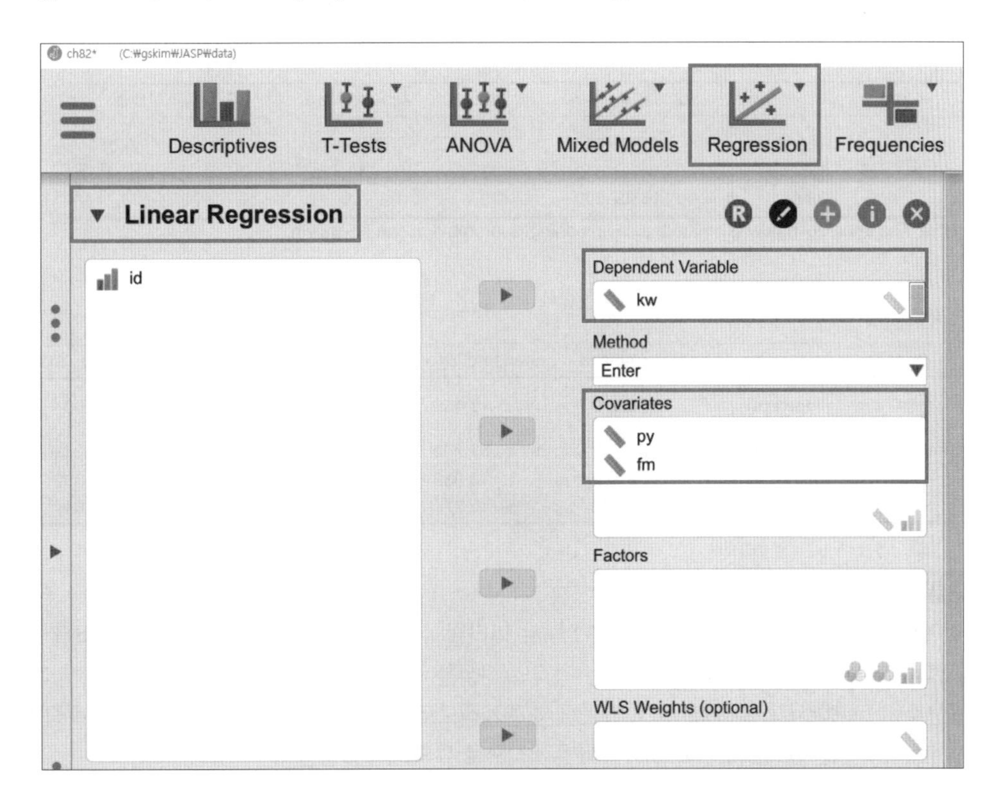

3단계: 화면에서 [Method] 드롭다운 버튼을 누르면, [Enter], [Backward], [Forward], [Stepwise] 등의 방식을 선택할 수 있다. Enter(진입) 방식은 지정 변수가 차례로 계산과정에 입력되는 방법이다. Backward(후진제거법)는 방정식에 모든 변수를 입력한 다음 순차적으로 제거하는 변수 선택 방법이다. 종속변수와 함께 부분상관이 가장 작은 변수가 가장 먼저 제거된다. Forward(전진선택법)는 변수가 모델에 순차적으로 입력되는 단계별 변수 선택 방법이다. Stepwise(단계선택법)는 진입조건에 유의한 독립변수가 더 이상 존재하지 않을 경우 종료되는 방법이다. 여기서는 변수가 많지 않기 때문에 Enter 방식을 선택한다.

Linear Regression ▼

Model Summary - kw

Model	R	R²	Adjusted R²	RMSE
H_0	0.000	0.000	0.000	42.561
H_1	0.857	0.734	0.658	24.888

ANOVA

Model		Sum of Squares	df	Mean Square	F	p
H_1	Regression	11966.857	2	5983.429	9.659	0.010
	Residual	4336.043	7	619.435		
	Total	16302.900	9			

Note. The intercept model is omitted, as no meaningful information can be shown.

Coefficients

Model		Unstandardized	Standard Error	Standardized	t	p
H_0	(Intercept)	170.900	13.459		12.698	< .001
H_1	(Intercept)	39.689	32.742		1.212	0.265
	py	3.372	0.936	0.847	3.603	0.009
	fm	0.532	6.976	0.018	0.076	0.941

결과 설명

중회귀식은 $\widehat{kw} = 39.689 + 3.372py + 0.532fm$로 나타낼 수 있다. 이 회귀식은 73.4%의 설명력을 갖고 있다. 조정된 결정계수(Adjusted R^2)는 각각의 적절한 자유도에 의하여 수정된 설명력을 말한다. 독립변수인 py(평수)가 p=0.009 < α=0.05에서 통계적으로 유의한 것을 알 수 있다. 반면에 독립변수인 fm(가족수)는 p=0.076 > α=0.05에서 통계적으로 유의하지 않음을 알 수 있다.

회귀계수(Coefficients)표에서 보면, 독립변수들 중에서 가족수는 유의하지 못하며(Sig=0.941 > α=0.05), 평수는 유의함(Sig=0.009 < α=0.05)을 나타낸다. 사실상 전기소모량의 변동을 설명하는 데 가족수는 영향을 미치지 못하며, 평수만 유의한 영향을 미치는 셈이다.

4단계: 회귀식의 기본 가정을 검토해보기로 하자. 회귀식의 가정은 변수와 잔차에 관련된 것으로 다중공선성, 잔차의 독립성, 등분산성 등이 해당된다. 먼저, 변수 간의 다중공선성을 파악하기 위해서 [Statistics]에서 [Collinearity diagnostics] 버튼을 누른다. 이어 잔차의 독립성을 검정하기 위해 [Residuals]에서 [Durbin-Watson]을 지정한다.

Linear Regression

Model Summary - kw

Model	R	R^2	Adjusted R^2	RMSE	Durbin-Watson		
					Autocorrelation	Statistic	p
H_0	0.000	0.000	0.000	42.561	−0.466	2.579	0.329
H_1	0.857	0.734	0.658	24.888	−0.483	2.765	0.239

결과 설명

잔차의 독립성에 대한 검정은 앞의 Durbin-Watson 값을 이용한다. 일반적으로 Durbin-Watson 통계량 값은 $0 \leq d \leq 4$의 값을 지닌다. 여기서 독립변수는 2(k=2), 관찰치는 10이므로 Durbin-Watson의 임계치는 α=0.05에서 $0.95 \leq d \leq 1.54$의 값을 지닌다(여기서 표본수가 10개이므로 Durbin-Watson 표의 최소한 15표본을 기본으로 산출한다). 이를 이용하여 자기상관관계가 존재하는지 검정해보자.

$$H_0 : p=0$$
$$H_1 : p > 0$$

검정통계량 d가 d < 0.95이면 H_1을 채택하고 d가 d > 1.54이면 H_0를 채택한다. 그리고 d가 $0.95 \leq d \leq 1.54$이면 불확정이다. 예에서 제시한 값이 2.765로서 d=2.765 > 1.54이므로 H_0를 채택할 수 있다. 따라서 잔차는 독립적이라고 결론을 내릴 수 있다.

Coefficients

Model		Unstandardized	Standard Error	Standardized	t	p	Collinearity Statistics	
							Tolerance	VIF
H_0	(Intercept)	170.900	13.459		12.698	< .001		
H_1	(Intercept)	39.689	32.742		1.212	0.265		
	py	3.372	0.936	0.847	3.603	0.009	0.688	1.453
	fm	0.532	6.976	0.018	0.076	0.941	0.688	1.453

Collinearity Diagnostics

Model	Dimension	Eigenvalue	Condition Index	Variance Proportions		
				(Intercept)	py	fm
H_1	1	2.927	1.000	0.007	0.005	0.007
	2	0.043	8.273	0.679	0.000	0.670
	3	0.030	9.833	0.314	0.995	0.324

Note. The intercept model is omitted, as no meaningful information can be shown.

결과 설명

다중공선성(multicollinearity)이란 독립변수 간에 상관관계가 존재하는 것을 의미한다. 회귀식에 독립변수가 많이 투입될수록 설명력은 높아진다. 그렇다고 해서 독립변수를 무한정 투입할 수는 없다. 모형의 정수는 간결성이기 때문이다. JASP에서는 다중공선성의 존재를 알아보기 위해서 Tolerance를 이용한다. R_i^2값이 매우 크다는 것은 i번째 독립변수가 투입되었을 때 회귀식의 설명력이 크다는 것을 의미한다. 따라서 $1-R_i^2$은 i번째 독립변수가 종속변수로 투입되었을 때, 이미 투입된 독립변수가 설명하지 못하는 총 변동부분을 의미하는 것이다. 이 $1-R_i^2$을 Tolerance라 한다. 그러므로 다중공선성이 낮을수록 Tolerance 값은 높게 나타난다. Tolerance 값은 최대가 1이므로 위의 경우 Tolerance 0.688은 크다고 볼 수 없다. VIF(Variance Inflation Factor)는 분산확대지수로 Tolerance의 역수이다. 현재 VIF의 값이 1.453으로 10보다 현저하게 작으므로 다중공선성의 문제는 없는 것으로 보인다.

5단계 : 잔차의 정규분포성을 검증하기 위해 [Plots] 버튼을 클릭하고 [Residuals Plots]에서 [Residuals vs. predicted], [Q–Q plot standardized residuals] 등을 지정한다.

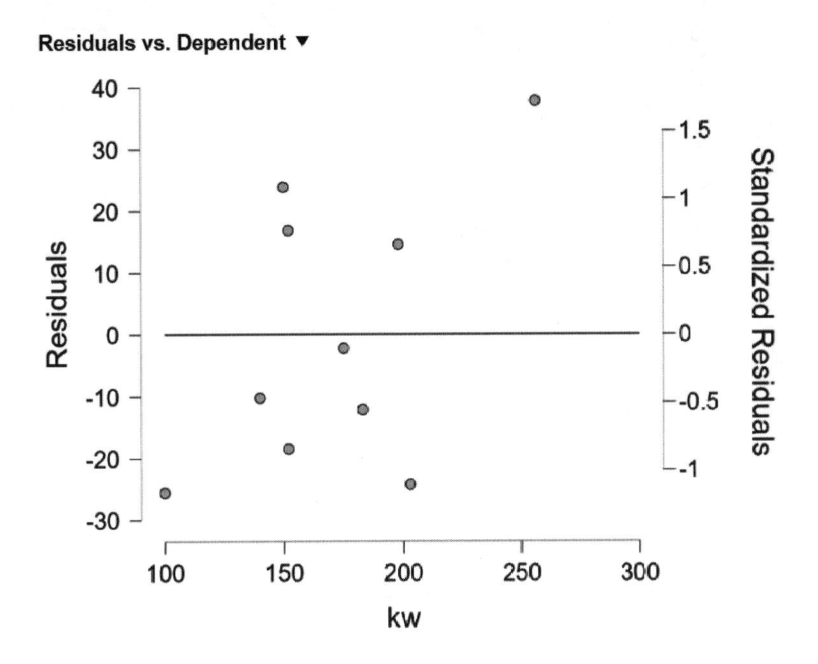

결과 설명

기준선 주위의 잔차가 균형적으로 분포하고 있어 분산의 동일성을 만족한다.

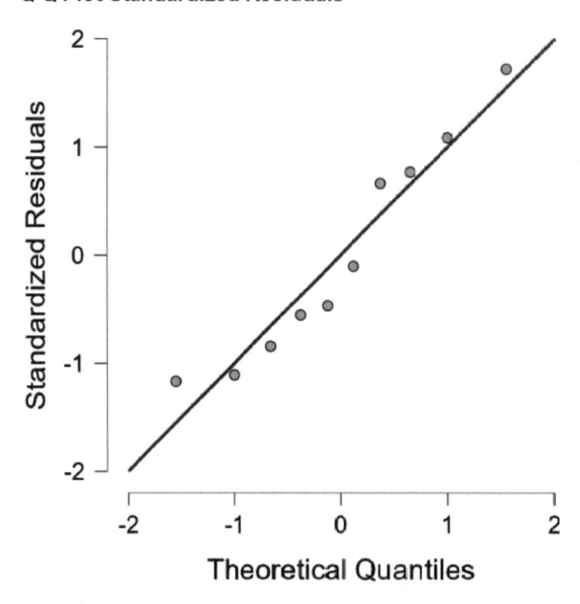

결과 설명

잔차의 정규분포성 가정을 검정하기 위하여 누적확률분포와 정규분포의 산포를 그린 것이다. 잔차의 형태가 대각선 직선의 형태를 지니고 있으면 잔차가 정규분포를 보인다고 할 수 있다. 즉, Q-Q Plot은 표준화된 잔차가 대각선을 따라 잘 적합한다는 것을 보여주며 가정 또는 정규성 및 선형성도 위반되지 않았음을 나타낸다.

알아두면 좋아요!

과거 정보를 바탕으로 기술, 예측, 통제를 위한 회귀분석 관련 정보를 제공하는 사이트이다.

• 회귀분석 개념 설명 및 정리

• 회귀분석 심층 정보 제공

분석 도전

1. 회귀분석과 분산분석의 차이점을 설명하라.

2. 가정에서 의료비 지출에 영향을 주는 요인이 무엇인지 알아보기 위한 연구를 진행하였다. 우선 가족수(X)와 월평균 의료비(Y) 사이의 관계를 알아보기로 하였다. 다음은 7가지 예비 표본에 관한 자료이다.

X(단위: 명)	3	4	5	2	3	4	7
Y(단위: 천원)	5.6	6.4	8.4	5.2	5.9	7.0	11.2

1) 산포도를 그리고 직선관계의 타당성을 말하라.

2) 직선의 타당함을 가정하고 최소자승법에 의한 회귀모델을 구하라.

3) 가족의 수가 4명일 때 의료비 지출을 추정하라.

3. 세명제조회사의 생산1부 부장은 최근 높은 이직률 문제로 고심하고 있다. 이 부장은 작업자들의 근무기간을 예측하기 위하여 최근 회사를 그만둔 사람들 중 15명을 무작위로 표본추출하여 분석해보았다. 대상들의 취업응시 나이, 성별(남자 = 0, 여자 = 1), 적성검사 성적, 근무기간(달)에 대한 데이터는 다음과 같다.

Y 근무기간 (달)	X_1 취업응시 나이 (세)	X_2 성별 (남자=0, 여자=1)	X_3 적성검사 성적 (점)
21	24	0	68
16	25	0	52
15	38	1	37
82	19	1	80
3	20	1	12
46	25	0	29
23	42	0	49
141	23	0	82
38	32	0	36
1	45	1	45
9	50	0	76
18	28	0	72
124	25	0	88
12	32	1	57
6	27	1	40

1) 그만둔 사람들의 평균 근무기간은 몇 달인가?

2) 성별의 평균을 계산하면 0.4이다. 이 값의 의미는 무엇인가?

3) 독립변수들 중에서 어느 두 변수의 상관계수가 제일 높은가?

4) 회귀계수의 의미를 설명하라.

5) $H_0 : \beta_3 = 0$ vs. $H_1 : \beta_3 \neq 0$을 $\alpha = 0.05$에서 검정하라.

9장 로지스틱 회귀분석

학습목표

☑ 로지스틱 회귀분석의 개념을 이해한다.
☑ JASP에서 로지스틱 회귀분석을 실행하는 방법을 익힌다.
☑ 로지스틱 회귀분석의 결과를 도출하고 해석한다.

1 로지스틱 회귀모델 기본 설명

로지스틱 회귀모델(logistic regression model)은 종속변수가 이변량의 값을 가지는, 즉 이변량(0, 1)을 가지는 질적인 변수인 경우에 사용된다. 이 점에서 다중회귀분석과 근본적인 차이점이 있다. 실생활에서 이변량의 경우는 많이 발견된다. 예를 들어, 의사결정의 경우(예와 아니오), 건강상태가 양호하거나 양호하지 않은 경우(생존과 죽음), 고객들이 제품을 구매하거나 구매하지 않는 경우, 성공기업과 실패기업, 정상제품과 불량제품, 이탈고객과 잔류고객, 질병 보유자와 질병 미보유자, 스팸메일과 정상메일 등을 분류해야 하는 경우 등이다. 이러한 예는 정규분포를 가정하는 회귀분석을 이용하는 데에 무리가 있기 때문에 로지스틱 회귀분석을 실시한다. 로지스틱 회귀분석은 질적변수나 양적변수로 구성된 독립변수와 이변량(0 또는 1)으로 구성된 종속변수 사이의 관계를 추정하는 방법이다. 일반적인 형태는 다음과 같다.

$$Y_1 = X_1 + X_2 + X_3 + X_4 \cdots + X_n$$

(이변량 질적 변수)　　(질적변수와 양적변수)

그런데 로짓모형(logit model)은 2개의 반응범주를 취하는 Y를 공변량(covariate) X로 설명하기 위한 모형이다. 예를 들어, 소득수준(X)에 따라서 외식을 하는지(1), 못하는지(0) 여부를 예측하기 위한 확률 비율을 승산비(odds ratio)라고 부른다.

$$\frac{P(Y=1 \setminus X)}{P(Y=0 \setminus X)} = e^{\beta_0+\beta_1 X}$$

이 승산비에 자연로그를 취하면 다음과 같은 로짓모형이 된다.

$$\ln\frac{P(Y=1 \setminus X)}{P(Y=0 \setminus X)} = \beta_0+\beta_1 X$$

여기서 회귀계수는 확률비율, 즉 승산비의 변화를 측정한다. 이것은 로그로 표현되었기 때문에 결과 수치가 나오면 안티로그를 취해서 해석하여야 한다. 사실, 로지스틱 회귀분석은 로짓분석에서 파생되었으며 양자는 동일한 개념으로 쓰이기도 한다.

로지스틱 회귀분석은 독립변수들의 효과를 분석하기 위해서, 어떤 사건이 발생한 경우(1)와 발생하지 않은 경우(0)를 예측하기보다는, 사건이 발생할 확률을 예측한다. 종속변수는 0(실패)과 1(성공)로 나타내며, 따라서 예측값은 0과 1 사이의 값을 갖는다. 로지스틱 회귀분석에서는 종속변수의 값을 0과 1로 한정하기 위해서 독립변수와 종속변수 사이의 관계를 다음 그림과 같이 나타낸다.

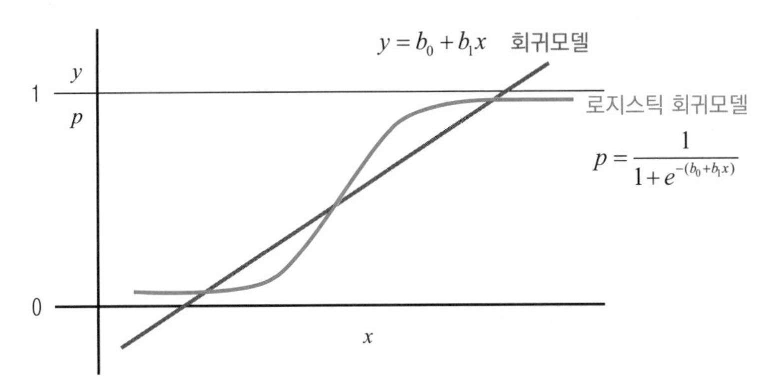

[그림 9-1] 로지스틱 반응함수

앞의 그림에서 보는 바와 같이, 로지스틱 반응함수에서 독립변수와 종속변수의 관계는 S자의 비선형(nonlinear)을 보인다. 독립변수의 수준이 높으면 성공할 확률은 증가한다. 독립변수가 하나인 단순로지스틱 회귀모델을 나타내면 다음과 같다.

$$E(Y) = \frac{1}{1+e^{-(\beta_0+\beta_1 X)}} = \pi$$

여기서 E(Y)는 특별한 의미를 지닌다. 즉, Y가 1의 값을 취할 확률, 즉 어떤 사건이 발생할 확률 π를 의미한다. E(Y)는 X가 커짐에 따라(작아짐에 따라) 확률 E(Y)의 증가율(감소율)이 낮아지는 S자 형태의 비선형 관계를 가정한다. 로지스틱 반응함수는 앞에서 다룬 회귀분석에서처럼 직관적으로 해석할 수 없고 회귀계수 β에 대하여 비선형이기 때문에 선형화하기 위하여 자연로그를 취하는 오즈(odds)를 로짓변환(logit transformation)한다. odds는 $\frac{\pi(x)}{1-\pi(x)}$를 말한다. 여기서 분모의 $\pi(x)$는 성공확률 1이다. 분자 $1-\pi(x)$는 실패할 확률이다.

π의 로짓변환이란 $\ln(\pi/1-\pi)$를 의미한다. 독립변수가 2개인 경우의 선형 로지스틱 모형은 다음과 같다.

$$\log(\text{odds}) = \ln\left(\frac{\pi(x)}{1-\pi(x)}\right) = \beta_0 + \beta_1 X_1 + \beta_2 X_2$$

로지스틱 회귀모델은 입력변수가 1단위 증가할 때 로그오즈(log odds) 변화량을 말한다. 여기서 로지스틱 회귀계수(coefficient)인 β_1, β_2는 해당 변수가 1단위 증가할 때의 로그오즈 변화량이다. 즉, 나머지 입력변수는 모두 고정시킨 상태에서 한 변수를 1단위 증가시켰을 때 변화하는 odds(성공확률)의 비율을 말한다. 예컨대, β_1은 다른 독립변수들(X_2)의 수준을 일정하게 하였을 때, 해당 독립변수(X_1)를 1단위 증가시키면 $\exp(\beta_1)$만큼 평균적으로 증가하게 된다는 의미로 해석할 수 있다. 만약 $\beta_1 = 2.0$이라면, 독립변수를 1단위 증가시켰을 때 어떤 사건이 발생할 확률이 발생하지 않을 확률보다 2.0배 높아진다는 것을 의미한다.

다음으로 로지스틱 회귀계수의 추정과 검정을 알아보자. 로지스틱 회귀계수는 다른 선형회귀계수와 마찬가지로 종속변수와 독립변수들 사이의 관계를 설명하고 주어진 독립변수의 수준에서 종속변수를 예측하는 데 사용된다. 그러나 회귀계수의 추정방법에 차이가 있다. 선형회귀분석에서는 잔차의 제곱합을 최소화하지만, 로지스틱 회귀분석은 우도(likelihood), 즉 사건발생 가능성을 커지게 한다. 이러한 목적을 달성하기 위하여, 자료로부터 로지스틱 회귀계수($\beta_0, \beta_1, \cdots \beta_k$)를 추정하는 방법에 대하여 살펴보자. 로지스틱 회귀계수를 추정하는 방법은 독립변수의 수준에서 반복적인 종속변수 관측 여부에 따라 달라진다. 각 독립변수의 수준에서 비교적 많은 종속변수의 반복적인 관측이 있으면 가중최소자승법을 사용하고, 반복적인 관찰이 없거나 아주 작은 경우에는 최대우도추정법을 사용한다.

가중최소자승법은 주어진 독립변수의 수준에서 반복적인 종속변수의 관측자료가 주어진 경우에 사용된다. 예를 들어, 독립변수가 하나인 경우 관찰된 X 수준이 c개 있다고 가정하자. 각 수준 $X_i(i=1, 2, \cdots, c)$에서 종속변수 Y에 대한 반복적인 관찰횟수를 n_i라 하자. 이때 독립변수 X_i 수준에서 Y값이 1인 횟수를 $r_i(i=1, 2, \cdots, c)$라 하였을 때 X_i에서 Y값이 1을 취할 표본비율은 $p_i=r_i / n_i$가 된다. 이때 어떤 사건이 발생할 확률 π_i는 표본비율 p_i로 대체하여 사용된다. 따라서 가중최소자승법은 표본비율 p_i를 로짓변환시킨 $In(p_i / 1-p_i)$을 종속변수로 사용한다. 로짓변환은 비선형함수를 선형함수로 변환할 수 있으나 종속변수의 분산이 일정하지 않기 때문에 가중치 $w_i=n_i\ p_i(p_i / 1-p_i)$를 사용하여 분석하게 된다. 표본비율을 사용한 로짓반응함수는 다음과 같다.

$$p_i' = In(\frac{p_i}{1-p_i}) = \beta_0 + \beta_1 X_{1i} + \cdots + \beta_k X_{ki}$$

다음으로 최대우도추정법에 대하여 알아보자. 최대우도추정법은 독립변수의 각 수준에서 Y의 반복적인 관측이 아주 작거나 없으면, 표본비율을 사용할 수 없기 때문에 독립변수의 각 수준에서 하나의 Y값에 대하여 최대우도추정치를 사용하여 로지스틱 반응함수를 추정하는 것이다. 일단 최대우도추정법에 의하여 회귀계수가 추정되면 로지스틱 회귀모델이 자료에 대하여 어느 정도 설명력이 있는지를 검정한다. 로지스틱 회귀모델에서는 다중회귀모델에서 사용한 F-검정과 유사한 우도값 검정(likelihood value test)을 실시한다. 그 절차는 다음과 같다.

(1) 가설 설정

$H_0 : \beta_1 = \beta_2 = \cdots = \beta_k = 0$

H_1 : 적어도 하나는 0이 아니다

(2) 우도비 검정통계량

전반적으로 추정된 모형의 적합성은 우도값 검정에 의해 판단된다. 우도값은 로그 –2배 또는 –2LL, 또는 –2Log Likelihood라고 한다. –2Log 우도는 자료에 모형이 얼마나 적합한지에 대한 정도를 나타낸다. 값이 작을수록 더 적합하다. 단계적 선택법에서 –2Log 우도의 변화량은 모형에서 삭제된 항의 계수가 0이라는 가설을 검정한다.

우도값의 식은 다음과 같다.

$$\Lambda = -2In\frac{L_0}{L} = -2InL_0 + 2InL$$

여기서 L은 k개의 독립변수들의 정보를 모두 이용한 우도를 나타내며, L_0는 k개 독립변수들이 종속변수의 변화에 전혀 영향을 미치지 못한다고 가정했을 때의 우도를 나타낸다. 따라서 모형에 포함된 독립변수들이 중요한 변수가 아니라면 우도비 L_0/L는 거의 같아져서 우도비 대수함수인 검정통계량 Λ의 값이 0에 가까운 작은 값을 갖게 된다. 이 경우에 우리는 모형이 적합하지 못하다고 결론을 내릴 수 있다. 반면, 중요한 독립변수가 포함되어 있을 때에는 검정통계량 Λ의 값이 커지게 된다. 검정통계량 Λ의 표본분포는 귀무가설이 참일 때 df=k인 χ^2 분포에 따른다.

(3) 기각치 설정 및 의사결정

유의수준 α에서 기각치 χ^2(df=k)과 검정통계량의 값을 비교하여 귀무가설 채택 여부를 결정한다.

$\Lambda \le \chi^2$이면 H_0를 채택한다.

$\Lambda > \chi^2$이면 H_0를 기각한다.

그리고 추정된 계수의 통계적 유의성 판단은 Wald 통계량으로 한다.

$$W_j = \left(\frac{\widehat{\beta_j}}{\sqrt{\widehat{\text{var}}(\widehat{\beta_j})}} \right)^2$$

(4) P값 계산

JASP 프로그램에서는 추정회귀계수의 유의성을 검정하는 값을 자동으로 계산해준다.

2 로지스틱 회귀분석 예제

예제 1

H자동차의 마케팅 부서에서는 새로 출시되는 전기자동차의 구매의사를 예측하기 위하여 과거 H자동차를 구매한 고객 30명에게 구매태도 조사를 실시하였다. 설문항목과 측정자료는 다음과 같다.

설문지

Y --- 귀하의 자동차 소유 여부는? 예(1) 아니오(0)
X1 --- 귀하의 가족수는? ( )명
X2 --- 귀하의 월급은? ( )만 원
X3 --- 월평균 여행횟수는? ( )회

데이터 ch91.csv

번호	Y	x1	x2	x3	번호	Y	x1	x2	x3
1	1	3	150	5	16	1	5	196	6
2	1	4	190	4	17	1	4	183	5
3	0	3	100	3	18	0	4	177	2
4	0	3	90	5	19	1	5	170	4
5	0	3	90	5	20	0	3	175	3
6	1	5	200	4	21	0	5	177	5
7	0	3	150	5	22	1	3	174	3
8	0	2	200	4	23	0	4	140	2
9	0	3	112	3	24	0	3	145	2
10	1	4	187	5	25	1	2	200	6
11	1	4	196	6	26	0	3	132	5
12	0	3	123	1	27	0	3	140	4
13	0	4	125	2	28	1	5	199	5
14	0	3	100	2	29	1	4	176	4
15	1	5	208	5	30	1	3	170	5

로지스틱 회귀분석은 위해 다음과 같은 연구가설을 설정하였다.

- **연구가설1**: 가족수는 자동차 소유 여부에 유의적인 영향을 줄 것이다.
- **연구가설2**: 월급은 자동차 소유 여부에 유의적인 영향을 줄 것이다.
- **연구가설3**: 여행횟수는 자동차 소유 여부에 유의적인 영향을 줄 것이다.

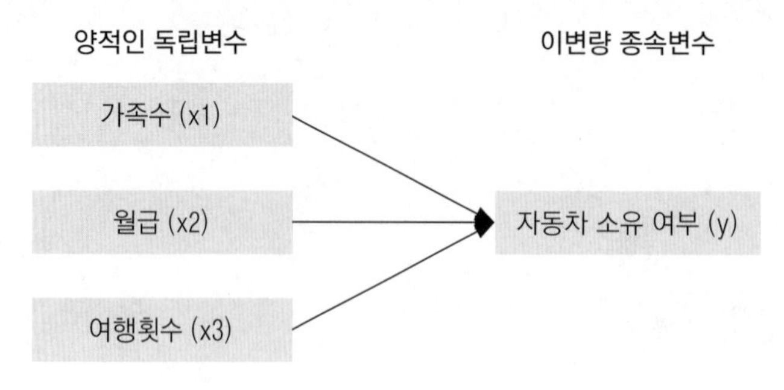

[그림 9-2] 연구모델

예제 2

새로운 관측치가 있을 경우, 앞에서 구한 로지스틱 추정회귀식을 토대로 자동차 소유 여부를 예측하고자 한다. 다음과 같은 세 사람의 데이터(유보 데이터: holdout)를 이용하여 자동차 소유 가능성 여부를 분류해보자.

x1	x2	x3
4	400	5
1	100	2
5	800	6

1단계 : JASP 프로그램을 실행한다. [So open a data file and take JASP for a spin!] 버튼을 누른다. 이어 [Recent Folders]의 [Browse] 버튼을 눌러 ch91.csv를 지정한다.

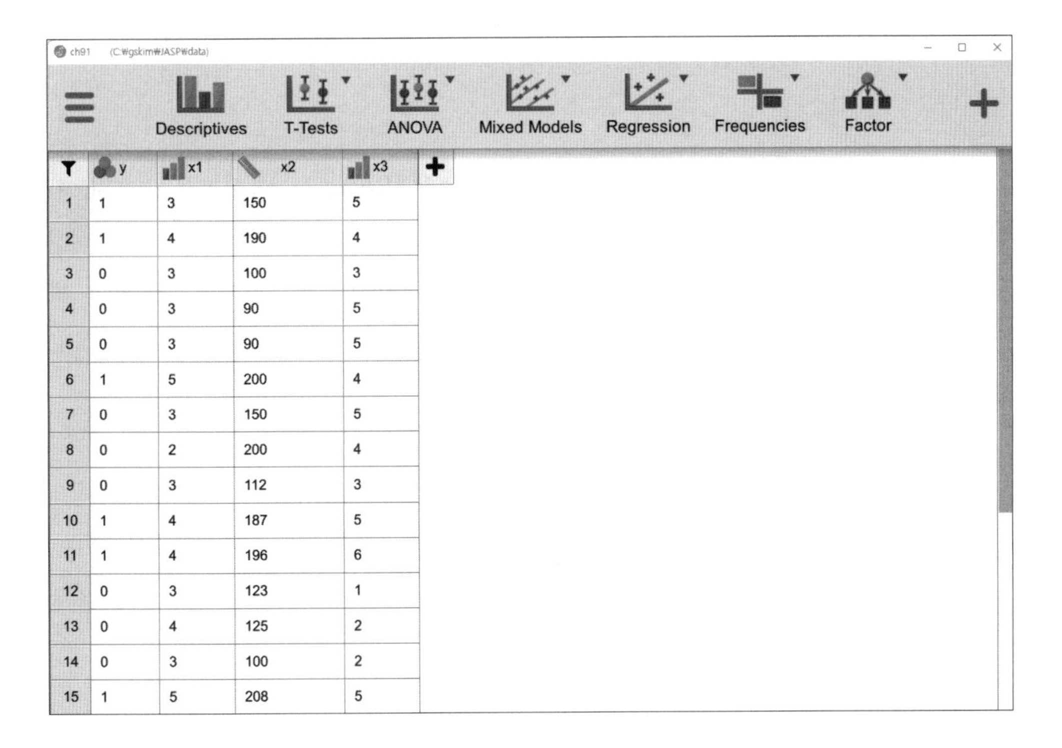

	y	x1	x2	x3
1	1	3	150	5
2	1	4	190	4
3	0	3	100	3
4	0	3	90	5
5	0	3	90	5
6	1	5	200	4
7	0	3	150	5
8	0	2	200	4
9	0	3	112	3
10	1	4	187	5
11	1	4	196	6
12	0	3	123	1
13	0	4	125	2
14	0	3	100	2
15	1	5	208	5

2단계: 데이터에서 변수의 특성을 고려하여 다음과 같이 x1 변수와 x3 변수를 양적변수 (수치형 변수)로 전환한다.

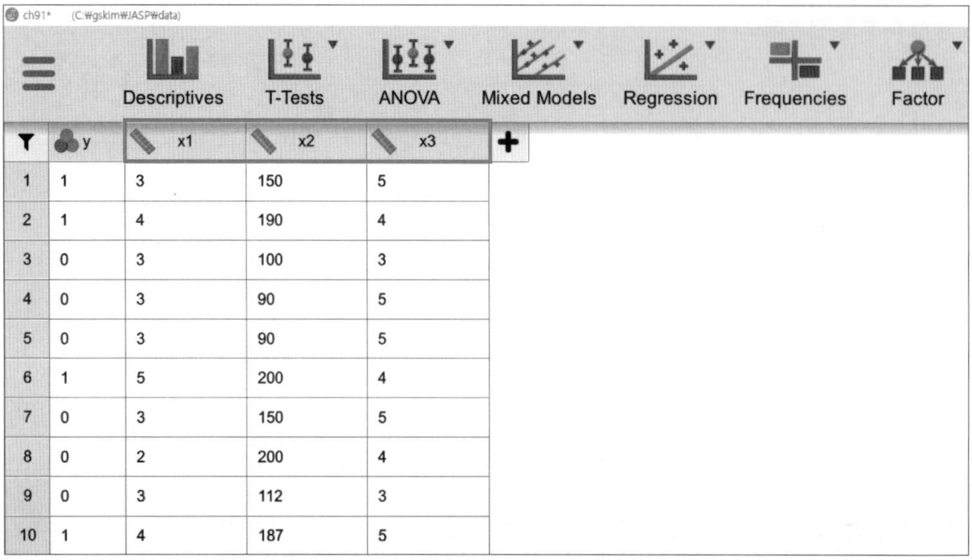

ch91* (C:₩gskim₩JASP₩data)

Descriptives T-Tests ANOVA Mixed Models Regression Frequencies Factor

	y	x1	x2	x3
1	1	3	150	5
2	1	4	190	4
3	0	3	100	3
4	0	3	90	5
5	0	3	90	5
6	1	5	200	4
7	0	3	150	5
8	0	2	200	4
9	0	3	112	3
10	1	4	187	5

3단계: 본격적으로 로지스틱 회귀분석을 실시하기 위해 [Regression] 버튼을 누른다. 이어 [Classical]에서 [Logistics Regression]을 누른다. y 변수는 [Dependent Variable]로, x1, x2, x3 변수는 [Covariates]로 옮긴다. 특히 [Statistics]에서 [Odds ratios]에 체크하면 다음과 같은 결과를 얻을 수 있다. 참고로, 독립변수가 명목척도이거나 서열척도로 구성되어 있다고 판단되면 [Factors]로 옮기는 것이 좋다.

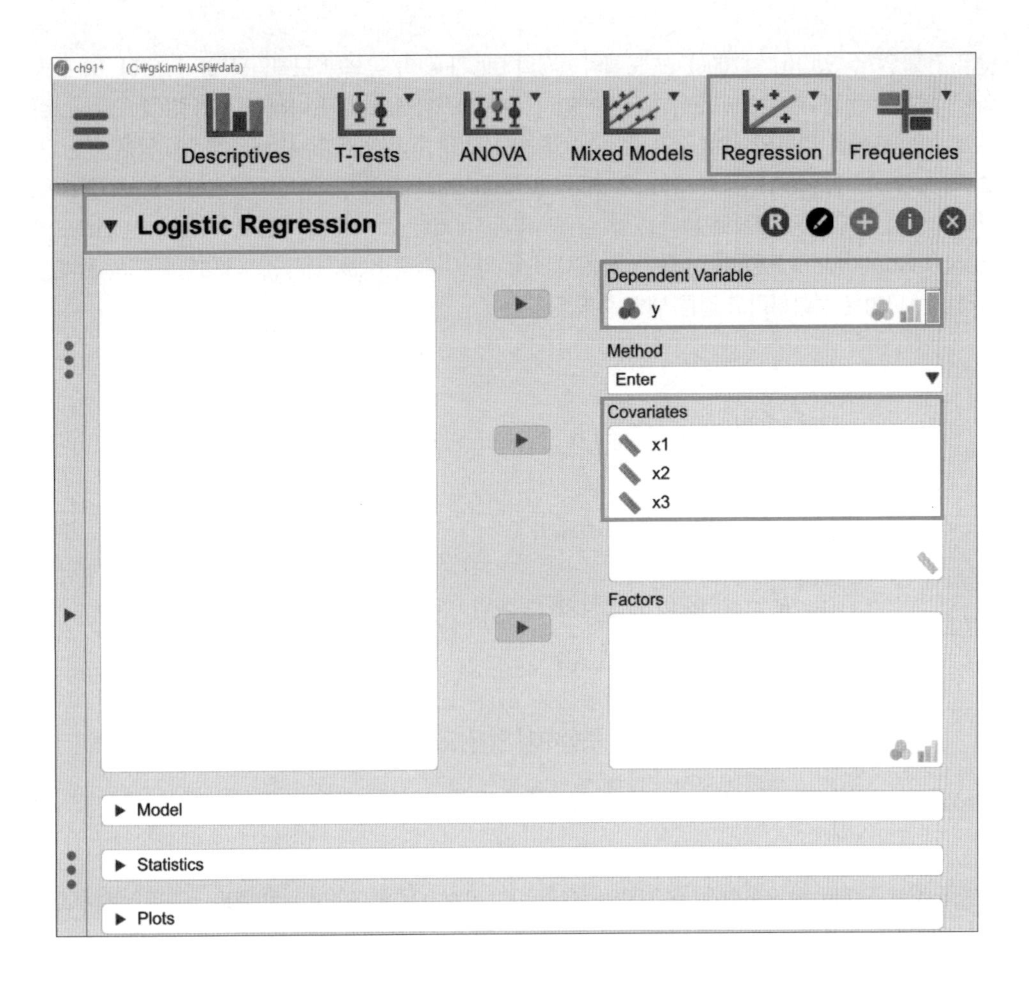

Model Summary - y

Model	Deviance	AIC	BIC	df	X^2	p	McFadden R^2	Nagelkerke R^2	Tjur R^2	Cox & Snell R^2
H_0	41.455	43.455	44.857	29						
H_1	18.385	26.385	31.990	26	23.070	< .001	0.557	0.716	0.614	0.537

Coefficients

					Wald Test		
	Estimate	Standard Error	Odds Ratio	z	Wald Statistic	df	p
(Intercept)	−16.056	5.870	1.064×10^{-7}	−2.735	7.480	1	0.006
x1	0.670	0.714	1.954	0.938	0.879	1	0.348
x2	0.057	0.027	1.059	2.096	4.393	1	0.036
x3	0.992	0.597	2.698	1.662	2.762	1	0.097

Note. y level '1' coded as class 1.

결과 설명

로지스틱 회귀분석의 목적은 발생 사건의 가능성을 크게 하는 우도(likelihood)를 최대화하는 데 있다. 관찰된 결과의 우도가 높을 때 모형이 적합하다고 할 수 있는데 여기서는 변수를 포함시키지 않은 상태에서 상수만을 포함한 경우(H_0)의 −2LL값이 41.455로 모형은 적합하다고 할 수 있다. 독립변수가 포함된 모형의 적합성을 나타내고 있다. 상수만 나타낸 경우보다 독립변수가 포함된 −2LL값이 낮은 것을 알 수 있다(p < .000). H_1 모델이 AIC와 BIC가 낮아 유의한 모델임을 알 수 있다. 이 모델의 χ^2 적합도 통계량은 23.070으로 나타나 있다. 이는 모델(Model)에 나타난 통계량(Chi-Square)은 상수만 포함된 경우의 −2LL값과 현 모델의 −2LL값의 차이(23.070=41.455−18.385)임을 뜻한다. MaFadden R^2, Nagelkeke R^2, Tjur R^2, Cox & Snell R^2의 값이 0.557, 0.716, 0.614, 0.537 등으로 나타나 있다. 설명력은 대체로 높다고 할 수 있다(MaFadden R^2의 경우 0.2~0.4 이상이면 적합모델(good model)이라고 표현한다). 즉, Y(자동차 소유)와 X1(가족수), X2(월급), X3(여행횟수)의 관계를 나타내는 모형은 적합하다고 결론 내릴 수 있다.

MaFadden $R^2 = 1 - \frac{\ln(L_M)}{\ln(L_0)}$

Nagelkeke $R^2 = 1 - \frac{1-(\frac{L_0}{L_1})^{2/n}}{1-L_0^{2/n}}$

Tjur R^2 = 상한값이 1, 선형회귀분석의 r^2와 유사함

Cox & Snell $R^2 = 1-(\frac{L_0}{L_M})^{2/n}$

L_0 = 아무런 예측변수도 포함하지 않은 모형에 대한 우도함수의 값

L_M = M을 추정한 모형에 대한 우도값

[(Intercept) Estimate −16.0550 p 0.0062] 회귀식의 상수 −16.055이며, p=0.006 < α=0.05이므로 통계적으로 유의하다.

[X1 Estimate 0.670 p 0.348] X1(가족수)의 회귀계수는 0.670이며, 이 회귀계수의 통계적 유의성을 검정하는 값인 Wald 통계량 0.880의 확률적 표시인 유의확률(Sig)이 0.348이므로, α=0.05에서 통계적으로 유의하지 않다.

[X2 Estimate 0.057 p 0.036] X2(월급)의 회귀계수는 0.057이며, 이 회귀계수는 통계적으로 유의하다(p 0.0361 < α=0.05).

[X3 Estimate .992 p 0.0965] X3(여행횟수)의 회귀계수는 0.992이고, 이 회귀계수는 통계적으로 유의하지 않다(p 0.097 > α=0.05).

로지스틱 결과에서 가장 중요한 값은 승산비(odds ratios)이다. 오즈(Odds)는 성공 확률과 실패 확률의 비율이며 Logit은 Odds Ratio의 로그를 말한다. 연속형 예측변수의 경우 승산비가 1보다 크면 양의 관계를 나타내고 1보다 작으면 음의 관계를 나타낸다. 이것은 다른 독립변수를 고정한 상태에서 높은 독립변수가 자동차 소유를 일으킬 확률 증가와 상당한 관련이 있음을 시사한다.

그리고 회귀식은 다음과 같다.

$$\hat{Y} = -16.055+0.670X_1+0.057X_2+0.992X_3$$

4단계: [Statistics]의 [Performance Diagnostics(성능진단)]에서 [Confusion Matrix(혼동행렬)]를 지정한다. [Performance Metrics(성과측정)]에서 [Accuracy(정확성)], [Specificity(특이도)], [Sensitivity(민감도)/Recall(재현율)], [Precision(정밀도)], [F-measrue(F-1)값]을 지정한다.

Performance Diagnostics

Confusion matrix

Observed	Predicted 0	Predicted 1	% Correct
0	14	2	87.500
1	2	12	85.714
Overall % Correct			86.667

Note. The cut-off value is set to 0.5

Performance metrics

	Value
Accuracy	0.867
Sensitivity	0.857
Specificity	0.857
Precision	0.857
F-measure	0.857

결과 설명

혼동행렬(Confusion Matrix)을 살펴보자. Observed의 0은 차량 무소유, 1은 차량 소유를 의미한다. 로지스틱 함수에 추정된 Predicted에서 0은 차량 무소유, 1은 차량 소유의 예측을 의미한다. 결과에서 실제로 차량을 소유하지 않은 16명 중 차량을 소유하지 않을 것이라고 옳게 예측한 확률은 87.50%(14/16)이다. 차량을 소유한 경우에 옳게 분류한 확률은 85.71%(12/14)를 보인다. 전체적으로 옳게 분류한 확률은 86.67%이다.

성능지표(Performance metrics) 결과를 알아보자. 설명을 위해 의사의 암 선고(양성=P, 음성=N)에 대한 예를 들어보자. 성능지표는 혼동행렬이라고도 한다. 혼동행렬은 각 테스트 데이터에 대한 예측 결과물을 참양성(True Positive, TP), 참음성(True Negative, TN), 거짓양성(False Positive, FP), 거짓음성(False Negative, FN)의 4가지 관점에서 분류하고 각각에 해당하는 예측 결과의 개수를 정리한 표이다. 즉, 혼동행렬은 실제 결과와 예측 결과를 보여주는 표이며 모델의 정확도를 결정하는 데 사용할 수 있다. 여기서 결과물 하단의 혼동행렬을 보면 2행 2열로 나타나 있다. 이를 정리하면 다음과 같이 나타낼 수 있다.

[표 9-1] 혼동행렬

실제 결과 \ 예측 결과		예측 클래스 P	예측 클래스 N	퍼센트
실제 클래스	P	14 (TP)	2 (FN)	87.5
	N	2 (FP)	12 (TN)	85.7
전반적인 퍼센트				86.667

□ 양성 ■ 음성

혼동행렬에서 대각선 x_{ij}는 맞게 예측한 개수를 나타내고 그 외의 성분은 다른 클래스로 오판한 경우의 수를 나타낸다. 여기서는 오판 개수가 4개로 예측이 대체로 잘 이루어졌다고 볼 수 있다. 위와 같은 분류표에서 판별 결과에 대한 평가를 할 때는 정밀도(적합률), 정확도, 재현율, F값으로 판단한다. 정밀도, 정확도, 재현율, F값은 모두 0~1 사이의 값을 갖는데, 1에 가까울수록 진단 성능이 우수한 것으로 평가한다.

- 정확도(Accuracy) $= \dfrac{TP+TN}{TP+FP+FN+TN} = \dfrac{14+12}{14+2+2+12} = 86.7\%$
- 특이도(Specificity) $= \dfrac{TN}{TN+FP} = \dfrac{12}{12+2} = 85.7\%$
- 정밀도(Precision, Sensitivity) $= \dfrac{TP}{TP+FP} = \dfrac{14}{14+2} = 85.7\%$
- 재현율(Recall) $= \dfrac{TP}{TP+FN} = \dfrac{14}{14+2} = 85.7\%$
- F값(F1 score,) $= \dfrac{2 \times Recall \times precision}{Recall + precision} = \dfrac{2TP}{2TP+FN+FP} = 85.7\%$
- 양성률(fall-out) $= \dfrac{FP}{FP+TN} = \dfrac{2}{2+12} = 14.2\%$ (낮을수록 좋음)

5단계: [Plots]에서 [Performance plots] 버튼을 선택한다. 이어 [Roc Plot]을 클릭한다.

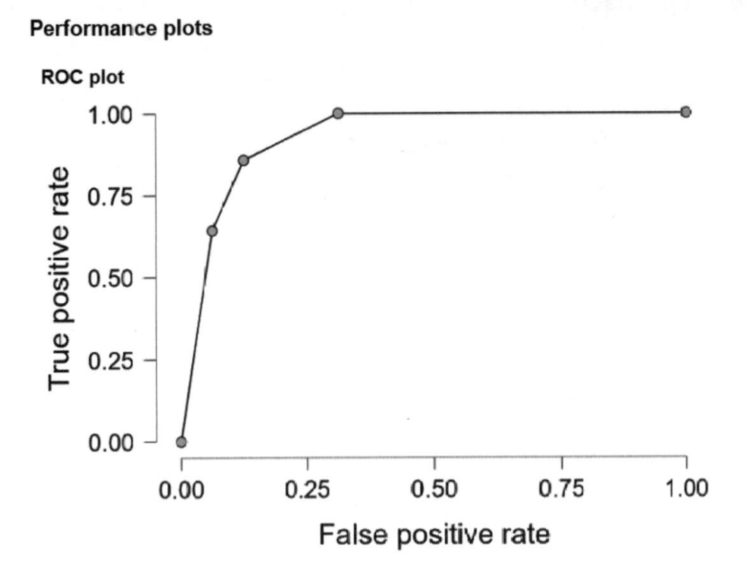

결과 설명

ROC 곡선(Receiver Operation Characteristic Curve)은 주로 의학 분야에서 많이 사용된다. ROC 곡선은 민감도(sensitivity, 정밀도, $\frac{TP}{TP+FP}$)와 특이도(specificity, $\frac{TN}{TN+FP}$)를 이용하여 그린다. x축은 1-특이도, y축은 민감도를 배치한다. AUC(Area Under the Curve 또는 Area Under the ROC Curve)는 곡선 아래 면적을 의미한다. ROC 곡선에서 45도 직선은 레퍼런스 라인 0.5를 나타낼 수 있는데 이 라인보다 왼쪽 위로 곡선이 형성되어야 의미 있는 검사법이며, 1.0일 때 가장 완벽해진다. 여기서는 x1, x2, x3 변수의 AUC가 각각 0.737, 0.882, 0.788이고 곡선이 모두 좌측상단에 위치하고 있어 유용하다고 할 수 있다.

6단계: 다음의 새로운 두 유보표본(hold out sample) 데이터에 대해서 예측해보자. 예측에 사용할 추정식은 $f(x)=1/(1+e^{-(-16.055+0.670X1+0.057X2+0.992X3)})$이다. 분모 중 상수 e는 $-\hat{Y}$(회귀식)만큼 거듭제곱한 값을 반환하는 것으로 JASP에서는 함수 Exp를 사용해서 계산하면 된다.

데이터 testdata.csv

x1	x2	x3
4	400	5
1	100	2
5	800	6

7단계: Rstudio 프로그램에서 새로운 유보표본에 대한 예측을 위해 다음과 같이 2가지 방법으로 명령어를 입력한다.

```
# Logistic Regression
ch91=read.csv("C:/gskim/JASP/data/ch91.csv")
# where y is a binary factor and
# x1-x3 are continuous predictors
fit.full<-glm(y~.,family=binomial(),data=ch91)
testdata=read.csv("C:/gskim/JASP/data/testdata.csv")
testdata$prob<-predict(fit.full, newdata=testdata,type="response")
testdata
```

데이터 ch9test.R

```
ch91=read.csv("C:/gskim/JASP/data/ch91.csv")
# where y is a binary factor and
# x1-x3 are continuous predictors
fit.full<-glm(y~.,family=binomial(),data=ch91)
x1 <- c(4, 1, 5)
x2 <- c(400, 100, 800)
x3 <- c(5, 2, 6)
testdata <- data.frame(x1, x2, x3)
testdata$prob<-predict(fit.full, newdata=testdata,type="response")
testdata
```

testdata$prob<-predict(fit.full, newdata=testdata, type="response")는 앞에서 설정한 fit.full 모델에 testdata를 적용하여 예측확률을 계산하는 명령어다. 분석 결과는 다음과 같다.

```
> testdata
  x1  x2 x3         prob
1  4 400  5 0.9999995114
2  1 100  2 0.0004688646
3  5 800  6 1.0000000000
```

결과 설명

유보표본 세 집단을 분석한 결과, 첫 번째 표본은 자동차를 소유할 그룹(1), 두 번째 표본은 자동차를 소유하지 않을 2그룹(0), 세 번째 표본은 자동차를 소유할 그룹(1)으로 분류 예측됨을 알 수 있다.

알아두면 좋아요!

로지스틱 회귀분석에 대한 내용이 잘 정리되어 있는 사이트이다.

- 로지스틱 가정과 진단 관련 정보 제공

- 로지스틱 회귀분석, R코딩 분석, 분석결과 설명

- 로지스틱 기본 정보 제공

분석 도전

1. 회귀분석과 로지스틱 회귀분석을 비교하여 설명하여라.

2. 다음은 e커머스 업체에서 조사한 영업 개시 후 24일간 판매실적(수량)이다.

x(일)	1	2	3	4	5	6	7	8	9	10	11	12
y(판매량)	33	256	430	582	1,309	1,856	2,100	2,612	2,466	3,042	2,972	3,037
x(일)	13	14	15	16	17	18	19	20	21	22	23	24
y(판매량)	3,236	3,341	3,249	3,624	3,642	3,412	3,647	3,476	3,475	3,503	3,797	3,595

1) 자료를 보고 그래프를 그려보자.

2) 단순로지스틱 회귀분석을 실시한 다음 결과를 해석해보자.

3. 앞서 2장에서 다룬 ch2.jasp 파일을 이용하여 로지스틱 회귀분석을 실시하고, 유의한 변수를 찾고 모델 성능까지 평가해보자. 로지스틱 회귀분석은 x3(0. 신규고객, 1. 당기거래 고객) = f(x6, ……x18)를 이용한다.

4부

인과분석

10장 신뢰성과 타당성 분석

학습목표

☑ 주성분분석의 개념을 이해한 후 분석을 실행하고 결과를 해석한다.
☑ 탐색요인분석의 개념을 이해한 후 분석을 실행하고 결과를 해석한다.
☑ 확인요인분석의 개념을 이해한 후 분석을 실행하고 결과를 해석한다.
☑ 집단 간 확인요인분석을 실행하고 결과를 해석한다.

1 신뢰성과 타당성

연구를 위해 수집한 자료가 간혹 측정 오류를 지닌 경우가 있다. 측정 오류를 분류해보면 크게 3가지로 나누어볼 수 있다. 첫째, 연구자가 측정하기를 원한 속성이 아니라 다른 속성을 측정한 경우이다. 예를 들어, 기술적 속성을 측정하고자 하였으나 미적 속성을 측정한 경우이다. 둘째, 응답자의 고유한 성향에 의해 측정 오류가 발생할 수도 있다. 성격이 항상 명랑한 사람과 극단적으로 허무주의적인 태도를 지닌 사람 간의 응답은 달라질 것이다. 셋째, 응답 당시 응답자가 처한 상황에 따라 응답에도 차이가 날 수 있다. 예컨대 부부를 동일한 장소에서 면접하는 경우와 각각 개별적으로 면접하는 경우 응답에 차이가 발생할 수 있다. 그 외 측정 도구상의 문제, 측정 방법상의 문제 등으로 측정 오류가 발생하기도 한다.

이와 같은 측정 오류는 크게 체계적 오류와 비체계적 오류로 구분할 수 있다. 체계적 오류란 측정 시에 일정한 방향으로 항상 나타나는 오류이며, 비체계적 오류는 무작위적으로 그 크기와 방향이 변화하며 나타나는 오류이다. 신뢰도는 비체계적 오류와 관련된 개념이며, 타당도는 체계적 오류와 관련된 개념이다.

1-1 신뢰성

신뢰성(reliability)은 동일한 개념에 대해서 반복적으로 측정했을 때 나타나는 측정값들의 분산을 의미한다. 신뢰도에는 측정의 안정성, 일관성, 예측 가능성, 정확성 등의 개념이 포함되어 있다.

이러한 신뢰성의 정도, 즉 신뢰도를 측정하는 방법에는 재측정 신뢰도(test-retest reliability), 반분 신뢰도(split-half reliability), 문항분석(item-total correlation), 크론바흐 알파(Chronbach's Alpha), 동등척도 신뢰도(alternative reliability), 평가자 간 신뢰도(inter-rater reliability) 등이 있다.

재측정 신뢰도는 동일한 측정방법을 사용하지만 서로 다른 시간에 측정하여 두 측정값의 차이를 분석하는 방법이다. 일반적으로 두 측정값 사이에 차이가 크면 신뢰성은 낮다고 할 수 있다.

반분 신뢰도는 내적상관의 형태로 변수들을 2개의 그룹으로 나눈 후 두 그룹 간의 신뢰도를 측정하는 방법이다.

크론바흐 알파란 하나의 개념에 대하여 여러 개의 항목으로 구성된 척도를 이용할 경우에 개념을 구성하는 문항을 가지고 가능한 한 모든 반분 신뢰도를 구하고 이들의 평균치를 산출한 것이다. 이 방법을 이용하여 해당 척도를 구성하고 있는 개별 항목들의 신뢰도까지 평가할 수 있다. 크론바흐 알파를 구하는 공식은 다음과 같다.

$$\alpha = \frac{N}{N-1}\left(1-\sum\frac{\sigma_i^2}{\sigma_t^2}\right)$$

여기서 N = 문항수, σ_t^2 = 총분산, σ_i^2 = 각 문항의 분산

문항 전체 수준인 경우 알파계수가 0.5 이상, 개별 문항 수준인 경우 0.9 이상 정도이면 신뢰도가 높다고 할 수 있다.

구조방정식모델의 확인요인분석에서 신뢰도는 측정변수와 요인 사이의 표준적재치

와 오차항을 이용하여 계산한다. 이는 수렴타당성의 평가 잣대로 이용된다. 개념신뢰도 (Construct Reliability, CR)의 계산식은 다음과 같다.

$$CR = \frac{(\sum_{i=1}^{n} \lambda_i)^2}{(\sum_{i=1}^{n} \lambda_i)^2 + (\sum_{i=1}^{n} \delta_i)}$$

여기서 $(\sum_{i=1}^{n} \lambda_i)^2$ = 표준 요인부하량의 합, $(\sum_{i=1}^{n} \delta_i)$ = 측정오차의 합

개념신뢰도가 0.7 이상이면 신뢰도 또는 집중타당성이 높다고 해석할 수 있다. 만약 신뢰도가 이보다 낮다면 신뢰도를 개선하기 위해서 ①측정 항목의 모호함을 제거하거나, ②측정 항목수를 늘리거나, ③사전에 신뢰도가 검증된 측정 항목을 이용하거나, ④척도점을 조정한다.

1-2 타당성

타당성(validity)은 측정하고자 하는 개념이나 속성을 정확히 측정하였는가를 나타내는 개념이다. 예컨대 측정 개념이나 속성을 측정하기 위해 개발된 측정 도구가 해당 속성을 정확히 반영하고 있는가와 관련된 것이다. 타당성은 연구자가 측정하고자 하는 본래의 개념이나 속성을 정확히 반영하여 측정하였는가의 문제와 연결된다. 타당성에는 내용타당성, 기준타당성(예측타당성), 개념타당성(집중타당성, 판별타당성, 이해타당성) 등이 있다. 이에 대한 내용은 이어서 살펴볼 확인요인분석에서 자세히 다루기로 한다.

2 확인요인분석

요인분석(factor analysis)은 탐색요인분석과 확인요인분석 두 종류가 있다. 탐색요인분석(Exploratory Factor Analysis, EFA)은 사전에 특별히 가정을 하지 않은 상태에서 정보의 손실을 최소화하는 방법이다. 탐색요인분석의 목적은 변수의 성격을 통해서 요인 명칭을

찾아내고 분산분석, 회귀분석, 판별분석 등 2차 분석을 수행하는 데 있다.

반면에 확인요인분석(Confirmatory Factor Analysis, CFA)은 측정모델에서 요인이 어떤 변수에 의해 측정되었는가를 확인하는 방법이다. 측정모델은 탄탄한 이론 지식을 바탕으로 구성한다. 확인요인분석 단계에서 연구자는 신뢰성과 타당성을 평가하게 된다. 확인요인분석은 사전에 요인을 구성하는 변수들을 설정하고 요인과 변수들의 관련성을 확인하는 절차이다. 이 분석을 통해서 신뢰성과 타당성을 언급할 수 있다.

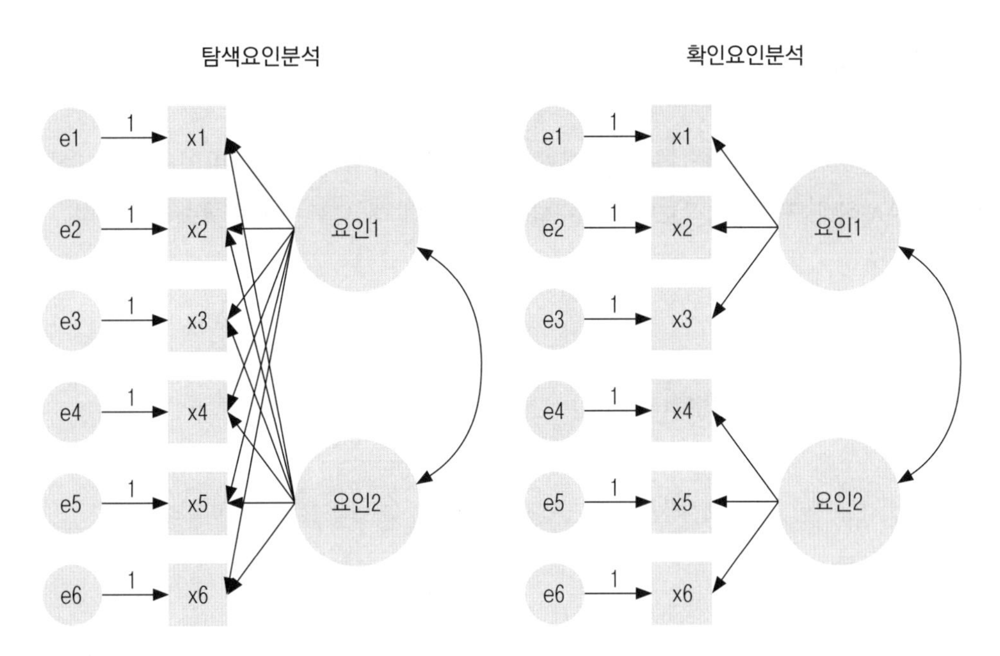

[그림 10-1] 탐색요인분석과 확인요인분석

2-1 신뢰성

신뢰성은 측정문항의 일관성을 나타낸다. 신뢰성은 동일한 요인에 대해 측정을 반복하였을 때 동일한 값을 얻을 가능성을 말한다. 측정상에서 총분산은 참분산과 오차분산의 합이다. 신뢰성이란 총분산 중 참분산이 차지하는 비율이다. 논문을 작성하는 과정에서 신뢰성을 구하는 방법은 2가지가 있다. 한 가지는 크론바흐 알파(Cronbach's alpha)를 구하는 방법, 또 다른 한 가지는 구조방정식모델에서 표준 적재치와 오차항을 통해서 신뢰성을 계산하는 방법이다. 먼저, 크론바흐 알파를 구하는 식을 나타내면 다음과 같다.

$$\alpha = \frac{k}{k-1}\left(1 - \frac{\sum_{i=1}^{k}\sigma_i^2}{\sigma_y^2}\right)$$

여기서 k = 항목수, σ_y^2 = 전체 분산, σ_v^2 = 각 항목의 분산

크론바흐 알파의 값이 0.7 이상이면 측정문항의 신뢰성은 높다고 평가할 수 있다.

2-2 타당성

타당성은 연구자가 측정하고자 하는 본래의 개념이나 속성을 정확히 반영하여 측정하였는가의 문제이다. 구조방정식모델에서는 타당성에 관한 내용을 자세히 서술해야 한다.

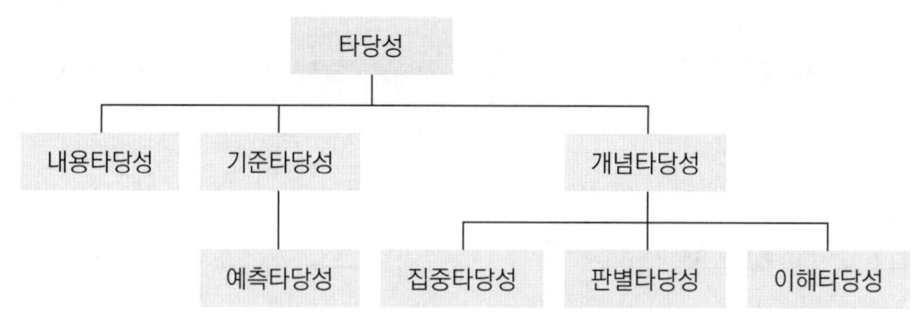

[그림 10-2] 타당성 종류

내용타당성(content validity 또는 face validity)은 측정문항들이 잠재 개념과 요인을 제대로 측정하였는가에 관한 것이다. 내용타당성은 다분히 주관적인 판단에 의존하기 때문에 전문가의 자문을 거쳐 판단하는 것이 바람직하다.

기준타당성(criterion-related validity)은 예측타당성(predictive validity)과 동일한 내용이다. 한 요인이나 개념의 상태 변화가 다른 요인이나 개념의 변화 정도를 예측할 수 있는 정도를 말한다. 연구자는 요인 간 상관분석 결과를 통해서 기준타당성 또는 예측타당성을 평가할 수 있다.

개념타당성(construct validity)은 논리적이고 이론적인 배경하에서 측정하고자 하는 개념이 정확하게 측정되었는가에 관한 내용이다. 개념타당성은 집중타당성, 판별타당성, 이해타당성으로 판단할 수 있다.

집중타당성(convergent validity)은 특정 개념을 측정하는 항목들이 한 방향으로 높은 분산 비율을 공유하는 경우를 말한다. 집중타당성을 평가하는 방법은 요인부하량, 평균분산추출지수(Average Variance Extracted, AVE), 개념신뢰도 등이 있다. 표준적재치가 0.5 이상이면 문항은 집중타당성이 있다고 판단한다. 표준적재치가 낮은 문항은 삭제하는 것도 고려할 수 있다. 또한 평균분산추출지수(AVE)는 표준적재치의 제곱합을 표준적재치의 제곱합과 오차분산의 합으로 나눈 값이다. 평균분산추출 값이 0.5 이상일 때 집중타당성이 높다고 판단한다. 이를 식으로 나타내면 다음과 같다.

$$AVE = \frac{(\sum_{i=1}^{n} \lambda_i^2)}{(\sum_{i=1}^{n} \lambda_i^2) + (\sum_{i=1}^{n} \delta_i)}$$

여기서 $\sum_{i=1}^{n} \lambda_i^2 =$ 요인 적재치의 제곱합, $\sum_{i=1}^{n} \delta_i =$ 측정오차의 합

판별타당성(discriminant validity)은 요인을 구성하는 측정문항들이 다른 측정항목에 의해 오염되지 않은 정도이다. 즉, 판별타당성은 서로 상이한 개념을 측정하였을 경우에 상관계수가 낮은 경우를 말한다. 이를 구조방정식모델 결과로 판단하는 방법으로는 평균분산추출지수(AVE)와 각 요인의 결정계수를 비교하는 방법, 상관계수와 신뢰구간 사이에 상관계수가 1인 경우가 포함되는지 판단하는 방법, 비제약모델과 제약모델 간에 비교하는 방법 등이 있다. 여기서는 포넬과 라커(Fornell & Larcker, 1981)가 제시한 평균분산추출지수(AVE)와 각 요인의 결정계수를 비교하는 방법을 설명하기로 한다. 잠재요인의 평균분산추출지수(AVE)가 잠재요인 간의 상관계수의 제곱보다 크다면 완전 판별타당성이 있다고 해석한다. 만약, 평균분산추출지수(AVE)가 상관계수의 제곱보다 작은 값이 있다면 부분 판별타당성을 만족했다고 언급하고 그 다음 단계인 이론모델분석을 실시하면 된다.

이해타당성(nomological validity)은 특정 개념과 또 다른 특정 개념 사이에 이론적인 연결을 통계적으로 설명할 수 있는지에 관한 것이다. 구조방정식모델에서는 개념과 개념 사이의 상관행렬을 통해서 상관 정도(힘의 크기), 방향성 등을 파악할 수 있다.

2-3 반영지표와 조형지표

인과성의 문제는 측정모델 이론에 영향을 미친다. 인간 행동 연구자들은 전형적으로 측정변수에 영향을 미치는 잠재요인에 대하여 고민하고 학습한다. 측정모델 구축 시에 요인과 측정변수의 관계에서 화살표의 시작점과 끝점을 어떻게 연결할 것인가가 주요 고민사항이다.

측정모델 구축 시 요인과 변수의 관계에서 화살표 방향에 따라 명칭이 달라진다. 요인에서 변수로 화살표가 향하는 측정모델을 반영지표 모델(reflective indicator model)이라고 부르며, 변수에서 요인으로 화살표가 향하는 측정모델을 조형지표 모델(formative indicator model)이라고 부른다. 반영지표와 조형지표를 판단하는 방법은 다음 그림을 통해 확인할 수 있다.

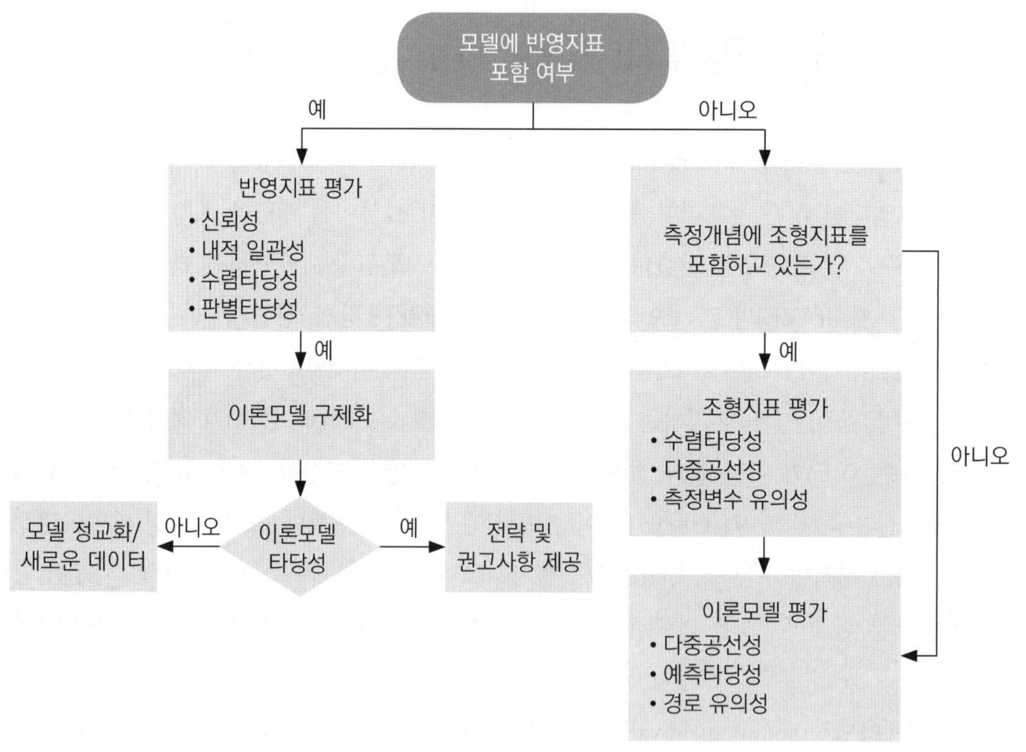

[그림 10-3] 반영지표와 조형지표 판단 방법

1) 반영지표 모델

측정모델에서 잠재요인(잠재개념)에서 측정변수들로 화살표가 향하여 있는 경우를 반영지표 모델(reflective indicator model)이라고 한다. 반영지표 모델에서 잠재개념은 측정변수들의 원인이 된다. 다시 말해 측정변수들은 잠재개념에 의존한다. 따라서 오차항, 즉 측정으로 완전히 설명할 수 없는 부분이 존재하기 마련이다. 반영측정 이론에 포함된 측정변수들은 서로 신뢰성과 상관성이 높다. 반영지표의 예는 다음과 같다.

예를 들어, 삶의 만족도 요인이 4가지 변수(전반적인 만족도, 삶의 만족도, 주거환경 만족도, 직업 만족도)를 설명한다면 다음과 같은 그림으로 나타낼 수 있다.

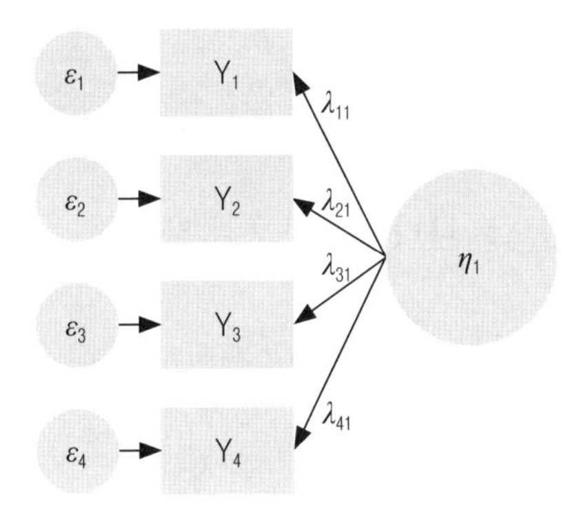

[그림 10-4] 반영지표 모델

반영지표 모델을 수학식으로 나타내면 다음과 같다.

$$Y_1 = \lambda_{11} \bullet \eta_1 + \varepsilon_1$$
$$Y_2 = \lambda_{21} \bullet \eta_1 + \varepsilon_2$$
$$Y_3 = \lambda_{31} \bullet \eta_1 + \varepsilon_3$$
$$Y_4 = \lambda_{41} \bullet \eta_1 + \varepsilon_4$$

2) 조형지표 모델

조형지표 모델(formative indicator model)은 측정변수들이 잠재개념에 영향을 준다는 기본 가정에서 출발한다. 반영지표 모델과 달리 조형지표 모델의 변수들은 상이하여 서로 관련성이 낮으며 신뢰성도 낮다. 그러나 측정변수 간에 상관성이 낮다고 해서 무조건 변수를 제거하면 요인을 제대로 설명할 수 없는 원인이 되기도 하므로 주의해야 한다.

조형지표 모델의 예는 다음과 같다. 생활스트레스 요인은 실직, 이혼, 최근 사고 등에 의해서 결정된다고 한다면 이는 조형지표 모델에 해당한다. '사회경제 지수' 요인은 교육 수준, 직업, 소득수준(1~10분위) 등 3가지 변수로 구성된다고 하자. 이를 그림으로 나타내면 다음과 같다.

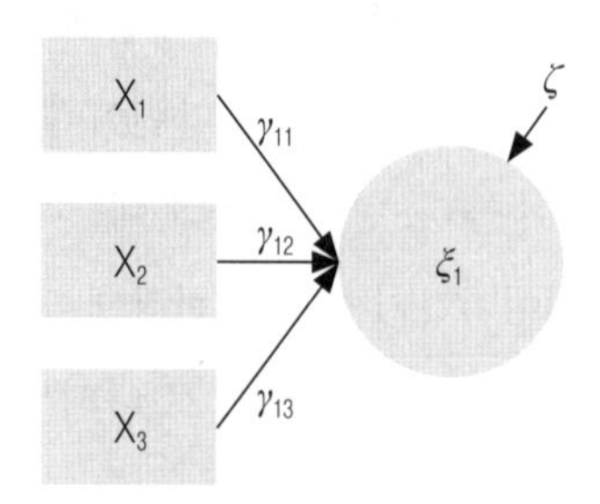

[그림 10-5] 조형지표 모델

앞의 조형지표 모델을 식으로 나타내면 다음과 같다.

$$\xi_1 = \gamma_{11} \bullet x_1 + \gamma_{12} \bullet x_2 + \gamma_{13} \bullet x_3$$

지금까지 설명한 반영지표 모델과 조형지표 모델에 대한 내용을 표로 나타내면 다음과 같다.

[표 10-1] 반영지표 모델과 조형지표 모델 비교

반영지표 모델	특징	조형지표 모델
항목들은 개념에 의해서 설명됨	인과성	개념은 항목들로부터 형성됨
모든 항목은 개념과 관련이 있음	항목 간 관계	항목 간 개념적 연결이 필요하지 않음
잠재 개념 구성 변수	항목 영역	모든 항목이 포함
공분산 정도가 높음(요인분석 가능)	공분산	공분산 정도가 낮음
필요함	신뢰성 판단	필요 없음
내적 또는 외적 타당성 확보 필요	개념타당성	외적 타당성 확보 필요

3 JASP 분석

예제 1

다음은 학교에 입주한 커피전문점의 서비스품질을 조사하기 위한 설문이다. 커피전문점을 이용하는 고객들을 모집단으로 구성하였다. 이 모집단을 대상으로 한 연구자의 관심은 요인을 구성하는 변수의 점수이다. 다음은 각 요인을 구성하는 변수와 척도에 대한 설명이다.

데이터 data.csv, data.jasp

요인	변수	설문문항	척도
			매우 동의 못함 보통 매우 동의함
가격품질 (price quality, pq)	x1	가격이 합리적이다	①---②---③---④---⑤
	x2	가격 차별화가 확실하다	①---②---③---④---⑤
	x3	시간대별 가격이 유연하다	①---②---③---④---⑤
	x4	제공 가치에 맞는 가격이다	①---②---③---④---⑤
서비스품질 (service quality, sq)	x5	약속한 서비스를 제공한다	①---②---③---④---⑤
	x6	고객의 요구사항을 안다	①---②---③---④---⑤
	x7	올바른 서비스를 제공한다	①---②---③---④---⑤
	x8	약속한 서비스를 제공한다	①---②---③---④---⑤
분위기품질 (atm quality, aq)	x9	직원이 신뢰감을 준다	①---②---③---④---⑤
	x10	내부 커피향이 은은하다	①---②---③---④---⑤
	x11	직원의 용모가 단정하다	①---②---③---④---⑤
	x12	실내에 활기가 넘친다	①---②---③---④---⑤
고객만족 (cs)	y1	마음이 편해진다	①---②---③---④---⑤
	y2	아이디어를 얻는 원천이다	①---②---③---④---⑤
	y3	매번 고객가치를 얻는다	①---②---③---④---⑤
	y4	전반적으로 만족스럽다	①---②---③---④---⑤
고객충성도 (cl)	y5	자주 방문한다	①---②---③---④---⑤
	y6	동료에게 추천한다	①---②---③---④---⑤
	y7	SNS에 자주 추천한다	①---②---③---④---⑤
	y8	지출금액이 많은 편이다	①---②---③---④---⑤
성별(sex)	sex	성별은?	① 남자 ② 여자

3-1 주성분분석

JASP에서 주성분분석(Principal Component Analysis, PCA)을 실시해보자. 주성분분석은 가장 널리 사용되는 차원 축소 기법이다. 이 방법은 데이터의 분포를 최대한 보존하면서 고차원 공간의 데이터들을 저차원 공간으로 변환한다. 주성분분석의 기본 원리는 기존의 변수를 조합하여 서로 연관성이 없는 새로운 변수, 즉 주성분(Principal Component, PC)들을 만들어내는 방식이다. 즉, 첫 번째 주성분 PC1이 원데이터의 분포를 가장 많이 보존하고, 두 번째 주성분 PC2가 그다음으로 원데이터의 분포를 많이 보존하는 방식으로 계산된다. 주성분분석은 계산과 시각화가 용이하여 데이터를 쉽게 분석할 수 있다는 장점이 있다.

1단계: JASP 프로그램을 실행한 후 데이터(data.jasp)를 불러온다. 이어서 [Factor] 버튼을 누른 후 [Princial Component Analysis]를 누른다.

2단계: x1부터 x12까지의 변수를 [Variables] 창에 보낸다. 이어 [Output Options]의 [Plot]에서 [Path diagram]과 [Scree plot]을 지정한다. 그러면 다음과 같은 결과를 얻을 수 있다.

Principal Component Analysis

Chi-squared Test

	Value	df	p
Model	992.675	43	< .001

Component Loadings

	RC1	RC2	Uniqueness
x6	0.949		0.237
x7	0.944		0.279
x5	0.879		0.277
x8	0.869		0.307
x1	0.510		0.404
x3	0.430	0.416	0.398
x2	0.426	0.418	0.400
x4	0.420	0.428	0.396
x11		0.924	0.336
x10		0.909	0.311
x9		0.795	0.384
x12		0.791	0.458

Note. Applied rotation method is promax.

Component Characteristics

	Unrotated solution			Rotated solution		
	Eigenvalue	Proportion var.	Cumulative	SumSq. Loadings	Proportion var.	Cumulative
Component 1	6.582	0.548	0.548	4.185	0.349	0.349
Component 2	1.229	0.102	0.651	3.626	0.302	0.651

결과 설명

적합도 검정을 위해서 χ^2 검정을 실시한 결과, χ^2=992.675, 자유도(df)=43, p(<.001)로 귀무가설(H_0 : 연구모델은 적합할 것이다)을 기각한다.

여기서는 사각회전(Oblique) 방식인 프로맥스(promax)의 결과가 나타나 있다. 두 성분(RC1, RC2)의 적재치(Component Loadings)를 살펴보면, 성분적재치는 성분과 변수의 상관관계를 의미한다. 성분1(RC1)과 X6의 경우는 0.949가 되고, 이 값의 제곱인 $(0.949)^2$=0.90은 X6의 분산(Variation)의 90%를 성분1로 설명할 수 있음을 나타낸다. 여기서 성분1은 x1, x2, x3, x4, x5, x6, x7, x8 변수와 연관이 있다. 성분2(RC2)는 x2, x3, x4, x9, x10, x12 변수와 관련이 있다. 각 변수의 고유 적재치(Uniqueness)도 나타나 있다.

회전하기 전(Unrotated Solution) 성분1(Component 1)의 아이겐값(Eigen Value)은 6.582이다. 아이겐값은 몇 개의 성분을 다음 분석에 사용할 것인지를 결정하는 기준이다. 회전된 적재치(Rotated solution)를 이용하여 성분1의 아이겐값을 구할 수 있다.

성분1=$(0.949)^2+(0.944)^2+(0.879)^2+(0.869)^2+(0.510)^2+(0.430)^2+(0.426)^2+(0.420)^2$=4.185이다. 성분1의 설명력은 0.349로 이는 아이겐값을 전체 변수로 나눈 값이다(4.185/12). 연구자는 아이겐값이 1 이상인 경우를 사용하거나 성분의 개수를 사전에 결정하는 방법을 사용할 수도 있다.

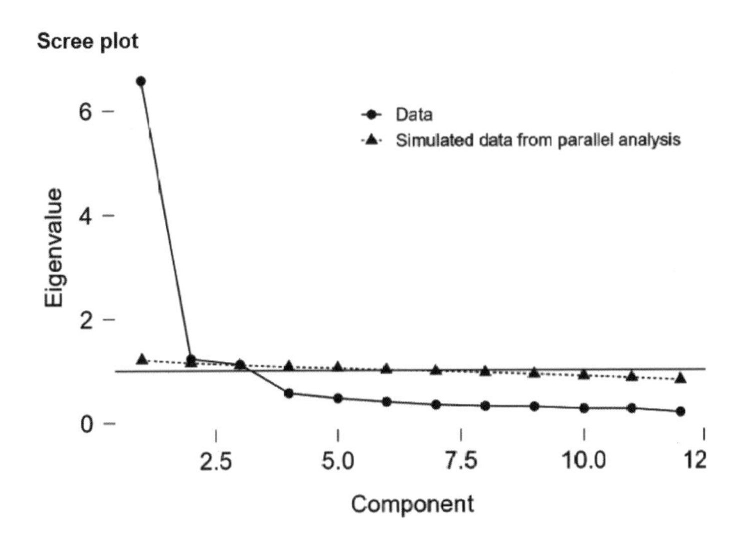

결과 설명

스크리 플롯을 통해 하나의 성분을 추가하여 얻는 한계치(marginal value)가 하나의 성분을 추가할 정도로 큰지를 비교할 수 있다. 아이겐값과 성분의 수를 나타낸 후 그 곡선이 팔꿈치 모양이 되는 곳에서 성분의 수를 정한다. 여기서는 성분의 수를 2개로 정하는 것이 적당해 보인다.

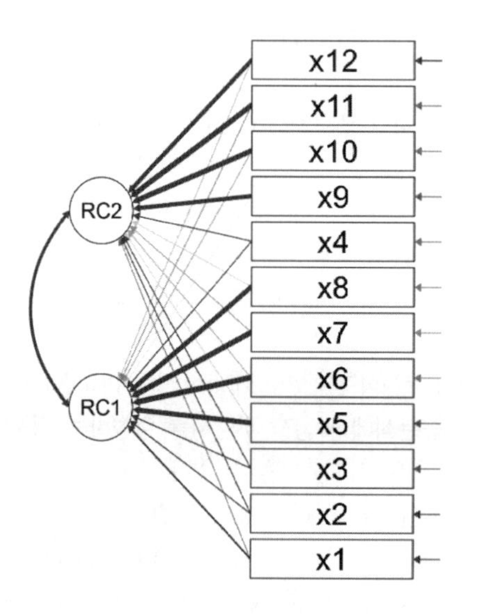

결과 설명

측정모델을 보면 각 성분과 밀접한 관련이 있는 측정변수가 시각적으로 나타나 있다. 성분에 적재치가 큰 변수의 경우 굵은 실선의 화살표로 되어 있다. 성분1의 경우는 x5, x6, x7, x8 변수의 적재치가 높음을 알 수 있다. 연구자는 이들 변수의 성격을 파악하여 성분1(RC1)의 명칭을 부여할 수 있다. 여기서는 '서비스품질' 성분이라고 명명하기로 한다. 성분2(RC2)의 경우는 x9, x10, x11, x12 변수의 적재치가 높음을 알 수 있다. 이 성분은 변수의 성격을 볼 때 '분위기품질'이라고 명명할 수 있다.

3-2 탐색요인분석

앞에서 다룬 주성분분석의 목적이 자료의 축소라고 한다면, 여기서 다룰 탐색요인분석은 자료의 축소와 공통요인(common factor) 추출에 주된 목적이 있다.

1단계: JASP 프로그램을 실행한 후 데이터(data.jasp)를 불러온다. 이어서 [Factor] 단추를 누르고 [Exploratory Factor Analysis]를 누른다.

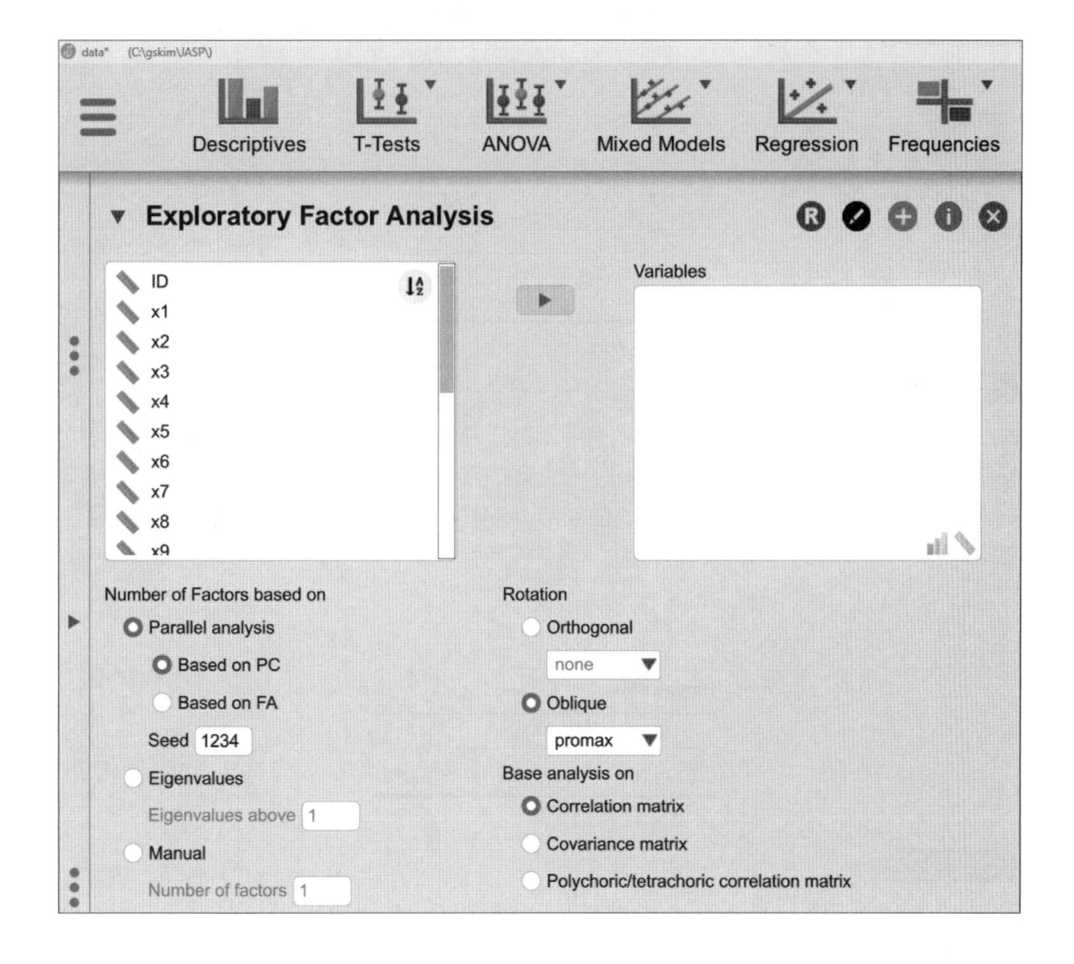

2단계: x1부터 x12까지의 변수를 [Variables] 칸으로 옮긴다. 이어 [Output Options]의 [Plot]에서 [Path diagram]과 [Scree plot]을 지정한다. 또 [Assumption checks]에서 [KMO test], [Bartlett's test], [Mardia's test] 등을 지정한다. 그러면 다음과 같은 결과를 얻을 수 있다.

Kaiser-Meyer-Olkin test

	MSA
Overall MSA	0.917
x1	0.938
x2	0.914
x3	0.919
x4	0.947
x5	0.918
x6	0.895
x7	0.908
x8	0.927
x9	0.937
x10	0.909
x11	0.883
x12	0.905

결과 설명

KMO(Kaiser-Meyer-Olkin)와 Bartlett 검정은 수집된 자료가 요인분석에 적합한지 여부를 판단하는 것이다. KMO값은 표본적합도를 나타내는 값으로 0.5 이상이면 표본자료가 요인분석에 적합하다고 판단할 수 있다. 여기서 전반적인 MSA(Overall MSA)가 0.917이므로 요인분석에 적합함을 알 수 있다.

Bartlett's test

X^2	df	p
5744.075	66.000	< .001

결과 설명

Bartlett의 구형성 검정은 변수 간의 상관행렬이 단위행렬(identity matrix)인지 여부를 판단하는 검정방법이다. 여기서 단위행렬은 대각선이 1이고 나머지는 모두 0인 행렬을 말한다. 여기서는 유의확률이 0.000이므로 변수 간 행렬이 단위행렬이라는 귀무가설(H_0)을 기각하고 차후에 탐색요인분석을 계속 진행할 수 있다.

Chi-squared Test

	Value	df	p
Model	731.109	43	< .001

결과 설명

적합도 검정을 위해서 χ^2 검정을 실시한 결과, χ^2=731.109, 자유도(df)=43, p(<.001)로 귀무가설(H_0 : 연구모델은 적합할 것이다)을 기각한다.

Factor Loadings

	Factor 1	Factor 2	Uniqueness
x9	0.766		0.481
x10	0.756		0.483
x3	0.751		0.388
x2	0.734		0.397
x4	0.704		0.403
x11	0.656		0.563
x1	0.636		0.431
x12	0.529		0.638
x6		0.889	0.233
x7		0.864	0.300
x5		0.764	0.310
x8		0.761	0.343

Note. Applied rotation method is promax.

Factor Characteristics

	Unrotated solution			Rotated solution		
	SumSq. Loadings	Proportion var.	Cumulative	SumSq. Loadings	Proportion var.	Cumulative
Factor 1	6.181	0.515	0.515	4.081	0.340	0.340
Factor 2	0.847	0.071	0.586	2.948	0.246	0.586

결과 설명

사각회전(oblique) 방식인 프로맥스(promax)의 탐색요인분석 결과가 나타나 있다. 두 요인(Factor1, Factor2)의 적재치(Factor Loadings)를 살펴보면, 성분적재치에는 성분과 변수의 상관관계가 나타난다. 요인1(Factor 1)과 X9의 경우는 0.766이 되고, 이 값의 제곱인 $(0.766)^2$=0.586은 X9의 분산(Variation)의 58.6%가 요인 1에 설명됨을 나타낸다. 여기서 요인 1은 x1, x2, x3, x4, x9, x10, x11, x12 변수와 연관이 있다. 요인 2는 x5, x6, x7, x8 변수와 관련이 있다. 각 변수의 고유적재치(Uniqueness)도 나타나 있다.

요인1(Factor 1)의 아이겐값(Eigen Value)은 6.181이다. 아이겐값은 몇 개의 요인을 다음 분석에 사용할 것인지를 결정하는 기준이다. 회전된 적재치를 이용하여 요인1의 아이겐값을 구할 수 있다.

요인1=$(0.766)^2+(0.756)^2+(0.751)^2+(0.734)^2+(0.704)^2+(0.656)^2+(0.636)^2+(0.529)^2$=4.081이다. 요인1의 설명력은 0.340으로 이는 아이겐값을 전체 변수로 나눈 값이다(4.081/12). 연구자는 아이겐값이 1 이상인 경우를 사용하거나 요인의 개수를 사전에 결정하는 방법을 사용할 수도 있다.

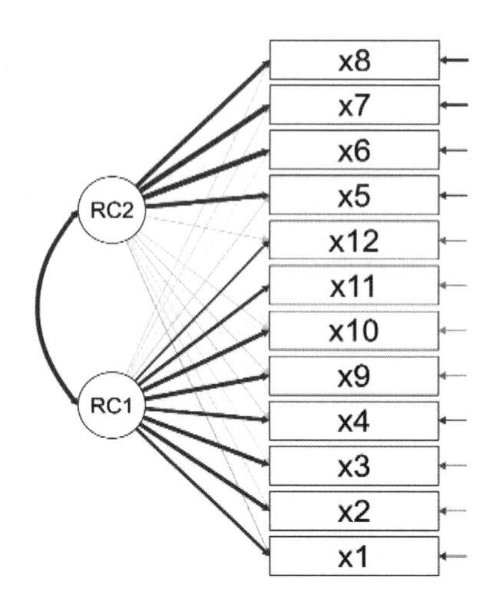

결과 설명

측정모델에 각 요인과 밀접한 관련이 있는 측정변수가 시각적으로 나타나 있다. 요인에 적재치가 큰 변수의 경우 굵은 실선의 화살표로 되어 있다. 요인 1의 경우는 x5, x6, x7, x8 변수의 적재치가 높음을 알 수 있다. 연구자는 이들 변수의 성격을 파악하여 요인 1의 명칭을 부여할 수 있다. 여기서는 '서비스품질' 요인이라고 명명하기로 한다.

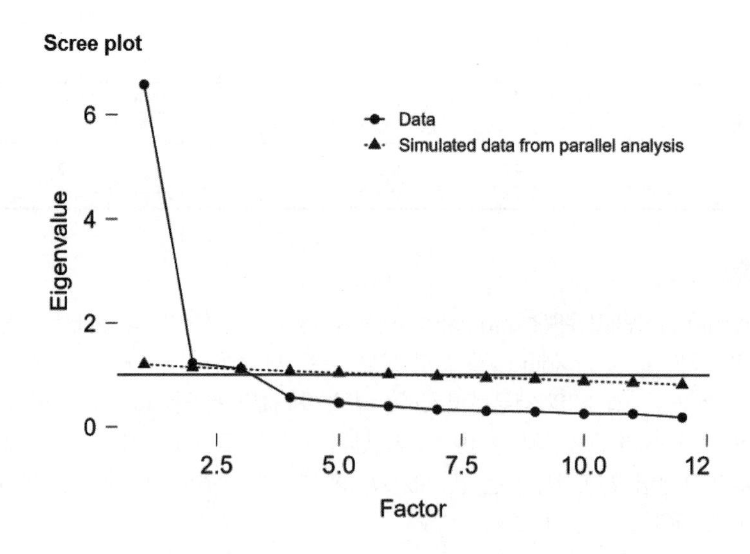

결과 설명

스크리도표를 통해 하나의 요인을 추가했을 때 얻는 한계치(marginal value)가 하나의 성분을 추가할 정도로 큰지를 비교할 수 있다. 아이겐값과 성분의 수를 나타내어 그 곡선이 팔꿈치 모양이 되는 곳에서 요인의 수를 정하게 된다. 여기서는 성분의 수를 2개로 정하는 것이 적당해 보인다.

3-3 확인요인분석

1단계: JASP 프로그램을 실행한 후 데이터(data.jasp)를 불러온다. 이어서 [Factor] 버튼을 누른 후 [Confirmatory Factor Analysis]를 누른다.

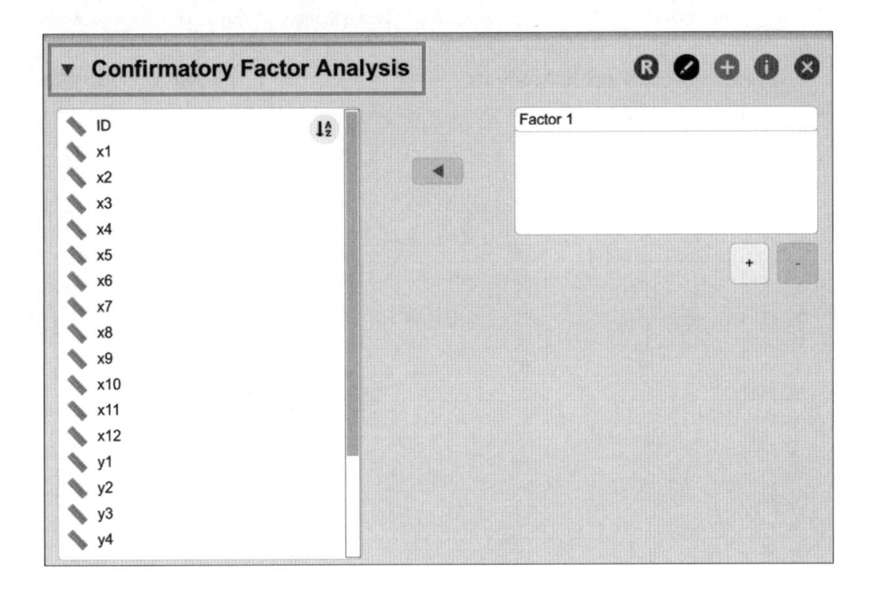

2단계: 확인요인분석창에서 'Factor 1'을 지우고 'price quality'를 입력한다. 이어 해당변수 x1, x2, x3, x4를 옮긴 후 요인을 추가하기 위해서 + 버튼을 누른다.

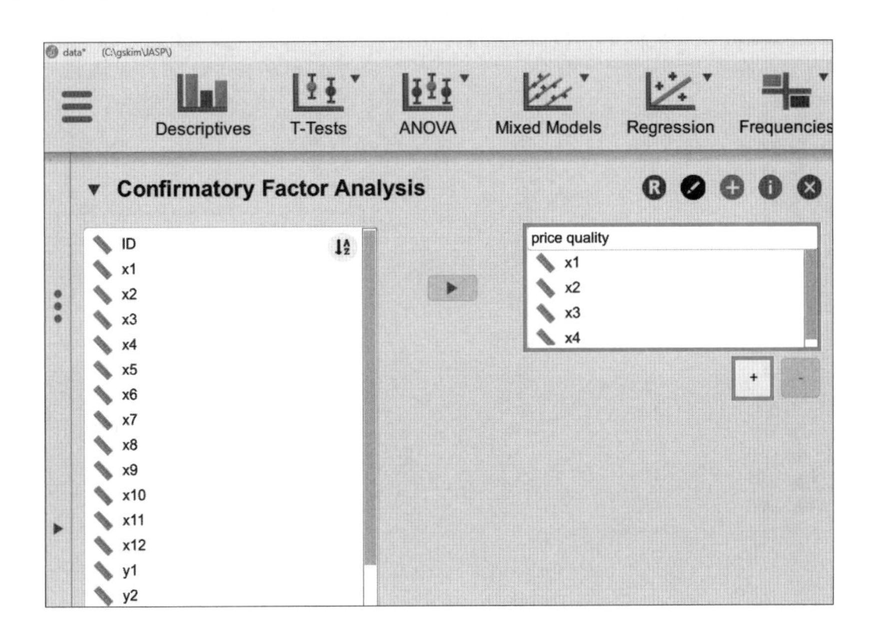

3단계: 'Factor 2'를 지우고 'service quality'를 입력한다. 이어 변수 x5, x6, x7, x8을 지정한다.

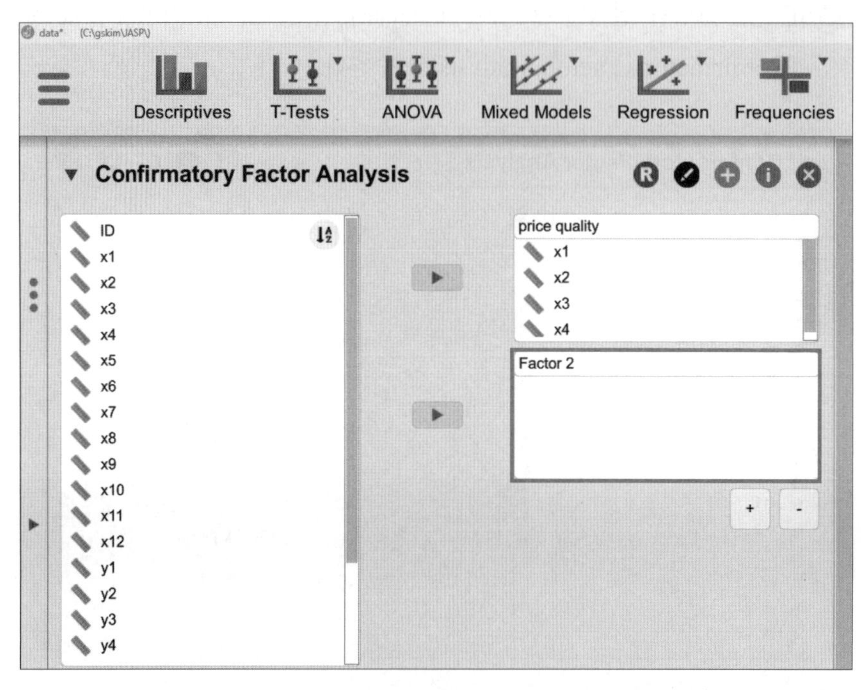

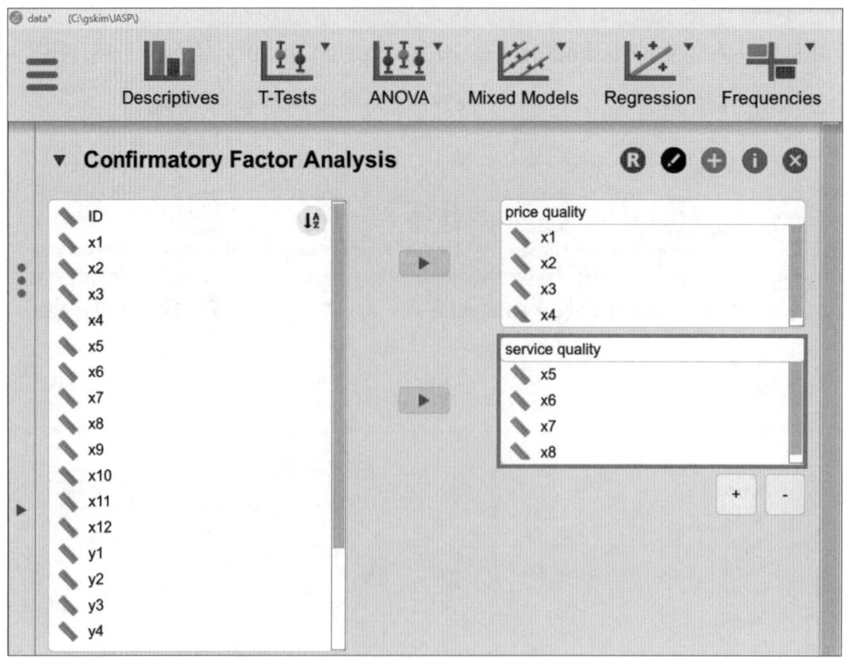

4단계 : 위와 같은 방법을 반복하여 각 요인과 변수를 지정한다.

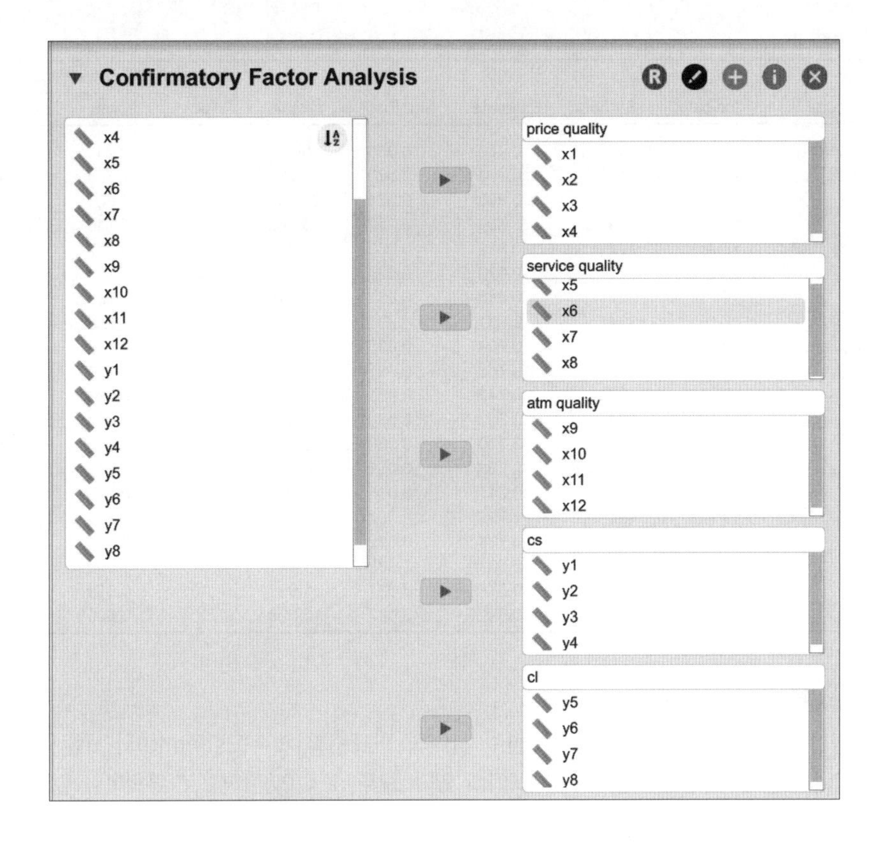

5단계 : [Plots]에서 [Model plot]을 누른다. 그러면 다음과 같은 결과를 얻을 수 있다.

Model fit

Chi-square test

Model	X²	df	p
Baseline model	9378.667	190	
Factor model	653.277	160	< .001

결과 설명

변수 간의 관련성이 없는 기저모델(Baseline Model)의 χ^2=9,378.667, 자유도(df)=190임을 알 수 있다. 요인모델(Factor model)의 경우 χ^2=653.277, 자유도(df)=160이며 이에 대한 확률은 <0.001로 'H_0 : 연구모델은 적합할 것이다'라는 귀무가설을 기각한다.

Parameter estimates

Factor loadings

Factor	Indicator	Symbol	Estimate	Std. Error	z-value	p	95% Confidence Interval	
							Lower	Upper
price quality	x1	λ11	0.769	0.030	25.932	< .001	0.711	0.827
	x2	λ12	0.791	0.028	27.882	< .001	0.736	0.847
	x3	λ13	0.860	0.031	28.101	< .001	0.800	0.920
	x4	λ14	0.808	0.032	25.503	< .001	0.746	0.870
service quality	x5	λ21	0.832	0.030	27.316	< .001	0.772	0.891
	x6	λ22	0.836	0.029	29.079	< .001	0.780	0.892
	x7	λ23	0.816	0.031	26.618	< .001	0.756	0.876
	x8	λ24	0.831	0.032	25.858	< .001	0.768	0.894
atm quality	x9	λ31	0.704	0.033	21.215	< .001	0.639	0.769
	x10	λ32	0.762	0.031	24.353	< .001	0.701	0.823
	x11	λ33	0.742	0.031	23.711	< .001	0.681	0.803
	x12	λ34	0.693	0.034	20.485	< .001	0.626	0.759
cs	y1	λ41	0.730	0.033	22.422	< .001	0.666	0.793
	y2	λ42	0.788	0.031	25.444	< .001	0.727	0.848
	y3	λ43	0.847	0.035	24.292	< .001	0.778	0.915
	y4	λ44	0.798	0.035	22.963	< .001	0.730	0.866
cl	y5	λ51	0.737	0.032	23.225	< .001	0.675	0.799
	y6	λ52	0.693	0.032	21.541	< .001	0.630	0.756
	y7	λ53	0.674	0.031	21.985	< .001	0.613	0.734
	y8	λ54	0.592	0.037	16.098	< .001	0.520	0.664

결과 설명

모수 추정 결과에 각 요인을 구성하는 변수 사이의 비표준화 계수(Estimate)와 표준오차(Std. Error), 이에 대한 z-value, 확률값(p)이 나타나 있다. 모두 $p < 0.001$이므로 유의함을 알 수 있다. 또한 95% 신뢰구간의 하한값과 상한값 사이에 0을 포함하고 있지 않아 유의함을 확인할 수 있다.

Factor Covariances

			Estimate	Std. Error	z-value	p	95% Confidence Interval	
							Lower	Upper
price quality	↔	service quality	0.706	0.023	30.965	< .001	0.662	0.751
price quality	↔	atm quality	0.698	0.025	27.571	< .001	0.648	0.747
price quality	↔	cs	0.530	0.032	16.704	< .001	0.468	0.592
price quality	↔	cl	0.701	0.026	27.178	< .001	0.650	0.752
service quality	↔	atm quality	0.652	0.027	24.091	< .001	0.599	0.705
service quality	↔	cs	0.673	0.025	26.428	< .001	0.623	0.723
service quality	↔	cl	0.729	0.024	29.771	< .001	0.681	0.777
atm quality	↔	cs	0.607	0.030	20.046	< .001	0.547	0.666
atm quality	↔	cl	0.749	0.025	29.628	< .001	0.700	0.799
cs	↔	cl	0.827	0.021	38.959	< .001	0.785	0.868

결과 설명

각 요인 간 공분산 정도가 나타나 있고 관련성은 모두 유의함을 확인할 수 있다($p < 0.001$).

Model plot

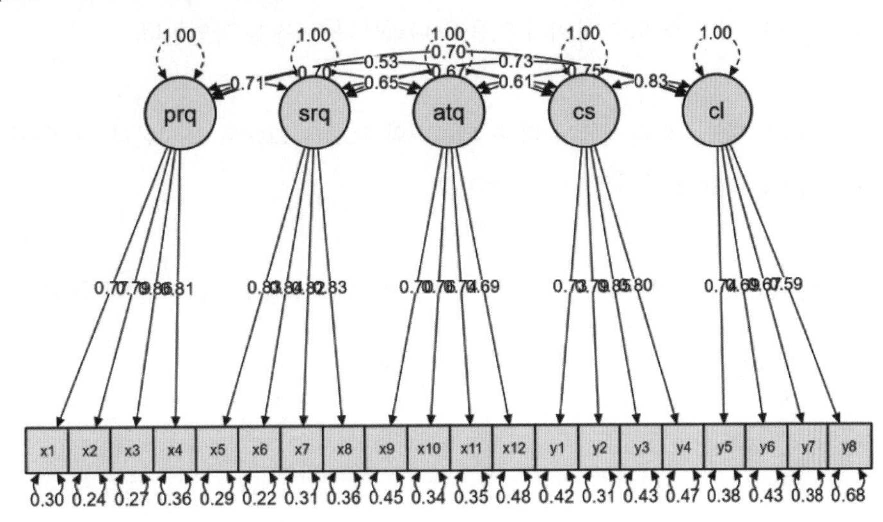

결과 설명

경로도형을 통해 각 요인 간의 관련성을 확인할 수 있다.

3-4 다중집단 확인요인분석

확인요인분석에서 다중집단분석(Multi Group Analysis, MGA)을 실시할 수 있다. 다중집단분석은 집단을 구분하는 명목척도로 구성된 질적변수가 있는 경우, 일관된 모델 내에서 집단 간 경로계수의 차이를 확인하기 위한 방법이다. 즉, 다중집단분석은 남성 및 여성 참가자, 다른 국가의 응답자 또는 다른 민족적 배경을 지닌 사람들과 같은 관련 그룹에서 집단 간 차이를 비교하는 것이다. 확인요인분석에서 집단분석을 위해 동일모델에 모수가 동일하다는 조건을 추가하여 집단 간 차이를 확인하는 방법이 적합하다. 이를 측정동일성검정(measurment invariance test)이라고 한다.

다중집단 확인요인분석에서 성별을 비교할 경우 다음과 같은 절차로 진행한다.

① 귀무가설(H_0 : 성별(남녀) 간에 차이가 없을 것이다)을 설정한다.

② 기본모델과 제약의 강도를 달리하는 제약모델(성별 간 계수가 같음)을 만든다.

③ 기본모델과 제약모델의 χ^2 차이를 확인한다.

④ 끝으로 해석 단계에서는 '기본모델과 제약모델의 χ^2 변화량이 통계적으로 유의하다면 집단 간 모수 차이가 있음을 나타낸다'는 점을 확인한다.

1단계: 앞의 확인요인분석에서 다룬 데이터와 모델은 그대로 유지한다. 여기서는 성별에 따른 확인분석을 염두에 두고 진행해보자.

2단계: [Multigroup CFA] 버튼을 눌러 질적변수인 성별(sex) 변수를 지정한다.

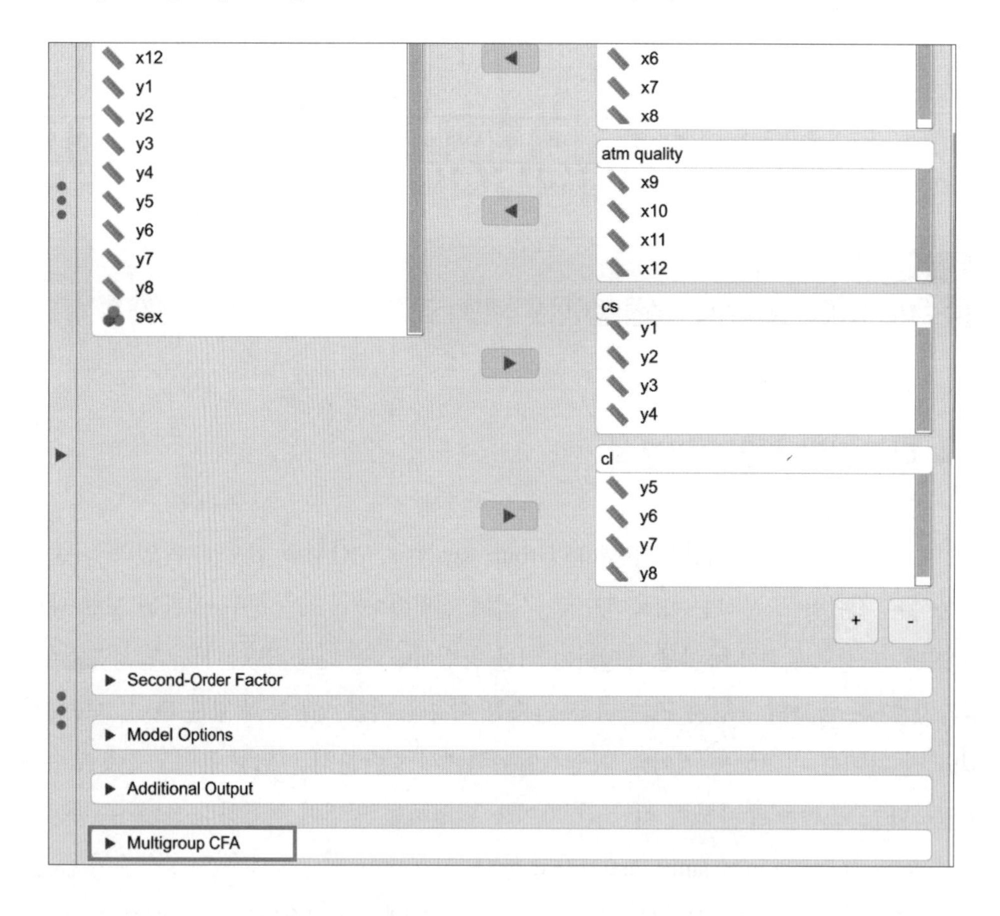

3단계 : [Invariance testing(측정동일성 검정)]을 확인한다. 여기에는 다음과 같은 4가지 측정동일성 방법이 제시되어 있다.

방법	설명
Configural Invariance (구성 불변성)	구성 불변성은 그룹 간 비교를 아직 허용하지 않는 방법임
Metric Invariance (메트릭 불변성)	메트릭 불변성은 그룹 간에 요인부하가 동일함을 의미함. 이는 잠재변수의 점수와 항목 간의 관계가 그룹 간에 동일하다는 것임
Scalar Invariance (스칼라 불변성)	스칼라 불변성은 요인적재치뿐만 아니라 절편도 그룹 간에 동일함을 의미함. 잠재요인에 대한 평균을 통계적으로 비교할 수 있음
Strong Invariance (강력 불변성)	스칼라 불변성에 더해 집단 간 상수항이 동일하다고 제약함. 집단 간 분석을 실시했을 때 χ^2 차이 검정 결과가 유의할 경우, 집단 간 비교를 위한 측정문항으로 구성되어 있지 못함을 나타냄

4단계 : [Invariance testing]에서 차례로 [Configural Invariance], [Metric Invariance], [Scalar Invariance], [Strict Invariance]를 지정한다. 4가지 측정동일성 방법의 χ^2 자유도를 정리해보면 다음과 같다.

	Model	χ^2	df	p
Configural Invariance (구성 불변성)	Baseline model	9361.106	380	
	Factor model	848.028	320	< .001
Metric Invariance (메트릭 불변성)	Baseline model	9361.106	380	
	Factor model	856.244	335	< .001
Scalar Invariance (스칼라 불변성)	Baseline model	9361.106	380	
	Factor model	888.076	350	< .001
Strict Invariance (강력 불변성)	Baseline model	9361.106	380	
	Factor model	933.57	370	< .001

결과 설명

기본모델(Baseline model)과 집단 간 동일한 모수가 같다는 제약의 강도를 높인 제약모델(Metric, Scalar, Strict) 간의 χ^2 변화량 차이가 통계적으로 유의하기 때문에 '집단 간 모수 차이가 있다'고 해석할 수 있다.

알아두면 좋아요!

구조방정식모델을 이용한 신뢰성분석과 타당성분석에 대해 보다 깊이 학습할 수 있는 추천 도서와 사이트이다.

- 김계수 (2015). 《R-구조방정식 모델링》. 한나래아카데미.
- 김계수 (2007). 《New Amos 16.0 구조방정식 모형분석》. 한나래아카데미.

• JASP 이용 구조방정식모델 분석방법 소개

분석 도전

1. 어느 커피전문점에서 제공하는 서비스품질에 대하여 고객 10명의 만족도를 측정하였다. 주성분분석, 탐색요인분석을 실시해보고 성분 또는 요인 명칭을 부여하라.

(척도: 1. 매우 불만, 4. 보통, 7. 매우 만족)

가격	분위기	개인화	선택범위	심리적 안정
2	5	1	4	4
3	6	2	5	4
2	4	2	4	3
5	3	4	3	3
5	3	5	4	3
5	1	5	1	5
5	5	6	4	4
7	4	7	4	2
4	2	6	2	5
5	4	5	6	3

11장 구조방정식모델분석

학습목표

☑ 이론모델을 분석하고 결과를 논리적으로 설명한다.
☑ 모델의 적합지수를 확인한다.
☑ 수정모델 전략을 이해한다.

1 구조방정식모델분석

인과모델(causal relationship model) 또는 구조방정식모델(Structural Equation Model, SEM)은 원인과 결과의 관계를 그림이나 언어(가설)로 나타낸 것을 말한다. 연구자가 인과모델을 정교하게 수립하면 보다 쉽게 문제 해결의 실마리를 찾을 수 있다. 인과관계는 그림모델, 언어모델, 수학모델 등으로 나타낼 수 있다.

그림모델은 연구자가 관심 가지고 있는 시스템을 시각적으로 형상화한 것을 말한다. 인과모델을 이미지로 시각화하기 위해서는 앞에서 언급한 병발발생조건(concomitant variation), 시간적 우선순위(time order of occurrence), 외생변수 통제(elimination of other possible causal factors) 등의 인과관계 성립요건이 충족되어야 한다. 구조방정식모델은 측정모델(measurement model)과 이론모델(structural equation model)로 구성된다.

측정모델은 잠재요인(latent factor)과 변수의 관련성을 나타낸 것이다. 여기서 잠재요인이란 측정변수들의 압축정보를 정교하게 요약해놓은 개념(construct)을 말한다. 연구자는 측정모델을 아무렇게나 구축하는 것이 아니라 명증한 근거를 토대로 만들어야 한다.

측정모델의 구축은 도형이나 화살표로 만든다.

[표 11-1] 인과도형과 설명

도형	설명
○	동그라미는 잠재요인을 표시하는 모형으로 ξ(ksi)와 η(eta)로 표시한다. 변수들의 대표적인 상징적 개념이 잠재요인이다.
□	네모는 잠재요인을 측정한 변수로 실제값에 해당한다.
→	화살표는 영향관계를 표시하는 데 사용한다. 잠재요인 간 연결과 측정변수와 오차항의 연결에도 화살표가 이용된다.
↔	측정오차 간의 상호 관련성을 연결하거나 잠재요인 간의 관련성을 나타내는 데 사용한다.

만약, 개인의 성공태도(ξ_1)와 광적인 규율(ξ_2)은 성공 행동의도(η_1)에 영향을 미치고 다시 성공 행동의도(η_1)는 실행력(η_2)에 영향을 미친다는 일반적이고 명징한 내용이 있다고 하자. 연구자는 이론적 배경하에서 다음과 같이 연구모델을 표현할 수 있다.

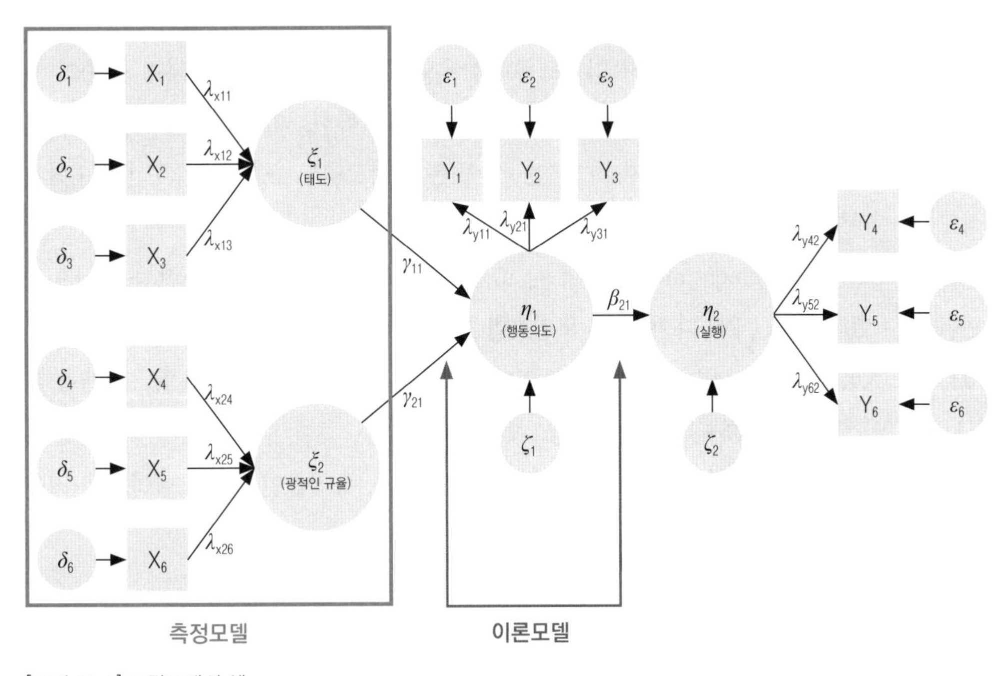

[그림 11-1] 그림모델의 예

그림으로 연구모델을 나타내기 위해 연구자는 평소 관심주제에 대한 수많은 논문과 서적을 찾아보며 이론적으로 지식 축적에 힘을 쏟아야 한다. 또한, 자신의 연구모델을 주변 동료나 전문가들에게 자주 보여줄 수 있도록 해야 하며, 이를 위해서 휴대용 파일과 A4용지를 항상 준비하고 다녀야 한다.

언어모델은 연구가설(research hypothesis)을 말한다. 가설은 잠정적인 진술이다. 연구가설 설정은 충분한 이론적 배경과 경험적인 사실을 바탕으로 수립해야 한다. 연구자가 관심을 갖고 있는 연구주제에 등장하는 잠재 개념(latent construct)들을 직선의 화살표로 나타낸 것이 연구가설에 해당한다. 연구가설의 개수는 이론모델의 숫자, 즉 요인에서 요인으로 연결한 화살표의 숫자가 된다. 앞에서 제시한 그림에서는 3개의 연구가설을 설정할 수 있다.

- H_1 : 성공 관련 개인 성공태도(ξ_1)는 성공 행동의도(η_1)에 유의한 영향을 미칠 것이다.
- H_2 : 광적인 규율(ξ_2)은 성공 행동의도(η_1)에 유의한 영향을 미칠 것이다.
- H_3 : 성공 행동의도(η_1)는 실행력(η_2)에 영향을 미칠 것이다.

수학모델은 연구자가 제시한 그림모델이나 언어모델을 수학적인 식으로 표현한 것이다. 이 수학적인 식은 리즈렐(LISREL) 프로그램에도 그대로 사전에 입력되기 때문에 연구자는 수학모델의 표시방법을 알아놓은 것이 유리하다. 특히, 박사논문을 준비하는 연구자나 저명 학술지에 투고하고자 하는 연구자들은 수학모델도 표기하여 자신의 수학지식도 어느 정도 보여줄 수 있어야 한다.

측정모델(measurement model)에서 각 요인들과 측정변수들 간의 관련성을 식으로 표현할 수 있다. 앞의 예에 나와 있는 독립요인(ξ_1 : 개인의 성공태도, ξ_2 : 광적인 규율)은 X1, X2, X3, X4, X5, X6 변수가 사용되고 있다. 종속요인(η_1 : 성공 행동의도, η_2 : 실행력)은 Y1, Y2, Y3, Y4, Y5, Y6 변수가 사용되고 있다

독립요인에 대한 측정모델을 수학모델로 표현해보자. 독립요인 측정모델의 일반적인 수학모델을 나타내면 다음과 같다.

$$X = \Lambda_X \cdot \xi + \delta$$

여기서 $X=X_i$ 변수의 행렬, $\Lambda_X=\Lambda_{Xij}$의 계수행렬, $\xi=$독립잠재요인(ξ)의 행렬, $\delta=$독립변수들의 오차항을 나타낸다. 모든 하부첨자를 입력할 때는 화살표가 도착하는 곳의 개념의 하부체를 먼저 달고, 화살표가 출발하는 개념의 하부체를 나중에 표기한다.

이와 연관지어 측정변수별로 수학모델을 나타내면 다음과 같다.

$$X_1 = \lambda_{x11} \bullet \xi_1 + \delta_1$$
$$X_2 = \lambda_{x12} \bullet \xi_1 + \delta_2$$
$$X_3 = \lambda_{x13} \bullet \xi_1 + \delta_3$$
$$X_4 = \lambda_{x24} \bullet \xi_2 + \delta_4$$
$$X_5 = \lambda_{x25} \bullet \xi_2 + \delta_5$$
$$X_6 = \lambda_{x26} \bullet \xi_2 + \delta_6$$

독립변수와 요인 간의 관련성을 나타낸 측정모델에서 측정오차항(δ_1, δ_2, δ_3, δ_4, δ_5, δ_6) 간의 분산/공분산행렬을 나타낼 수 있다. 이 분산/공분산행렬은 θ_δ(Theta-delta)로 나타낼 수 있다. 구조방정식모델의 기본 가정에는 측정오차들 간에는 서로 관련성이 없다는, 즉 측정오차들은 서로 독립적이라는 내용이 포함된다. 따라서 θ_δ 행렬은 다음과 같은 대각행렬(diagonal matrix)로 나타낼 수 있다.

$$\theta_\delta = \begin{vmatrix} \theta_{\delta 1} & 0 & 0 & 0 & 0 & 0 \\ 0 & \theta_{\delta 2} & 0 & 0 & 0 & 0 \\ 0 & 0 & \theta_{\delta 3} & 0 & 0 & 0 \\ 0 & 0 & 0 & \theta_{\delta 4} & 0 & 0 \\ 0 & 0 & 0 & 0 & \theta_{\delta 5} & 0 \\ 0 & 0 & 0 & 0 & 0 & \theta_{\delta 6} \end{vmatrix}$$

이어 종속요인에 대한 측정모델을 수학모델로 표현해보자. 종속요인의 측정모델의 일반적인 수학모델을 나타내면 다음과 같다.

$$Y = \Lambda_Y \bullet \eta + \varepsilon$$

여기서 $Y = Y_i$ 변수의 행렬, $\Lambda_Y = \Lambda_{Yij}$의 계수행렬, η = 독립잠재요인(η)의 행렬, ε = 독립변수들의 오차항을 나타낸다.

이와 관련하여 측정변수별로 수학모델을 나타내면 다음과 같다.

$$Y_1 = \lambda_{y11} \bullet \eta_1 + \varepsilon_1$$
$$Y_2 = \lambda_{y12} \bullet \eta_1 + \varepsilon_2$$
$$Y_3 = \lambda_{y13} \bullet \eta_1 + \varepsilon_3$$
$$Y_4 = \lambda_{y24} \bullet \eta_2 + \varepsilon_4$$
$$Y_5 = \lambda_{y25} \bullet \eta_2 + \varepsilon_5$$
$$Y_6 = \lambda_{y26} \bullet \eta_2 + \varepsilon_6$$

독립변수와 요인 간의 관련성을 나타낸 측정모델에서 측정오차항(ε_1, ε_2, ε_3, ε_4, ε_5, ε_6) 간의 분산/공분산 행렬을 나타낼 수 있다. 이 분산/공분산 행렬은 θ_ε(Theta-epsilon)으로 나타낼 수 있다. 구조방정식모델의 기본 가정에는 측정오차들 간에는 서로 관련성이 없다는, 즉 측정오차들은 서로 독립적이라는 내용이 포함된다. 따라서 θ_ε 행렬은 다음과 같은 대각행렬로 나타낼 수 있다.

$$\theta_\varepsilon = \begin{vmatrix} \theta_{\epsilon 1} & 0 & 0 & 0 & 0 & 0 \\ 0 & \theta_{\epsilon 2} & 0 & 0 & 0 & 0 \\ 0 & 0 & \theta_{\epsilon 3} & 0 & 0 & 0 \\ 0 & 0 & 0 & \theta_{\epsilon 4} & 0 & 0 \\ 0 & 0 & 0 & 0 & \theta_{\epsilon 5} & 0 \\ 0 & 0 & 0 & 0 & 0 & \theta_{\epsilon 6} \end{vmatrix}$$

다음으로 잠재요인과 잠재요인을 연결하는 이론모델(structural model)을 나타내는 방법을 알아보자. 이론모델은 회귀분석이나 경로분석에서의 추정회귀식과 동일한 개념이라고 할 수 있다. 잠재요인인 ξ_1, ξ_2, η_1, η_2 간의 관계를 나타내는 모델이 이론모델에 해당한다.

$$\eta_1 = \gamma_{11} \bullet \xi_1 + \gamma_{12} \bullet \xi_2 + \zeta_1$$
$$\eta_2 = \beta_{21} \bullet \eta_1 + \zeta_2$$

앞의 식은 행렬식으로 나타낼 수 있다.

$$\begin{bmatrix}\eta_1\\ \eta_2\end{bmatrix}=\begin{vmatrix}0 & 0\\ \beta_{21} & 0\end{vmatrix}\begin{vmatrix}\eta_1\\ \eta_2\end{vmatrix}+\begin{vmatrix}\gamma_{11} & \gamma_{12}\\ 0 & 0\end{vmatrix}\begin{vmatrix}\xi_1\\ \xi_2\end{vmatrix}+\begin{vmatrix}\zeta_1\\ \zeta_2\end{vmatrix}$$

구조방정식모델은 다음과 같은 가정으로 분석이 이루어진다. 구조방정식모델 관련 명령어에서 자주 사용하는 그리스-로마 문자를 기준으로 나타내기로 한다.

- 잔차요인(ζ)과 잠재요인(ξ, η) 간에는 상관관계가 없다.
- 원인잠재요인(ξ)과 측정오차(δ) 사이에는 상관관계가 없다.
- 결과잠재요인(η)과 측정오차(ε) 사이에는 상관관계가 없다.
- 잔차요인(ζ)과 측정오차(δ, ε) 사이에는 상관관계가 없다.
- 결과잠재요인(η) 간의 대각선 원소는 0이다.

구조방정식모델에서 사용되는 그리스 문자와 관련 내용을 표로 나타내면 다음과 같다.

[표 11-2] 구조방정식 그리스 문자와 설명

표기		발음	내용
χ^2	X^2	chi-squared	우도비율
β	B	beta	내생요인 → 내생요인 경로 표시
γ	Γ	gamma	독립요인과 측정변수 표시
δ	Δ	delta	독립요인의 측정변수 오차항
ε	E	epsilon	내생요인의 측정변수 오차항
ζ	Z	zeta	구조오차항
η	H	eta	내생요인
θ	Θ	theta	오차항 간의 관련성
λ	Λ	lambda	독립요인과 측정변수 간의 경로계수
ξ	Ξ	xi, ksi	독립요인
ϕ	Φ	phi	독립요인 간의 상관계수
ψ	Ψ	psi	내생잠재요인의 오차항 간의 상관관계

2 모델의 적합성 평가

연구자는 자신이 수립한 연구모델이 관심실험집단에서 얻은 실제 자료와 일치하는지 여부를 판단하여야 한다. 연구모델과 실제 자료와의 일관성 여부를 판단하는 것이 모델 적합성 평가이다. 연구자는 모델의 적합성을 평가한 후 각 잠재요인 간의 유의성을 평가해야 한다.

[그림 11-2] 모델 평가 2단계

이 순서는 회귀분석의 결과 해석 절차와 유사하다. 회귀분석에서는 전체 추정회귀식의 유의성을 F분포표(분산분석표)를 이용하여 판단한다. 이어 개별 경로의 유의성은 t값(비표준화계수/표준오차)으로 한다. t값이 ±1.96보다 크면 해당 경로는 유의하다고 해석한다. 구조방정식모델에서는 연구모델의 적합성 평가를 위한 지수가 회귀분석에 비해서는 다양하다. 각 개별 경로의 유의성 평가는 t값(비표준화계수/표준오차)으로 한다는 면에서 공통점을 갖는다.

[표 11-3] 연구모델 적합성 및 경로 유의성 평가

회귀분석	구분	구조방정식모델	
F분포 $P < \alpha=0.05$, $R^2=0.4$ 이상	모델의 적합성	절대적합지수	χ^2, GFI(0.9 이상), AGFI(0.9 이상), RMR(0.05 이하), χ^2/df(3 이하)
		증분적합지수	NFI(0.9 이상), NNFI(0.9 이상)
		간명적합지수	AIC(낮을수록 모델의 설명력 우수하며 간명성 높음)
t값 > ±1.96	경로의 유의성	Z값 > ±1.96, t값 > ±1.96	

모델의 적합성을 평가하는 지표에 대해 통계학자마다 의견이 분분한 것이 사실이다.

그럼에도 불구하고 구조방정식모델에서 모델의 적합성을 인정받아야 논문화할 수 있는 길이 열리게 된다. 모델로서 가치를 인정받으려면 기본 필요조건을 만족해야 한다. 여기서는 구조방정식모델분석 결과를 논문화하는 데 자주 사용하는 지수를 위주로 설명한다.

2-1 절대적합지수

절대적합지수(absolute fit measure)는 표본공분산행렬과 연구모델에서 도출된 공분산행렬 간의 적합 정도를 나타내는 지표이다.

1) χ^2 통계량

연구모델의 적합지수를 절대지수로 나타내는 데 사용하는 지수이다. 여기에 해당하는 것은 χ^2 통계량, GFI, AGFI, RMR, χ^2/df(3 이하) 등이 있다.

χ^2 통계량은 모델의 적합성 판단에 사용한다. 다음 식으로 계산한다.

$$\chi^2 = (N-1) \cdot (S - \Sigma(\theta))$$

여기서 N = 표본의 수, S = 표본의 상관행렬, $\Sigma(\theta)$ = 모수상관행렬

χ^2의 귀무가설과 연구가설은 다음과 같이 설정한다.

- H_0 : 연구모델은 모집단 자료에 적합하다.
- H_1 : 연구모델은 모집단 자료에 적합하지 않다.

만약 χ^2 통계량의 확률(p)이 $\alpha = 0.05$보다 크면 '연구모델은 적합하다'는 귀무가설을 채택한다. 반면 χ^2 통계량의 확률(p)이 $\alpha = 0.05$보다 작으면 귀무가설을 기각하고 '연구모델은 모집단 자료에 적합하지 않다'는 연구가설을 채택한다.

χ^2 통계량은 오른쪽꼬리분포를 보인다. $\alpha = 0.05$ 수준에서 χ^2 통계량을 나타내면 다음 그림과 같다.

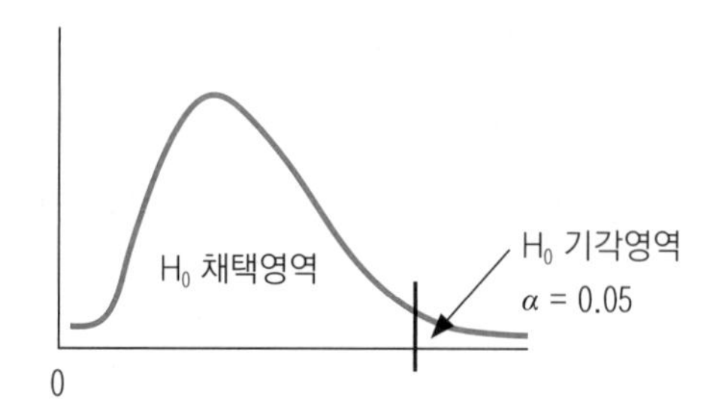

[그림 11-3] χ^2 통계량 가설 채택 여부

앞의 식에서 나타난 것처럼, 표본의 수(N)에 따라 민감하게 달라진다. 즉 표본의 수가 크면 χ^2값은 0보다 커지기 마련이다. 또한 χ^2 통계량은 표본의 상관행렬과 모수상관행렬의 간극이 커질수록 큰 값을 갖는다. 이런 경우의 확률(p)은 $\alpha = 0.05$보다 작을 여지가 많다. 따라서 표본수가 지나치게 많다고 반드시 좋은 것도 아니다. 약 200개 정도면 적당하다.

2) 자유도

구조방정식모델에서는 자유도(degree of freedom, df)가 도출된다. 자유도는 모델의 간명성 여부를 나타낸다. 자유도는 다음과 같은 식으로 계산한다.

자유도(df) = 정보의 수 − 미지수의 수(경로계수의 수)

정보의 수는 상관행렬이나 공분산행렬의 개수이다. 미지수란 연구자가 구조방정식모델에 나타낸 화살표 개수의 숫자이다. 다음 그림을 통해 살펴보자.

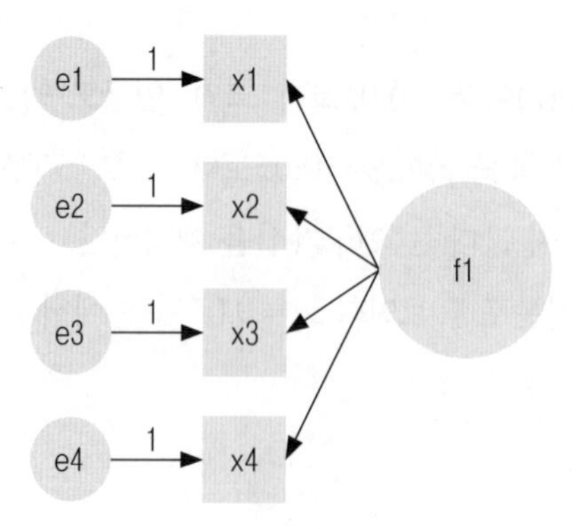

앞의 구조방정식모델에서는 측정변수에 대한 상관행렬의 수가 정보의 수가 된다. 여기서는 10이다.

$$정보의\ 수 = \frac{k \bullet (k+1)}{2} = \frac{4 \bullet (4+1)}{2} = 10$$

	x1	x2	x3	x4
x1	1			
x2	*	1		
x3	*	*	1	
x4	*	*	*	1

앞의 구조방정식모델에서 미지수의 수(경로계수의 수, 화살표 개수의 숫자)는 8이다. 따라서 자유도(df)는 2(10−8)이다.

3) 적합도지수

적합도지수(Goodness of Fit Index, GFI)는 모델의 적합도를 평가하는 데 자주 사용한다. 적합도지수는 표본자료의 상관행렬과 모형추정 상관행렬을 이용한 모델의 설명력을 나타내는 지수로, 회귀분석에서 모델의 설명력을 나타내는 결정계수(R^2)와 유사하다.

$$GFI = 1 - \frac{F_k}{F_0}$$

$GFI = 1 -$ (모형적합 이후의 적합함수의 최소함수/모형적합 전의 적합함수의 값)

여기서 F_K = 자유도 k개를 사용한 모형($S - \Sigma_K$)의 최소함수치

F_0 = 모든 모수가 0(모든 관련이 없는)인 적합함수

$\frac{F_k}{F_0}$은 회귀분석에서 $\frac{SSE}{SST}$(설명불가능 영역/총합)과 유사하다. 연구모델은 $\frac{F_k}{F_0}$값이 작을수록 적합도가 높다고 할 수 있다.

적합도지수는 χ^2과 달리 표본의 크기와는 관련이 없으나 정규분포성에는 엄격하다. 정규분포성은 표본의 크기에 민감하여 표본의 크기는 약 200개 이상이면 적합하다. 통상

적으로 GFI가 0.9 이상이면 적합하다고 판단할 수 있다.

4) 수정적합지수

수정적합지수(Adjusted Goodness of Fit Index, AGFI)는 회귀분석에서 조정된 R^2과 같은 의미의 값이다.

$$AGFI = 1 - \frac{[k \bullet (k+1)]}{2 \times df}(1 - GFI)$$

여기서 k = 변수의 수,   df = 자유도,   GFI = 적합도 지수

AGFI는 회귀분석의 조정된 결정계수라고 할 수 있다. AGFI는 0.9 이상이면 연구모델은 적합하다고 평가한다. 몬테카를로 시뮬레이션 결과, 앞에서 언급한 GFI와 마찬가지로 AGFI는 표본수에 따라 달라지는 것으로 나타났다. 즉, 소표본인 경우는 값들이 작아지고 대표본(n>100)인 경우는 커진다.

5) RMR

RMR(Root Mean Square Residual)은 입력공분산행렬의 원소와 추정공분산행렬 원소의 평균제곱잔차 제곱근을 말한다. 이는 자료에 대한 기본 입력공분산행렬과 재생산공분산행렬 간의 원소 차이를 나타낸 값이다. RMR이 0이라면 모든 잔차가 0이어서 완벽한 적합을 보임을 알 수 있다.

$$RMR = \sqrt{2\sum_{i=1}^{k}\sum_{j=1}^{k}\frac{(S_{ij} - R_{ij})^2}{k(k+1)}}$$

여기서 S_{ij} = 입력공분산의 i행 j열의 값(원소)

R_{ij} = 모형으로 추정된 공분산행렬의 i행 j열의 값(원소)

k = 측정변수의 수

RMR값이 0.05 이하이면 연구모델은 적합하다고 판단할 수 있다. RMR값은 0에 가까울수록 적합모델이라고 판단할 수 있어 이 지표는 모델 간의 적합도 비교에 유용하게 사용된다.

6) χ^2/df

이 지표는 χ^2을 자유도(df)로 나눈 값으로, 자유도의 증감에 따른 χ^2 자료의 변화를 보여준다. 비율이 1에 가까울수록 제시된 모델과 자료 사이에는 높은 적합도가 나타난다. 일반적으로 500 이상의 표본에서 χ^2/df가 3 이하인 경우이면 모델의 적합도는 높다고 할 수 있다.

2-2 증분적합지수

증분적합지수는 기초모델(null model 또는 independent model)과 제안모델(proposed model) 간 비교를 통해서 모델의 개선 정도를 파악하는 지수이다. 여기서 기초모델은 측정변수 사이에 공분산 또는 상관관계가 없는 모델로 '독립모델'이라고도 불린다. 제안모델은 이론적인 배경하에서 연구자가 구축한 모델이라고 할 수 있다.

1) 비표준적합지수

비표준적합지수(Non-Normed Fit Model, NNFI)는 분자인 기초모델과 제안모델 간의 차이를 분모인 기초모델에서 1을 차감한 비율로 나눈 값이다. NNFI를 터커-루이스 지수(Tucker-Lewis Index, TLI)라고도 부른다. NNFI가 0.9 이상이면 연구모델은 적합하다고 할 수 있다.

$$NNFI = \frac{\chi_0^2 / df_0 - \chi_p^2 / df_p}{\chi_0^2 / df_0 - 1}$$

여기서 χ_0^2 = 기초모델의 χ^2값, df_0 = 기초모델의 자유도

χ_p^2 = 제안모델의 χ^2값, df_p = 기초모델의 자유도

NNFI는 표본의 크기에 영향을 받지 않는 지수로 소표본이든 대표본이든 상관없이 거의 비슷한 값을 갖는다.

2) 표준적합지수

표준적합지수(Normed Fit Index, NFI)는 분자인 기초모델의 χ_0^2과 제안모델 χ_p^2 간의 차이를 분모인 기초모델의 χ_0^2로 나눈 값이다. 0.9 이상이면 적합한 모델로 판단할 수 있다.

$$NFI = \frac{\chi_0^2 - \chi_p^2}{\chi_0^2}$$

여기서 χ_0^2 = 기초모델의 χ^2값, χ_p^2 = 제안모델의 χ^2값

2-3 간명적합지수

간명적합지수(Parsimonious Fit Index, PFI)는 연구자가 제안모델의 적합성과 모델이 어느 정도 간단한지를 판단하는 지표이다. 간명적합지수는 PGFI, PNFI, AIC 등이 있다. PGFI와 PNFI는 높을수록 좋다. 반면에 AIC는 낮을수록 모델의 간단한 정도, 즉 간명성이 높다고 판단한다.

$$AIC = \chi^2 + 2r$$

여기서 χ^2 = 제안모델의 χ^2 통계량, r = 자유모수의 수

AIC는 경쟁모델을 비교해 선택할 때 낮은 값을 판단기준으로 삼을 수 있어 유용하다.

정리하면, 앞에서 언급한 지표들은 구조방정식모델분석 결과물로 논문 작성이나 보고서 작성 과정에 제시해야 하는 것이다. 즉 전체적인 숲과 나무들의 어울림 상태를 나타내는 절대적합지수와 증분적합지수를 언급하면 된다. 모델의 적합도와 간명성까지 비교하는 모델경쟁전략을 구사할 경우에는 간명적합지수를 함께 판단하면 된다. 절대적합지수, 증분적합지수, 간명적합지수 등은 이어서 다룰 확인요인분석이나 이론모델분석 단계에서 제시해야 하는 결과물이다.

3 구조방정식모델분석 2단계

구조방정식모델은 통상적으로 2단계 접근법으로 분석을 실시한다(Anderson & Gerbing, 1988). 1단계는 확인요인분석이며, 2단계는 이론모델분석이다. 첫 번째 과정인 확인요인분석에서는 모델의 신뢰성과 타당성을 평가하고, 두 번째 과정인 이론모델분석에서는 모형의 적합성과 경로의 유의성을 평가한다.

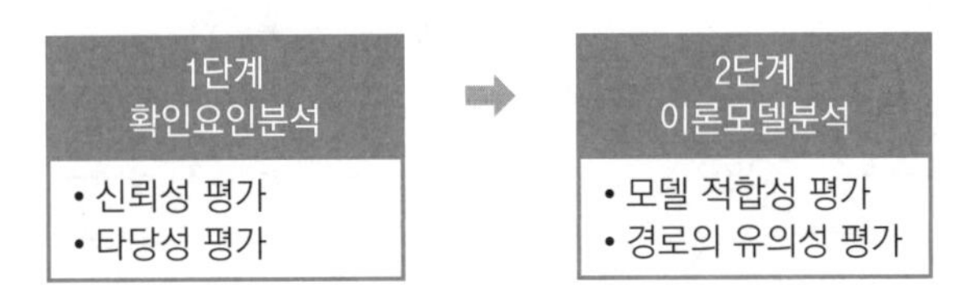

[그림 11-4] 구조방정식모델분석 2단계

3-1 확인요인분석 단계

요인분석은 탐색요인분석과 확인요인분석 두 종류가 있다. 탐색요인분석은 사전에 특별히 어떠한 가정을 하지 않은 상태에서 정보의 손실을 최소화하는 방법이다. 탐색요인분석에서는 변수의 성격을 통해서 요인명칭을 찾아내고 분산분석, 회귀분석, 판별분석 등 2차 분석에 목적을 둔다. 반면 확인요인분석(Confirmatory Factor Analysis, CFA)은 측정모델이 어떤 변수에 의해 측정되었는가를 확인하는 방법이다. 확인요인분석 단계에서는 사전에 요인을 구성하는 변수들을 설정한 후 요인과 변수들의 관련성을 확인한다. 확인요인분석을 통해서 연구자는 측정모형의 신뢰성과 타당성을 평가한다.

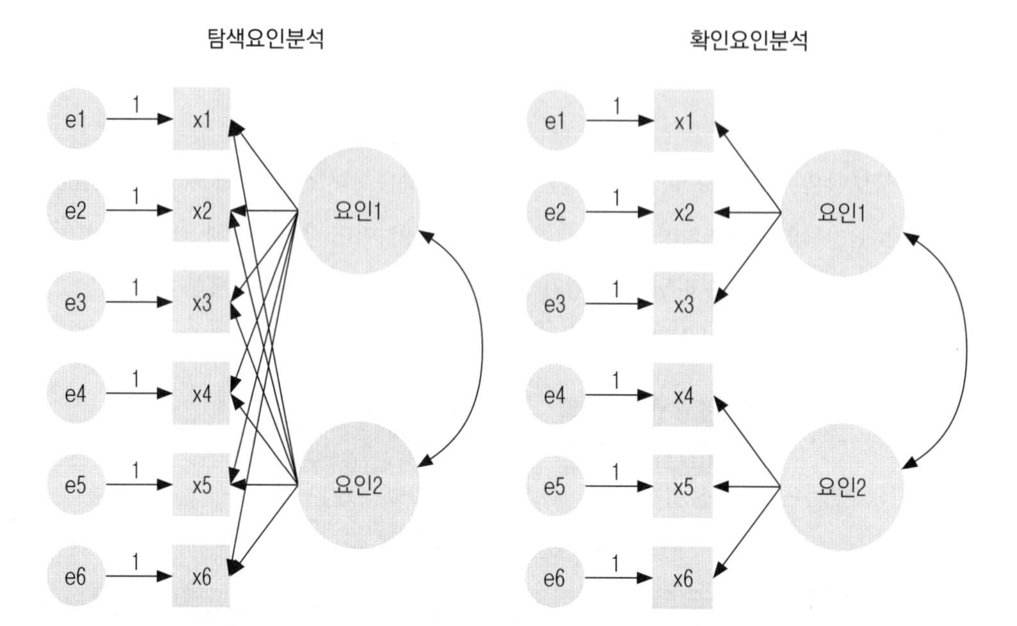

[그림 11-5] 탐색요인분석과 확인요인분석

1) 신뢰성

신뢰성은 측정문항의 일관성을 나타낸다. 신뢰성은 동일한 요인에 대해 측정을 반복하였을 때 동일한 값을 얻을 가능성을 말한다. 측정상에서 총분산은 참분산과 오차분산의 합이다. 신뢰성이란 총분산 중 참분산이 차지하는 비율이다. 논문화를 하는 과정에서 신뢰성을 구하는 방법은 2가지가 있다. 한 가지는 통계프로그램에서 크론바흐 알파(Cronbach's alpha)를 구하는 방법, 다른 한 가지는 구조방정식모델에서 표준적재치와 오차항을 통해서 신뢰성을 계산하는 방법이다. 먼저, 크론바흐 알파를 구하는 식을 나타내면 다음과 같다.

$$\alpha = \frac{k}{k-1}(1-\frac{\sum_{i=1}^{k}\sigma_i^2}{\sigma_y^2})$$

여기서 k = 항목수, σ_y^2 = 전체 분산, σ_v^2 = 각 항목의 분산

크론바흐 알파의 값이 0.7 이상이면 측정문항의 신뢰성이 높다고 평가할 수 있다.

구조방정식모델의 확인요인분석에서 신뢰도는 측정변수와 요인 사이의 표준적재치와 오차항을 이용하여 계산한다. 이는 수렴타당성의 평가 잣대로 이용된다. 개념신뢰도(Construct Reliability, CR)의 계산식은 다음과 같다.

$$CR = \frac{(\sum_{i=1}^{n} \lambda_i)^2}{(\sum_{i=1}^{n} \lambda_i)^2 + (\sum_{i=1}^{n} \delta_i)}$$

여기서 $(\sum_{i=1}^{n} \lambda_i)^2$ = 표준 요인부하량의 합, $(\sum_{i=1}^{n} \delta_i)$ = 측정오차의 합

개념신뢰도가 0.7 이상이면 신뢰도 또는 집중타당성이 높다고 해석할 수 있다. 이때 타당성(validity)은 '연구자가 측정하고자 하는 본래의 개념이나 속성을 정확히 반영하여 측정하였는가'의 문제와 연결된다. 구조방정식모델에서는 타당성에 관한 내용을 자세히 서술해야 한다.

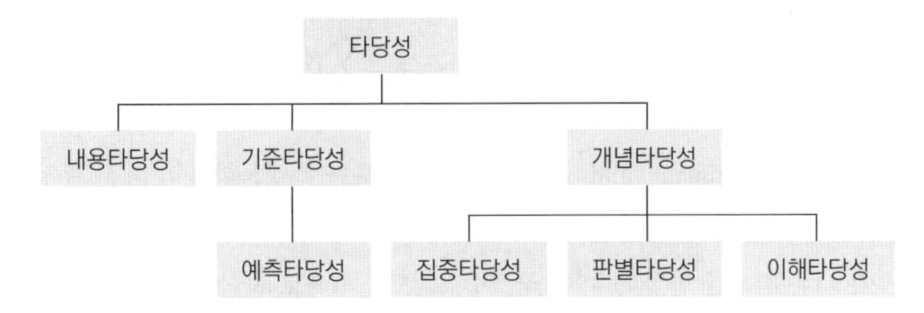

[그림 11-6] 타당성 종류

내용타당성(content validity 또는 face validity)은 측정문항들이 잠재개념과 요인을 제대로 측정하였는가에 관한 것이다. 내용타당성은 다분히 주관적인 판단에 의존하기 때문에 전문가의 자문을 거쳐 판단하는 것이 바람직하다.

기준타당성(criterion-related validity)은 예측타당성(predictive validity)과 동일한 내용이다. '한 요인이나 개념의 상태 변화가 다른 요인이나 개념의 변화 정도를 예측할 수 있는 정도'를 말한다. 연구자는 요인 간 상관분석 결과를 통해서 기준타당성 또는 예측타당성을 평가할 수 있다.

개념타당성(construct validity)은 논리적이고 이론적인 배경하에서 측정하고자 하는

개념이 정확하게 측정되었는가에 관한 내용이다. 개념타당성은 집중타당성, 판별타당성, 이해타당성으로 판단할 수 있다.

집중타당성(convergent validity)은 특정 개념을 측정하는 항목들이 한 방향으로 높은 분산 비율을 공유하는 경우를 말한다. 집중타당성을 수렴타당성이라고 부른다. 집중타당성을 평가하는 방법은 요인부하량, 평균분산추출지수(Average Variance Extracted, AVE), 개념신뢰도 등이 있다. 표준적재치가 0.5 이상이면 문항은 집중타당성이 있다고 판단한다. 표준적재치가 낮은 문항은 삭제하는 것도 고려할 수 있다. 또한 AVE는 표준적재치의 제곱합을 표준적재치의 제곱합과 오차분산의 합으로 나는 값이다. AVE값이 0.5 이상일 때 집중타당성이 높다고 판단한다. 이를 식으로 나타내면 다음과 같다.

$$AVE = \frac{(\sum_{i=1}^{n} \lambda_i^2)}{(\sum_{i=1}^{n} \lambda_i^2) + (\sum_{i=1}^{n} \delta_i)}$$

여기서 $\sum_{i=1}^{n} \lambda_i^2$ = 요인 적재치의 제곱합, $\sum_{i=1}^{n} \delta_i$ = 측정오차의 합

판별타당성(discriminant validity)은 요인을 구성하는 측정문항들이 다른 측정항목에 의해 오염되지 않은 정도이다. 즉, 판별타당성은 서로 상이한 개념을 측정하였을 경우에 상관계수가 낮은 경우를 말한다. 이를 구조방정식모델 결과로 판단하는 방법으로는 AVE와 각 요인의 결정계수를 비교하는 방법, 상관계수와 신뢰구간 사이에 상관계수가 1인 경우가 포함되는지 판단하는 방법, 비제약모델과 제약모델을 비교하는 방법 등이 있다. 여기서는 포넬과 라커(Fornell & Lacker, 1981)가 제시한 평균분산추출지수(AVE)와 각 요인의 결정계수를 비교하는 방법을 설명하기로 한다. 잠재요인의 AVE가 잠재요인 간의 상관계수의 제곱보다 크다면 완전 판별타당성이 있다고 해석한다. 만약, AVE가 상관계수의 제곱보다 작은 값이 있다면 부분 판별타당성을 만족했다고 언급하고 그다음 단계인 이론모델분석을 실시하면 된다.

이해타당성(nomological validity)은 특정 개념과 또 다른 특정 개념 사이의 이론적인 연결을 통계적으로 설명할 수 있는지에 관한 것이다. 구조방정식모델에서는 개념과 개념 사이의 상관행렬을 통해서 상관정도(힘의 크기), 방향성 등을 추론할 수 있다.

3-2 이론모델분석 단계

이론모델분석(Structural Model Analysis, SMA) 단계는 잠재변수들 간의 영향 관계를 파악하는 과정이다. 이때 연구자는 모델의 적합성과 각 경로 간의 유의성을 검정하게 된다.

연구모델의 적합성 여부는 χ^2 통계량과 적합지수를 통해서 확인한다. χ^2, df(자유도), GFI(0.9 이상), AGFI(0.9 이상), TLI(0.9 이상), RMR(0.05 이하), SRMR(0.05 이하), RMSEA(0.05 이하) 등을 주로 이용한다.

이어 경로 간의 유의성 평가는 회귀분석에서는 가설 검정 통계량으로 t분포를 사용한다. 구조방정식모델에서는 σ^2(모분산)을 안다는 가정과 표본의 크기가 충분히 큰 경우($n > 30$)에 해당하므로 t분포 대신 z분포를 사용한다. z통계량은 t통계량의 확장이라고 생각하면 된다. 통계학의 가설 검정이나 신뢰구간 추정 문제에서 사용하는 검정통계량은 일반적으로 '표본의 크기와 모분산을 아는가, 그렇지 못한가'에 따라 달라진다.

[표 11-4] 검정통계량

모분산 인지 여부 / 표본 크기	모분산(σ^2)을 아는 경우	모분산(σ^2)을 모르는 경우
표본(n) ≥ 30	Z	Z
표본(n) < 30	Z	t

경로계수의 유의성을 판단하기 위한 귀무가설과 연구가설은 다음과 같다.

- H_0 : 경로계수는 유의하지 못하다. 또는 ($\beta_i = 0$)
- H_1 : 경로계수는 유의하다. 또는 ($\beta_i \neq 0$)

귀무가설의 채택과 기각의 임계치는 95% 신뢰수준, 즉 1-신뢰수준, $\alpha = 0.05$에서 ± 1.96이다. z통계량이 ± 1.96보다 작으면($p > \alpha = 0.05$) 귀무가설을 채택하고, ± 1.96보다 크면($p < \alpha = 0.05$) 귀무가설을 기각하고 연구가설을 채택한다.

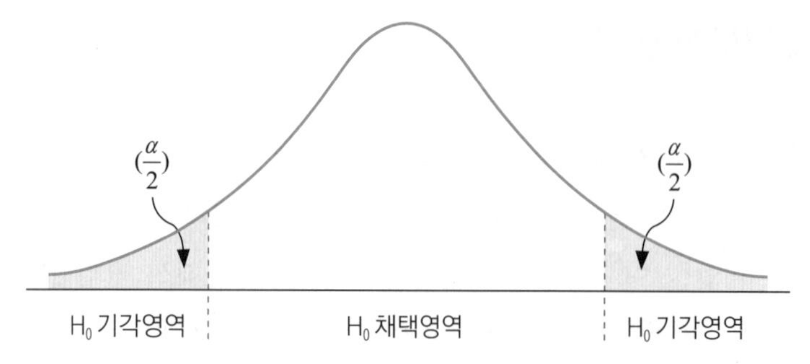

[그림 11-7] Z분포와 가설 채택 여부

4 JASP 이용 확인요인분석

확인요인분석은 충분한 이론적 배경과 사전경험에 의해서 측정모델이나 구조적인 관계를 검증하는 방법이다. 예를 들어, 연구자가 독립요인, 매개요인, 결과요인의 연계성을 가설화한 경우, 우리가 내재되어 있는 관련성에 대하여 전반적으로 이론적인 검정이나 실증적인 검정을 실시할 경우 확인요인분석을 실시한다. 연구자는 확인요인분석을 통해서 모델의 적합도를 평가하고 신뢰성과 타당성을 검증한다.

앞에서 소개한 커피전문점 데이터를 이용해 확인요인분석을 수행해보자.

1단계: JASP 프로그램을 실행한 후 데이터(data.csv, data.jasp)를 불러온다. 이어서 [SEM] 버튼을 누른 후 [Structural Equation Modeling]을 누른다.

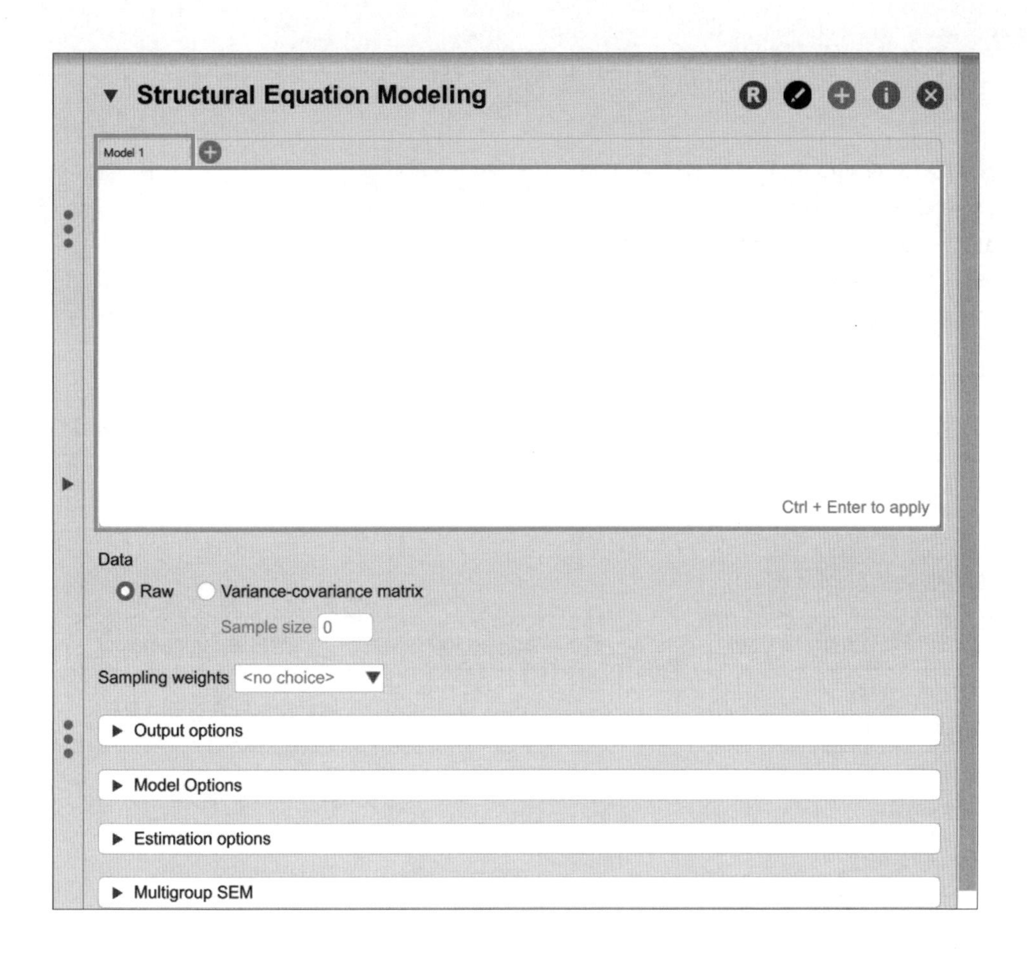

2단계 : 다음과 같이 각 요인과 변수 간 관련성의 식을 입력한다.

Structural Equation Modeling

Model 1

```
pq =~ x1 + x2 + x3 + x4
sq =~ x5 + x6 + x7 + x8
atm =~ x9 + x10 + x11 + x12
cs =~ y1 + y2 + y3 + y4
cl =~ y5 + y6 + y7 + y8
```

Ctrl + Enter to apply

수식이 잘 보이지 않을 수 있어 다시 자세히 나타내면 다음과 같다.

```
pq =~ x1 + x2 + x3 + x4
sq =~ x5 + x6 + x7 + x8
atm =~ x9 + x10 + x11 + x12
cs =~ y1 + y2 + y3 + y4
cl =~ y5 + y6 + y7 + y8
```

JASP 프로그램은 R 기반으로 구성되어 있으므로 R의 연산 체계를 따르면 된다. 다음은 R의 명령어 체계를 정리한 것이다.

[표 11-5] R의 명령어 체계

공식 유형(formula type)	연산기호(operator)	명령코드(mnemonic)
잠재요인 정의 (latent variable definition)	=~	변수에 의해 측정되는 요인
회귀분석 (regression)	~	변수를 통해 회귀됨
잔차 간 공분산 (residual covariance)	~~	관련성
상수항 (intercept)	~ 1	상수
정의된 모수 (defined parameter)	:=	사전에 정의되는 경우
동일성 제약 (equality constraint)	==	동일함
비동일성 제약 (inequality constraint)	<	작은 경우
비동일성 제약 (inequality constraint)	>	큰 경우

3단계: 마우스를 수식에 올려놓고 Ctrl + Enter (MacBook의 경우 Command + Enter)를 동시에 눌러 확인요인분석을 실행한다.

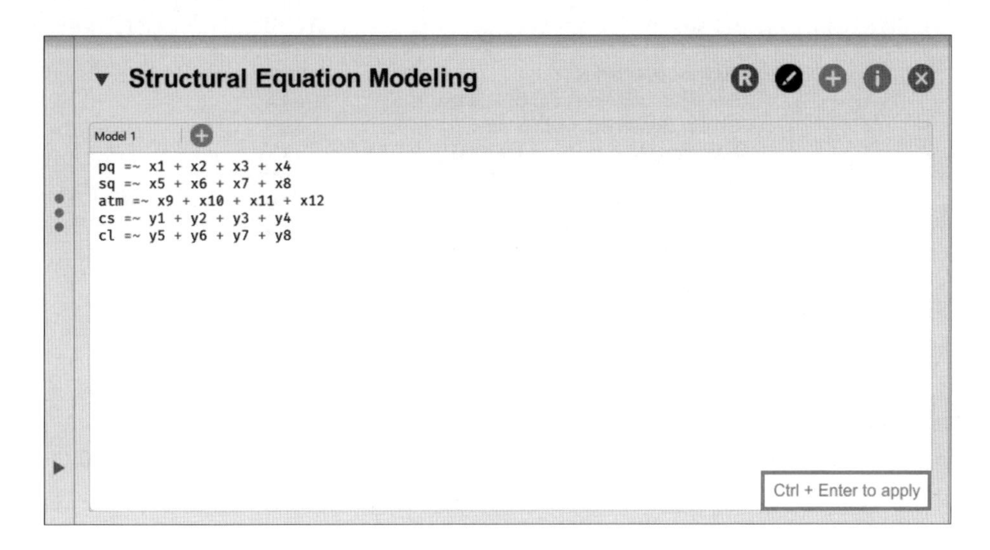

4단계: 결과분석 내용을 확인한다. 연구보고서나 논문에 삽입할 내용을 담기 위해 [Output Options] 버튼을 눌러 [Additional fit measure], [R-squared]를 지정한다. 이어서 [Path diagram], [Show parameter estimates], [Show legend]를 지정한다.

Model fit

				Baseline test			Difference test		
	AIC	BIC	n	χ^2	df	p	$\Delta\chi^2$	Δdf	p
Model 1	32248.464	32569.977	730	653.277	160	< .001	653.277	160	< .001

결과 설명

확인요인분석 결과의 아카이정보지수(Akaike Information Criterion, AIC)는 32248.464이다. 표본크기 조정 베이지안지수(Sample-size adjusted Bayesian Information Criterion, BIC)는 32569.977이다.

관찰표본수(n)는 730명이다. 추정방식(Estimator)은 최대우도법(ML)에 의해서 계산되었음을 나타낸다. 최대우도법은 확률표본 x가 우도함수를 최대로 하는 모수(θ)를 추정하는 방법이다. 최대우도법에 의해서 산출되는 추정량은 일치성과 충분성을 지닌다.

χ^2 통계량(χ^2)은 653.277이다. 자유도(Degrees of freedom, df)는 160이다. 여기에 해당하는 P-value(p)는 0.000 < 0.001이다.

Fit indices

Index	Value
Comparative Fit Index (CFI)	0.946
T-size CFI	0.933
Tucker-Lewis Index (TLI)	0.936
Bentler-Bonett Non-normed Fit Index (NNFI)	0.936
Bentler-Bonett Normed Fit Index (NFI)	0.930
Parsimony Normed Fit Index (PNFI)	0.783
Bollen's Relative Fit Index (RFI)	0.917
Bollen's Incremental Fit Index (IFI)	0.946
Relative Noncentrality Index (RNI)	0.946

Note. T-size CFI is computed for $\alpha = 0.05$

Note. The T-size equivalents of the conventional CFI cut-off values (poor < 0.90 < fair < 0.95 < close) are **poor < 0.879 < fair < 0.936 < close** for model: Model 1

결과 설명

Comparative Fit Index(CFI)는 0.946(기준치 0.9 이상이면 적합함)이다. T-Size CFI 0.933이다(0.9 이상이면 적합함). Tucker-Lewis Index(TLI)는 0.936이다(0.9 이상이면 적합함). Tucker-Lewis Index(TLI)는 일명 NNFI(Non-Normed Fit Index)라고 한다. 여기서 NNFI는 0.936이다(0.9 이상이면 적합함). 모델의 간명성을 나타내는 Parsimonious Normed Fit index(PNFI)는 0.783으로 나타나 있다. NFI에 자유도를 감안한 RFI는 0.917이다(0.9 이상이면 적합함). 증분적합지수의 IFI는 0.946이다(0.9 이상이면 적합함). 비교 비중심성 지수(RNI)는 0.946이다(0.9 이상이면 적합함).

Information criteria

	Value
Log-likelihood	−16054.232
Number of free parameters	70.000
Akaike (AIC)	32248.464
Bayesian (BIC)	32569.977
Sample-size adjusted Bayesian (SSABIC)	32347.705

결과 설명

정보 평가(Loglikelihood and Information Criteria)에서 로그우도는 정확하게는 엔트로피로 정의하는데 이는 확률의 역수에 로그를 취한 것이다. 여기서 로그우도는 −16054.232이다. 아카이정보지수(Akaike, AIC)는 32248.464이다. 베이지안지수(Bayesian, BIC)는 32569.977이다. 표본크기 조정 베이지안지수(Sample-size adjusted Bayesian, SSABIC)는 32347.705이다.

Other fit measures

Metric	Value
Root mean square error of approximation (RMSEA)	0.065
RMSEA 90% CI lower bound	0.060
RMSEA 90% CI upper bound	0.070
RMSEA p-value	1.252×10^{-6}
T-size RMSEA	0.070
Standardized root mean square residual (SRMR)	0.039
Hoelter's critical N (α = .05)	213.891
Hoelter's critical N (α = .01)	229.551
Goodness of fit index (GFI)	0.975
McDonald fit index (MFI)	0.713
Expected cross validation index (ECVI)	1.087

Note. T-size RMSEA is computed for *α = 0.05*

Note. The T-size equivalents of the conventional RMSEA cut-off values (close < 0.05 < fair < 0.08 < poor) are **close < 0.056 < fair < 0.086 < poor** for model: Model 1

결과 설명

모델의 적합 여부를 나타내는 RMSEA는 0.065(0.05~0.08 안에 있으면 적합함)이다. RMSEA의 90% 신뢰구간은 [0.060 0.070]이다(0.05~0.08 구간에 있으면 모델은 적합함). GFI는 0.975(0.9 이상이면 적합함)이다. 비중심성 지수인 McDonald's Fit Index(MFI) 0.713이다.

R-Squared

	R^2
x1	0.661
x2	0.725
x3	0.733
x4	0.646
x5	0.705
x6	0.763
x7	0.683
x8	0.658
x9	0.524
x10	0.632
x11	0.614
x12	0.497
y1	0.558
y2	0.664
y3	0.624
y4	0.578
y5	0.590
y6	0.529
y7	0.546
y8	0.339

결과 설명

회귀분석에서 R^2은 종속변수가 얼마나 독립변수를 설명하는가를 나타낸다. 확인요인분석에서서는 변수가 요인을 얼마나 설명하는가를 표현한다. 확인요인분석 수행 시 설명력이 낮은 변수를 제거할 때 R^2을 사용하기도 하는데, 이때 모델의 설명력이 아닌 요인의 설명력 정도로 이해하는 것이 좋다.

Factor Loadings

						95% Confidence Interval		Standardized		
Latent	Indicator	Estimate	Std. Error	z-value	p	Lower	Upper	All	LV	Endo
atm	x9	1.000	0.000			1.000	1.000	0.724	0.704	0.724
	x10	1.082	0.055	19.819	< .001	0.975	1.189	0.795	0.762	0.795
	x11	1.054	0.054	19.572	< .001	0.948	1.159	0.784	0.742	0.784
	x12	0.983	0.056	17.714	< .001	0.875	1.092	0.705	0.693	0.705
cl	y5	1.000	0.000			1.000	1.000	0.768	0.737	0.768
	y6	0.941	0.048	19.539	< .001	0.846	1.035	0.727	0.693	0.727
	y7	0.914	0.046	19.893	< .001	0.824	1.004	0.739	0.674	0.739
	y8	0.803	0.052	15.349	< .001	0.700	0.905	0.583	0.592	0.583
cs	y1	1.000	0.000			1.000	1.000	0.747	0.730	0.747
	y2	1.080	0.050	21.518	< .001	0.981	1.178	0.815	0.788	0.815
	y3	1.161	0.056	20.863	< .001	1.052	1.270	0.790	0.847	0.790
	y4	1.094	0.055	20.061	< .001	0.987	1.201	0.760	0.798	0.760
pq	x1	1.000	0.000			1.000	1.000	0.813	0.769	0.813
	x2	1.029	0.039	26.479	< .001	0.953	1.106	0.852	0.791	0.852
	x3	1.119	0.042	26.654	< .001	1.037	1.202	0.856	0.860	0.856
	x4	1.051	0.043	24.488	< .001	0.966	1.135	0.804	0.808	0.804
sq	x5	1.000	0.000			1.000	1.000	0.840	0.832	0.840
	x6	1.005	0.034	29.185	< .001	0.938	1.073	0.874	0.836	0.874
	x7	0.981	0.037	26.821	< .001	0.910	1.053	0.826	0.816	0.826
	x8	0.999	0.038	26.098	< .001	0.924	1.074	0.811	0.831	0.811

결과 설명

각 요인을 구성하는 변수 사이의 비표준화 계수(Estimate)와 표준오차(Std. Error), 이에 대한 z-value, 확률값(p)이 나타나 있다. 그리고 95% 신뢰구간의 하한값과 상한값이 나타나 있다. 특히 표준적재치(Standardized All)도 나타나 있는데, 파란색 네모상자 안의 수치가 각 요인을 구성하는 개별변수의 표준적재치다. 이는 신뢰도와 평균분산추출지수(AVE)를 계산하는 데 사용하므로 연구자는 눈여겨보아야 한다.

Factor covariances

					95% Confidence Interval		Standardized		
Variables	Estimate	Std. Error	z-value	p	Lower	Upper	All	LV	Endo
pq - sq	0.452	0.035	13.051	< .001	0.384	0.519	0.706	0.706	0.706
pq - atm	0.378	0.031	12.016	< .001	0.316	0.439	0.698	0.698	0.698
pq - cs	0.297	0.029	10.362	< .001	0.241	0.354	0.530	0.530	0.530
pq - cl	0.397	0.032	12.318	< .001	0.334	0.460	0.701	0.701	0.701
sq - atm	0.382	0.033	11.703	< .001	0.318	0.446	0.652	0.652	0.652
sq - cs	0.409	0.034	12.153	< .001	0.343	0.474	0.673	0.673	0.673
sq - cl	0.447	0.035	12.756	< .001	0.378	0.515	0.729	0.729	0.729
atm - cs	0.312	0.029	10.701	< .001	0.255	0.369	0.607	0.607	0.607
atm - cl	0.389	0.032	12.022	< .001	0.325	0.452	0.749	0.749	0.749
cs - cl	0.444	0.035	12.869	< .001	0.377	0.512	0.827	0.827	0.827

결과 설명

각 요인별 공분산행렬과 상관행렬의 값이 나타나 있다. 특히, 파란색 네모상자 안의 수치는 각 요인 간의 상관행렬을 나타낸다. 이는 향후 상관행렬을 이용한 기준타당성, 예측타당성, 판별타당성을 언급할 때 사용하는 수치이므로 연구자는 눈여겨보아야 한다.

Residual variances

					95% Confidence Interval		Standardized		
Variable	Estimate	Std. Error	z-value	p	Lower	Upper	All	LV	Endo
x1	0.303	0.020	15.465	< .001	0.265	0.342	0.339	0.303	0.339
x2	0.237	0.017	14.138	< .001	0.204	0.270	0.275	0.237	0.275
x3	0.270	0.019	13.953	< .001	0.232	0.308	0.267	0.270	0.267
x4	0.357	0.023	15.693	< .001	0.312	0.401	0.354	0.357	0.354
x5	0.289	0.019	14.891	< .001	0.251	0.327	0.295	0.289	0.295
x6	0.217	0.016	13.419	< .001	0.185	0.248	0.237	0.217	0.237
x7	0.310	0.020	15.327	< .001	0.270	0.349	0.317	0.310	0.317
x8	0.358	0.023	15.729	< .001	0.313	0.403	0.342	0.358	0.342
x9	0.450	0.028	15.930	< .001	0.395	0.506	0.476	0.450	0.476
x10	0.338	0.024	14.110	< .001	0.291	0.385	0.368	0.338	0.368
x11	0.346	0.024	14.475	< .001	0.299	0.392	0.386	0.346	0.386
x12	0.485	0.030	16.261	< .001	0.426	0.543	0.503	0.485	0.503
y1	0.421	0.026	15.950	< .001	0.370	0.473	0.442	0.421	0.442
y2	0.315	0.022	14.139	< .001	0.271	0.358	0.336	0.315	0.336
y3	0.432	0.029	14.939	< .001	0.376	0.489	0.376	0.432	0.376
y4	0.465	0.030	15.676	< .001	0.407	0.523	0.422	0.465	0.422
y5	0.378	0.025	15.155	< .001	0.329	0.426	0.410	0.378	0.410
y6	0.429	0.027	16.076	< .001	0.376	0.481	0.471	0.429	0.471
y7	0.377	0.024	15.840	< .001	0.330	0.424	0.454	0.377	0.454
y8	0.681	0.038	17.756	< .001	0.606	0.757	0.661	0.681	0.661

결과 설명

각 요인을 구성하는 측정변수의 측정오차는 분산과 관련이 있다. 따라서 가격(pq) 요인이 구성하는 측정변수(x1, x2, x3, x4)의 측정오차는 0.303, 0.237, 0.270, 0.357, 0.289이다.

지금까지 설명한 표준적재치와 측정오차를 이용하여 연구보고서나 논문에 담을 수 있는 신뢰도와 평균분산추출지수(AVE)를 구할 수 있다.

신뢰도는 구조방정식모델 확인요인분석에서 측정변수와 요인 사이의 표준적재치와 오차항을 이용하여 계산한다. 이는 수렴타당성의 평가 잣대로 이용된다. 개념신뢰도(Construct Reliability, CR)의 계산식은 다음과 같다.

$$CR = \frac{(\sum_{i=1}^{n} \lambda_i)^2}{(\sum_{i=1}^{n} \lambda_i)^2 + (\sum_{i=1}^{n} \delta_i)}$$

여기서 $(\sum_{i=1}^{n} \lambda_i)^2$ = 표준 요인부하량의 합, $(\sum_{i=1}^{n} \delta_i)$ = 측정오차의 합

평균분산추출지수(AVE)는 표준적재치의 제곱합을 표준적재치의 제곱합과 오차분산의 합으로 나눈 값이다. AVE값이 0.5 이상일 때 집중타당성이 높다고 판단한다. 이를 식으로 나타내면 다음과 같다.

$$AVE = \frac{(\sum_{i=1}^{n} \lambda_i^2)}{(\sum_{i=1}^{n} \lambda_i^2) + (\sum_{i=1}^{n} \delta_i)}$$

여기서 $\sum_{i=1}^{n} \lambda_i^2$ = 요인적재치의 제곱합, $\sum_{i=1}^{n} \delta_i$ = 측정오차의 합

앞의 정보를 이용하여 해당 요인의 변수에 대한 표준적재치와 오차항을 통해서 신뢰도와 AVE를 계산한다.

[표 11-6] 표준적재치, 신뢰도, 평균분산추출지수

변수	경로	요인	표준적재치 (0.5 이상)	오차항	신뢰도 (0.7 이상)	평균분산추출 지수(AVE) (0.5 이상)
x1	<---	Price	0.813	0.303	0.905	0.703
x2	<---		0.852	0.237		
x3	<---		0.856	0.270		
x4	<---		0.804	0.357		
x5	<---	Service	0.840	0.289	0.905	0.705
x6	<---		0.874	0.217		
x7	<---		0.826	0.310		
x8	<---		0.811	0.358		
x9	<---	Atm	0.724	0.450	0.848	0.583
x10	<---		0.795	0.338		
x11	<---		0.784	0.346		
x12	<---		0.705	0.485		
y1	<---	Cs	0.747	0.421	0.856	0.597
y2	<---		0.815	0.315		
y3	<---		0.790	0.432		
y4	<---		0.760	0.465		
y5	<---	CI	0.768	0.378	0.810	0.518
y6	<---		0.727	0.429		
y7	<---		0.739	0.377		
y8	<---		0.583	0.681		

각 요인을 구성하는 표준적재치가 기준치인 0.5 이상, 신뢰도가 0.7 이상, AVE가 0.5 이상이기 때문에 집중타당성(수렴타당성)이 있는 것으로 나타났다.

확인요인분석 결과에 대한 경로도형은 오른쪽 하단 화면에서 확인할 수 있다. 만약, 신뢰도나 분산추출지수가 기준치보다 낮은 요인이 있는 경우, 앞의 표준적재치 기준(0.5)

보다 낮은 값이 있는지를 확인하고 표준적재치가 기준치보다 낮은 경우는 제거할 수 있다. 이를 변수 가지치기(variable prune)라고 부른다.

다음으로 판별타당성을 평가하는 방법을 알아보자. 판별타당성을 평가하기 위해서는 헤어와 동료들(Hair, Hult, Ringle, & Sarstedt, 2022)이 사용한 방법이나 포넬과 라커(Fornell & Lacker, 1981)의 방법을 이용하면 된다. 헤어와 동료들의 방법에서는 HTMT(Heterotrait-Monotrait Ratio of Correlations) 평가 결과를 이용한다. 각 요인 간의 상관행렬에서 상관계수가 0.9 이하의 값을 보이면 '요인 간에 판별타당성이 성립했다'고 해석한다.

[표 11-7] 요인 간 상관계수(HTMT)

	pq	sq	atm	cs	cl
pq	1				
sq	0.706	1			
atm	0.698	0.652	1		
cs	0.530	0.673	0.607	1	
cl	0.701	0.729	0.749	0.827	1

포넬과 라커의 방법은 모든 평균분산추출지수(AVE)가 요인 간 상관계수의 제곱(r^2)보다 크다면 완전 판별타당성을 갖는다고 해석한다. 그렇지 않고 반대인 경우는 부분판별타당성이 있다고 해석한다.

- 완전판별타당성 = 요인 간 상관계수의 제곱(r^2) < 평균분산추출지수(AVE)

  또는

- 완전판별타당성 = 요인 간 상관계수의 제곱(r) < $\sqrt{AVE}$

연구자는 요인 간 상관계수의 제곱(r^2)과 평균분산추출지수(AVE)를 통해서 판별타당성 여부를 확인할 수 있다.

[표 11-8] 요인 간 다중상관치와 평균분산추출지수

	pq	sq	atm	cs	cl
pq	0.703				
sq	0.498	0.705			
atm	0.487	0.425	0.583		
cs	0.281	0.453	0.368	0.597	
cl	0.491	0.531	0.561	0.684	0.518

대각선의 평균분산추출지수(AVE)와 다중상관치를 비교해본 결과, cs-cl의 다중상관치를 제외하고 요인 간 다중상관치가 평균분산추출지수(AVE)보다 큰 것이 있어 상관행렬값보다 크다. 따라서 모든 요인에서 부분 판별타당성을 보인다고 해석하면 된다.

5단계 : 확인요인분석을 수행한 결과를 그림으로 확인한다.

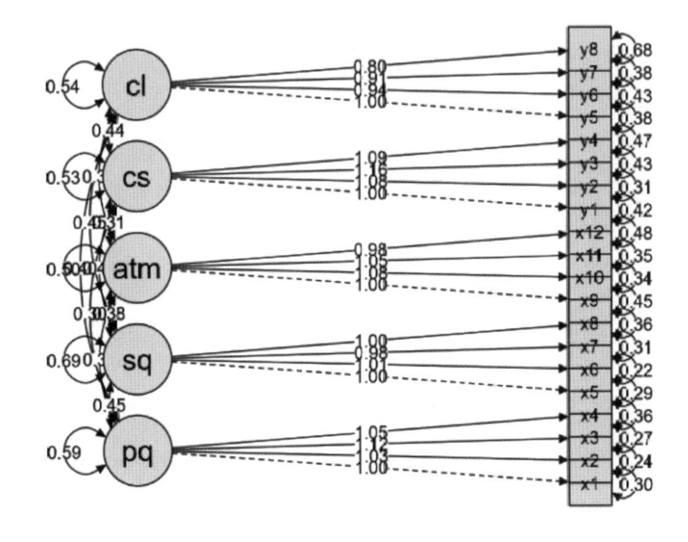

5 JASP 이용 이론모델분석

잠재요인 간 측정모델을 직선(→)으로 연결해놓은 것이 이론모델(structural equation model)이다. 이론모델은 부분과 전체가 연결되어 있는 하나의 구조물, 시스템이라는 점에서 구조모델이라고 부르기도 한다. 다음 그림은 이론모델을 나타낸 것으로 원인과 결과가 화살표로 연결되어 있다.

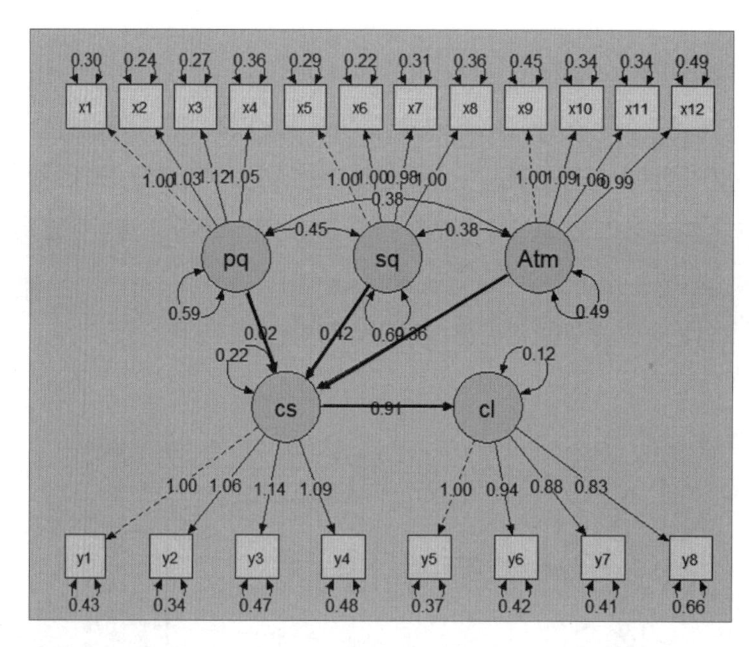

[그림 11-8] 이론모형

이론모델의 전체 적합성 판단은 χ^2 통계량과 적합지수를 통해서 확인한다. χ^2, df(자유도), GFI(0.9 이상), AGFI(0.9 이상), TLI(0.9 이상), RMR(0.05 이하), SRMR(0.05 이하), RMSEA(0.05 이하) 등을 주로 이용한다.

경로 간의 유의성 평가는 회귀분석에서는 t통계량이나 z통계량을 사용한다. 구조방정식모델에서는 σ^2(모분산)을 안다는 가정과 표본의 크기가 충분히 큰 경우($n > 30$)에 해당하므로 t분포 대신 z분포를 사용한다. z통계량은 t통계량의 확장이라고 생각하면 된다. z통계량이 ±1.96보다 작으면($p > \alpha = 0.05$) 연구가설을 기각하고, ±1.96보다 크면($p <$

$\alpha = 0.05$) 연구가설을 채택한다.

앞에서 소개한 커피전문점 데이터의 가격(pq), 서비스(sq), 분위기(atm), 고객만족(cs), 고객충성도(cl) 요인 간 경로 유의성을 확인하기 위해서 이론모델을 분석해보자.

1단계: JASP 프로그램을 실행한 후 데이터(data.csv, data.jasp)를 불러온다. 이어서 [SEM] 버튼을 누른 후 [Structural Equation Modeling]을 누른다.

2단계: 다음과 같이 이론모델 방정식을 입력한다.

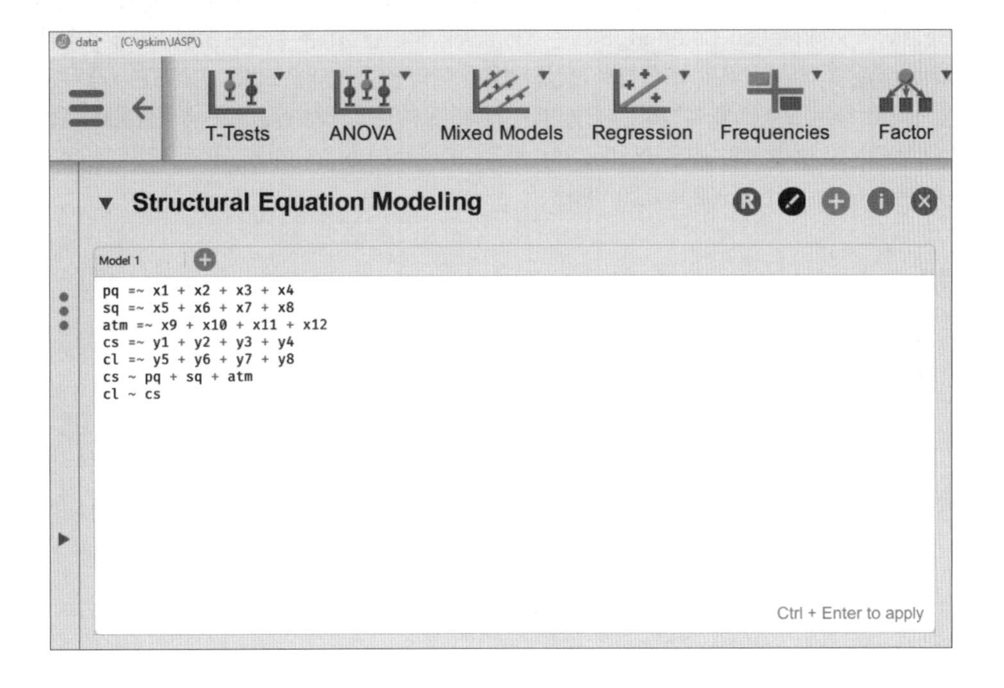


```
pq =~ x1 + x2 + x3 + x4
sq =~ x5 + x6 + x7 + x8
atm =~ x9 + x10 + x11 + x12
cs =~ y1 + y2 + y3 + y4
cl =~ y5 + y6 + y7 + y8
cs ~ pq + sq + atm
cl ~ cs
```

3단계 : 마우스를 수식에 올려놓고 실행을 위해서 Ctrl + Enter 를 누른다. [Output Options] 버튼을 눌러 [Additional fit measure]를 지정한다.

Model fit

	AIC	BIC	n	Baseline test			Difference test		
				χ^2	df	p	$\Delta\chi^2$	Δdf	p
Model 1	32369.248	32676.982	730	780.061	163	< .001	780.061	163	< .001

결과 설명

분석 결과의 아카이정보지수(Akaike Information Criterion, AIC)는 32369.248이다. 베이지안 지수(Bayesian Information Criterion, BIC)는 32676.982이다. 관찰표본수(n)는 730명이다. 추정방식(Estimator)은 최대우도법(ML)에 의해서 계산되었음을 나타낸다. 최대우도법은 확률표본 x가 우도함수를 최대로 하는 모수(θ)를 추정하는 방법이다. 최대우도법에 의해서 산출되는 추정량은 일치성과 충분성을 갖는다. χ^2 통계량(χ^2)은 780.061이다. 자유도(Degrees of freedom, df)는 163이다. 여기에 해당하는 P-value(p)는 0.000 < 0.001이다.

Fit indices

Index	Value
Comparative Fit Index (CFI)	0.933
T-size CFI	0.918
Tucker-Lewis Index (TLI)	0.922
Bentler-Bonett Non-normed Fit Index (NNFI)	0.922
Bentler-Bonett Normed Fit Index (NFI)	0.917
Parsimony Normed Fit Index (PNFI)	0.787
Bollen's Relative Fit Index (RFI)	0.903
Bollen's Incremental Fit Index (IFI)	0.933
Relative Noncentrality Index (RNI)	0.933

Note. T-size CFI is computed for $\alpha = 0.05$
Note. The T-size equivalents of the conventional CFI cut-off values (poor < 0.90 < fair < 0.95 < close) are **poor < 0.879 < fair < 0.936 < close** for model: Model 1

결과 설명

Comparative Fit Index(CFI)는 0.933(기준치 0.9 이상이면 적합함)이다. T-Size CFI 0.918이다(0.9 이상이면 적합함). Tucker-Lewis Index(TLI)는 0.922이다(0.9 이상이면 적합함). Tucker-Lewis Index(TLI)는 일명 NNFI(Non-Normed Fit Index)이라고 한다. 여기서 NNFI는 0.917이다(0.9 이상이면 적합함). 모형의 간명성을 나타내는 Parsimonious Normed Fit index(PNFI)는 0.787로 나타나 있다. NFI에 자유도를 감안한 RFI는 0.903이다(0.9 이상이면 적합함). 증분적합지수의 IFI는 0.933이다(0.9 이상이면 적합함). 비교 비중심성 지수(RNI)는 0.933이다(0.9 이상이면 적합함).

Information criteria

	Value
Log-likelihood	−16117.624
Number of free parameters	67.000
Akaike (AIC)	32369.248
Bayesian (BIC)	32676.982
Sample-size adjusted Bayesian (SSABIC)	32464.235

결과 설명

로그우도와 정보 평가(Loglikelihood and Information Criteria)에서 로그우도는 정확하게는 엔트로피를 정의하는데(확율의 역수에 log를 취함) 로그우도 사용자 모델(Loglikelihood user model)의 귀무가설(H_0)은 −16117.624이다. 자유모수의 수(Number of free parameters)는 67이다. 아카이 정보지수(AIC)는 32369.248이다. 베이지안 지수(BIC)는 32676.982이다. 표본크기 조정 베이지안지수(Sample-size adjusted Bayesian, SSABIC)는 32464.235이다.

Other fit measures

Metric	Value
Root mean square error of approximation (RMSEA)	0.072
RMSEA 90% CI lower bound	0.067
RMSEA 90% CI upper bound	0.077
RMSEA p-value	8.888×10^{-13}
T-size RMSEA	0.077
Standardized root mean square residual (SRMR)	0.056
Hoelter's critical N (α = .05)	182.355
Hoelter's critical N (α = .01)	195.575
Goodness of fit index (GFI)	0.970
McDonald fit index (MFI)	0.655
Expected cross validation index (ECVI)	1.252

Note. T-size RMSEA is computed for *α = 0.05*

Note. The T-size equivalents of the conventional RMSEA cut-off values (close < 0.05 < fair < 0.08 < poor) are **close < 0.056 < fair < 0.086 < poor** for model: Model 1

결과 설명

모델의 적합 여부를 나타내는 RMSEA는 0.072(0.05~0.08 안에 있으면 적합함)이다. RMSEA의 90% 신뢰구간은 [0.067 0.077]이다(0.05~0.08 구간에 있으면 모델은 적합함). RMSEA= $\sqrt{\frac{F_0}{df}}$ 로 계산한다. SRMR은 0.056이다(0.05보다 낮아야 함). GFI는 0.970(0.9 이상이면 적합함)이다. 비중심성 지수인 McDonald's Fit Index(MFI)는 0.655이다. 여기서 분석자의 결정이 중요하다. 모형의 적합도에 문제가 없다고 하면 여기서 멈추고 회귀계수를 언급하면 된다. 그러나 SRMR이 0.056으로 0.005보다 크므로 다른 경쟁모델(cometing model) 또는 대안 모델을 고려해볼 수 있을 것이다. 이를 수정모델전략 또는 모델경쟁전략(model competing strategy)이라고 할 수 있다. 이 경우에는 프로그램에서 제시해주는 수정지수와 이론적인 배경을 만족하면 수정모델전략을 구사하는 데 도움이 된다.

4단계: 수정모델전략을 실시하기 위해서 [Output Options]에서 [Hide low indices]와 [Threshold 10]를 지정한다. 이 의미는 모델의 적합도를 높여줄 수 있도록 χ^2 값을 10 이상 낮추어주는 경로를 탐색하도록 하는 것이다.

Modification Indices

			mi	epc	sepc (lv)	sepc (all)	sepc (nox)
cs	~~	cl	105.486	-0.162	-1.014	-1.014	-1.014
cs	~	cl	105.485	-1.375	-1.407	-1.407	-1.407
cl	~	pq	98.165	0.386	0.401	0.401	0.401
cl	~	atm	95.260	0.486	0.460	0.460	0.460

결과 설명

결과물의 2번째 행 cs~cl 간의 수정지수(mi)는 105.485이다. 즉 연구자가 cl에서 cs로 경로를 연결할 경우 χ^2는 105.486만큼 줄어들 것이고, 이때 기대모수(expected parameter change, epc)인 비표준화 회귀계수는 -1.375임을 미리 알 수 있다. 그러나 구조방정식모델의 기본 가정에서 화살표는 후행할 수 없고 비표준화계수가 음수(-)이므로 이는 논리적으로 맞지 않다. sepc(lv)는 표준화계수, sepc(all)는 표준화된 모든 변수, sepc(nox)는 독립변수를 제외한 모든 변수를 표준화한 경우를 말한다.

다음으로 χ^2값을 많이 떨어뜨릴 수 있는 가능성이 있는 경로는 cl~price이다. 즉, 이 두 경로를 연결하면 χ^2이 98.165만큼 줄어들고, 가격(pq)과 고객충성도(cl) 간에 0.386의 비표준화 회귀계수를 가질 것임을 암시한다고 할 수 있다. 또한 고객의 특성상 가격탄력성이 고객충성도에 유의한 영향을 미친다는 참고문헌이나 논리적인 정황을 확보하여 수정모델전략을 구사하면 좋을 것이다.

5단계: 수정모델전략을 구사하기 위해서 cl에 영향을 미치는 pq 요인을 추가한다. 이를 위해서 Model 1의 수식을 모두 마우스로 지정하고 복사한다(Ctrl + C). 그런 다음 + 버튼을 누른 후 수식을 붙여넣는다.

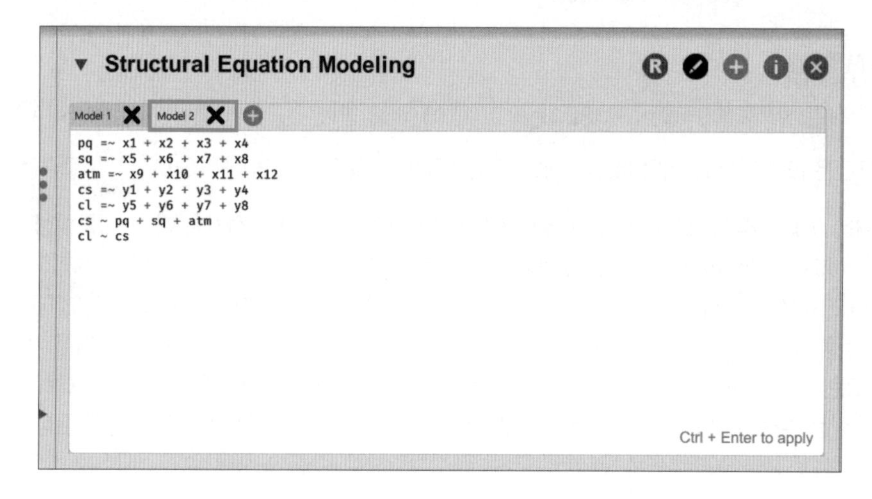

6단계: pq 요인이 cl에 미치는 식을 추가한다. 이어 실행을 위해서 Ctrl + Enter 를 누른다.

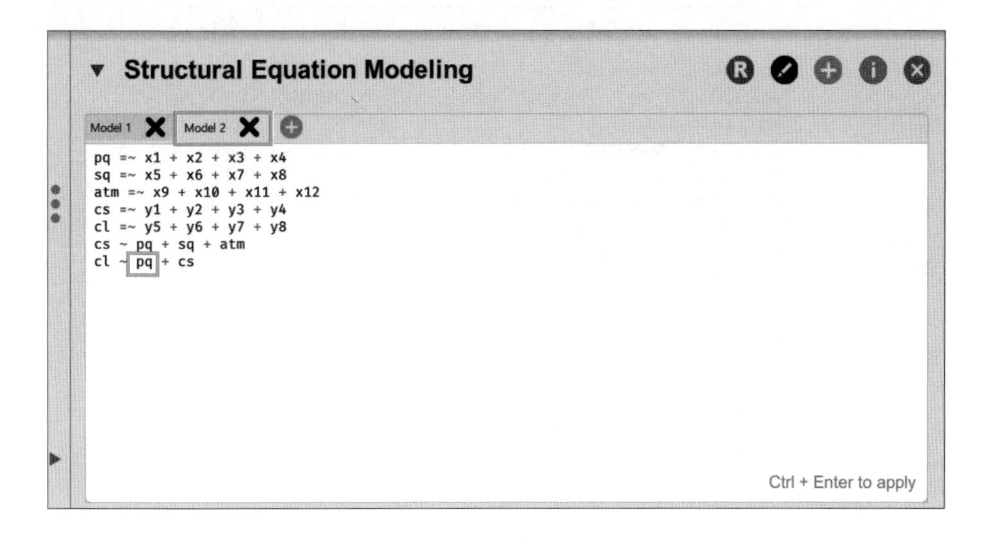

Model fit

	AIC	BIC	n	Baseline test			Difference test		
				χ²	df	p	Δχ²	Δdf	p
Model 2	32272.067	32584.394	730	680.880	162	< .001			
Model 1	32369.248	32676.982	730	780.061	163	< .001	99.181	1	< .001

결과 설명

모델 2(Model 2)와 모델 1(Model 1)의 기본 통계량이 나타나 있다. 해석 방법은 앞에서 설명하였기 때문에 여기서는 생략하기로 한다. 다만, χ^2 차이 검정($\Delta\chi^2(\chi_1^2-\chi_2^2)$, $\Delta df=df_1-df_2$)으로 수정지수 사용 전 모델과 수정지수 사용 후 모델의 차이를 검증하는 방법을 소개하기로 한다.

- H_0 : 두 모델(수정 전후 모델)은 차이가 없다. P > α=0.05
- H_1 : 두 모델(수정 전후 모델)은 차이가 있다. P < α=0.05

귀무가설과 연구가설 중에서 하나를 채택해야 하기 때문에 ($\Delta\chi^2$(780.061−680.880)=99.181, Δdf=1(163−162))의 정보를 통해서 확률(p)을 계산할 수 있다. 이때 확률은 <0.001이다. 따라서 p=0.000 < α=0.05이므로 귀무가설을 채택하고 연구가설, 즉 '두 모델은 차이가 있다'라는 가설을 채택한다. 다시 말하면 가격(pq)에서 고객충성도(cl)로 연결한 경로를 추가한 모델이 최적의 모델임을 통계적으로 증명하는 셈이다.

Fit indices

Index	Model 1	Model 2
Comparative Fit Index (CFI)	0.933	0.944
T-size CFI	0.918	0.930
Tucker-Lewis Index (TLI)	0.922	0.934
Bentler-Bonett Non-normed Fit Index (NNFI)	0.922	0.934
Bentler-Bonett Normed Fit Index (NFI)	0.917	0.927
Parsimony Normed Fit Index (PNFI)	0.787	0.791
Bollen's Relative Fit Index (RFI)	0.903	0.915
Bollen's Incremental Fit Index (IFI)	0.933	0.944
Relative Noncentrality Index (RNI)	0.933	0.944

Note. T-size CFI is computed for *α = 0.05*

Note. The T-size equivalents of the conventional CFI cut-off values (poor < 0.90 < fair < 0.95 < close) are **poor < 0.879 < fair < 0.936 < close** for model: Model 1

Note. The T-size equivalents of the conventional CFI cut-off values (poor < 0.90 < fair < 0.95 < close) are **poor < 0.879 < fair < 0.936 < close** for model: Model 2

결과 설명

모델 2의 적합지수가 모델 1의 적합지수에 비해 우수함을 확인할 수 있다.

Regression coefficients

						95% Confidence Interval		Standardized		
Predictor	Outcome	Estimate	Std. Error	z-value	p	Lower	Upper	All	LV	Endo
pq	cl	0.355	0.036	9.944	< .001	0.285	0.426	0.370	0.370	0.370
cs	cl	0.652	0.045	14.423	< .001	0.564	0.741	0.645	0.645	0.645
pq	cs	−0.079	0.055	−1.447	0.148	−0.187	0.028	−0.084	−0.084	−0.084
sq	cs	0.448	0.049	9.171	< .001	0.352	0.543	0.510	0.510	0.510
atm	cs	0.370	0.059	6.218	< .001	0.253	0.486	0.356	0.356	0.356

결과 설명

가격(pq)과 고객충성도(cl) 간의 회귀계수는 0.355이고, z-value는 9.944이다. 이 경로는 <.001로 통계적으로 유의함을 알 수 있다. 고객만족(cs)과 고객충성도(cl) 간의 회귀계수는 0.652이고, z-value는 14.423이다. 이 경로는 <.001로 통계적으로 유의함을 알 수 있다.

가격(pq)이 고객만족에 유의한 영향(price → cs)을 미칠 것으로 잠정적으로 생각한 연구가설의 경우, 비표준화계수(Estimate)는 −0.079. 표준오차(Std Error)는 0.055, z-value는 −1.447임을 알 수 있다. 이에 대한 확률(p)은 α=0.05보다 크기 때문에 연구가설을 기각한다. 서비스가 고객만족에 유의한 영향(service → cs)을 미칠 것으로 설정한 연구가설의 경우, 비표준화계수(Estimate)는 0.448. 표준오차(Std.err)는 0.049, z-value는 9.171임을 알 수 있다. 이에 대한 확률(p) 0.000은 α=0.05보다 작기 때문에 연구가설을 채택한다.

나머지 요인별 회귀계수의 유의성도 같은 방법으로 확인한다. 이를 표로 나타내면 다음과 같다.

[표 11-9] 가설 채택 여부 판단

가설	비표준화계수	표준오차	z값	p	연구가설 채택 여부
H_1	-0.079	0.055	-1.447	0.148	기각
H_2	0.448	0.049	9.171	0.000	채택
H_3	0.37	0.059	6.218	0.000	채택
H_4	0.355	0.036	9.944	0.000	채택
H_5	0.652	0.045	14.423	0.000	신규 가설 채택

Model 2

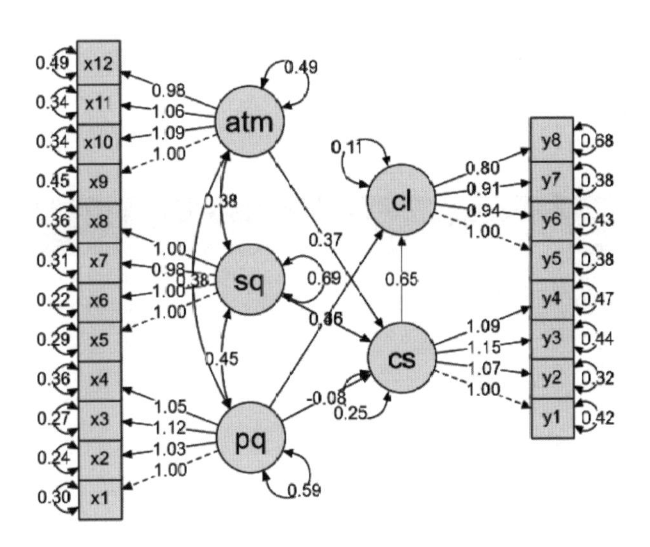

결과 설명

최종 연구모델을 그림으로 확인할 수 있다.

 상관행렬자료를 이용한 분석

구조방정식모델분석 관련 서적을 보다 보면 원자료로 구조방정식모델분석을 진행하는 경우도 있지만 상관행렬 자료나 공분산 자료를 제공하여 구조방정식모델분석을 실시하는 경우도 있다. 여기서는 아주 간단한 이론모델의 분석을 연습해보자.

1단계: Excel 프로그램에서 [데이터] → [데이터 분석]을 지정한다. [데이터 분석]을 찾지 못할 경우에는 [파일] → [옵션] → [추가기능] → [이동]을 누른다. 이어 분석도구를 누르고 [확인] 단추를 누른다. 그러면 Excel 프로그램의 데이터 분석을 확인할 수 있다.

2단계: 상관분석을 실시하여 다음과 같이 자료를 저장(path.csv)한다. x1 = 동료태도, x2 = 근무환경, y = 직무만족을 나타낸다.

데이터 path.csv

x1	x2	y
1	0.5	0.6
0.5	1	0.7
0.6	0.7	1

3단계: JASP 프로그램을 실행한 후 데이터(corrdata.csv)를 불러온다. 이어서 [SEM] 버튼을 누른 후 [Structural Equation Modeling]을 누른다. 그런 다음 측정모델과 이론모델식(y ~ x1 + x2)을 입력한다. 다음으로 [Data]의 [Variance-covariance matrix(분산-공분산 행렬)]를 누르고 유효샘플 크기를 입력하기 위해서 [Sample size]에 '250'을 입력한다.

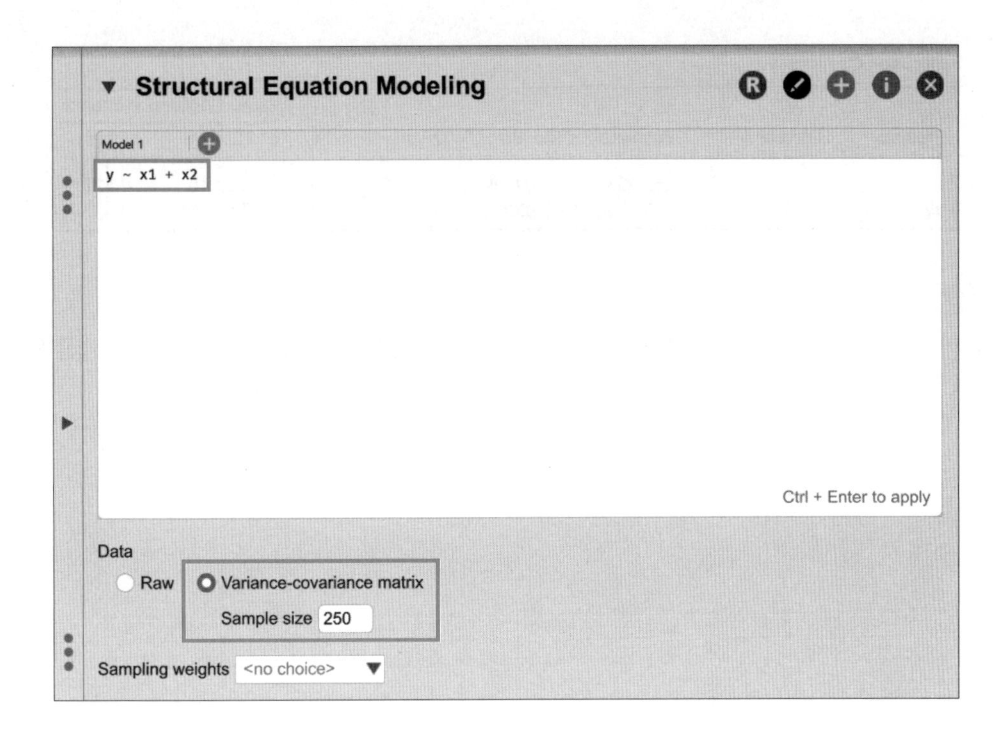

4단계: 구조방정식모델분석 실행을 위해서 Ctrl + Enter 를 누르면 다음과 같은 결과를 확인할 수 있다.

Model fit

				Baseline test			Difference test		
	AIC	BIC	n	χ^2	df	p	$\Delta\chi^2$	Δdf	p
Model 1	501.529	512.094	250	0.000	0	1.000	0.000	0	

결과 설명

모든 경우의 경로를 연결하여 포화모델이 되어 χ^2=0, df=0이고, 이에 대한 확률(p)=1임을 알 수 있다.

Regression coefficients

Predictor	Outcome	Estimate	Std. Error	z-value	p	95% Confidence Interval	
						Lower	Upper
x1	y	0.333	0.048	6.988	< .001	0.240	0.427
x2	y	0.533	0.048	11.180	< .001	0.440	0.627

결과 설명

두 변수 x1(동료태도), x2(근무환경) 모두 $p < 0.001$로 y(직무만족)에 유의한 영향을 미치는 것을 알 수 있다.

알아두면 좋아요!

구조방정식모델 관련 추천 도서와 JASP 사이트이다. 구조방정식모델 분석 관련 심층 정보를 축적하는 데 도움을 받을 수 있다.

- 김계수 (2015). 《R-구조방정식 모델링》. 한나래아카데미.
- 김계수 (2007). 《New Amos 16.0 구조방정식 모형분석》. 한나래아카데미.

• JASP 이용 구조방정식모델분석 집단 간 분석방법 소개

분석 도전

1. 다음은 직장인 430명을 대상으로 GPT에 대한 태도, 주관적 규범, 사용의도, 사용행동에 대하여 조사를 실시한 자료(상관행렬자료)이다. 설문문항은 리커트 7점 척도(1 = 매우 동의 못함, 4 = 보통임, 7 = 매우 동의함)로 구성하였다. 아래 식을 이용하여 JASP 프로그램에서 구조방정식모델분석을 실시하고 해석해보자.

요인	문항
GPT에 대한 태도	생산성 향상 기대(x1)
	업무의 중요도(x2)
GPT에 대한 주관적 규범	GPT에 대한 주관적 규범(x3)
	GPT에 대한 주체적 사용동기(x4)
사용의도	GPT 사용 적극성(y1)
	GPT 상시 로그인(y2)
사용행동	1일 사용 정도(y3)
	업무시간 이외 사용 정도(y4)

데이터 gpt.csv

x1	x2	x3	x4	y1	y2	y3	y4
1	0.65	0.295	0.294	0.464	0.407	0.251	0.281
0.65	1	0.325	0.373	0.354	0.329	0.154	0.184
0.295	0.325	1	0.543	0.254	0.26	0.164	0.14
0.294	0.373	0.543	1	0.243	0.211	0.237	0.334
0.464	0.354	0.254	0.243	1	0.43	0.256	0.33
0.407	0.329	0.26	0.211	0.43	1	0.342	0.356
0.251	0.154	0.164	0.237	0.256	0.342	1	0.45
0.281	0.184	0.14	0.334	0.33	0.356	0.45	1

구조방정식모델

```
att =~ x1+ x2
norm =~ x3 + x4
bi =~ y1 + y2
be =~ y3 + y4
bi ~ att + norm
be ~ bi
```

12장 구조방정식모델분석-고급

학습목표

- ☑ PLS-SEM의 개념을 이해하고, 분석을 실행한 후 결과를 해석한다.
- ☑ 매개효과분석의 내용을 이해하고, 분석을 실행한 후 결과를 해석한다.
- ☑ 다중지표 다중원인모델분석 개념을 이해하고, 분석을 실행한 후 결과를 해석한다.
- ☑ 잠재성장모델분석의 개념을 이해하고, 분석을 실행한 후 결과를 해석한다.

1 부분최소자승 구조방정식모델

1-1 부분최소자승 구조방정식모델 개념

사회과학, 경영학 연구분야에서 부분최소자승 구조방정식모델(Partial Least Squares Structural Equation Modeling, PLS-SEM) 이용이 늘어나고 있다. 요인과 변수의 관계, 요인 간의 관계성 연구 등 다변량 모델링이 증가하면서 변수 간의 관계, 개념 간의 인과관계 연구가 늘어나고 있다. PLS-SEM은 과거부터 주로 사용해왔던 공분산 기반의 구조방정식(Covariance-Based SEM, CB-SEM)의 대안이다. PLS-SEM의 목표는 종속변수에서 분산설명력을 최대화하는 데 있다. PLS-SEM은 종속요인 또는 내생요인에서 분산설명력의 설명에 집중한다. 공분산 기반의 구조방정식모델에서 사용하는 적합지수를 산출하지는 않는다.

PLS-SEM은 복잡한 연구모델 분석에 유용하며 예측이 주된 목적이다. 특별히 외적

타당성을 지원하기 위한 샘플 이외 예측일 때, 데이터가 정규분포 가정을 충족하지 않을 때, 조형모델(formative model)이 포함될 때 적합하다. 예를 들어 ChatGPT 사용만족도(f1)와 고객충성도(f2)를 그림으로 나타내면 다음과 같다.

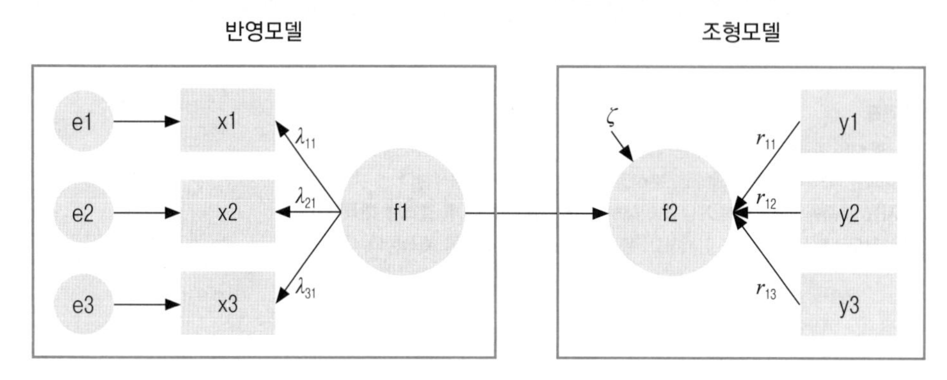

[그림 12-1] 조형모델과 반영모델

반영모델을 수식으로 나타내면 다음과 같다.

$$x_1 = \lambda_{11} \cdot f_1 + e_1$$
$$x_2 = \lambda_{21} \cdot f_1 + e_2$$
$$x_3 = \lambda_{31} \cdot f_1 + e_3$$

여기서 x_1 = ChatGPT 만족도, x_2 = ChatGPT 사용만족도, x_3 = ChatGPT 응답만족도

조형모델을 수식으로 나타내면 다음과 같다.

$$f_2 = r_{11} \cdot y_1 + r_{12} \cdot y_2 + r_{13} \cdot y_3$$

여기서 y_1 = 최근 ChatGPT 재사용 의도, y_2 = 재사용 빈도수, y_3 = 유료사용 금액

1-2 PLS-SEM 프로세스

PLS-SEM은 다음과 같은 단계로 진행한다.

1단계(연구목적 정의와 개념 선택): 구조방정식모델분석이 예측에 주안점을 두는 경우에 이와 관련한 측정모델을 선택한다.
2단계(연구디자인): 구조방정식모델분석을 통해서 실증적인 결과를 도출하기 위한 연구디자인을 한다.
3단계(측정모델과 연구모델 구체화): 연구모델을 구성하는 측정모델과 연구모델을 구체화한다.
4단계(측정모델 타당성 확인): 개념타당성, 예측타당성, 수렴타당성, 판별타당성을 언급한다.
5단계(PLS-SEM 이용 고급분석): 개념 간의 회귀계수를 언급하고 경로의 유의성을 판단한다. 분석 결과에 기반한 결론 및 시사점을 제공한다.

1-3 PLS-SEM 해석

PLS를 이용하면 공변량구조방정식모델분석의 기본 가정인 다변량 정규성과 샘플 크기 문제를 해결할 수 있다. PLS는 경로모델링(Partial Least Squares Path Modeling, PLS-PM) 또는 최소자승법(Partial Least Squares, PLS)을 적용하고 있다. PLS 형식 구조방정식의 샘플 크기는 모수 기준으로 20개 정도에 해당한다. 일반 구조방정식모델링 프로그램의 경우 200에서 400개 사이의 샘플 기준을 적용한다는 점을 보면, PLS 방식은 상대적으로 적은 표본을 바탕으로 인과관계를 검증하는 모델을 구축할 수 있다는 장점이 있다. 통상적으로 공분산 구조방정식모델링은 대략 200개 이상 또는 연구모델의 변수 중 가장 많은 측정항목수 대비 10배 정도의 표본수가 필요하다. PLS는 잠재변수 가운데 가장 많은 수의 측정항목보다 10배 이상의 표본이면 충분하다.

PLS는 구조방정식모델에 비하여 엄격한 가정이 덜하므로 모델의 복잡성과 표본의 크기 등에 상관없이 효율적으로 분석을 수행할 수 있다고 평가된다. 또한 개념을 구성하고 있는 측정변수의 수에 대한 규정이 존재하지 않기 때문에 비교적 적은 수의 측정항목으로도 요인화가 가능하다는 장점이 존재한다. 다시 말해 PLS 분석방법은 엄격한 정규분포성 가정에 구애를 덜 받고, 대표본인 경우 또는 반영지표와 조형지표가 혼합되어 있는 연구모델의 경우에도 용이하게 적용할 수 있는 방법이다.

[표 12-1] 반영모델일 경우 판단기준

평가항목		수용기준 제시
신뢰도(reliability)		
내적 일관성 신뢰도 (internal consistency reliability)	크론바흐 알파 (Cronbach's α)	• 0.6~0.9: 일반적인 수용 범위 - 0.6 미만: 낮은 신뢰도 - 0.6 이상: 수용 가능한 신뢰도 - 0.7 이상: 바람직한 신뢰도 - 0.8~0.9: 높은 신뢰도
	Dijkstra-Henseler's rho_A (ρA)	• ρA>0.7: 바람직한 신뢰도
	CR (Composite Reliability, 합성신뢰도 ρc)	• 0.6~0.9: 일반적인 수용 범위 - 0.7 이상: 바람직한 신뢰도 - 0.6 이상: 탐색적 연구인 경우
타당도(validity)		
집중타당도 (convergent validity)	외부적재치(L) 적합성 (outer loading relevance)	• L≥0.7 이상: 외부적재치가 적합하며 변수를 유지함 • L<0.4 미만: 측정변수를 제거하도록 함 • 0.4≤L<0.7: - 해당 측정변수를 제거했을 때 CR이 0.7, AVE가 0.5 이상 증가하는 경우에는 반영적 측정지표 제거를 검토해야 함(내용타당도에 대한 영향을 고려해 결정함) - 해당 측정변수를 제거했을 때 CR이 0.7, AVE가 0.5 이상 증가하지 않는 경우에는 반영적 측정변수를 유지해도 무관함
	측정변수 신뢰도 (지표 신뢰도, indicator reliability)	• 0.5 이상: 바람직한 집중타당도
	평균분산추출지수 (Average Variance Extracted, AVE)	
판별타당도 (discriminant validity)	Fornell-Larcker criterion	• 각 잠재변수의 AVE 제곱근이 잠재변수들 간 상관관계 중 가장 높은 값보다 큰 경우: 판별타당도가 있음
	교차적재치 (cross loadings)	• 외부적재치의 값이 교차적재치를 초과하는 경우(잠재변수에 해당되는 측정변수의 외부적재치가 다른 잠재변수와의 교차적재치보다 더 큰 경우): 판별타당도가 있다고 볼 수 있음
	HTMT (Heterotrait-Monotrait Ratio of Correlations)	• 0.85(혹은 0.9) 미만: 판별타당도가 있음 • 0.85(혹은 0.9) 이상: 판별타당도가 부족함 • 신뢰구간(confidence interval)에 1을 포함하고 있는 경우: 판별타당도가 부족함

1-4 부분최소자승 구조방정식모델 예제

앞서 11장에서 다룬 data.csv 파일을 이용하여 PLS-SEM을 분석해보자.

1단계: JASP 프로그램을 실행한 후 데이터(data.csv, data.jasp)를 불러온다. 이어서 [SEM] 버튼을 누른 후 [Partial Least Squares SEM]을 누른다.

2단계: [Partial Least Sqauares SEM]에 다음과 같은 수식을 입력한다.

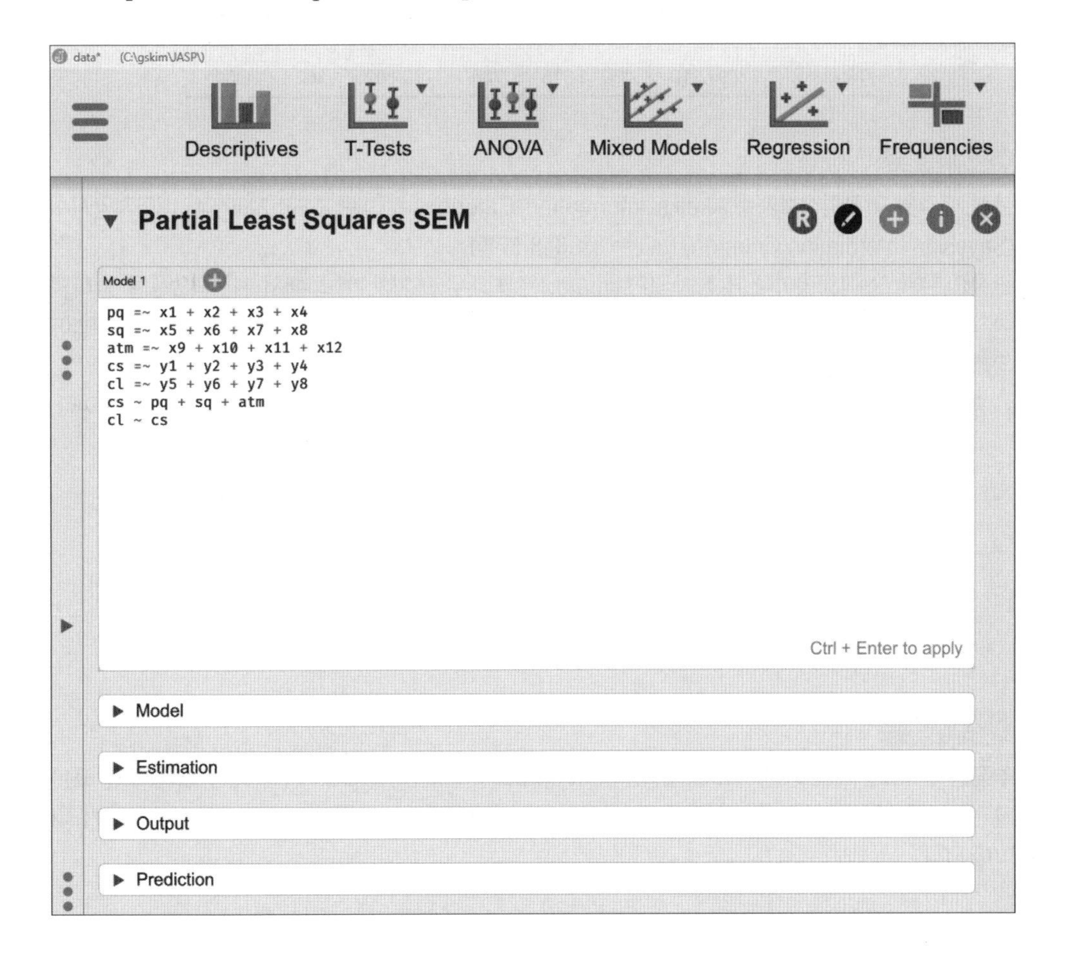


```
pq =~ x1 + x2 + x3 + x4
sq =~ x5 + x6 + x7 + x8
atm =~ x9 + x10 + x11 + x12
```

```
cs =~ y1 + y2 + y3 + y4
cl =~ y5 + y6 + y7 + y8
cs ~ pq + sq + atm
cl ~ cs
```

3단계 : [Output]을 누른 후 [R-squared], [Reliability measures], [Observed construct correlations]을 지정한다. 그런 다음 Ctrl + Enter 를 눌러 실행한다.

Model fit

	AIC	BIC	n	Baseline test		
				χ^2	df	p
Model 1	32891.210	33019.815	730	779.802	162	< .001

결과 설명

분석 결과의 아카이정보지수(Akaike Information Criterion, AIC)는 32891.210이다. 베이지안지수(Bayesian Information Criterion, BIC)는 33019.815이다.
관찰표본수(n)는 730명이다. 추정방식(Estimator)은 최대우도법(ML)에 의해서 계산되었음을 나타낸다. 최대우도법은 확률표본 x가 우도함수를 최대로 하는 모수(θ)를 추정하는 방법이다. 최대우도법에 의해서 산출되는 추정량은 일치성과 충분성을 갖는다.
χ^2 통계량(χ^2)은 779.802이다. 자유도(df)는 162이다. 여기에 해당하는 p-value는 0.000 < 0.001이다.

R-Squared

Outcome	R²	Adjusted R²
cs	0.517	0.515
cl	0.828	0.828

결과 설명

추정한 구조모형이 주어진 자료에 적합한지 그 정도를 나타내는 결정계수가 나타나 있다. 또한 표본 크기와 독립변수의 수를 추가적으로 고려하여 나타낸 지표인 수정된 결정계수(Adjusted-R^2)가 나타나 있다.

Reliability Measures

Latent	Cronbach's α	Jöreskog's ρ	Dijkstra-Henseler's ρ
pq	0.899	0.899	0.899
sq	0.904	0.904	0.904
atm	0.837	0.836	0.837
cs	0.859	0.859	0.859
cl	0.788	0.790	0.792

결과 설명

요인별 신뢰도에 해당하는 Cronbach's α, Jöreskog's ρ, Dijkstra-Henseler's ρ가 나타나 있다. 모두 0.7 이상임을 확인할 수 있다.

Factor Loadings

Latent	Indicator	Estimate
pq	x1	0.821
	x2	0.847
	x3	0.846
	x4	0.808
sq	x5	0.802
	x6	0.836
	x7	0.857
	x8	0.853
atm	x9	0.731
	x10	0.717
	x11	0.759
	x12	0.787
cs	y1	0.775
	y2	0.798
	y3	0.767
	y4	0.768
cl	y5	0.739
	y6	0.688
	y7	0.696
	y8	0.663

결과 설명

요인과 문항의 상관관계를 나타내는 요인적재치가 나타나 있다. 모든 문항의 요인적재치는 0.5 이상임을 확인할 수 있다.

Regression Coefficients

Outcome	Predictor	Estimate	f²
cs	pq	−0.057	0.003
	sq	0.504	0.233
	atm	0.328	0.100
cl	pq	0.337	0.474
	cs	0.684	1.948

결과 설명

비표준화된 회귀계수와 f^2가 나타나 있다. f^2는 종속요인에 대한 독립요인의 상대적인 영향력을 나타내는 수치다. f^2의 크기에서 0.02는 작음, 0.15는 중간, 0.35는 효과가 큼으로 해석하면 된다.

Total effects

Outcome	Predictor	Estimate
cs	pq	−0.057
	sq	0.504
	atm	0.328
cl	pq	0.299
	sq	0.345
	atm	0.224
	cs	0.684

결과 설명

연구모델의 총효과가 나타나 있다. 총효과는 간접효과와 직접효과의 합을 말한다.

Observed construct correlation matrix

	pq	sq	atm	cs	cl
pq	1.000				
sq	0.712	1.000			
atm	0.706	0.662	1.000		
cs	0.534	0.681	0.622	1.000	
cl	0.703	0.748	0.769	0.864	1.000

결과 설명

PLS-SEM에서는 판별타당성을 분석하기 위해서 HTMT(Heterotrait-Monotrait Ratio of Correlations) 평가 결과를 이용한다(Hair, Hult, Ringle, & Sarstedt, 2022). 각 요인 간 상관계수를 나타낸 정방행렬에서 대각선 이하 상관계수가 0.9 이하이므로 요인 간에 판별타당성이 있다고 해석할 수 있다. pq와 sq의 상관계수 0.712는 pq가 1단위 늘어나면 sq가 0.712만큼 늘어남을 나타낸다.

2 매개분석

2-1 매개효과

연구모델에서 독립변수(요인)와 종속요인(변수) 사이의 관계를 설명하기 위해 중간에 포함되는 변수(또는 요인)를 매개변수(mediating variable) 또는 매개요인(mediation factor)이라고 부른다. 매개효과분석은 연구자가 '독립요인이 종속요인에 왜(why), 혹은 어떻게(how) 영향을 미치는가'를 검정하기 위한 방법을 말한다.

다음 그림에서 독립요인(ξ_1)과 종속요인(η_1) 사이에 있는 M요인을 매개요인이라고 부른다. 독립요인(ξ_1)과 종속요인(η_1)의 경로 a를 직접효과라고 부르고, a와 b의 곱을 간접효과라고 부른다. 직접효과와 간접효과의 합을 총효과라 부른다.

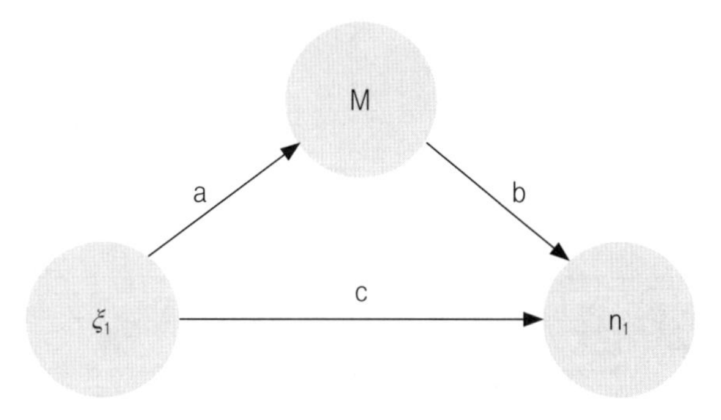

[그림 12-2] 매개효과

2-2 매개효과 검정

1) JASP 이용 매개분석

1단계: JASP 프로그램에서 mediation.csv 파일을 연다. X 변수는 주관적 규범, M 변수는 광고태도, Y 변수는 구매의도를 나타낸다고 하자.

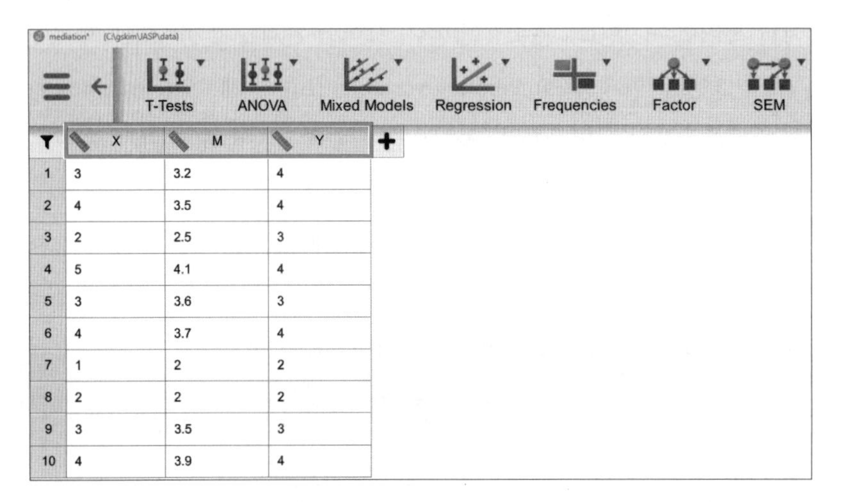

	X	M	Y
1	3	3.2	4
2	4	3.5	4
3	2	2.5	3
4	5	4.1	4
5	3	3.6	3
6	4	3.7	4
7	1	2	2
8	2	2	2
9	3	3.5	3
10	4	3.9	4

2단계: [SEM] 버튼을 누른 후 [Mediation Analysis]를 누른다.

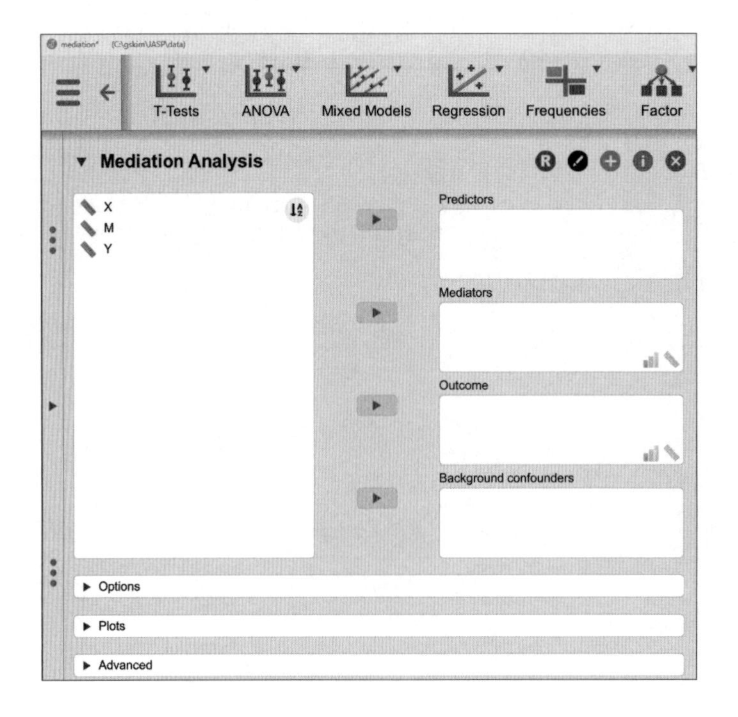

3단계 : [Predictors] 칸으로 X 변수를 옮긴다. [Mediators] 칸으로 M 변수를, [Outcome] 칸으로 Y 변수를 옮긴다.

Direct effects

			Estimate	Std. Error	z-value	p	95% Confidence Interval Lower	Upper
X	→	Y	0.398	0.272	1.467	0.142	−0.134	0.931

Note. Delta method standard errors, normal theory confidence intervals, ML estimator.

결과 설명

직접효과는 0.398로 나타나 있고 p(0.142) > α=0.050이므로 유의하지 않음을 알 수 있다.

Indirect effects

					Estimate	Std. Error	z-value	p	95% Confidence Interval Lower	Upper
X	→	M	→	Y	0.198	0.252	0.788	0.431	−0.295	0.692

Note. Delta method standard errors, normal theory confidence intervals, ML estimator.

결과 설명

간접효과는 .198이고 p(0.431) > α=0.050이므로 유의하지 않음을 알 수 있다. 또한 95% 신뢰구간 하한값과 상한값 범위 안에 0을 포함하고 있어 유의하지 않음을 알 수 있다.

Total effects

			Estimate	Std. Error	z-value	p	95% Confidence Interval Lower	Upper
X	→	Y	0.597	0.108	5.528	< .001	0.385	0.809

Note. Delta method standard errors, normal theory confidence intervals, ML estimator.

결과 설명

총효과는 0.597이고 p < 0.001로 유의함을 알 수 있다. 또한 95% 신뢰구간 하한값과 상한값 범위 안에 0을 포함하고 있지 않아 유의함을 알 수 있다.

Path coefficients

			Estimate	Std. Error	z-value	p	95% Confidence Interval	
							Lower	Upper
M	→	Y	0.337	0.425	0.792	0.428	−0.497	1.170
X	→	Y	0.398	0.272	1.467	0.142	−0.134	0.931
X	→	M	0.589	0.078	7.565	< .001	0.436	0.742

Note. Delta method standard errors, normal theory confidence intervals, ML estimator.

결과 설명

각 변수 간의 경로계수와 관련하여 p값이 나타나 있다.

2) JASP 이용 구조방정식모델분석

11장에서 다룬 data.csv 파일을 불러와 Structural Equation Modeling을 이용하여 매개효과를 검정해보자.

1단계: JASP 프로그램을 실행한 후 데이터(data.csv, data.jasp)를 불러온다. 이어 [SEM] 버튼을 누른다.

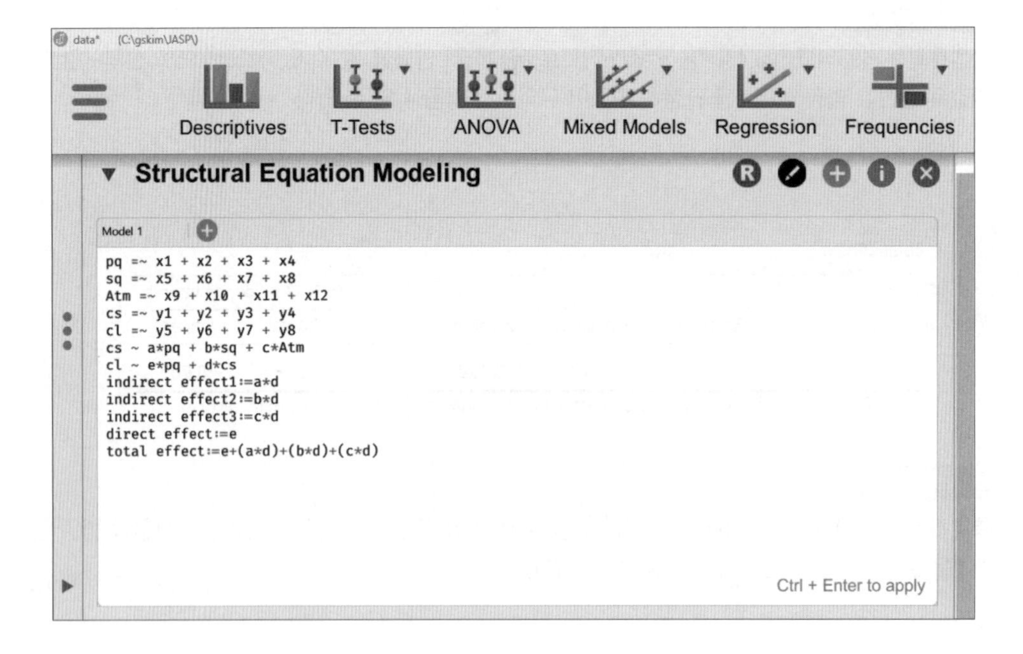

```
pq =~ x1 + x2 + x3 + x4
sq =~ x5 + x6 + x7 + x8
Atm =~ x9 + x10 + x11 + x12
cs =~ y1 + y2 + y3 + y4
cl =~ y5 + y6 + y7 + y8
cs ~ a*pq + b*sq + c*Atm
cl ~ e*pq + d*cs
indirect effect1:=a*d
indirect effect2:=b*d
indirect effect3:=c*d
direct effect:=e
total effect:=e+(a*d)+(b*d)+(c*d)
```

여기서 := 명령어는 R 프로그램에서 함수나 변수를 재정의하는 경우에 사용하는 것이다.

2단계 : Ctrl + Enter 를 누르면 결과가 나온다.

Regression coefficients

Predictor	Outcome		Estimate	Std. Error	z-value	p	95% Confidence Interval	
							Lower	Upper
pq	cl	e	0.355	0.036	9.944	< .001	0.285	0.426
cs	cl	d	0.652	0.045	14.423	< .001	0.564	0.741
pq	cs	a	−0.079	0.055	−1.447	0.148	−0.187	0.028
sq	cs	b	0.448	0.049	9.171	< .001	0.352	0.543
Atm	cs	c	0.370	0.059	6.218	< .001	0.253	0.486

결과 설명

각 요인 간 경로계수가 나타나 있다. 또한 경로 간에 지정문자 a, b, c, d, e가 나타나 있다.

Defined parameters

Name	Estimate	Std. Error	z-value	p	95% Confidence Interval	
					Lower	Upper
indirecteffect1	−0.052	0.036	−1.446	0.148	−0.122	0.018
indirecteffect2	0.292	0.035	8.410	< .001	0.224	0.360
indirecteffect3	0.241	0.041	5.951	< .001	0.162	0.321
directeffect	0.355	0.036	9.944	< .001	0.285	0.426
totaleffect	0.837	0.042	19.888	< .001	0.754	0.919

결과 설명

정의된 간접효과, 직접효과, 총효과가 나타나 있다. Indirecteffect1(a*d)의 간접효과만을 제외한 모두 효과는 <.001이므로 유의함을 알 수 있다.

3 조절효과분석

3-1 조절효과

조절효과(moderating effect)는 독립변수와 종속변수 간 관계가 제3의 변수에 따라 크기 정도가 달라지는 경우를 말한다. 이 경우 제3의 변수를 조절변수라고 한다. 즉, 독립변수와 종속변수의 관계 정도가 제3의 변수의 값 또는 수준에 따라서 다르게 나타날 때, 제3의 변수가 조절변수에 해당한다.

예를 들어, 직장 불만족과 이직의도 사이의 관계가 성별에 따라 다를 수 있다고 가정해보자. 또한 직장 불만족과 이직의도 사이에서 이기심 정도에 따라 이직의도가 높아질 수 있다고 가정하자. 이 경우 다음과 같이 조절효과의 개념적 모델을 그림으로 나타낼 수 있다.

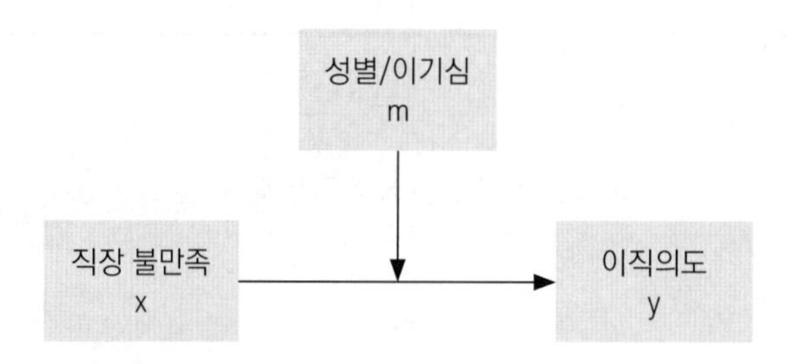

이 그림에서 알 수 있듯이 조절효과 분석은 독립변수와 종속변수 관계에서 '어떤 상황에서 어느 조건에 의해 효과가 있는지 없는지'를 명확히 밝히는 방법이다.

성별과 이기심의 조절효과를 그래프로 나타내면 다음과 같다.

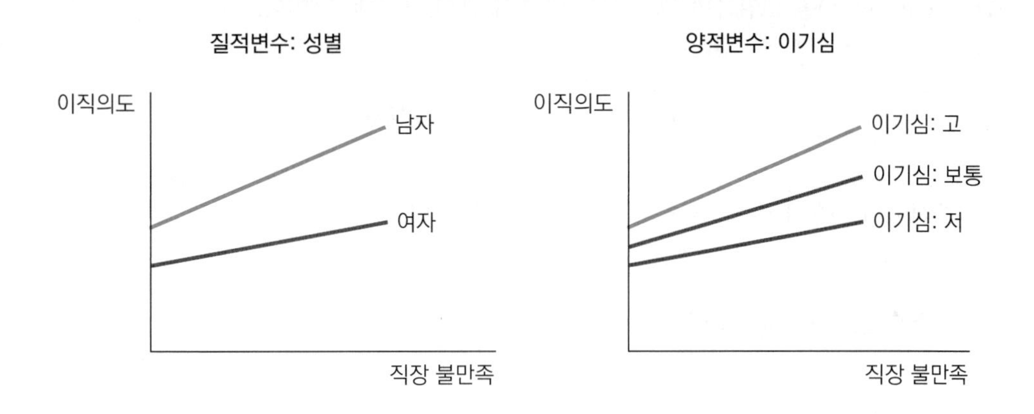

성별이 질적변수인 왼쪽 그림의 경우, 10장 3-4절 '다중집단 확인요인분석'에서 제시한 것처럼 아래 과정에 따라 분석한다.

① 귀무가설(H_0: 성별(남녀) 간에 차이가 없을 것이다)을 설정한다.
② 기본모델과 제약의 강도를 달리하는 제약모델(성별 간 계수가 같음)을 만든다.
③ 기본모델과 제약모델의 χ^2 차이를 확인한다.
④ 끝으로 해석 단계에서는 기본모델과 제약모델의 χ^2 변화량이 통계적으로 유의하다면 집단(성별) 간 모수 차이가 있음을 나타낸다는 점을 확인한다.

조절변수인 이기심이 양적변수인 오른쪽 그림의 경우, 조절항(상호작용항)을 만들어 검증한다. 이는 직장 불만족이 크면 이직의도가 높다는 이론적 배경에 기초한다고 가정한다. 이때 이기심이 클수록 직장불만족과 이직의도는 더욱 커짐을 나타낸다.

다음과 같은 통계적 모델을 만들고 분석을 수행해보자.

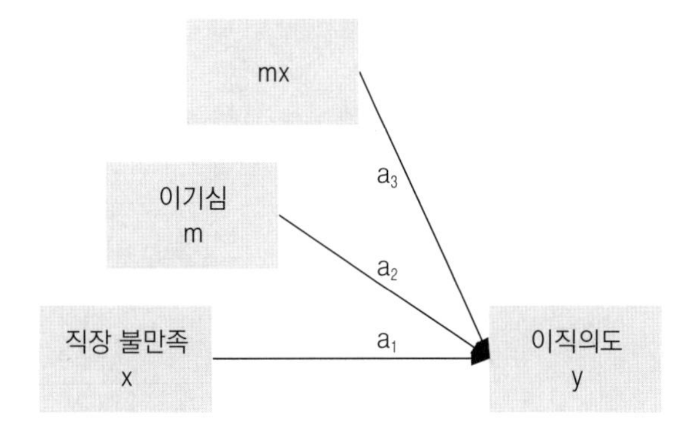

통계적 모델에서는 독립변수와 조절변수, 독립변수와 조절변수의 곱인 상호작용항(interaction term)을 도입하며 그 모형은 다음과 같이 나타낼 수 있다.

$$y = \alpha + a_1 X_1 + a_2 M_2 + a_3 M X_1$$

분석에서 귀무가설($H_0 : a_3 = 0$일 것이다)을 검정하면 된다.

3-2 조절효과분석 예제

이번 예제에서는 앞서 2장에서 다룬 데이터(ch2.jasp, total.csv)를 이용하여 다음과 같은 연구모델을 분석해보자.

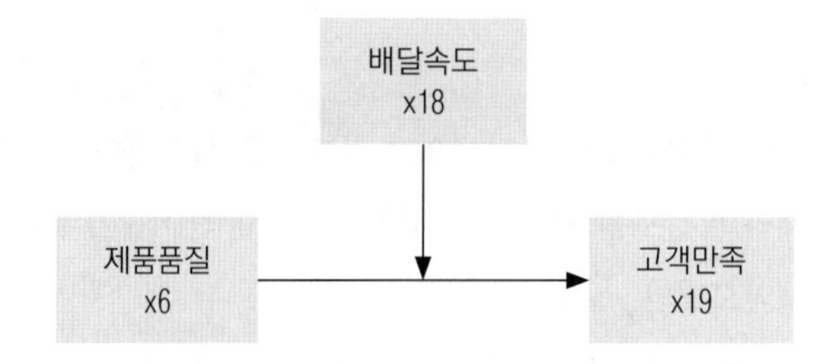

1단계: JASP 프로그램을 실행한 후 데이터(ch2.jasp, total.csv)를 불러온다. x6, x18, x19 변수가 모두 양적변수로 설정되어 있는지 확인한다.

ch2 (C:\gskim\JASP\data)

Descriptives | T-Tests | ANOVA | Mixed Models | Regression | Frequencies | Factor

	x15	x16	x17	x18	x19	x20	x21	nx21
1		4.1	5.8	4.4	5.5	5.9	6.7	1
2		3.8	3.7	4	7.4	7	8.4	3
3		3	4.9	3.2	6	6.3	6.6	1
4		5.1	4.5	4.4	8.4	8.4	7.9	2
5		4.5	2.6	4.2	7.6	6.9	8.2	3
6		4.8	6.2	5.2	8	7	7.6	2
7		4.3	3.9	4.5	6.6	6.4	7.1	1
8		4.2	6.2	4.5	6.4	7.5	7.2	1
9		5.7	5.8	4.8	7.4	6.9	8.2	3
10		5	6	4.5	6.8	7.5	7.9	2

2단계: 데이터창에서 +를 누른 후 [Name:]에 'x618'을 입력한다. 그런 다음 [Create Column]을 누른다.

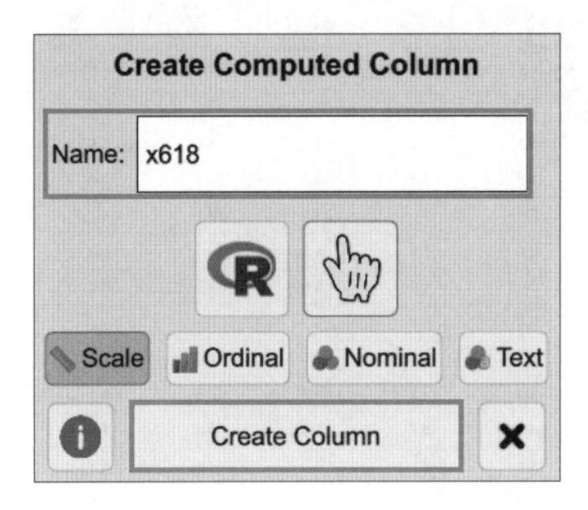

3단계: 다음과 같은 수식(x6*x18)을 입력한 후 [Compute Column]을 누른다.

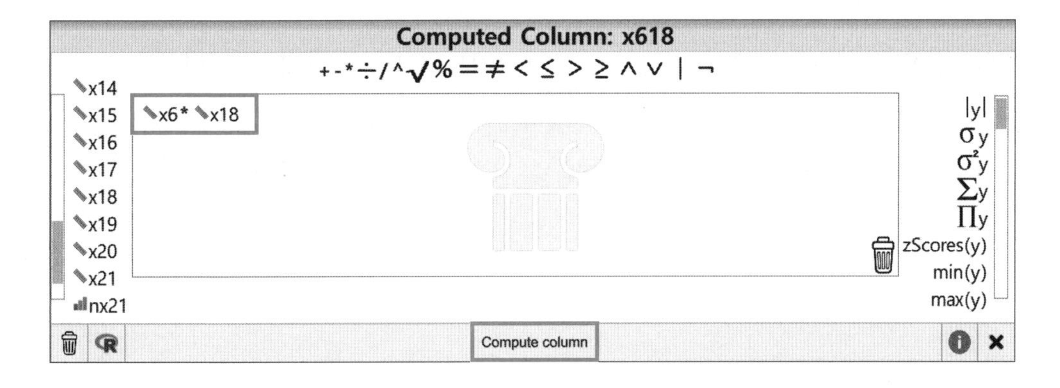

4단계: 데이터창 맨 오른쪽 열에 f_xx618 변수가 생성되었음을 확인할 수 있다.

total* (C:\gskim\JASP\data)

Descriptives T-Tests ANOVA Mixed Models Regression Frequencies Factor SEM

	x12	x13	x14	x15	x16	x17	x18	x19	x20	x21	f_xx618
1	5.7	8.4	5.4	5.3	4.1	5.8	4.4	5.5	5.9	6.7	28.16
2	4.6	6.8	5.8	7.5	3.8	3.7	4	7.4	7	8.4	34.8
3	6.4	8.2	5.8	5.9	3	4.9	3.2	6	6.3	6.6	19.52
4	6.6	7.6	6.5	5.3	5.1	4.5	4.4	8.4	8.4	7.9	41.8
5	4.8	7.1	6.7	3	4.5	2.6	4.2	7.6	6.9	8.2	38.64
6	5.9	8.8	6	5.4	4.8	6.2	5.2	8	7	7.6	32.76
7	3.8	4.9	6.1	5	4.3	3.9	4.5	6.6	6.4	7.1	39.15
8	5.1	6.2	6.7	5.4	4.2	6.2	4.5	6.4	7.5	7.2	25.65
9	5.5	8.4	6.2	6.3	5.7	5.8	4.8	7.4	6.9	8.2	28.32
10	5.6	9.1	5.4	6.1	5	6	4.5	6.8	7.5	7.9	25.2
11	7.1	8.4	5.8	6.7	4.5	6.1	4.4	7.6	8.5	8.8	40.04
12	5	8.4	7.1	4.6	3.3	4.9	3.3	5.4	5.5	7	17.16
13	3.8	4.9	7.2	4.5	5.4	3.9	4.5	6.6	6.9	7.2	39.15
14	5.9	6.7	5.1	4.2	2.7	5	3.6	8	7.6	8.8	30.24
15	4.8	5.8	5	7.2	4.4	3.7	2.9	6.3	5.5	8	25.52

5단계: [SEM] 버튼을 누른 후 다음과 같이 식 x19 ~ x6 + x18 + x618을 입력한다.

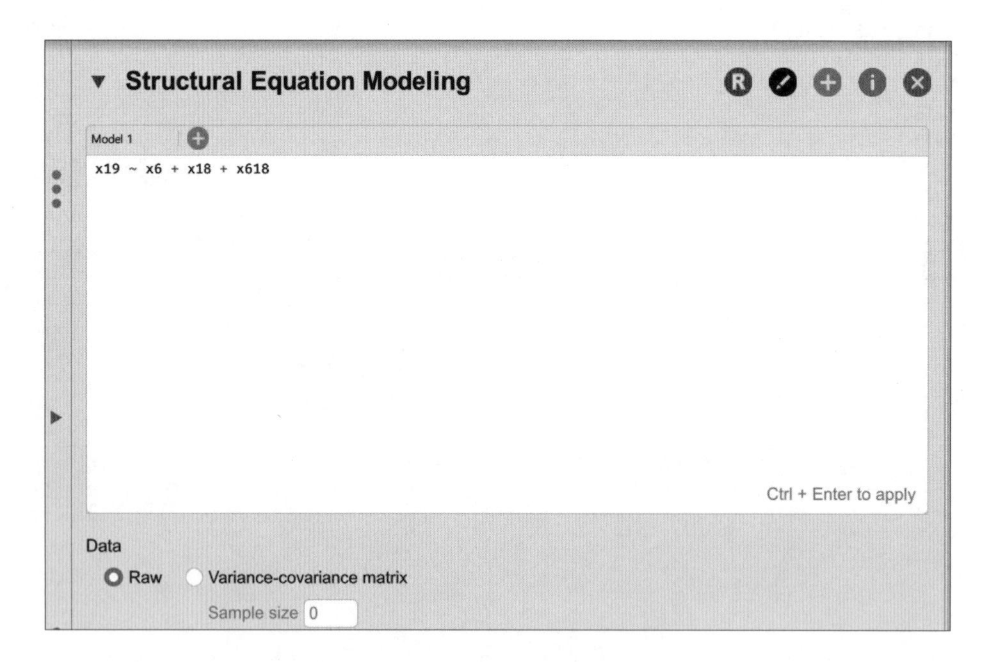

6단계: [Output Options]에서 [Path diagram], [Show parameter estimates], [Show legend]를 지정한 후 [Ctrl]+[Enter]를 누른다.

Model fit

	AIC	BIC	n	Baseline test χ^2	df	p	Difference test $\Delta\chi^2$	Δdf	p
Model 1	328.281	343.095	143	1.461×10^{-12}	0	< .001	1.461×10^{-12}	0	

결과 설명

모델 적합도를 나타내는 AIC=328.281, BIC=343.095, χ^2=0, 자유도(df)=0이다. 이에 대한 p < .001로 H_0(모델은 적합할 것이다)을 기각한다.

Regression coefficients

Predictor	Outcome	Estimate	Std. Error	z-value	p	95% Confidence Interval Lower	95% Confidence Interval Upper
x6	x19	0.581	0.300	1.939	0.053	−0.006	1.169
x18	x19	1.270	0.540	2.350	0.019	0.211	2.329
x618	x19	−0.041	0.073	−0.565	0.572	−0.185	0.102

결과 설명

앞에서 연구모델의 적합성이 낮음에도 불구하고 변수 간의 경로 유의성을 판단하기 위해서 회귀계수의 유의성 여부를 판단할 수 있다. α=0.05 수준에서 x6(제품품질)은 x19(고객만족)에 유의한 영향을 미치지 않는 것으로 나타났다(p=0.053 > α=0.05). 배달속도(x18)는 x19(고객만족)에 유의한 영향을 미치는 것으로 나타났다(p=0.019 < α=0.05). 조절항의 회귀계수는 −0.041이고 유의하지 않은 것으로 나타났다(p=0.572 > α=0.05). 따라서 b3=0이라는 내용을 채택한다.

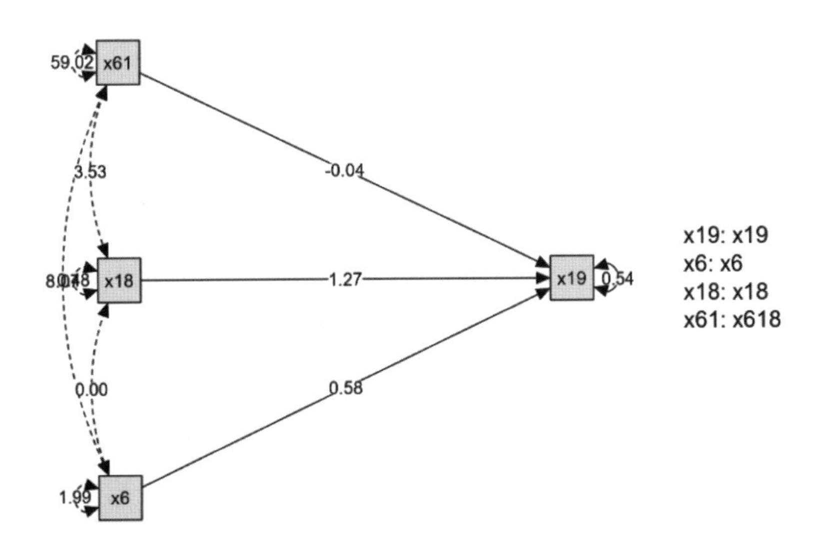

7단계: 이 내용을 재차 확인하기 위해서 RStudio 화면에서 다음과 같이 코드를 입력하여 실행하였다. 여기서는 앤드류 헤이즈(Andrew Hayes) 교수의 Process Macro 1번 모델을 실행하였고 모든 결과는 동일하게 나왔다(이 내용이 생소하다고 생각하는 독자들은 그냥 넘어가도 상관없다).

```
data=read.csv("C:/gskim/JASP/data/total.csv")
process(data=data, y="x19",x="x6", w="x18", model =1, moments =1, jn=1, total=1,
normal=1, modelbt = 1, boot = 10000, seed=654321, plot=1)
#visualization of data
library(ggplot2)
x6 <-c(6.4050, 7.8217, 9.2383, 6.4050, 7.8217, 9.2383, 6.4050, 7.8217, 9.2383)
x18 <-c("3.1698","3.1698","3.1698","3.8685","3.8685","3.8685","4.5673","4.5673","4.5673")
x19 <-c(5.6195, 6.2568, 6.8942, 6.3213, 6.9175, 7.5138, 7.0230, 7.5783, 8.1335)
modplot<-data.frame(x6,x18, x19 ,stringsAsFactors = FALSE)
modplot
ggplot(modplot, aes(x=x6, y=x19, color=x18, shape=x18)) +
 geom_point() +
 geom_smooth(method=lm, se=FALSE, fullrange=TRUE)
```

8단계: JASP 프로그램에서 구조방정식모델(SEM)을 실행한 결과 조절효과가 유의하지 않았던 것처럼, 해당 변수에 대한 내용을 시각화한 결과 다음과 같이 그래프가 평행선으로 나타났다. 이로써 조절효과는 통계적으로 유의하지 않음을 재차 확인할 수 있다.

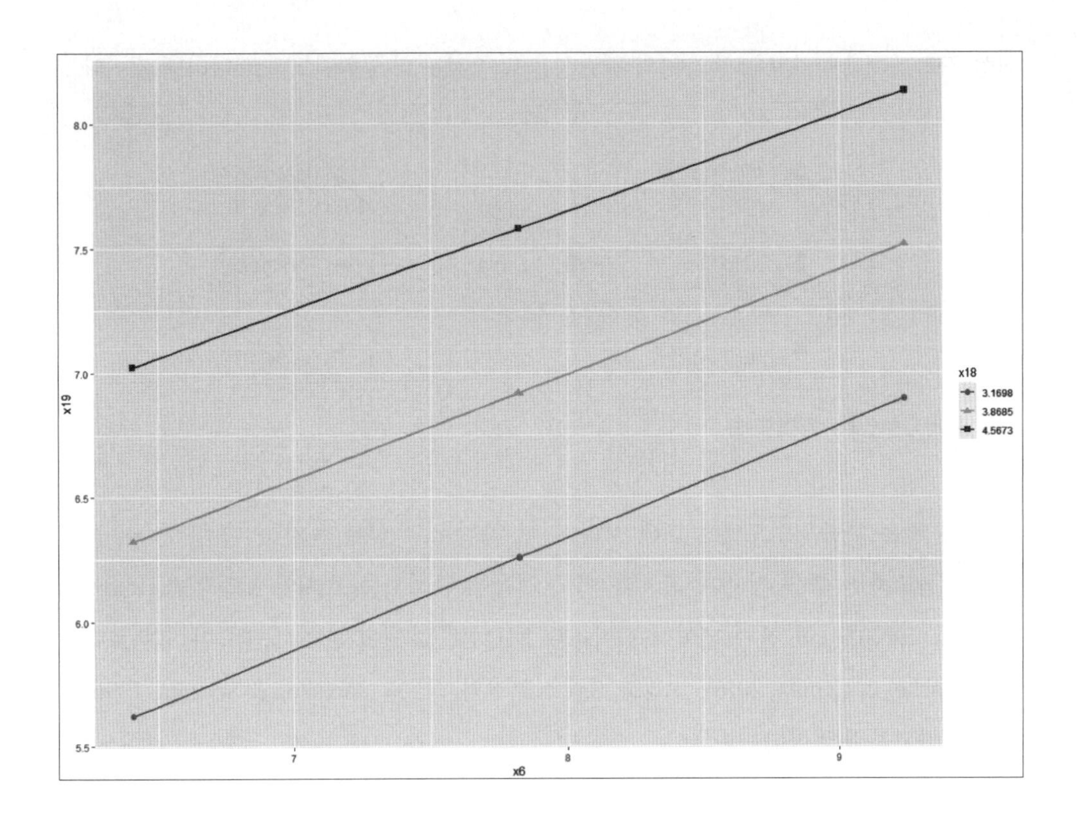

4 다중지표 다중원인

4-1 기본 개념

연구자들은 종종 관측변수(지표)와 잠재변수(요인) 사이의 상호관계에 관심을 가진다. 연구자들은 ① 여러 지표로 측정되는 요인을 식별하고, ② 이러한 요인을 유발하는 예측변수를 조사하는 데 관심이 있는 경우에 다중지표 다중원인(Multiple Indicators Multiple Causes, MIMIC)모델을 사용한다. MIMIC에서 MI는 '다중인식자'를 의미하는데, 이러한 다중지표로 관심 있는 잠재변수를 측정할 수 있다. MIC는 '다중원인'을 의미하는데, 이러한 원인은 잠재요인을 예측하는 것으로 가정되는 관측된 변수를 나타낸다.

다음은 소득(income), 주소득자 직업(occupation), 응답자 교육정도(education)와 사회성(종교, 사회단체 가입수, 친구수)의 관련성을 다중지표 다중원인모델로 나타낸 것이다.

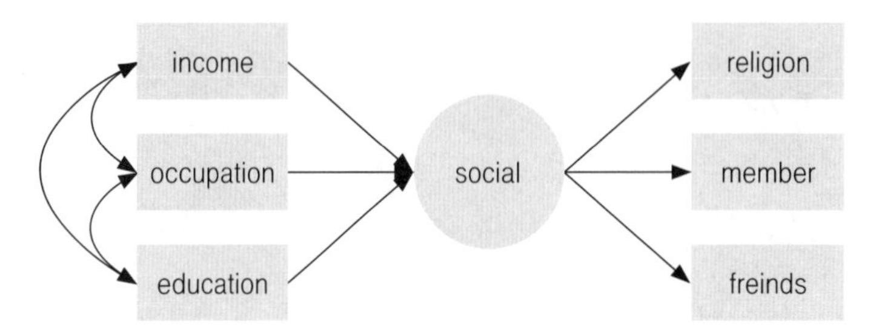

[그림 12-3] 다중지표 다중원인모델

다중지표 다중원인모델에 대해 보다 깊이 알아보고 싶은 독자는 다음 연구자들의 문헌을 참고하면 좋을 것이다. 표본과 연구 맥락에 관해서는 호지와 트라이먼(Hodge & Treiman, 1968), 사회 참여 데이터에 적용된 MIMIC 모델에 관해서는 슈마커와 로맥스(Schumacker & Lomax, 2016), 그리고 요레스코그와 쇠르봄(Jöreskog & Sörbom, 1996)의 내용을 참고하길 권한다.

4-2 JASP 풀이

> **예제 1**
> 연구자는 소득(income), 주소득자 직업(occupation), 응답자 교육정도(education)와 사회성(종교, 사회단체 가입수, 친구수)의 관련성을 다중지표 다중원인모델분석으로 처리하고자 한다.

1단계: JASP 프로그램을 실행한 후 데이터(mimic.csv)를 불러온다. mimic 데이터에서 x1 = 월 가족소득, x2 = 직업, x3 = 응답자의 교육정도, y1 = 종교활동 빈도, y2 = 사회단체 가입수, y3 = 자주 만나는 친구수를 나타낸다.

데이터 mimic.csv

	x1	x2	x3	y1	y2	y3
1	1	0.304	0.305	0.1	0.284	0.176
2	0.304	1	0.344	0.156	0.192	0.136
3	0.305	0.344	1	0.158	0.324	0.226
4	0.1	0.156	0.158	1	0.36	0.21
5	0.284	0.192	0.324	0.36	1	0.265
6	0.176	0.136	0.226	0.21	0.265	1

2단계: [SEM] 버튼을 누른 후 [Structural Equation Modeling]을 눌러 식을 입력한다. 이어서 [Variance-covariance matrix]를 지정한다. Sample size에 200을 입력한 후 Ctrl + Enter를 동시에 눌러 실행한다.

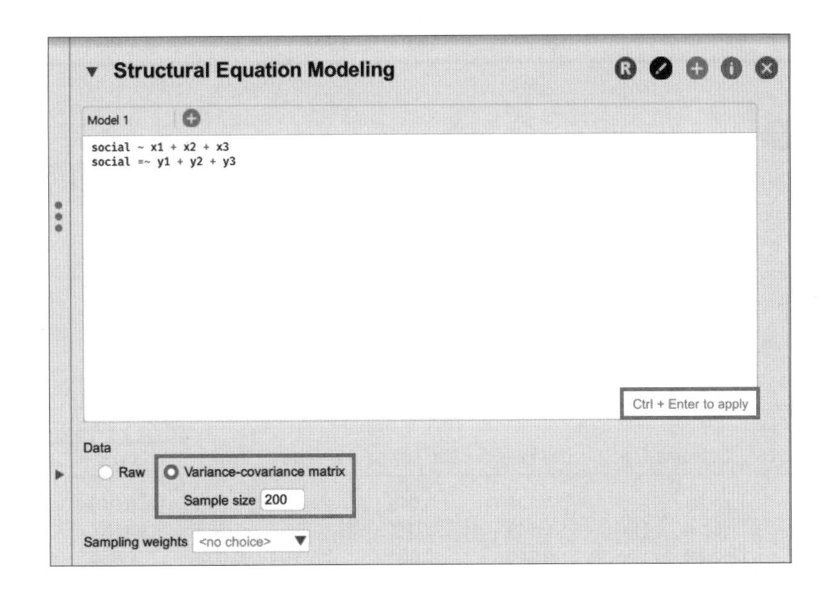

3단계 : [Output Options] 창에서 [Path diagram], [Show parameter estimates], [Show legend]를 지정한 후 결과창을 확인한다.

Model fit

	AIC	BIC	n	Baseline test			Difference test		
				χ²	df	p	Δχ²	Δdf	p
Model 1	1637.700	1667.385	200	4.725	6	0.580	4.725	6	0.580

결과 설명

모델 적합지수와 표본수를 확인할 수 있다. χ^2=4.725, 자유도=6이며, 이에 대한 확률(p)=0.580 > α=0.05임을 알 수 있다. 따라서 'H_0 : 연구모델은 적합할 것이다'라는 귀무가설을 채택한다.

Factor Loadings

Latent	Indicator	Estimate	Std. Error	z-value	p	95% Confidence Interval	
						Lower	Upper
social	y1	1.000	0.000			1.000	1.000
	y2	1.579	0.383	4.127	< .001	0.829	2.329
	y3	0.862	0.233	3.707	< .001	0.406	1.318

결과 설명

사회성(social)을 구성하는 3가지 측정변수에 대한 비표준화된 요인적재치가 나타나 있다. 편의상 y1 변수를 1로 고정하였다. p값이 < .001이기 때문에 모두 유의함을 알 수 있다.

Regression coefficients

Predictor	Outcome	Estimate	Std. Error	z-value	p	95% Confidence Interval	
						Lower	Upper
x1	social	0.108	0.046	2.347	0.019	0.018	0.198
x2	social	0.045	0.043	1.062	0.288	−0.038	0.129
x3	social	0.155	0.051	3.034	0.002	0.055	0.256

결과 설명

p < α=0.05이므로 사회성(social)에 미치는 변수는 x1(월 가족소득), x3(응답자의 교육정도)임을 알 수 있다. x2(직업)는 p(0.288) > α=0.05이기 때문에 유의하지 않은 변수임을 알 수 있다.

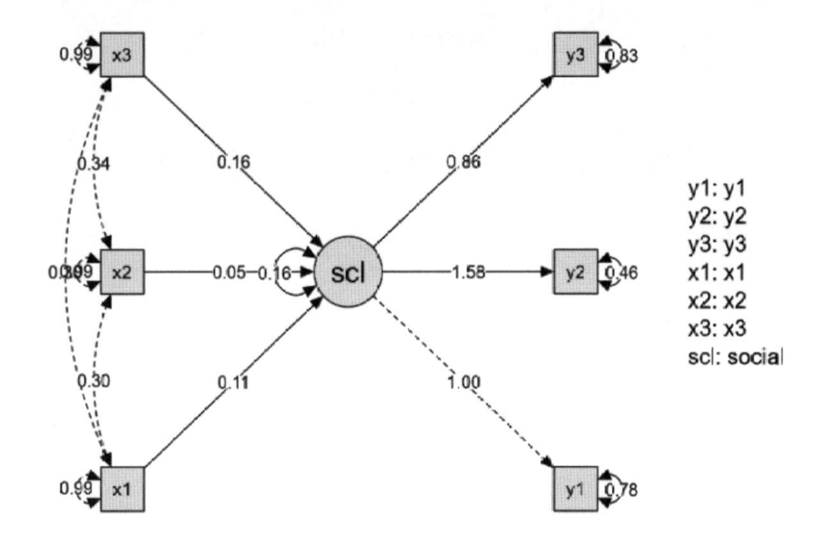

결과 설명

경로도형을 통해 다중지표 다중원인모델분석 결과를 확인할 수 있다.

5 잠재성장모델

5-1 잠재성장모델링의 의의

잠재성장모델링(Latent Growth Model, LGM) 또는 잠재성장곡선모델링(Latent Growth Curve Modeling, LGCM)은 3번 이상 측정된 종단자료(longitudinal data) 또는 패널자료(panel data)를 분석하는 방법이다. 잠재성장모델링에서는 종단자료와 패널자료의 집단수준이나 개인수준에서 변화의 크기 및 추이 변화를 살펴보며 분석한다. 연구자가 관심을 가지는 패널자료는 횡단면자료, 시계열자료, 코호트자료(Cohort data) 등이다. 횡단면자료는 1차자료나 2차자료를 단발성으로 조사한 것이며, 시계열자료는 주기별로 조사한 자료이다. 코호트란 특정한 시기에 태어났거나 동일 시점에 특정 사건을 경험한 사람들(집단)을 일컫는 말로, 코호트자료는 요인에 노출된 집단과 노출되지 않은 집단을 추적하고 연구 대상별로 요인의 관련성을 조사한 자료이다. 이들 자료에는 시간적인 개념이 포함된다.

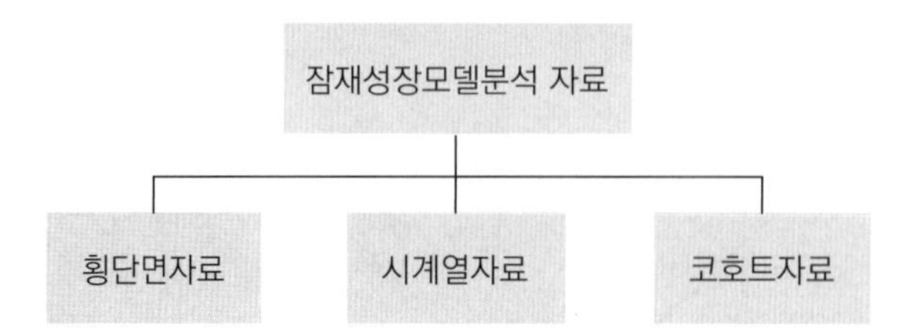

[그림 12-4] 잠재성장모델분석 자료

연구자는 3번 이상 또는 그 이상 측정된 종단자료나 패널자료에 대하여 집단평균, 또는 개인에 대한 변화량 등을 확인할 수 있다. 연구자는 잠재성장모델을 통해서 다음 사항을 확인할 수 있다.

- 무엇이 시간대별로 발생하였는가? 이 변화는 선형변화인가, 아니면 비선형적 변화인가?
- 어느 시점에서 프로세스가 시작되는가? 무엇이 초기수준(상수)인가?
- 프로세스 발달이 어떻게 진행되는가? 기울기가 가파른가 그렇지 않은가?
  만약 비선형 변화라면 방향 변화가 있는가?
- 초기 수준(상수)은 무엇을 나타내는가?
- 성장률은 무엇을 설명하는가?
- 하나의 속성이 다른 변화율에 어떻게 영향을 미칠 것인가?

잠재성장모델분석에 사용되는 데이터는 적어도 3번 이상 측정된 양적인 종속변수이어야 하며, 시간 흐름에 따라 동일한 단위를 갖는 점수가 있어야 한다. 또한 시간 구조(time structured)를 갖는 자료, 즉 동일 간격에 걸친 사례가 모두 측정되어야 한다. 연구자가 3월 아니면 상반기, 1년을 기준으로 하였다면 그 안에 끝내야 한다. 시간 구조의 기준이 흔들리면 연구에 의미가 없을 수 있다.

잠재성장모델분석에 사용되는 자료는 원자료(raw data), 행렬자료(상관행렬, 공분산자료), 변수의 평균자료(성별, 연령, 부모의 간섭 등) 등이다.

5-2 잠재성장모델 종류

다음 그림은 비조건적 모델의 종류를 나타낸 것이다. 심리학이나 교육 분야에서 자주 이용되는 자아존중감(self-efficacy)에 관한 내용을 주기별로 측정한 것을 예로 살펴보자.

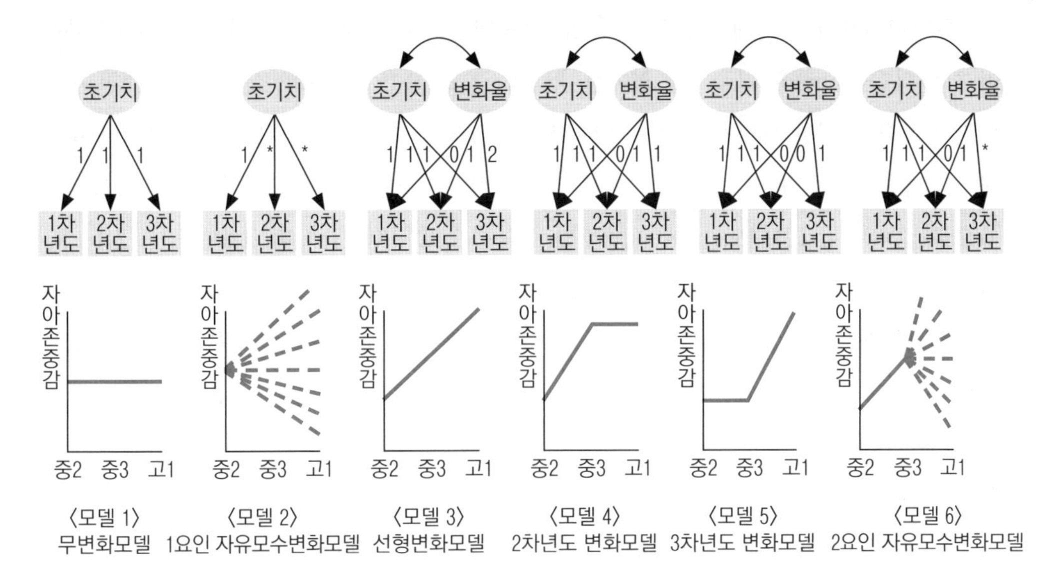

무변화모델(모델 1)은 초기치만 있고 변화율은 설정하지 않은 것으로 3년간 자아존중감의 변화가 유의미하지 않음을 가정하는 경우이다.

1요인 자유모수변화모델(모델 2)은 무변화모델처럼 1개 요인만 있는 것으로 2차년도 3차년도 요인계수를 자유롭게 추정하도록 설정하여 다양한 변화를 보다 간명하게 파악하기 위한 모델이다. 여기서는 자유롭게 추정하도록 설정한 요인계수는 *(asterisk)로 나타내었다. 실제 경로도형 구축 시에는 문자로 표시하거나 명칭을 부여할 수도 있다.

선형변화모델(모델 3)은 잠재성장모델의 가장 기본형으로 초기치와 변화율 2개의 잠재요인이 있는 것이다. 이 경우는 초기치와 변화율 2개를 동시에 고려하기 때문에 2수준 모델(level 2 model)이라고도 부른다. 연구자는 잠재요인의 초기치 요인계수를 모두 '1'로 고정한다. 초기치(intercept)는 프로세스 출발점의 초기수준을 나타내는 것으로 상수(constant)라고도 부른다. 선형변화모델을 수식으로 나타내면 다음과 같다.

$$\begin{pmatrix} y_1 \\ y_2 \\ y_3 \end{pmatrix} = \begin{pmatrix} 1\,0 \\ 1\,1 \\ 1\,2 \end{pmatrix} \times \begin{pmatrix} constant \\ slope \end{pmatrix} + \begin{pmatrix} e_1 \\ e_2 \\ e_3 \end{pmatrix}$$

초기치 3가지 수준에서 같은 값 '1'로 고정되는 이유는 자아존중감이 일정하기 때문이다. 변화율(slope)은 기울기를 의미한다. 만약, 연구자가 3년간의 조사자료에 대한 선형적인 변화를 가정한 모델을 설정하였을 경우, 연구자는 요인계수를 0, 1, 2로 고정하여 모델을 설정할 수 있다. 초기 수준인 1차년도는 성장이 없는 상태이기 때문에 요인계수가 '0'으로 입력된다. 2차년도는 첫 수준의 바로 다음으로 '1(0 + 1)'이다. 3차년도는 '2(1 + 1)'이다. 또 다른 방법으로 변화율을 '0'으로 시작해서 '1' 안에 있는 숫자로 배분할 수도 있다. 예를 들어, 다섯 기간에 걸쳐 조사된 자료인 경우, 5개의 회귀계수를 0, 0.25, 0.50, 0.75, 1로 고정할 수 있다. 만약, 연구모델이 비선형모델(nonlinear model), 즉 2차함수(quadratic model)인 경우라면 경로계수를 0, 1, 4로 고정한다. 이러한 경우는 복잡한 성장모델을 가정하기 때문에 1차항의 제곱값을 계수로 지정한다(0^2, 1^2, 2^2).

2차년도 변화모델(모델4)은 선형모델과 요인구조는 같으나 변화율의 요인계수를 선형모델처럼 설정하지 않고 0, 1, 1로 설정한다. 이 모델은 1차년도와 2차년도 사이에 자아존중감의 변화가 있으나 2차년도와 3차년도 사이에는 자아존중감의 변화가 없을 것임을 가정한다.

모델5(3차년도 변화모델)는 선형변화모델과 기본 구조는 같으나 변화율 요인계수를 0, 0, 1로 설정한 것으로, 이는 1차년도와 2차년도 사이에는 자아존중감의 실질적인 변화가 없고 2차년도에서 3차년도 사이에는 변화가 있다고 가정한 모델이다.

2요인 자유모수변화모델(모델 6)의 요인구조는 다른 2요인 모델들(3~5)과 동일하다. 여기서는 변화율의 1차, 2차 요인계수는 각각 0, 1로 고정하지만 변화율의 3차년도 요인계수는 자유롭게 추정하도록 설정한 모델이다. 변화율의 1차, 2차년도 요인계수를 0, 1로 고정하는 이유는 일정한 간격 기준을 설정한 것으로 1차년도에서 2차년도 사이의 변화를 1로 놓았을 때 2차년도와 3차년도 사이의 변화의 크기를 측정하기 위한 것이다. 2요인 자유모수변화모델은 변화율의 3차년도 요인계수를 자유롭게 추정하므로 자료의 실제적인 변화에 가깝게 모델을 설정할 수 있는 장점을 갖는다. 반면 자유도(df)가 줄어들어 모델의 간명성(parsimony)이 낮아지는 단점이 있다.

연구자는 무조건모델을 분석한 다음 조건모델을 분석함으로써 시간에 따른 변화를 예측할 수 있다. 조건모델에서는 시간 변화에 따른 발달 과정에 영향을 미치는 예측변수(predictors)를 투입하여 예측요인을 규명하는 방법이다. 대표적인 예는 다음 그림과 같다.

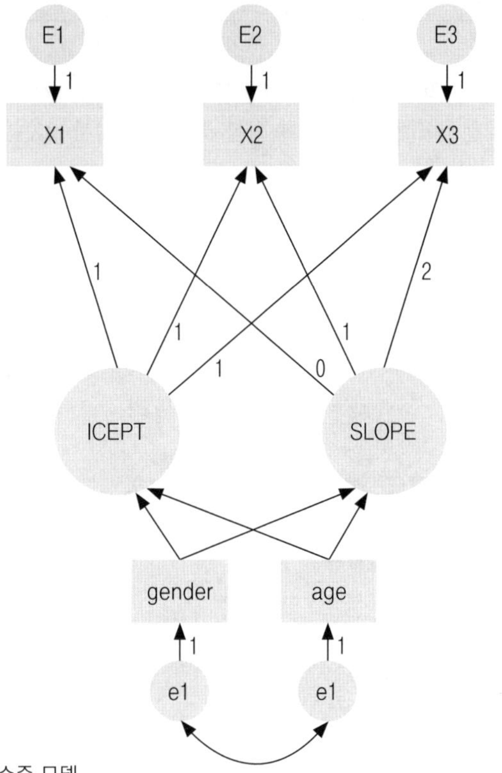

[그림 12-5] 잠재성장모델 2수준 모델

이는 자아존중감의 초기치와 변화율을 종속변수로 하고 성별, 연령 변수를 설명변수로 투입하여 2수준 분석하는 경우를 나타낸 것이다. 이외에도 연구자는 탄탄한 이론적 배경과 경험을 바탕으로 잠재성장모델과 구조방정식모델을 조합한 혼합모델(hybrid mode)을 만들 수도 있다.

잠재성장모델링에서 연구모델의 적합도는 일반적으로 절대적합지수(absolute fitness index)인 χ^2통계량, RMSEA(Root Mean Square Error of Approximation)와 증분적합지수(Incremental Fitness Index) 계열인 NFI, CFI 등을 사용한다. NFI나 CFI가 0.9 이상이거나 RMSEA가 0.05 이하이면 적합도는 매우 우수하다고 판단한다.

5-3 JASP 이용 잠재성장모델분석

JASP에서 잠재성장모델분석을 실습해보자.

> **예제 2**
>
> 다음 자료는 어느 대학교 경영학과 학생들이 4년 동안(y1, y2, y3, y4) 경제신문을 읽은(온라인, 오프라인 활동 포함) 후 경제이해력 점수를 측정한 것이다. 여기서 att는 학습태도로 이 값이 클수록 적극성이 높음을 나타낸다.

1단계 : JASP 프로그램을 실행하고 데이터(lgm.csv)를 불러온다.

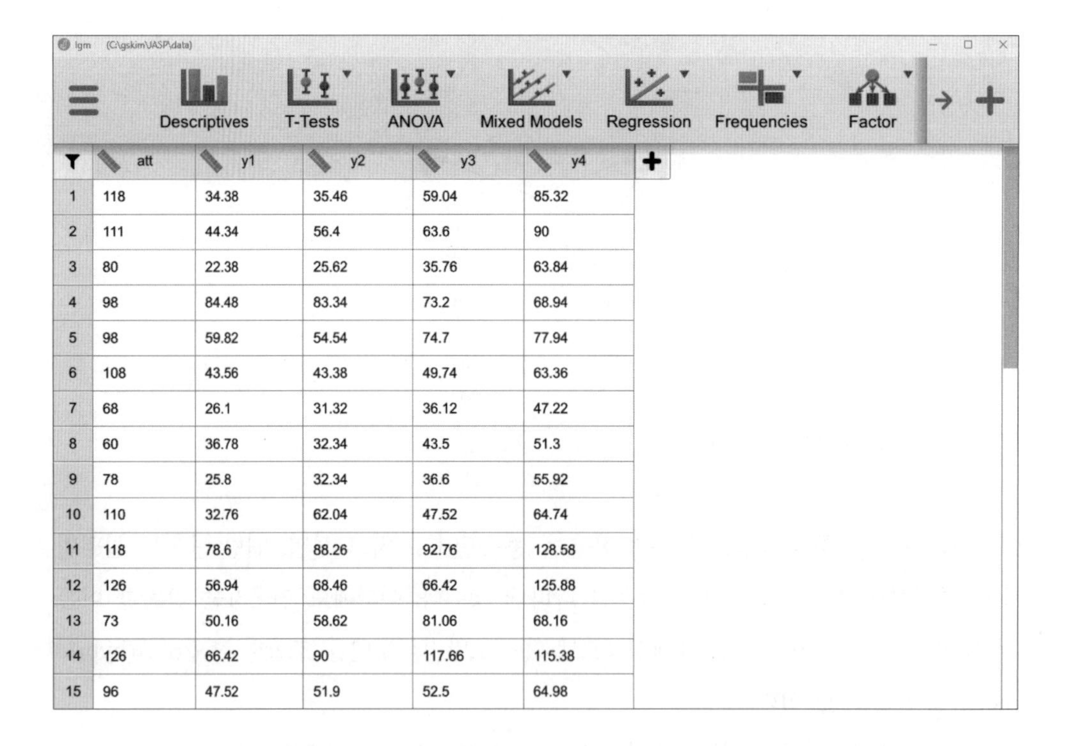

	att	y1	y2	y3	y4
1	118	34.38	35.46	59.04	85.32
2	111	44.34	56.4	63.6	90
3	80	22.38	25.62	35.76	63.84
4	98	84.48	83.34	73.2	68.94
5	98	59.82	54.54	74.7	77.94
6	108	43.56	43.38	49.74	63.36
7	68	26.1	31.32	36.12	47.22
8	60	36.78	32.34	43.5	51.3
9	78	25.8	32.34	36.6	55.92
10	110	32.76	62.04	47.52	64.74
11	118	78.6	88.26	92.76	128.58
12	126	56.94	68.46	66.42	125.88
13	73	50.16	58.62	81.06	68.16
14	126	66.42	90	117.66	115.38
15	96	47.52	51.9	52.5	64.98

2단계: [SEM] 버튼을 누른 후 [Latent Growth]를 누른다.

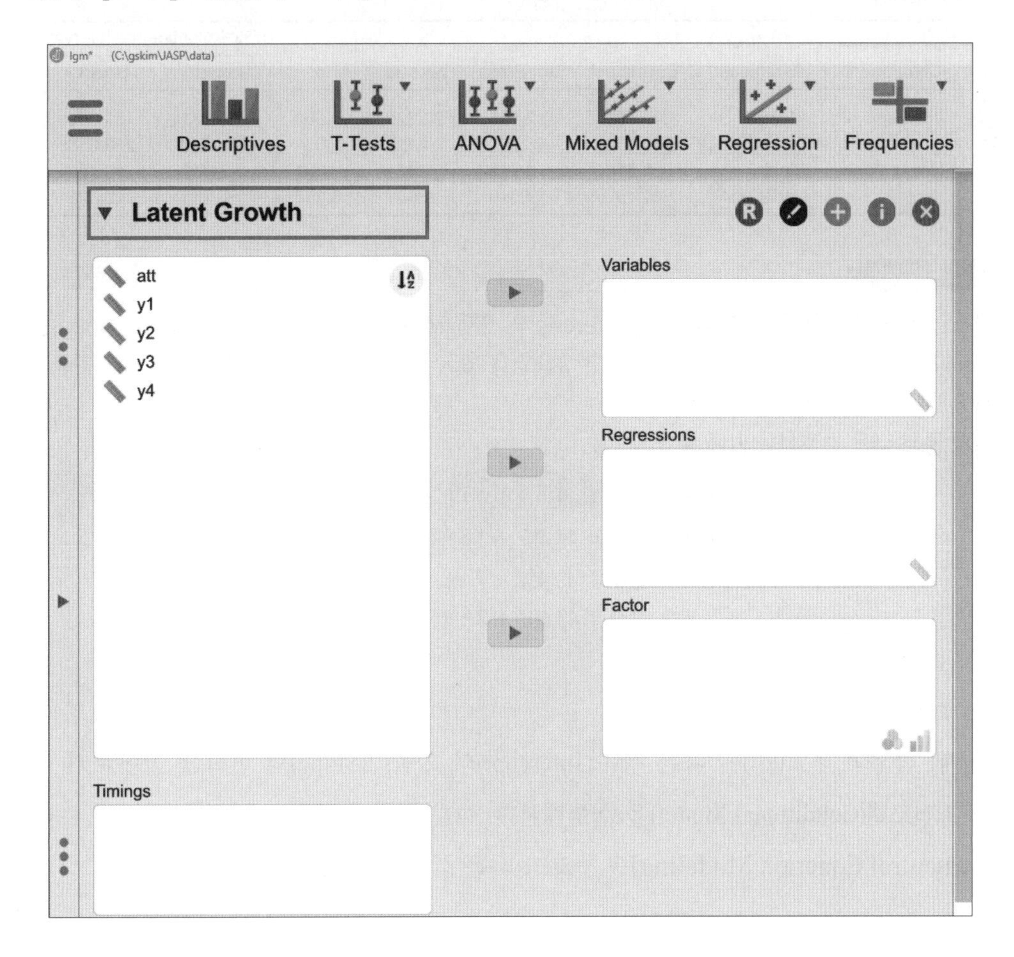

3단계: 무조건적 잠재성장모델의 분석을 수행하기 위해 [Variables] 칸으로 y1, y2, y3, y4 변수를 옮긴다.

Chi-square Test

Model	Χ²	df	p
Baseline model	136.225	6	
Growth curve model	2.456	5	0.783

결과 설명

기본모델의 정보와 잠재성장모델의 정보가 나와 있다. χ^2, 자유도(df)=5, 이에 대한 확률(p)=0.783 > α=0.05이므로 H_0(연구모델은 적합하다)를 채택한다. 더 다양한 지수를 확인하기 위해서 [Additional Output]에서 [Additional Fit Measures]를 지정한다.

Latent curve

Component	Parameter	Estimate	Std. Error	z-value	p	95%% Confidence Interval	
						Lower	Upper
Intercept	Mean	49.407	2.155	22.928	< .001	45.183	53.630
	Variance	200.553	48.727	4.116	< .001	105.050	296.056
Linear slope	Mean	8.814	0.746	11.821	< .001	7.352	10.275
	Variance	11.452	7.018	1.632	0.103	−2.303	25.208

결과 설명

무조건적 잠재성장모델의 분석 결과, Intercept의 평균(Mean)은 49.407, 기울기(Linear slope)는 8.814이다. 두 값은 <.001이기 때문에 모두 유의함을 알 수 있다. 기울기는 1년마다 경제이해력 점수가 8.814점씩 증가함을 나타낸다.
이를 통해 다음 추정식을 만들 수 있다.

1년(y1)의 경제이해력 점수 = 49.407 + 0 * 8.814 + 오차 = 49.407 + 오차
2년(y2)의 경제이해력 점수 = 49.407 + 1 * 8.814 + 오차 = 58.221 + 오차
3년(y3)의 경제이해력 점수 = 49.407 + 2 * 8.814 + 오차 = 67.035 + 오차
4년(y4)의 경제이해력 점수 = 49.407 + 3 * 8.814 + 오차 = 75.849 + 오차

4단계: 학생의 태도(att)에 따른 상수(Intercept)와 기울기(Slope)의 변화를 알아보기 위해 조건모델(Conditional Model)을 실행해본다. 이를 위해서 [SEM] 버튼을 누른다. 이어 [Structural Equation Modeling]을 누르고 다음 식을 입력한다.

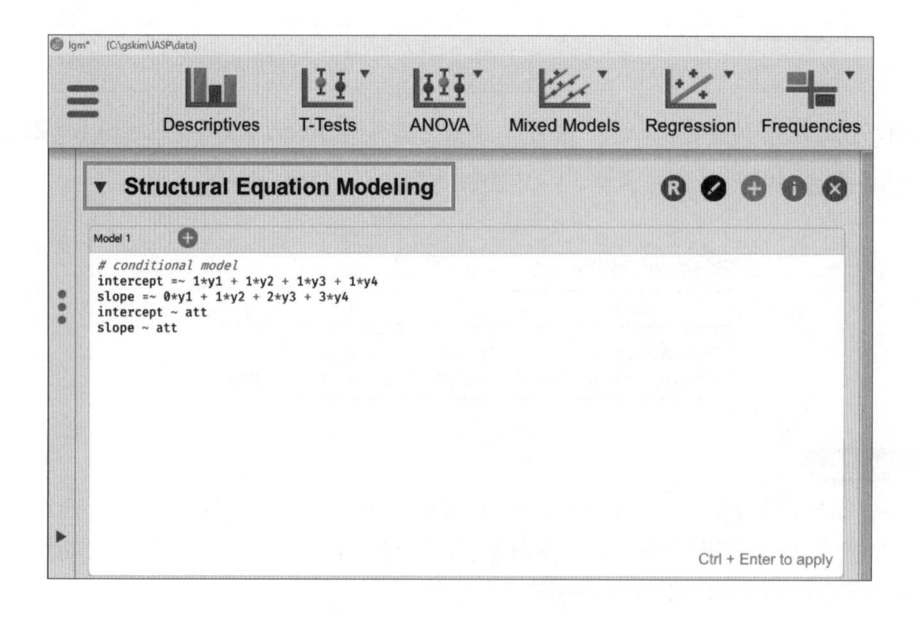

```
# conditional model
intercept =~ 1*y1 + 1*y2 + 1*y3 + 1*y4
slope =~ 0*y1 + 1*y2 + 2*y3 + 3*y4
intercept ~ att
slope ~ att
```

5단계 : Ctrl + Enter 를 누르면 다음과 같은 결과를 얻을 수 있다.

Model fit

				Baseline test			Difference test		
	AIC	BIC	n	χ²	df	p	Δχ²	Δdf	p
Model 1	1578.108	1602.965	50	7.870	5	0.164	7.870	5	0.164

결과 설명

χ^2=7.870, 자유도(df)=5, 이에 대한 확률(p)=0.164 > α=0.05이므로 H_0(연구모델은 적합할 것이다)를 채택한다.

Regression coefficients

						95% Confidence Interval	
Predictor	Outcome	Estimate	Std. Error	z-value	p	Lower	Upper
att	intercept	0.442	0.104	4.262	< .001	0.239	0.646
	slope	0.136	0.037	3.691	< .001	0.064	0.209

결과 설명

태도(att)로부터 상수(Intercept)의 계수는 0.442로 유의함을 알 수 있다(<0.001). 태도(att)로부터의 기울기(slope) 계수는 0.136으로 유의함을 알 수 있다(p < 0.001). 태도(att)가 1씩 증가할 때마다 경제이해력 점수는 0.136씩 증가함을 알 수 있다.

알아두면 좋아요!

구조방정식모델의 심층 내용을 학습할 수 있는 추천 도서와 구조방정식모델 JASP 분석 사이트이다.

- 김계수 (2015). 《R-구조방정식 모델링》. 한나래아카데미.
- 김계수 (2007). 《New Amos 16.0 구조방정식 모형분석》. 한나래아카데미.
- 김계수 (2013). 《SmartPLS이용 쉬운 구조방정식모델》. 도서출판청람.
- 김계수 (2019). 《조건부 프로세스 분석》. 한나래아카데미.

• JASP 이용 매개효과 조절효과 분석 내용 제공

분석 도전

1. 주변에서 데이터를 수집한 후 PLS-SEM을 통해 분석해보자.

2. 매개효과분석을 실행해보고 총효과(간접효과, 직접효과)의 유의성을 언급해보자.

3. 다중지표 다중원인모델분석의 유용성에 대하여 이야기해보자.

4. 주변에서 데이터를 확보하여 잠재성장모델을 분석해보자.

5부

네트워크와 머신러닝

13장 네트워크

학습목표

- ☑ 네트워크분석의 개념을 명확히 이해한다.
- ☑ 노드, 에지 개념을 명확히 이해한다.
- ☑ 네트워크분석에서 중심성을 판단하는 4가지 척도인 연결 중심성, 근접 중심성, 매개 중심성, 고유벡터 중심성의 개념과 각각의 차이를 이해한다.
- ☑ 네트워크분석 후 결과를 해석한다.

1 네트워크

1-1 단일표본

네트워크 또는 사회연결망(social network)은 사회학에서 개인, 집단, 사회의 관계를 네트워크로 파악하는 분석방법이다. 관계의 주체가 되는 행위자들은 노드(node)로, 관계들은 노드 사이를 연결하는 에지(edge)로 나타낼 수 있다. 사회현상이나 경제현상과 관련하여 우리 주변에서 찾아볼 수 있는 관계를 수학적 형태의 그래프로 바꾸면 시각적인 해석이 용이해진다.

개인 또는 집단은 네트워크상에 존재하는 하나의 노드에 해당하며, 사회연결망은 각 노드 간 상호의존적 관계(tie)에 의해 만들어지는 사회적 관계 구조에 해당한다고 볼 수 있다. 모든 노드는 네트워크 안에 존재하는 개별적인 주체들이고, 타이(tie)는 각 노드 간의 관계를 뜻한다. 아래 그림은 A, B, C, D, E라는 사람의 연결을 네트워크로 나타낸 것이다. 여기서 E를 네트워크 중심에 있다고 하여 허브(hub)라고 부른다.

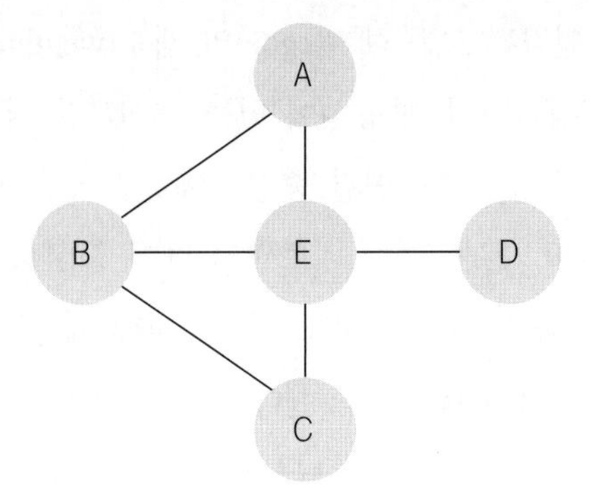

[그림 13-1] 네트워크-무방향성

이 네트워크는 무방향성, 즉 가중치가 없는 그래프이다. 5개의 노드로 이루어져 있으므로 5×5 인접행렬 A로 나타낼 수 있다.

$$A = \begin{pmatrix} A_{11} & A_{12} & A_{13} & A_{14} & A_{15} \\ A_{21} & A_{22} & A_{23} & A_{24} & A_{25} \\ A_{31} & A_{32} & A_{33} & A_{34} & A_{35} \\ A_{41} & A_{42} & A_{43} & A_{44} & A_{45} \\ A_{51} & A_{52} & A_{53} & A_{54} & A_{55} \end{pmatrix}$$

$$A = \begin{pmatrix} 0\,1\,0\,0\,1 \\ 1\,0\,1\,0\,1 \\ 0\,1\,0\,0\,1 \\ 0\,0\,0\,0\,1 \\ 1\,1\,1\,1\,0 \end{pmatrix}$$

A_{ij}는 노드 i가 j와 연결되어 있는지를 나타낸다. 행렬의 구성요소가 가질 수 있는 경우에서 0은 연결이 안 된 경우, 1은 연결된 경우를 나타낸다.

네트워크 이론에서 중심성(centrality)이란 그래프 혹은 사회연결망에서 꼭짓점(vertex) 혹은 노드(node)의 상대적 중요성을 나타내는 척도이다. 중심성은 지수로 계산한다. 중심성 지수는 계산방법에 따라 ① 연결 중심성, ② 고유벡터 중심성, ③ 매개 중심성, ④ 근접 중심성 등이 있다.

첫 번째, 연결 중심성(Degree Centrality, C_d)은 네트워크에서 가장 간단한 중심성 척도이다. 한 노드(node)에 연결된 모든 에지(egde)의 개수(weighted 그래프일 경우에는 모든 weight의 합)로 중심성을 평가한다. 방향성이 있는 그래프일 경우에는 노드로 들어오는 에지와 나가는 에지가 다를 수 있다. 연결 중심성으로 노드의 인기도, 노드의 영향력을 살필 수 있다. 하지만 단순 C_d로는 여러 네트워크 간에 중심성 비교를 수행하기 어렵다. 네트워크의 규모가 커질수록 당연히 C_d값도 커지기 때문에 공정한 비교가 되지 않는다. 이러한 이유로 정규화를 하여 사용하기도 한다. 정규화에는 네트워크 내에서 가능한 한 최대 C_d값인 N-1(N은 모든 노드의 숫자)로 나누는 방법이 있고, 실제로 해당 네트워크 내에서 나오는 가장 큰 C_d값으로 나누는 방법도 있다. 혹은 네트워크 내 모든 C_d값의 합으로 나눠서 정규화하기도 한다.

[그림 13-1] 네트워크 그림에 적용해보면 E에 연결된 간선이 4개로 가장 많으므로 E의 중심성이 가장 높다고 볼 수 있다. 모든 노드의 C_d값을 편의상 하나의 벡터로 나타낼 수도 있는데 그러면 앞 예시에서의 C_d값은 다음과 같이 표현할 수 있다.

$$C_d = A \cdot 1 = \begin{pmatrix} 2 \\ 3 \\ 2 \\ 1 \\ 4 \end{pmatrix}$$

두 번째, 고유벡터 중심성(Eigenvector Centrality, C_e)은 다른 노드의 중심성을 반영하는 것이다. 사실 무조건 연결된 노드가 많다고 중요한 노드가 되는 것은 아니며, 중요한 노드와 많이 연결된 노드가 더 중요하다. 예를 들어 카카오톡 친구가 많다고 유명인사가 되는 것은 아니며, 유명인사 친구가 많을수록 유명인사라고 할 수 있을 것이다. 연결 중심성(C_d)은 단순히 연결된 노드의 숫자만 살핀다는 점에서 약점이 있기 때문에 고유벡터 중심성(C_e)에서는 중심성을 계산할 때 다른 노드의 중심성을 반영한다.

$$\lambda C_e = AC_e$$

여기서 A가 네트워크의 N×N 인접행렬이고 C_e가 중심성 값을 나타내는 1×N 행렬이라고 하면 위와 같은 식을 도출할 수 있다. 선형대수론을 따르면 이때 C_e는 A의 고유

벡터, λ는 고윳값이라고 한다. A가 5×5 행렬이기 때문에 가능한 고윳값이 5개가 나온다. 다음은 R 프로그램에서 고윳값을 구하기 위한 내용이다.

```
> A=matrix(c(0, 1, 0, 0, 1, 1, 0, 1, 0, 1, 0, 1, 0, 0, 1, 0, 0, 0, 0, 1, 1, 1, 1, 1, 0), ncol=5)
> dim(A)
[1] 5 5
> eigen(A)
eigen() decomposition
$values
[1] 2.685544e+00 3.349040e-01 -1.776357e-15 -1.271330e+00 -1.749118e+00

$vectors
           [,1]       [,2]          [,3]       [,4]       [,5]
[1,] -0.4119173 -0.2004375  7.071068e-01  0.2834152 -0.4580664
[2,] -0.5236829 -0.3505888 -1.879736e-16 -0.7611239  0.1534083
[3,] -0.4119173 -0.2004375 -7.071068e-01  0.2834152 -0.4580664
[4,] -0.2169166  0.8463963 -7.771561e-16 -0.3152678 -0.3703603
[5,] -0.5825390  0.2834615 -7.540819e-16  0.4008096  0.6478037
```

매개 중심성(Betweenness Centrality, C_b)은 노드들 간의 최단 경로를 가지고 계산하는 중심성 척도이다. 'A도시의 중요성을 보려면 A를 제외한 도시에 사는 사람들이 다른 도시로 이동할 때 얼마나 A를 지나가는지를 살펴보면 된다'는 아이디어를 바탕으로 하고 있다. 그래프 이론의 용어로 다시 써보자면, 노드 A의 중요성은 A가 아닌 X, Y 노드에 대해 X-Y의 최단 경로에 A가 포함되어 있는 비율로 볼 수 있다. 이 경우 노드 X에서 Y로 지나가는 최단 경로들이 항상 A를 지나간다면 그 값은 1이 된다. 반대로 노드 X, Y에 대해서 X에서 Y로 지나가는 최단 경로들이 하나도 A를 지나가지 않으면 그 값은 0이 된다. 이 값들을 A를 제외한 모든 노드들에 계산하여 합치면 그 값이 바로 C_b가 된다.

C_b값도 네트워크 규모에 따라 그 크기가 달라질 수 있으니 다른 네트워크와 비교하기 위해서는 정규화를 해주어야 한다. 간단한 정규화 방법은 가능한 한 최대의 C_b값으로 나누는 것이다. 전체 노드의 개수가 N개라고 하면, 한 노드 A를 선택하고 남은 노드의 개수는 N-1개다. N-1개 중에서 순서 상관없이 2개를 뽑는 경우는 총 $(N-1) * (N-2) / 2$ 가지이다. 이 값들이 모두 1이 나오는 경우가 최댓값일 테니 노드 개수가 N인 네트워크의 최대 C_b값은 $(N-1) * (N-2) / 2$가 된다. 이 값으로 나눠서 정규화하면 정규화된 C_b값은

항상 0-1 사이에 위치하게 된다.

근접 중심성(Closeness Centrality, C_c)은 중요한 노드일수록 다른 노드까지 도달하는 경로가 짧을 것이라고 가정하는 중심성 척도이다. 예를 들어 도시에 비유하자면, A도시에 사는 사람이 전국 각지로 가는 데 걸리는 시간 평균과 B도시에 사는 사람이 전국 각지로 가는 데 걸리는 시간 평균을 비교해서 A가 더 짧다면 A가 더 중심적인 도시라고 판단하는 것과 같다. 이를 수학적으로 계산하기 위하여 한 노드 A에서 A를 제외한 다른 노드들까지 최단 경로의 길이를 평균을 내고, 그 값을 역수로 취한다.

JASP 이용 네트워크분석

예제 1

앞서 2장에서 다룬 데이터(ch2.jasp, total.csv)를 이용하여 네트워크분석을 실시해보자. x3(고객구매경험, 0. 신규고객, 1. 장기고객)에 따른 x6(제품품질)부터 x21(고객성과)까지의 네트워크 연계를 분석해보자.

1단계 : 데이터 total.csv 또는 ch2.jasp를 불러온다. 오른쪽 상단 [+(Show modules menue)] 버튼을 눌러 [Network]를 지정한다.

Descriptives T-Tests ANOVA Mixed Models Regression Frequencies Factor

	id	x1	x2	x3	x4	x5	x6	x7	x8	x9	x10	x11	x12	x13	+
1	1	1	0	1	1	1	6.4	4.5	5.1	6.1	4.7	5.7	5.7	8.4	5.4
2	2	3	0	1	0	2	8.7	3.2	4.6	4.8	2.7	6.8	4.6	6.8	5.8
3	3	1	0	1	1	1	6.1	4.9	6.3	3.9	4.4	3.9	6.4	8.2	5.8
4	4	1	1	0	0	2	9.5	5.6	4.6	6.9	5	6.9	6.6	7.6	6.5
5	5	3	1	0	0	2	9.2	3.9	5.7	5.5	2.4	8.4	4.8	7.1	6.7
6	6	2	0	1	1	2	6.3	4.5	4.7	6.9	4.5	6.8	5.9	8.8	6
7	7	3	0	0	0	1	8.7	3.2	4	6.8	3.2	7.8	3.8	4.9	6.1
8	8	2	1	0	1	2	5.7	4	6.7	6	3.3	5.5	5.1	6.2	6.7
9	9	2	0	1	1	1	5.9	4.1	5.5	7.2	3.5	6.4	5.5	8.4	6.2
10	10	2	1	1	1	1	5.6	3.4	5.1	6.4	3.7	5.7	5.6	9.1	5.4
11	11	3	0	1	1	1	9.1	4.5	3.6	6.4	5.3	5.3	7.1	8.4	5.8
12	12	1	0	0	1	1	5.2	3.8	7.1	5.2	3.9	4.3	5	8.4	7.1
13	13	3	0	0	0	1	8.7	3.2	8.4	6.1	2.8	7.8	3.8	4.9	7.2
14	14	2	0	1	1	2	8.4	3.8	6.7	5	4.5	4.7	5.9	6.7	5.1
15	15	1	0	0	0	2	8.8	3.9	3.8	5.1	4.3	4.7	4.8	5.8	5

2단계 : [Network] 버튼을 누르고 [Classical Network Analysis] 버튼을 누른다.

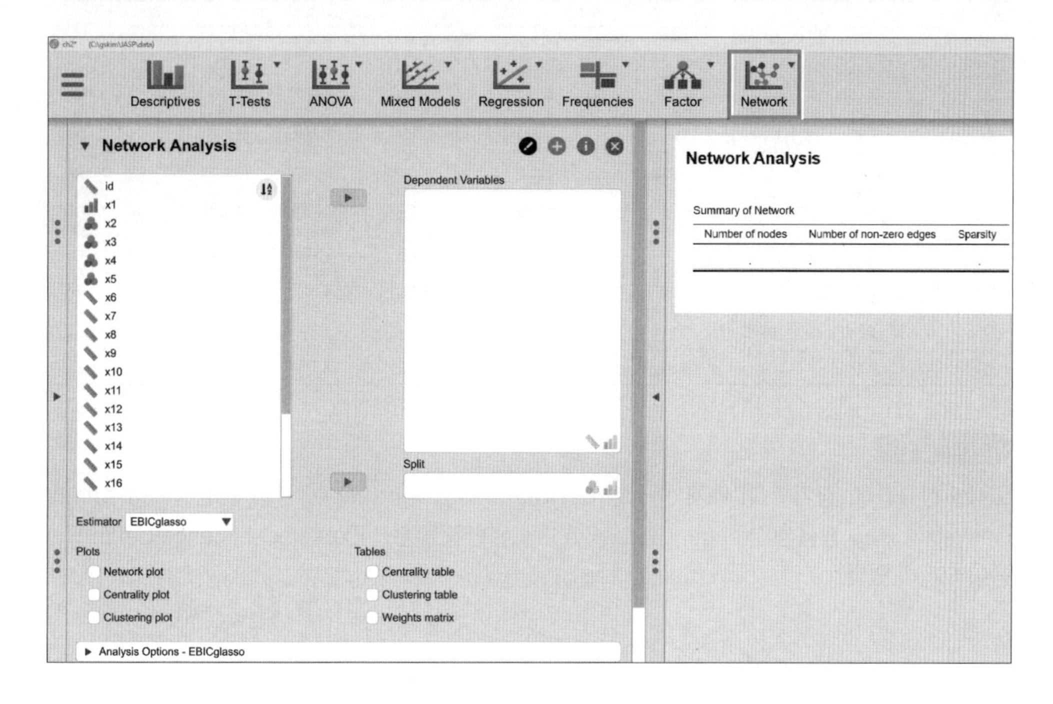

3단계 : x6(제품품질)부터 x21(고객성과)까지 변수를 [Dependent Variables] 칸으로 옮긴다. 이어 x3(고객구매경험, 신규고객(0), 장기고객(1))를 [Split] 칸으로 옮긴다.

4단계 : [Plots]에서 [Network plot], [Centrality plot], [Clustering plot]에 체크한다. [Tables]에서는 [Centrality table], [Clustering table], [Weights matrix] 등에 체크한다.

Summary of Network

Network	Number of nodes	Number of non-zero edges	Sparsity
0	16	47 / 120	0.608
1	16	52 / 120	0.567

결과 설명

x3(고객구매경험, 신규고객(0), 장기고객(1))에 따른 노드의 수, 0이 아닌 에지의 수(Number of none-zero edges)가 나타나 있다. Sparsity는 전체 행렬에서 0이 차지하는 비중을 의미한다. 신규고객(0)은 0.608(73/120)이고 장기고객(1)은 0.576(68/120)이다.

Centrality measures per variable

	0				1			
Variable	Betweenness	Closeness	Strength	Expected influence	Betweenness	Closeness	Strength	Expected influence
x6	−0.452	0.351	−0.342	−0.540	−0.467	0.849	−0.095	−1.593
x7	−0.630	−0.056	−0.251	−0.120	−0.934	−0.900	−0.062	0.322
x8	0.262	−1.773	−0.151	0.465	−0.117	−0.619	−0.269	−0.799
x9	0.084	0.919	−0.043	0.549	0.117	0.700	−0.004	0.727
x10	−0.987	−0.591	−1.185	−0.339	−0.467	−1.131	−1.110	−0.030
x11	1.422	1.103	1.688	−1.650	1.752	1.277	0.857	−0.093
x12	0.708	0.132	0.915	1.126	0.467	−0.648	0.194	0.826
x13	−0.987	−0.193	−0.929	−1.409	0.234	0.288	−0.563	−1.527
x14	−0.987	−1.881	−0.312	0.340	−0.584	−0.827	−0.535	−0.159
x15	−0.987	−1.443	−2.052	−1.377	−1.051	−2.085	−2.289	−0.869
x16	1.154	0.516	−0.203	0.425	−0.701	−0.225	−0.249	−0.102
x17	0.708	1.171	1.056	−0.947	1.401	1.381	1.448	−1.110
x18	1.868	1.210	1.341	1.624	−0.234	0.790	1.769	1.836
x19	0.797	0.635	1.141	1.469	2.219	1.230	1.143	1.297
x20	−0.987	0.211	−0.177	0.445	−0.584	0.126	0.355	1.012
x21	−0.987	−0.310	−0.496	−0.062	−1.051	−0.207	−0.591	0.264

결과 설명

고객별(신규고객, 장기고객) 매개 중심성(Betweenness Centrality), 근접 중심성(Closeness Centrality), 강도 중심성(Strength Centrality), 기대영향력 중심성(Expected Influence Centrality) 등이 나타나 있다.

Clustering measures per variable

	0				1			
Variable	Barrat	Onnela	WS	Zhang	Barrat	Onnela	WS	Zhang
x10	0.078	0.778	0.829	−0.394	−0.833	−0.053	−0.916	1.551
x11	−0.879	−0.434	−0.914	−0.156	−0.108	0.248	−0.361	0.182
x12	−0.348	0.137	0.082	−1.247	−1.484	−0.873	−0.916	−0.412
x13	0.746	0.552	0.456	0.671	−0.708	−1.195	−0.528	−0.944
x14	−1.216	−1.807	−1.038	−1.590	1.123	0.707	1.218	−0.659
x15	2.650	0.058	2.697	2.218	2.674	2.941	2.965	2.836
x16	−0.490	−0.733	−0.771	0.793	−0.010	−0.172	0.193	0.071
x17	−0.713	−0.619	−1.038	0.221	−0.384	−0.190	−0.154	−0.359
x18	0.467	2.325	0.456	0.484	−0.541	−0.540	−0.916	−0.146
x19	−0.725	−0.699	−1.038	−0.738	0.143	0.544	0.054	−0.545
x20	0.217	−0.424	−0.505	0.232	−0.042	−0.408	−0.107	−0.327
x21	−0.208	0.334	−0.665	0.511	1.151	−0.052	0.193	0.686
x6	−0.131	0.250	0.082	0.163	−0.662	−0.736	−0.639	−0.739
x7	1.051	0.757	1.016	−0.555	−0.821	−0.053	−0.916	−0.190
x8	−1.301	−1.412	−0.104	−1.546	−0.021	−1.137	0.193	−1.175
x9	0.803	0.939	0.456	0.934	0.524	0.967	0.636	0.169

결과 설명

클러스터링 측정 관련하여 네트워크모델에서 클러스터링 계수(노드가 함께 클러스터링되는 정도를 정량화)를 추정하는 여러 가지 방법이 있는데, JASP 프로그램에서는 그중 4가지를 제시한다. Barrat clustering coefficient, Onnela clustering coefficient, WS clustering coefficient, Zhang clustering coefficient이다. 각 방법의 자세한 계산방법에 관해서는 순서대로 다음 연구자들의 도서를 참고하면 된다(Barrat et al, 2014; Onnela's et al., 2005; Zhang & Horvath's, 2005; Watts & Strogatz, 1998; Constantini & Perugini, 2014).

Weights matrix

Variable	x6	x7	x8	x9	x10	x11	x12	x13	x14	x15	x16	x17	x18	x19	x20	x21
	0															
x6	0.000	0.000	0.000	0.000	0.000	0.063	0.000	0.000	0.000	0.020	0.000	−0.216	0.000	0.221	0.101	0.187
x7	0.000	0.000	0.000	0.000	0.000	−0.128	0.516	0.088	0.000	0.000	0.072	0.038	0.000	0.000	0.000	0.000
x8	0.000	0.000	0.000	0.007	0.000	0.000	0.000	0.000	0.752	0.000	0.066	0.000	0.015	0.000	0.042	0.000
x9	0.000	0.000	0.007	0.000	0.000	0.086	0.000	0.000	0.000	0.000	0.282	0.000	0.365	0.184	0.000	0.000
x10	0.000	0.000	0.000	0.000	0.000	0.000	0.333	0.000	0.000	0.000	0.000	0.000	0.000	0.045	0.000	0.097
x11	0.063	−0.128	0.000	0.086	0.000	0.000	−0.042	−0.255	0.000	−0.092	0.000	−0.377	0.368	0.083	0.108	0.000
x12	0.000	0.516	0.000	0.000	0.333	−0.042	0.000	0.079	0.000	0.000	0.000	0.126	0.000	0.202	0.000	0.000
x13	0.000	0.088	0.000	0.000	0.000	−0.255	0.079	0.000	0.000	0.000	0.000	0.089	0.000	0.000	0.000	−0.065
x14	0.000	0.000	0.752	0.000	0.000	0.000	0.000	0.000	0.000	0.000	0.000	0.040	0.000	0.019	0.008	0.000
x15	0.020	0.000	0.000	0.000	0.000	−0.092	0.000	0.000	0.000	0.000	0.000	0.024	0.000	0.000	0.000	0.000
x16	0.000	0.072	0.066	0.282	0.000	0.000	0.000	0.000	0.000	0.000	0.000	0.042	0.316	0.031	0.053	0.000
x17	−0.216	0.038	0.000	0.000	0.000	−0.377	0.126	0.089	0.040	0.024	0.042	0.000	0.403	0.000	0.000	0.000
x18	0.000	0.000	0.015	0.365	0.000	0.368	0.000	0.000	0.000	0.000	0.316	0.403	0.000	0.000	0.000	0.000
x19	0.221	0.000	0.000	0.184	0.045	0.083	0.202	0.000	0.019	0.000	0.031	0.000	0.000	0.000	0.383	0.220
x20	0.101	0.000	0.042	0.000	0.000	0.108	0.000	0.000	0.008	0.000	0.053	0.000	0.000	0.383	0.000	0.177
x21	0.187	0.000	0.000	0.000	0.097	0.000	0.000	−0.065	0.000	0.000	0.000	0.000	0.000	0.220	0.177	0.000

1															
x6	x7	x8	x9	x10	x11	x12	x13	x14	x15	x16	x17	x18	x19	x20	x21
0.000	−0.101	0.000	−0.008	0.000	0.000	0.000	−0.248	0.000	0.000	0.000	−0.229	0.000	0.137	0.171	0.068
−0.101	0.000	0.000	0.000	0.214	0.000	0.605	0.000	0.000	0.000	0.000	0.000	0.054	0.000	0.000	0.000
0.000	0.000	0.000	0.000	0.000	0.000	0.000	−0.145	0.442	0.000	−0.157	−0.002	−0.047	0.000	0.089	0.017
−0.008	0.000	0.000	0.000	0.000	0.038	0.000	0.000	0.000	0.000	0.344	0.036	0.384	0.185	0.000	0.000
0.000	0.214	0.000	0.000	0.000	0.000	0.199	0.149	0.000	0.000	0.000	0.000	0.030	0.000	0.000	0.000
0.000	0.000	0.000	0.038	0.000	0.000	0.000	0.000	0.092	0.096	0.000	−0.374	0.301	0.240	0.131	0.035
0.000	0.605	0.000	0.000	0.199	0.000	0.000	0.000	0.000	0.000	−0.018	0.000	0.000	0.150	0.038	0.056
−0.248	0.000	−0.145	0.000	0.149	0.000	0.000	0.000	0.000	0.000	0.000	0.160	0.000	−0.071	0.000	−0.019
0.000	0.000	0.442	0.000	0.000	0.092	0.000	0.000	0.000	0.000	0.066	−0.138	0.000	0.000	0.064	0.000
0.000	0.000	0.000	0.000	0.000	0.096	0.000	0.000	0.000	0.000	0.000	0.000	0.066	0.000	0.000	0.000
0.000	0.000	−0.157	0.344	0.000	0.000	−0.018	0.000	0.066	0.000	0.000	0.140	0.141	0.000	0.039	0.000
−0.229	0.000	−0.002	0.036	0.000	−0.374	0.000	0.160	−0.138	0.000	0.140	0.000	0.445	0.000	0.000	0.000
0.000	0.054	−0.047	0.384	0.030	0.301	0.000	0.000	0.000	0.066	0.141	0.445	0.000	0.130	0.042	0.000
0.137	0.000	0.000	0.185	0.000	0.240	0.150	−0.071	0.000	0.000	0.000	0.000	0.130	0.000	0.233	0.266
0.171	0.000	0.089	0.000	0.000	0.131	0.038	0.000	0.064	0.000	0.039	0.000	0.042	0.233	0.000	0.319
0.068	0.000	0.017	0.000	0.000	0.035	0.056	−0.019	0.000	0.000	0.000	0.000	0.000	0.266	0.319	0.000

결과 설명

고객별(신규고객(0), 장기고객(1))로 각 변수에 대한 가중치 매트릭스가 나타나 있다.

Network Plots

0 **1**

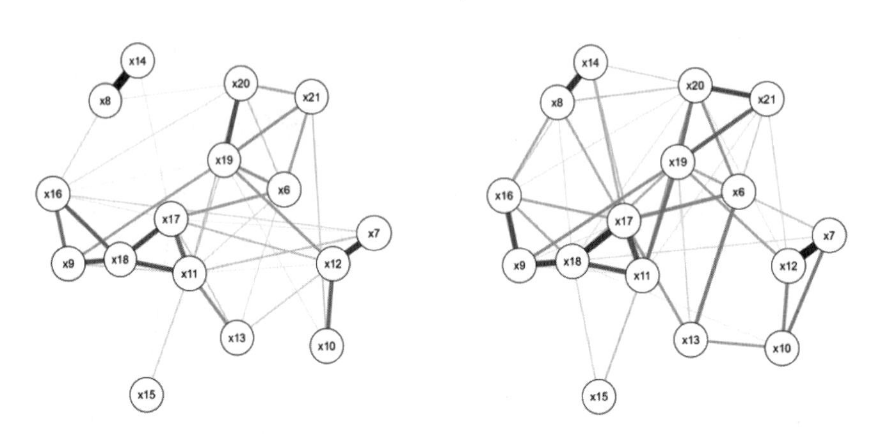

결과 설명

고객별(신규고객(0), 장기고객(1))로 각 변수에 대한 네트워크가 나타나 있다. 자세히 보면 신규고객과 장기고객의 변수별 네트워크 굵기가 다른 것을 발견할 수 있다. 예를 들면, 신규고객(0)의 경우 x11(제품구성)과 x19(고객만족)의 관계 네트워크, x6(제품품질)과 x13(콜센터직원의 친절도) 간 네트워크가 약하게 연결된 반면에 장기고객(1)의 경우는 강하게 연결되어 있다.

Centrality Plot

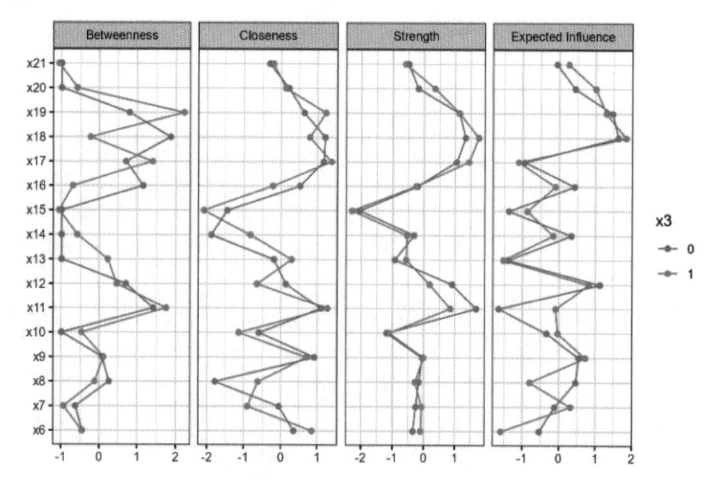

결과 설명

x3(고객별, 신규고객(0), 장기고객(1))에 대한 매개 중심성(Betweenness Centrality), 근접 중심성(Closeness Centrality), 강도 중심성(Strength Centrality), 기대영향력 중심성(Expected Influence Centrality)이 시각화로 나타나 있다.

Clustering Plot

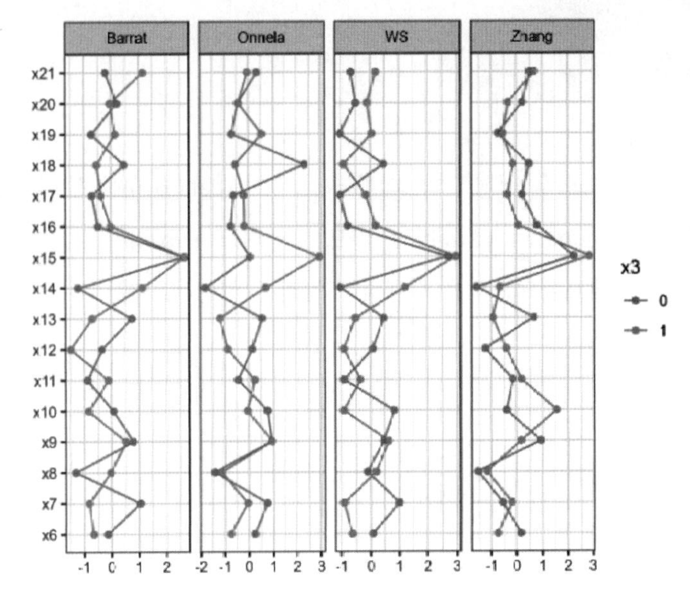

결과 설명

x3(고객별, 신규고객(0), 장기고객(1))에 대한 Barrat, Onnela, WS, Zhang 클러스터링 그림이 나타나 있다.

알아두면 좋아요!

네트워크분석과 관련해서 유용한 내용들을 살펴볼 수 있는 사이트이다.

- 네트워크분석 전문가인 바라바시(Barabasi) 교수가 정보 제공

- 바라바시 교수의 《네트워크 사이언스》 도서 소개

분석 도전

1. JASP 프로그램을 실행한 후 데이터(data.csv, data.jasp)를 불러온다. 이어 x1~y8까지의 변수를 [Dependent Variables] 칸으로 옮기고, [Split] 칸으로 sex(성별) 변수를 옮긴다. 그런 다음 네트워크분석을 수행하고 결과를 설명해보자.

14장 머신러닝_회귀

학습목표

☑ 머신러닝의 학습방법인 지도학습, 비지도학습, 강화학습의 개념과 차이를 이해한다.
☑ 머신러닝 데이터의 분석 절차를 익히자.
☑ 머신러닝 회귀분석의 다양한 방법을 실행하고 분석방법을 비교해보자.

1 머신러닝의 정의와 학습방법

머신러닝은 데이터를 반복적으로 학습하여 데이터에 숨어 있는 패턴을 찾아내는 것을 말한다. 이러한 반복 학습을 하지 않은 컴퓨터는 책상 위에 놓여 있는 볼펜과 마우스 이미지를 오인할 수 있다. 컴퓨터가 반복 학습을 하는 것만으로 사물을 제대로 파악할 수 있는가의 문제는 기호 접지 문제(symbol grounding problem)이며 이 문제를 지속적으로 풀어야 하는 것이 인공지능의 난제라고 할 수 있다.

머신러닝은 학습 데이터에 포함된 정보와 그 정보의 사용방법에 따라 크게 다음과 같은 3가지 방식으로 학습을 한다. 지도학습(supervised learning), 비지도학습(unsupervised learning), 강화학습(reinforcement learning)이다.

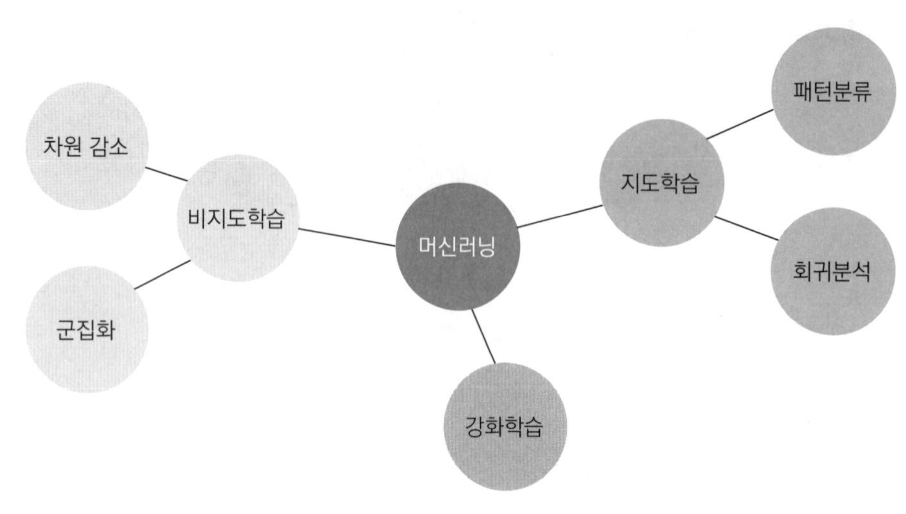

[그림 14-1] 머신러닝 분류

1) 지도학습

지도학습(supervised learning)은 입력과 원하는 출력의 쌍이 모두 주어진 상황에서 학습하는 방법이다. 입력물과 출력물이 주어진 상태에서 입력물과 출력물 간의 함수 관계인 모델을 학습한다. 이 모델은 새로운 입력물에 해당하는 출력물을 예측하는 데 사용될 수 있다. 지도학습에서는 지도, 즉 데이터에 부착된 정답라벨에 따라 분석자가 분류(classification)와 수치를 예측하는 회귀(regression) 문제를 다룰 수 있다.

[표 14-1] 데이터와 관련된 정답라벨

	데이터 1	데이터 2	데이터 3	데이터 4
데이터	2		엊그제 겨울 지나 새봄이 돌아오니 복숭아꽃 살구꽃은 저녁 햇빛 속에 피어 있고 푸른 버드나무와 꽃다운 풀은 가랑비 속에 푸르도다.	아파트 근처 10분 거리에 스타벅스가 있음 전철역에서 7분 거리, 욕실과 화장실 리모델링 완비, 주변에 학원이 있음
지도 (정답라벨)	2	dog	정극인	월세 150만원
	분류 문제			회귀 문제

데이터 1, 데이터 2, 데이터 3의 정보는 각각 2, dog, 조선시대 가사인 〈상춘곡〉을 작사한 정극인을 나타내고, 데이터 4의 정보는 아파트 월세를 나타낸다. 데이터 1~3의 경우는 분류를 나타내고, 데이터 4의 경우는 아파트 월세 임대료를 예측하는 것이라서 회귀 문제라고 할 수 있다.

의사결정나무(decision tree)는 패턴 분류에서 대표적인 예이다. 의사결정나무는 의사결정과 그 결과로 발생하는 사건, 관련 포인트 등을 나타낸다. 의사결정나무에서 노드는 의사결정의 포인트이며 최상의 노드로부터 시작해서 다음 노드, 그리고 종말 노드로 이어지면서 의사결정이 이루어진다. 의사결정나무는 논리적 판단을 위한 진리표라고 이해할 수 있다.

2) 비지도학습

지도학습에는 정답라벨이라는 해답이 존재한다. 반면 비지도학습(unsupervised learning)은 정답라벨이 없다. 비지도학습은 명시적으로 입력에 해당하는 바람직한 출력 정보가 주어지지 않은 상황에서 데이터의 특성과 구조를 학습하는 방법이다. 마치 학생이 선생님이 없는 상황에서 스스로 학습하는 것처럼 컴퓨터가 주어진 데이터에서 스스로 규칙성을 발견하고 이를 학습하는 것이다. 지도학습에서 컴퓨터는 미리 정답을 알려주지만 비지도학습에서는 컴퓨터가 인간을 이끌어준다. 비지도학습에는 오답이나 정답이 없는 것이 특징이라고 할 수 있다.

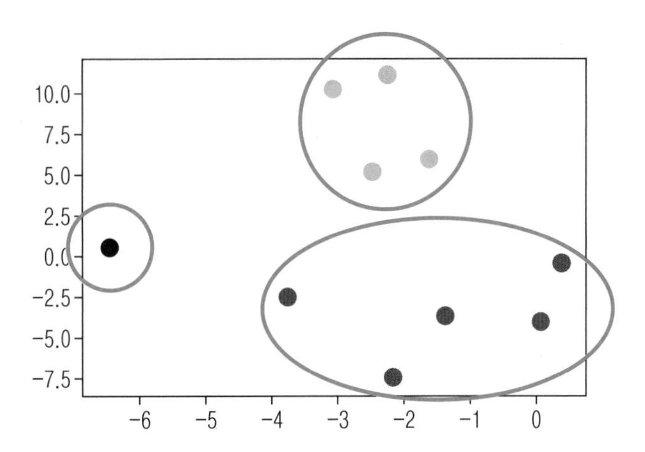

[그림 14-2] 비지도학습_클러스터링

[그림 14-2]의 10개의 점은 컴퓨터가 유사성을 계산하여 클러스터링해준 것이다. 그림에서 10개의 점은 세 그룹으로 묶이는 것을 보여준다. 유사성 또는 근접 거리에 의해서 동일 그룹으로 묶인다. 비지도학습에 의한 클러스터링은 상품추천이나 제안사항을 제공한다. 또한 다변량 데이터의 경우 정보를 압축하여 주성분분석이나 차원을 감소시키는 경우에 이를 이용한다. 자연어 처리 분야에서는 정보를 압축하기 위해서 이 방법을 자주 사용한다.

3) 강화학습

강화학습(reinforcement learning)도 앞의 비지도학습과 마찬가지로 사전 정답이 주어지지 않는다. 강화학습은 에이전트와 환경을 제공하는 것이 특징이다. 에이전트는 환경에 상시 반응하고 결과에 대하여 환경이 에이전트에게 보상을 하게 된다. 강화학습에 의해서 주어진 보상에 따라 보상이 좋았다, 나빴다를 평가하게 된다. 강화학습은 로봇의 조작제어와 학습률 향상 등에 사용된다.

4) 머신러닝 절차

데이터 분석은 크게 ① 데이터 수집, ② 데이터 클렌징, ③ 데이터 학습, ④ 모델 평가, ⑤ 전략 적용의 다섯 단계로 이루어진다.

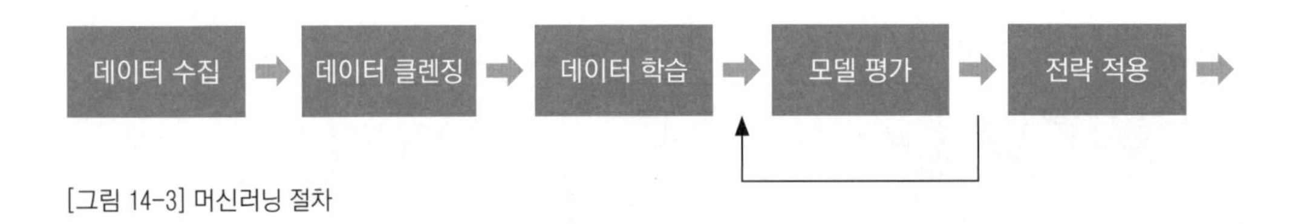

[그림 14-3] 머신러닝 절차

첫 번째 '데이터 수집'은 양질의 1차 데이터와 2차 데이터를 수집하는 단계이다. 분석자는 양질의 데이터를 수집할 수 있는 능력을 갖추어야 한다. 불필요한 정보, 가치 없는 데이터는 그러한 결과를 출력할 뿐이다.

두 번째 '데이터 클렌징'은 확보한 데이터를 보다 쉽게 효과적으로 분석할 수 있도록 정리하는 단계이다. 데이터 분석 작업 중 80% 이상이 이 업무에 속한다. 양질의 데이터를 확보하고 데이터 분석에서 오류가 발생하지 않도록 하기 위해서는 데이터 클렌징 작업을 반드시 수행하여야 한다.

세 번째 '데이터 학습'은 패턴 분류와 군집화를 목적으로 지도학습, 비지도학습, 강화학습의 목적을 정하고 알고리즘을 통해서 학습을 수행하는 단계이다. 학습에 사용되는 데이터는 일반적으로 학습 데이터(training data)를 70%, 검정 데이터(test data)를 30% 배정하여 분석한다.

네 번째 '모델 평가'는 학습 결과에 대한 모델성능 평가 단계를 말한다. 평가의 핵심은 새로운 데이터에 모델이 잘 작동하는가를 확인하는 것이다. 모델의 성능이 낮을 경우, 모델의 틀을 변경하거나 파라미터를 반복해 변경하면서 유용한 모델을 찾아야 한다. 모델 평가 과정에서 데이터 분류 과정에서 주어진 데이터가 과하게 적용되어 올바른 기준을 구축하지 못하는 경우, 즉 컴퓨터가 데이터를 과하게 학습한 상태를 '과적합(over-fitting)'이라고 한다. 반면 데이터를 제대로 학습시키지 못한 상태를 '과소적합(under-fitting)'이라고 부른다. 과적합을 보이는 모델은 분산(variance)이 크고, 과소적합을 보이는 모델은 편향(bias)이 크다고 할 수 있다. 과적합을 해결하는 방법에는 드롭아웃과 정규화가 있다. '드롭아웃'은 학습 시 무작위로 일부 뉴런을 없애는 방법이며, '정규화'란 편향성이 있는 데이터의 영향력을 없애는 방법이다.

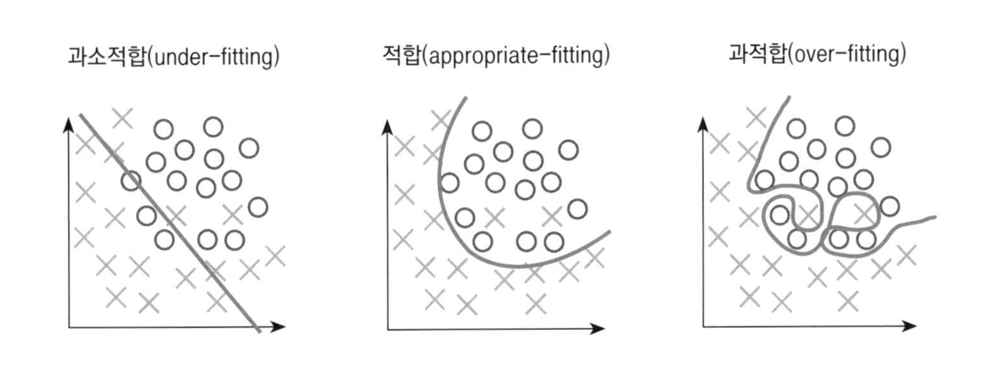

[그림 14-4] 적합

학습된 평가모델을 기반으로 검정 데이터에 대한 평가가 이루어진다. 만약에 평가모델이 참(True)과 거짓(False)인 2가지 경우를 나타낸다면, 실제 정답과 학습 알고리즘의 판단을 다음 표와 같이 정리할 수 있다. 이를 혼동행렬(confusion matrix)이라고도 한다.

[표 14-2] 알고리즘 판단과 실제 정답표

실제 정답 \ 예측 결과	알고리즘 판단	
	True	False
True	a	b
False	c	d

- 정확도(Accuracy, 제대로 판단한 비율) $= \dfrac{a+d}{a+b+c+d}$

- 정밀도(Precision, 알고리즘이 True라고 한 것 중에서 실제로 True인 경우) $= \dfrac{a}{a+c}$

- 재현율(Recall, 실제 True 중 알고리즘이 True라고 한 경우) $= \dfrac{a}{a+b}$

- F값(F1 score, 정밀도와 재현율 조화평균) $= \dfrac{2 \times Recall \times Precision}{Recall + Precision} = \dfrac{2TP}{2TP + FN + FP}$

- 양성률(fall-out) $= \dfrac{FP}{FP+TN}$ (낮을수록 좋음)

모델 평가에서 사용하는 ROC(Receiver Operating Characteristic) 곡선은 이진 분류(binary classification) 모델의 성능을 평가하는 데 사용되는 그래프이다. ROC 곡선은 분류모델의 민감도(Sensitivity)와 1-특이도(1-Specificity) 간의 관계를 나타낸다.

감염병의 경우 민감도는 실제 양성(True Positive)을 양성으로 판별하는 비율을 나타내며, 특이도는 실제 음성(True Negative)을 음성으로 판별하는 비율을 나타낸다. 따라서 높은 민감도와 높은 특이도를 모두 갖는 모델일수록 ROC 곡선이 왼쪽 위쪽에 위치한다.

ROC 곡선은 0부터 1까지의 범위를 가지며, 대각선은 무작위로 예측하는 모델의 곡선을 의미한다. ROC 곡선이 이 대각선 위쪽에 위치하면, 모델이 무작위로 예측하는 것보다 성능이 좋은 것이다. 곡선의 면적을 측정한 AUC(Area Under the Curve)값은 분류모델의 성능을 종합적으로 평가하는 지표이다. AUC값이 1에 가까울수록 모델의 분류 성능이 우수하다.

ROC 곡선은 분류 임계값(threshold)을 조정하여 민감도와 특이도를 조절할 수 있는 상쇄(trade-off) 관계를 시각화할 수 있다. 분류 임계값이 높아질수록 분류모델은 더 많은 데이터를 음성으로 판별하며, 특이도는 증가하지만 민감도는 감소한다. 반대로, 분류 임계값이 낮아질수록 분류모델은 더 많은 데이터를 양성으로 판별하며, 민감도는 증가하지만 특이도는 감소한다. 따라서 ROC 곡선은 모델의 분류 성능을 평가하고, 임계값 조정을 통해 최적의 분류모델을 선택하는 데 유용한 도구이다.

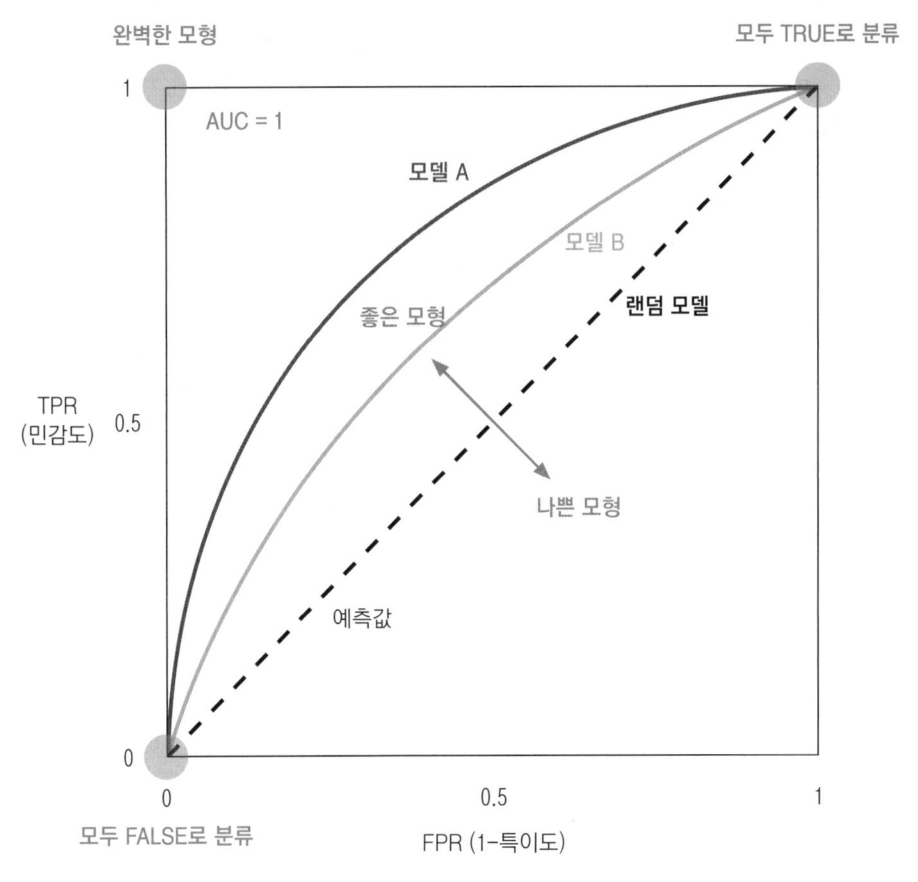

[그림 14-5] ROC 곡선

머신러닝 학습에서 여러 모델을 학습시켜 데이터의 일반화를 확보하려는 노력을 앙상블 학습(ensemble learning)이라고 한다. 앙상블 학습에는 배깅(bagging)과 부스팅(boosting) 두 방법이 있다. 배깅은 복수의 모델을 동시에 학습시켜 예측 결과의 평균을 취해서 일반화를 얻고자 하는 방법이다. 부스팅은 모델의 예측 결과에 대한 모델을 만들어 일반화 성능을 높이는 방법이다.

다섯 번째 '전략 적용'은 모델을 실제 업무에 적용하여 문제해결 방법을 찾는 단계이다. 지속적인 모델 개발을 통해서 문제해결 방안을 찾는 작업이 이루어져야 한다.

머신러닝의 종류

2-1 부스팅

부스팅(boosting)은 약한 학습기(weak learner)들을 결합하여 강한 학습기(strong learner)를 만드는 앙상블(ensemble) 학습방법 중 하나이다. 부스팅은 약한 학습기를 직렬적으로 훈련하고, 이전 약한 학습기에서 잘못 분류된 샘플에 더 집중하도록 가중치를 부여하여 강한 학습기를 구성한다. 이를 통해 전체 모델의 성능이 향상된다.

일반적으로 부스팅 방법은 다음과 같은 단계로 구성된다.

① **약한 학습기 훈련**: 일반적으로 부스팅 모델은 의사결정나무, 선형회귀 등의 약한 학습기를 사용한다. 이러한 초기 모델은 모든 데이터 포인트에 대해 동일한 가중치로 훈련된다.

② **잘못 분류된 데이터 포인트에 대한 가중치 증가**: 첫 번째 약한 학습기를 사용하여 예측한 후 잘못 분류된 데이터 포인트에 대한 가중치를 증가시킨다. 이를 통해 다음 약한 학습기에서 잘못 분류된 데이터 포인트를 더 잘 처리할 수 있다.

③ **새로운 약한 학습기 추가**: 이전 단계에서 가중치가 증가된 데이터 포인트를 중심으로 다음 약한 학습기를 훈련한다. 이전 모델들이 잘못 분류한 데이터 포인트를 더 잘 처리할 수 있는 새로운 기능들을 학습한다.

④ **약한 학습기 결합**: 이전 단계에서 생성된 모든 약한 학습기를 결합하여 강한 학습기를 만든다. 이 강한 학습기는 약한 학습기들의 예측을 결합하여 보다 정확한 예측을 수행할 수 있다.

⑤ **과정 반복**: 앞의 과정을 반복하여 새로운 약한 학습기를 추가하고 결합하여 강한 학습기를 만든다. 일반적으로 미리 정의된 횟수나 정지 기준까지 이러한 과정을 반복한다.

2-2 의사결정나무

의사결정나무(decision tree, 결정트리)는 데이터를 분석하여 분류(classification) 및 회귀(regression) 분석을 수행하는 데 사용되는 간단하고 직관적인 모델링 도구이다. 의사결정나무는 데이터를 분할하여 각 단계에서 가장 중요한 변수를 찾고, 이를 기반으로 데이터를 분류하는 방식으로 작동한다.

의사결정나무는 노드(node)와 가지(edge)로 구성된 나무(tree) 구조를 갖는다. 각 노드는 특정 변수에 대한 테스트를 나타내며, 각 가지는 각 테스트의 결과에 따라 다음 노드를 결정한다. 나무의 가장 하위 노드는 결정 결과를 나타낸다.

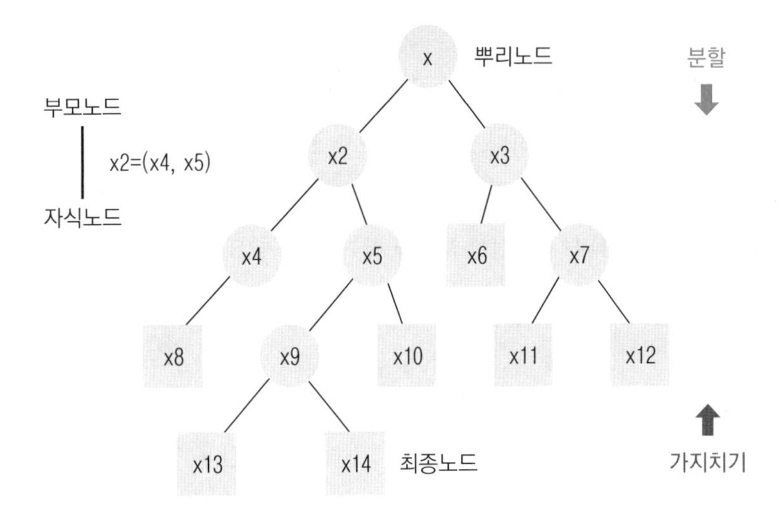

[그림 14-6] 의사결정나무 구조

의사결정나무는 분류 문제에 대한 예측 결과를 해석하기 쉽게 직관적으로 제공하므로 비전문가도 쉽게 이해할 수 있다. 또한 특성 선택 및 전처리가 필요하지 않으며 대규모 데이터셋에서도 처리가 가능하다. 그러나 과적합(over-fitting) 문제가 발생할 수 있으며, 이를 해결하기 위해서는 가지치기(pruning) 등의 방법이 필요하다.

2-3 K-최근접 이웃

K-최근접 이웃(K-Nearest Neighbors, KNN)은 지도학습(supervised learning)의 분류 및 회귀분석에 사용되는 알고리즘이다. KNN은 주어진 샘플 데이터의 k개의 최근접 이웃(nearest neighbors)을 찾아 그 이웃들의 다수결을 통해 해당 데이터의 클래스 또는 값으로 분류 또는 예측하는 방법이다.

KNN은 단순하고 직관적인 알고리즘으로 학습 과정이 없기 때문에 속도가 빠르다. 또한 분류 및 회귀분석에서 높은 정확도를 보인다. 하지만 새로운 데이터가 입력되면 전체 데이터셋을 다시 계산해야 하기 때문에 처리 속도가 느려질 수 있다. 또한 데이터셋의 크기가 커지면 계산비용이 증가하고, 차원의 저주(curse of dimensionality) 문제가 발생할 수 있다.

KNN 알고리즘에서는 이웃의 개수 k값에 따라 결과가 크게 달라질 수 있으므로 k값을 적절하게 선택하는 것이 중요하다. k값이 작으면 모델이 노이즈(noise)에 민감하게 반응하고 과적합될 가능성이 크다. 반면 k값이 크면 모델이 데이터의 전반적인 패턴을 놓치는 경우가 많아질 수 있다. 따라서 적절한 k값을 찾는 것이 중요하다.

2-4 신경망

신경망(neural network)은 인간 두뇌의 구조와 기능에서 영감을 얻은 계산 시스템이다. 특정 작업을 수행하기 위해 함께 작동하는 뉴런이라고 하는 다수의 상호 연결된 처리 노드로 구성된다. 각 뉴런은 다른 뉴런으로부터 입력신호를 받아 해당 정보를 처리하고 네트워크의 다른 뉴런으로 전달되는 출력신호를 생성한다.

신경망은 입력(input), 출력(output), 그리고 이를 연결하는 여러 개의 뉴런(neuron)으로 이루어져 있다. 입력층(input layer)에서 입력 데이터를 받으면 이후 은닉층(hidden layer)에서는 입력 데이터에 대한 변환을 수행한다. 은닉층은 여러 층으로 이루어져 있을 수 있다. 따라서 각 층에서는 입력 데이터의 선형결합과 활성화 함수를 통해 다음 층으로 값을 전달하는 과정이 이루어진다. 마지막으로 출력층(output layer)에서는 최종 예측값이 출력된다. 이때 출력층에서 사용되는 활성화 함수는 모델의 목적에 따라 다르게 선택된다.

또한 신경망에서는 가중치(weight)와 편향(bias)이라는 개념이 중요하다. 가중치는 입력 데이터와 은닉층에서 각 뉴런 사이의 연결에 사용되며, 편향은 각 뉴런의 활성화 함수에 적용되어 출력값을 바꾼다.

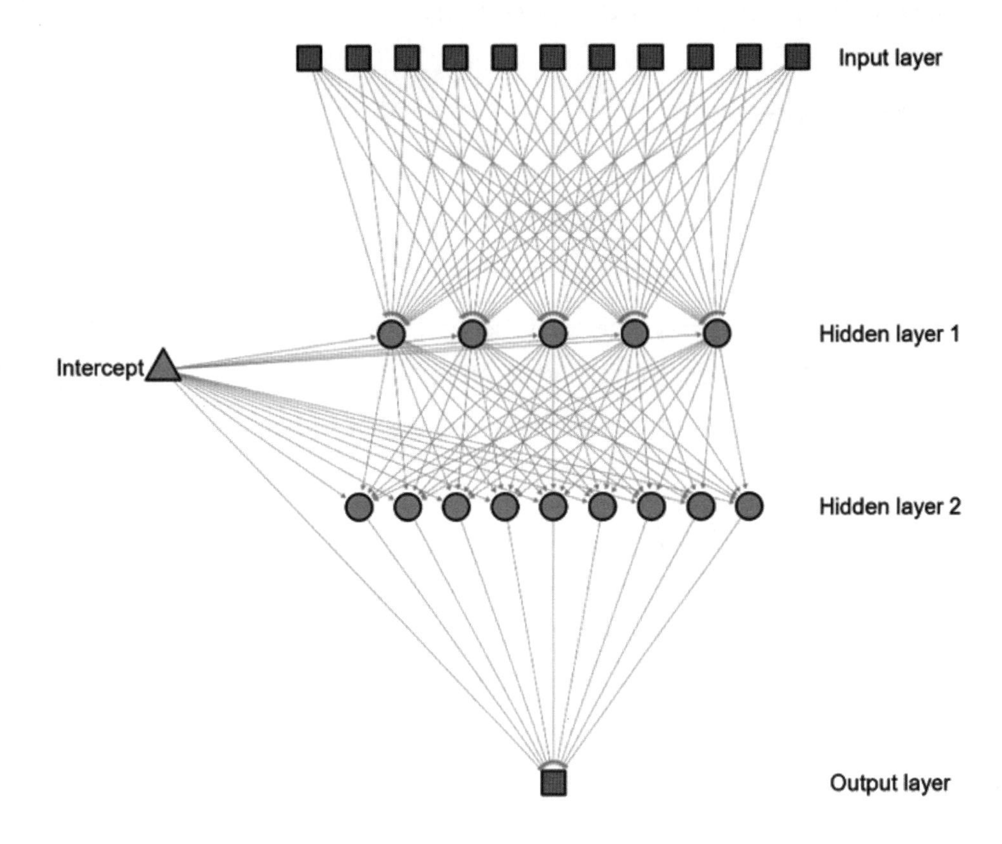

[그림 14-7] 신경망 구조

신경망은 이러한 구조와 함께 역전파(backpropagation) 알고리즘을 사용하여 학습한다. 이 알고리즘은 예측값과 실제값의 차이를 최소화하는 방향으로 가중치와 편향을 조정한다. 이 과정에서는 미분을 사용하여 각 가중치와 편향이 오차에 얼마나 영향을 미치는지 계산하고, 이를 바탕으로 가중치와 편향을 업데이트한다. 이러한 구조와 학습 알고리즘을 통해 신경망은 입력 데이터와 출력 데이터 간의 복잡한 관계를 학습할 수 있으며, 이를 통해 다양한 예측 문제를 해결할 수 있다.

신경망은 일반적으로 패턴 인식, 분류 및 예측과 같은 작업에 사용된다. 대량의 데이터와 최적화 알고리즘을 사용하여 패턴을 인식하고 입력 데이터를 기반으로 예측하는 방법을 학습할 수 있다. 신경망에는 순방향(feedforward) 신경망, 순환(recurrent) 신경망, 컨볼루션(convolution) 신경망 등 여러 유형이 있다. 각 유형은 특정 유형의 작업을 수행하도록 설계된 것으로 고유한 아키텍처 및 학습방법이 있다.

2-5 랜덤 포레스트

랜덤 포레스트(random forest)는 의사결정나무를 기반으로 하는 앙상블 방법 중 하나이다. 앙상블(ensemble)은 여러 개의 모델을 결합하여 예측 성능을 향상시키는 머신러닝 기법이다. 랜덤 포레스트는 다수의 의사결정나무를 무작위로 생성하여 이들의 예측 결과를 종합하고 최종 예측 결과를 도출한다. 이때 각 의사결정나무는 부트스트랩(bootstrap) 샘플링 방식으로 학습 데이터를 선택하고, 무작위로 선택된 특성(feature) 집합을 이용하여 분할(split)한다. 이로써 각 의사결정나무는 서로 독립적으로 학습되며 과적합을 방지할 수 있다.

또한 랜덤 포레스트를 통해 변수 중요도(feature importance)를 계산하여 어떤 특성이 모델 예측에 영향을 미치는지 파악할 수도 있다. 랜덤 포레스트는 예측 정확도가 높고 설명력이 좋은 모델로 평가받고 다양한 분야에서 활용되고 있다.

2-6 정규화 선형회귀

정규화 선형회귀(regularized linear regression)는 선형회귀 모델에서 과적합 문제를 해결하기 위하여 모델 파라미터의 크기를 제한하는 기법이다. 모델 파라미터의 크기가 작을수록 모델의 복잡도가 낮아지므로 일반화 성능이 향상되는 효과가 있다.

일반적으로 사용되는 2가지 정규화 방법은 L1 규제(L1 Regularization, Lasso)와 L2 규제(L2 Regularization, Ridge)이다. L1 규제는 모델 파라미터의 절댓값 합에 비례하는 패널티를 적용하여 일부 파라미터의 값을 0으로 만든다. 이는 변수 선택(feature selection) 효과를 가지며, 모델에서 중요하지 않은 특성을 제거할 수 있다. L2 규제는 모델 파라미터의 제곱합에 비례하는 패널티를 적용한다. 이는 모든 파라미터의 값을 축소하지만, 일부 파라미터의 값을 0으로 만들지는 않는다. 두 정규화 방법은 모두 하이퍼파라미터(hyper parameter)인 알파값을 이용하여 정규화 강도를 조절할 수 있다. 알파값이 크면 정규화 강도가 증가하고 모델의 복잡도가 감소한다. 알파값이 작으면 정규화 강도가 감소하고 모델의 복잡도가 증가한다.

정규화 선형회귀는 데이터셋의 크기가 작고 변수(feature) 개수가 많을 때, 변수들이 서로 상관관계가 높을 때 유용하다. 이 방법은 일반적으로 머신러닝, 통계학, 경제학, 생물학 등에서 널리 사용되고 있다.

2-7 서포트 벡터 머신

서포트 벡터 머신(Support Vector Machine, SVM)은 분류와 회귀분석에 사용되는 지도학습(supervised learning) 모델이다. 서포트 벡터 머신은 데이터를 구분하는 결정 경계(decision boundary)를 찾아내는 알고리즘으로, 최대한 많은 데이터를 올바르게 분류하는 경계를 찾아내는 것이 목적이다. 다시 말해 서포트 벡터 머신에서는 각 클래스를 잘 구분하는 경계선을 찾는 것이 중요한데, 이때 경계선은 마진(margin)이 가장 큰 결정 경계선을 찾는다. 마진은 결정 경계선과 가장 가까운 데이터 포인트들 간의 거리로, 이러한 마진 최대화 문제를 푸는 것이 서포트 벡터 머신의 핵심 개념 중 하나이다.

서포트 벡터 머신은 또한 커널 기법을 사용하여 비선형 분류 문제를 해결할 수 있다. 이는 데이터를 고차원 공간으로 매핑하여 선형 분리가 가능하도록 하는 것이다. 대표적인 커널 함수로는 방사기저함수(Radial Basis Function, RBF)가 있다.

서포트 벡터 머신은 이상치(outlier)에 민감하지 않고 과적합 문제가 적다. 하지만 다른 알고리즘에 비해 더 복잡하고 연산량이 크기 때문에 대용량 데이터셋에서는 학습시간과 계산비용 등이 많이 소요된다. 서포트 벡터 머신은 이미지 분류, 텍스트 분류, 생물 정보학, 금융 분석 등 다양한 분야에서 사용되고 있다.

3 회귀분석

3-1 부스팅 회귀분석 예제

회귀분석의 목적은 기술, 통제, 예측에 있다. 이번 절에서는 회귀분석을 이용하여 주택가격을 추정하는 모델을 개발하고 모델을 평가하는 방법에 대하여 알아보자. 실습에 사용할 데이터는 Boston Housing 데이터셋이다. 여기에는 주택가격의 중앙값(medv)과 보스턴 지역을 설명하는 다양한 변수(13개 독립변수)가 포함되어 있다. 기본 정보는 다음 표와 같다.

[표 14-3] Boston Housing 데이터셋의 기본 정보

데이터 bostonhousing.csv

분석	변수명	설명	척도 및 단위
독립변수	crim	인구 1인당 범죄발생수(per capita crime rate by town)	횟수
	zn	2만 5,000평방피트 이상의 주거지역이 차지하는 비율(proportion of residential land zoned for lots over 25,000 sq.ft.)	%
	indus	비소매업이 차지하는 비율(proportion of non-retail business acres per town)	%
	chas	더미 처리한 찰스강(Charles River dummy variable (1 if tract bounds river; 0 otherwise))	1: 강변 지역 2: 그 외 지역
	nox	NOX의 농도(nitric oxides concentration (parts per 10 million))	%
	rm	가구당 룸수(average number of rooms per dwelling)	개수
	age	1940년 이전에 지어진 건물의 비율(proportion of owner-occupied units built prior to 1940)	%
	dis	보스턴시 5개 고용센터로부터의 거리(weighted distances to five Boston employment centres)	가중치 부여
	rad	순환고속도로 접근성(index of accessibility to radial highways)	1~24의 등간척도

분석	변수명	설명	척도 및 단위
독립변수	tax	1만 달러당 부동산 세율의 총합(full-value property-tax rate per $10,000)	$
	ptratio	학생-교사비율(pupil-teacher ratio by town)	사람수
	b	1000×(흑인비율-0.632)^2	단위 없음
	lstat	저소득 업종에 종사하는 인구비율(% lower status of the population)	%
종속변수	medv	주택가격의 중앙값(Median value of owner-occupied homes in $1000's)	1,000달러

분석할 연구모델을 수식과 그림으로 나타내면 다음과 같다.

$$medv = \beta_0 + \beta_1 crim + \beta_2 zn + \cdots \beta_{13} lstat + \varepsilon_i$$

여기서 β_0=상수항, $\beta_1, \cdots, \beta_{13}$=기울기, ε_i=오차항

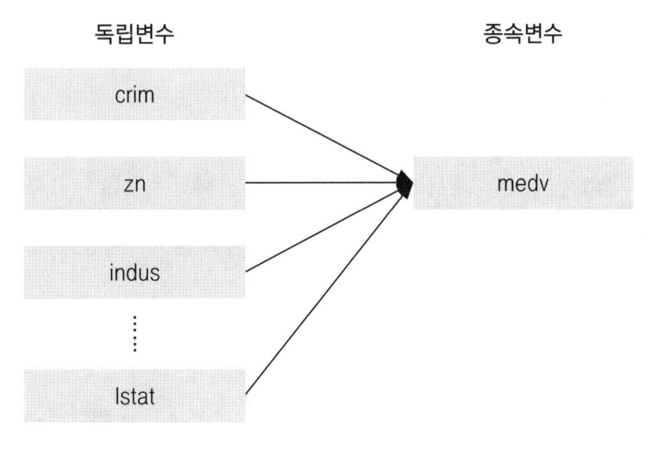

[그림 14-8] 연구모델

1단계 : bostonhousing.csv 파일을 연다.

	crim	zn	indus	chas	nox	rm	age	dis	rad	tax
1	0.00632	18	2.31	0	0.538	6.575	65.2	4.09	1	296
2	0.02731	0	7.07	0	0.469	6.421	78.9	4.9671	2	242
3	0.02729	0	7.07	0	0.469	7.185	61.1	4.9671	2	242
4	0.03237	0	2.18	0	0.458	6.998	45.8	6.0622	3	222
5	0.06905	0	2.18	0	0.458	7.147	54.2	6.0622	3	222
6	0.02985	0	2.18	0	0.458	6.43	58.7	6.0622	3	222
7	0.08829	12.5	7.87	0	0.524	6.012	66.6	5.5605	5	311
8	0.14455	12.5	7.87	0	0.524	6.172	96.1	5.9505	5	311
9	0.21124	12.5	7.87	0	0.524	5.631	100	6.0821	5	311
10	0.17004	12.5	7.87	0	0.524	6.004	85.9	6.5921	5	311
11	0.22489	12.5	7.87	0	0.524	6.377	94.3	6.3467	5	311
12	0.11747	12.5	7.87	0	0.524	6.009	82.9	6.2267	5	311
13	0.09378	12.5	7.87	0	0.524	5.889	39	5.4509	5	311
14	0.62976	0	8.14	0	0.538	5.949	61.8	4.7075	4	307
15	0.63796	0	8.14	0	0.538	6.096	84.5	4.4619	4	307

2단계 : [Machine Learning] 버튼을 누르고 [Regression]에서 차례로 [Boosting], [Decision Tree], [K-Nearest Neighbors], [Neural Network], [Random Forest], [Regularized Linear], [Support Vector Machine]을 지정한다.

3단계 : 먼저 부스팅(Boosting) 방법을 클릭한다.

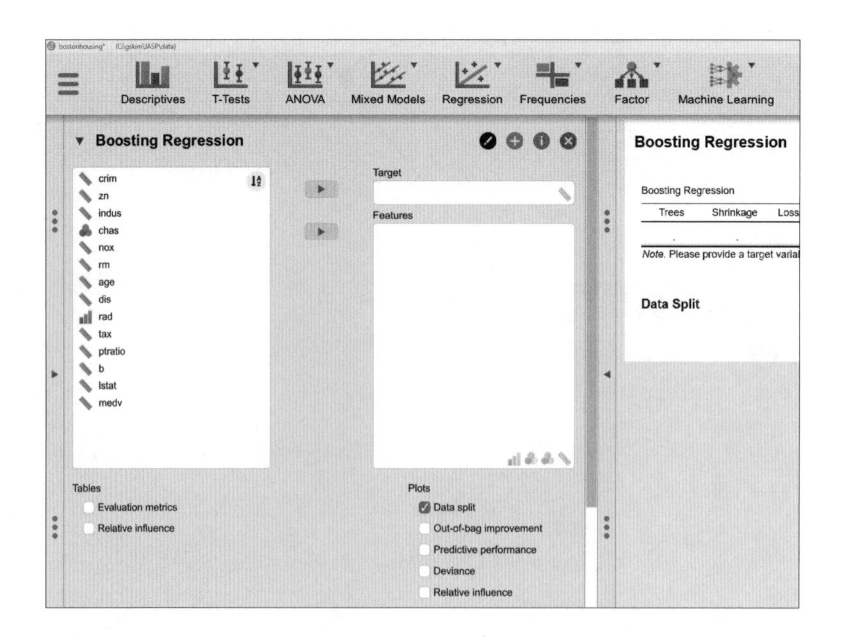

4단계: 종속변수인 medv(주택가격의 중앙값) 변수를 [Target] 칸으로 그리고 나머지 모든 변수를 [Features] 칸으로 옮긴다. 그러면 다음과 같은 결과를 얻을 수 있다.

Boosting Regression ▼

Boosting Regression ▼

Trees	Shrinkage	Loss function	n(Train)	n(Validation)	n(Test)	Validation MSE	Test MSE
55	0.100	Gaussian	324	81	101	0.212	0.302

Note. The model is optimized with respect to the *out-of-bag mean squared error*.

Data Split

Train: 324 | Validation: 81 | Test: 101 | Total: 506

결과 설명

부스팅(Boosting) 방법은 미리 정해진 개수의 모형 집합을 사용하는 것이 아니라 하나의 모형에서 시작하여 모형 집합에 포함할 개별 모형을 하나씩 추가하는 방법이다. 손실함수(Loss function)는 가우시안(Gaussian) 방법을 사용하였다. 학습 데이터(n(Train))는 324개, 타당성 확인데이터(n(Validation))는 81개, 검정용 데이터(n(Test))는 101개임을 알 수 있다. 타당성 확인데이터의 MSE(Validation MSE)는 0.212, 검정용 데이터(Test MSE)는 0.302임을 알 수 있다. MSE(평균제곱오차, Mean Squared Error)는 다음 식으로 계산한다.

$$MSE = \frac{1}{n}\sum_{i=1}^{n}(y_{실제값i} - y_{예측값i})^2$$

평균제곱오차는 잔차제곱을 모두 더한 이후에 평균을 구한 값으로 MSE값이 작을수록 모델은 제대로 적합하다고 할 수 있다.

5단계: [Tables]에서 [Evaluation metrics]와 [Relative influence]를 지정한다. [Plots]에서는 [Predictive performance], [Relative influence]를 지정한다. 분석을 실행할 때마다 결과가 조금씩 달라질 수 있음을 유념하기 바란다.

Evaluation Metrics

	Value
MSE	0.129
RMSE	0.359
MAE / MAD	0.278
MAPE	300.11%
R²	0.846

결과 설명

MSE=0.129, RMSE=0.359, MAE/MAD=0.278. MAPE=3001.11%, R^2=0.846이다. 검정용 데이터의 평균제곱오차(MSE)=0.129, RMSE=$\sqrt{\frac{1}{n}\sum_{i=1}^{n}(y_{실제값i}-y_{예측값i})^2}$ 로 실제값에서 예측값을 뺀 값의 제곱의 합을 표본수로 나눈 뒤 제곱근을 취한 것이다. RMSE가 작을수록 모델이 적합함을 알 수 있다. 여기서 설명력(R^2)은 0.846임을 알 수 있다.

Relative Influence

	Relative Influence
lstat	53.802
rm	35.910
crim	3.418
nox	2.835
ptratio	1.864
dis	0.791
age	0.536
tax	0.392
chas	0.236
b	0.216
zn	0.000
indus	0.000
rad	0.000

결과 설명

회귀분석의 베타(β)값으로 상대적인 영향력을 나타낸다고 할 수 있다. 여기서는 medv(주택가격의 중앙값)를 결정하는 lstat(저소득 업종에 종사하는 인구비율), rm(가구당 룸수)의 영향력이 각각 53.802, 35.910으로 높음을 알 수 있다.

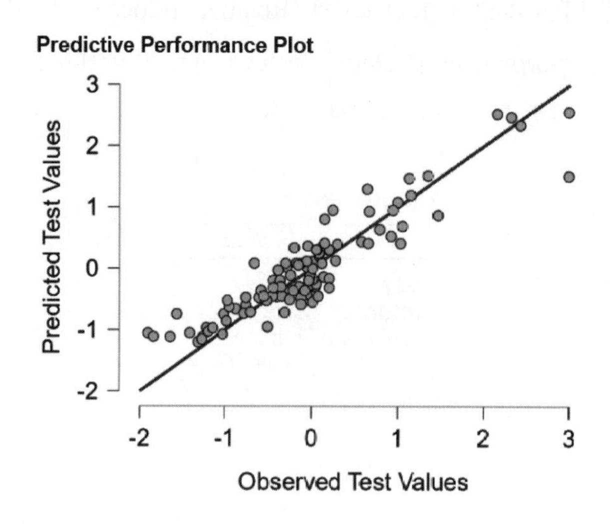

결과 설명

모델의 최상의 성능을 내도록 하는 값을 확인하기 위해 예측과 학습 데이터 사이의 거리를 측정하는 비용함수를 사용할 수 있다. 앞의 도표에는 대각선을 중심으로 점들이 몰려 있어 부스팅 회귀분석의 예측 성능이 우수하다고 볼 수 있다.

6단계: 훈련모델에 대한 분석 결과를 저장하기 위해서 [Export Results]의 [Column name]에 'pred_medv'를 입력한다. [Save as e.g., location/model.jaspML]에서 [Browse]를 클릭하여 훈련모델식을 저장할 경로를 지정한다. 본서에서는 C:\gskim\JASP\data로 지정하였다(독자들도 자유롭게 경로를 지정하여 저장공간을 확보하면 된다). 파일명은 train.jaspML으로 하고 [저장(s)] 단추를 누른다. 이어 [Save trained model]을 지정한다.

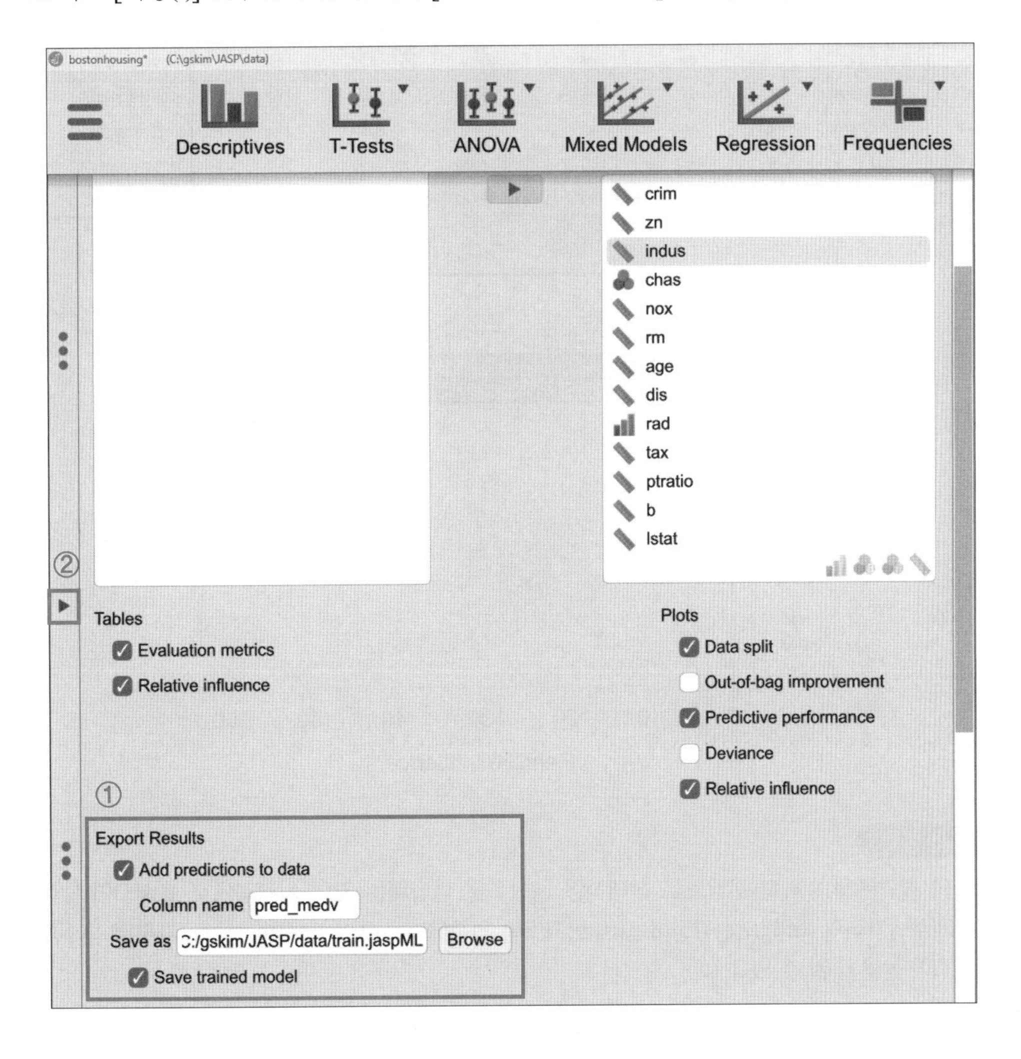

7단계 : 앞 그림에서 ②▶를 눌러 데이터 저장을 확인한다. 여기서 [f_x pred_medv]가 저장되어 있는 것을 확인할 수 있다.

age	dis	rad	tax	ptratio	b	lstat	medv	f_x pred_medv
65.2	4.09	1	296	15.3	396.9	4.98	24	0.4707157319
78.9	4.9671	2	242	17.8	396.9	9.14	21.6	0.1153796634
61.1	4.9671	2	242	17.8	392.83	4.03	34.7	1.556468553
45.8	6.0622	3	222	18.7	394.63	2.94	33.4	1.51555745
54.2	6.0622	3	222	18.7	396.9	5.33	36.2	1.113834909
58.7	6.0622	3	222	18.7	394.12	5.21	28.7	0.5027161129
66.6	5.5605	5	311	15.2	395.6	12.43	22.9	-0.2996251557
96.1	5.9505	5	311	15.2	396.9	19.15	27.1	-0.570096622
100	6.0821	5	311	15.2	386.63	29.93	16.5	-0.5960681322
85.9	6.5921	5	311	15.2	386.71	17.1	18.9	-0.4610377787
94.3	6.3467	5	311	15.2	392.52	20.45	15	-0.6568710214
82.9	6.2267	5	311	15.2	396.9	13.27	18.9	-0.2996251557
39	5.4509	5	311	15.2	390.5	15.71	21.7	-0.3911918543
61.8	4.7075	4	307	21	396.9	8.26	20.4	0.02373284201
84.5	4.4619	4	307	21	380.02	10.26	18.2	-0.2558580264
56.5	4.4986	4	307	21	395.62	8.47	19.9	0.02373284201

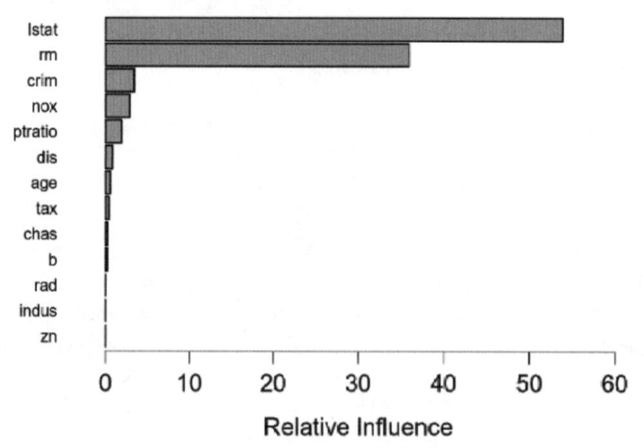

결과 설명

일종의 회귀분석의 베타(β)값으로 상대적인 영향력을 나타내는 값이 시각적으로 표시되어 있다. medv(주택가격의 중앙값)를 결정하는 lstat(저소득 업종에 종사하는 인구비율), rm(가구당 룸수)의 영향력이 높음을 알 수 있다.

3-2 의사결정나무 회귀분석 예제

의사결정나무 회귀분석에서는 목표변수(target variable)를 정하고 변수를 투입한 다음, 여러 가능한 경로를 제시하고, 목표변수에 영향을 미치는 유의한 설명변수(또는 독립변수)의 순서대로 분지(가지치기)를 한다.

1단계 : 앞에서 다룬 bostonhousing.csv 파일을 연다. 이어 [Machine Learning] 버튼을 누르고 [Regression]에서 [Decision Tree]를 지정한다.

2단계 : 종속변수인 medv(주택가격의 중앙값) 변수를 [Target] 칸으로 옮기고, 나머지 모든 변수를 [Features] 칸으로 옮긴다. 이어 [Tables]에서 [Evaluation metrics], [Feature importance], [Attempted splits], [Only show splits in tree]를 지정한다. 그런 다음 [Plots]에서 [Data split], [Predictive performance], [Decision Tree]를 지정한다.

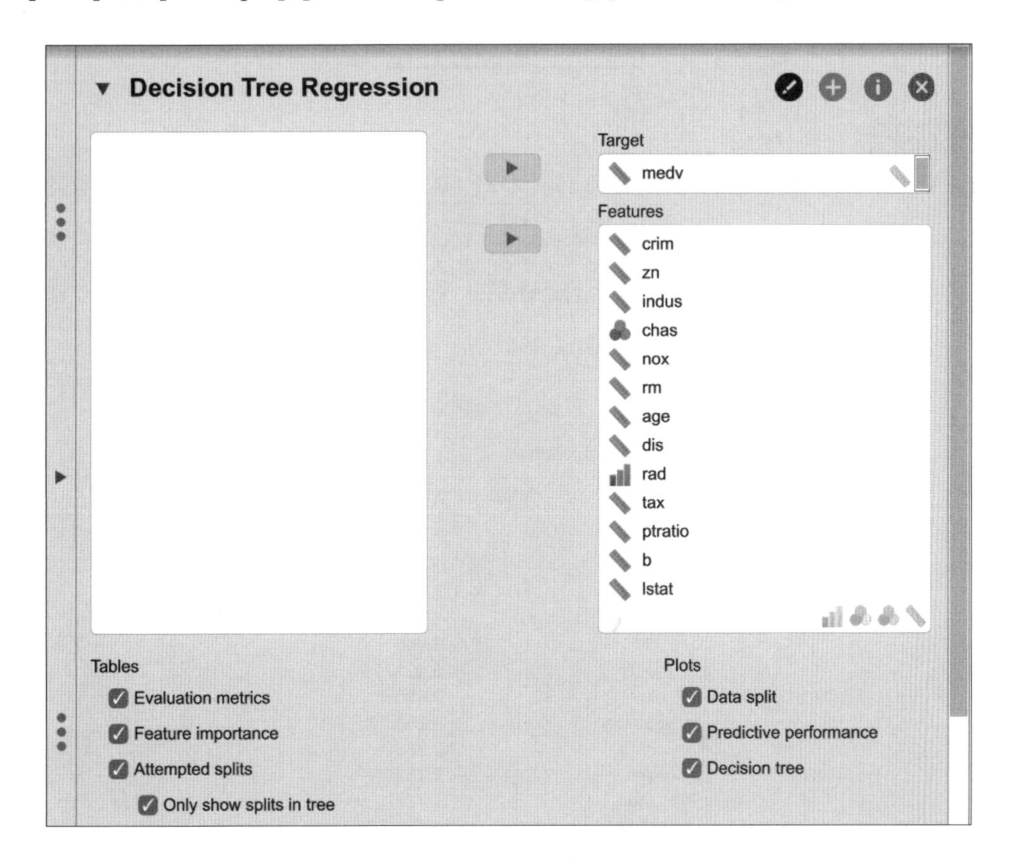

Decision Tree Regression

Splits	n(Train)	n(Test)	Test MSE
86	405	101	0.321

Data Split

Train: 405 | Test: 101 | Total: 506

결과 설명

의사결정나무 회귀분석 결과, 학습 데이터(n(Train))는 405개, 검정용 데이터(n(Test))는 101개, 검정용 MSE(Test MSE)는 0.321임을 알 수 있다.

Evaluation Metrics

	Value
MSE	0.321
RMSE	0.567
MAE / MAD	0.351
MAPE	447.04%
R²	0.646

결과 설명

MSE=0.321, RMSE=0.567, MAE/MAD=0.351. MAPE=447.04%, R^2=0.646임을 알 수 있다. 검정용 데이터의 평균제곱오차(MSE)=0.321, RMSE=$\sqrt{\frac{1}{n}\sum_{i=1}^{n}(y_{실제값i} - y_{예측값i})^2}$로 실제 관측값에서 예측값을 뺀 값의 제곱의 합을 표본수로 나눈 뒤 제곱근을 취한 것이다. RMSE가 작을수록 모델이 적합함을 알 수 있다. 여기서 설명력(R^2)은 0.646임을 알 수 있다.

Feature Importance

	Relative Importance
rm	30.061
lstat	23.167
indus	8.491
nox	7.305
dis	6.756
age	6.623
tax	5.685
ptratio	5.266
crim	2.289
zn	2.259
rad	1.122
chas	0.488
b	0.488

결과 설명

회귀분석의 베타(β)값으로 상대적인 영향력을 나타낸다고 할 수 있다. 여기서는 medv(주택가격의 중앙값)를 결정하는 rm(가구당 룸수), lstat(저소득 업종에 종사하는 인구비율)의 영향력이 각각 30.301, 23.167로 높음을 알 수 있다.

Splits in Tree

	Obs. in Split	Split Point	Improvement
rm	405	0.934	0.473
lstat	342	0.245	0.425
nox	145	0.451	0.339
lstat	88	0.979	0.481
lstat	197	−1.014	0.215
lstat	175	−0.379	0.171
age	98	0.742	0.254
rm	63	1.637	0.620
rad	38	4.000	0.344

Note. For each level of the tree, only the split with the highest

결과 설명

변수별 가지치기 숫자와 가지치기 분리값(Split Point)이 나와 있다. 각각의 변수들이 투입되면서 모형을 구축하게 되므로 분류 적중률과 간결성에 관한 향상률(Improvement)을 볼 수 있다.

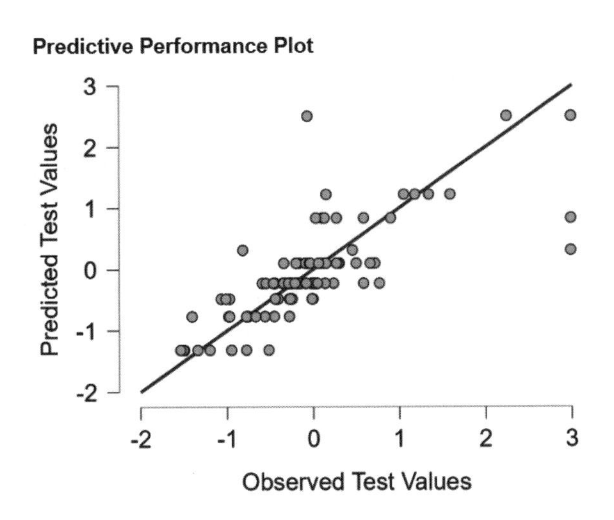

결과 설명

모델의 최상의 성능을 내도록 하는 값을 확인하기 위해 예측과 학습 데이터 사이의 거리를 측정하는 비용함수를 사용할 수 있다. 위의 도표에서는 대각선에서 벗어나는 점들이 많은 것으로 보아 의사결정나무 회귀분석에 의한 예측 성능이 우수하다고 볼 수 없다.

Decision Tree Plot

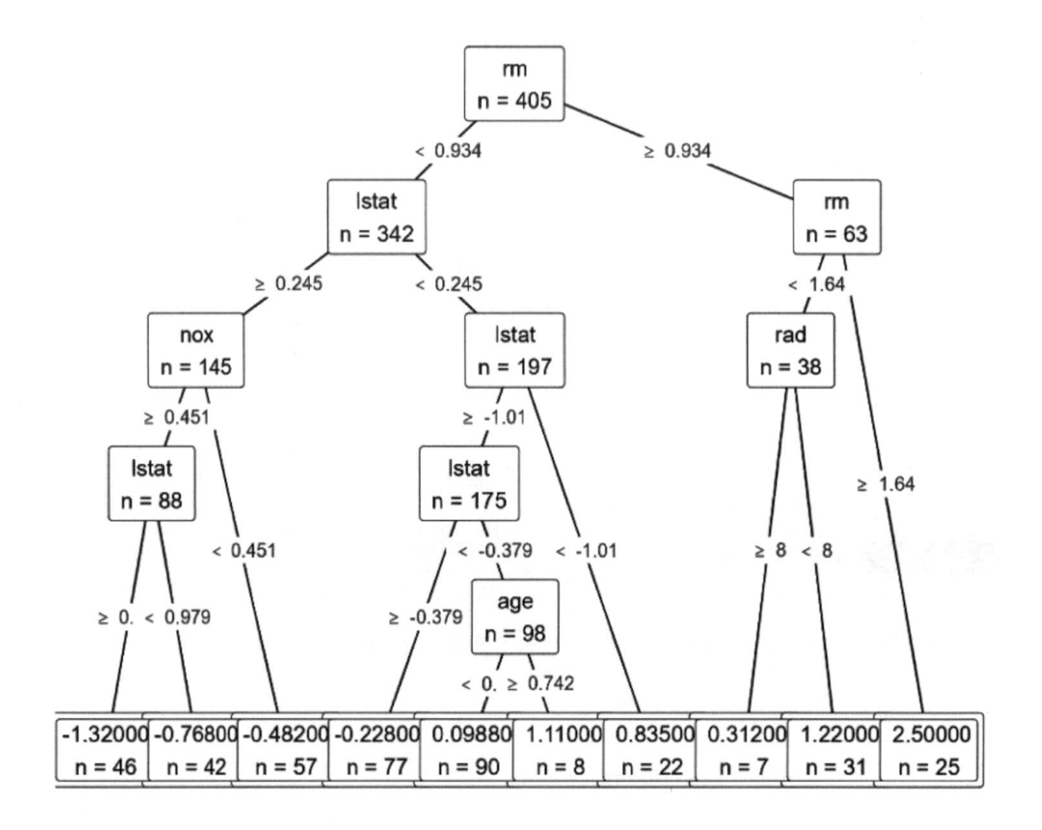

결과 설명

rm(가구당 룸수)이 0.934 이상인 경우와 0.934보다 적은 경우에 medv(주택가격의 중앙값)가 결정됨을 알 수 있다. rm이 0.934보다 적은 경우에는 lstat(저소득 업종에 종사하는 인구비율)가 0.245보다 높으면 NOX의 농도(nox)가 0.451 이상인 경우이다. rm이 0.934보다 큰 63가구 중 rm이 1.64 이상인 경우의 medv가 높음(2.5)을 알 수 있다. 또한 rm이 1.64 미만인 경우 rad(순환고속도로 접근성)가 8 미만인 경우의 medv가 높고, rad가 8 이상인 경우는 medv가 낮음을 알 수 있다.

3-3 신경망 회귀분석 예제

신경망 또는 뉴럴 네트워크(neural network)는 신경회로 또는 신경의 망으로, 현대적 의미에서는 인공 뉴런이나 노드로 구성된 인공 신경망을 의미한다.

1단계 : 앞에서 다룬 bostonhousing.csv 파일을 연다. 이어 [Machine Learning] 버튼을 누르고 [Regression]에서 [Neural Network] 버튼을 누른다.

2단계 : 종속변수인 medv 변수를 [Target] 칸으로 옮기고, 양적변수가 아닌 chas와 rad 변수를 제외한 나머지 모든 변수를 [Features] 칸으로 옮긴다.

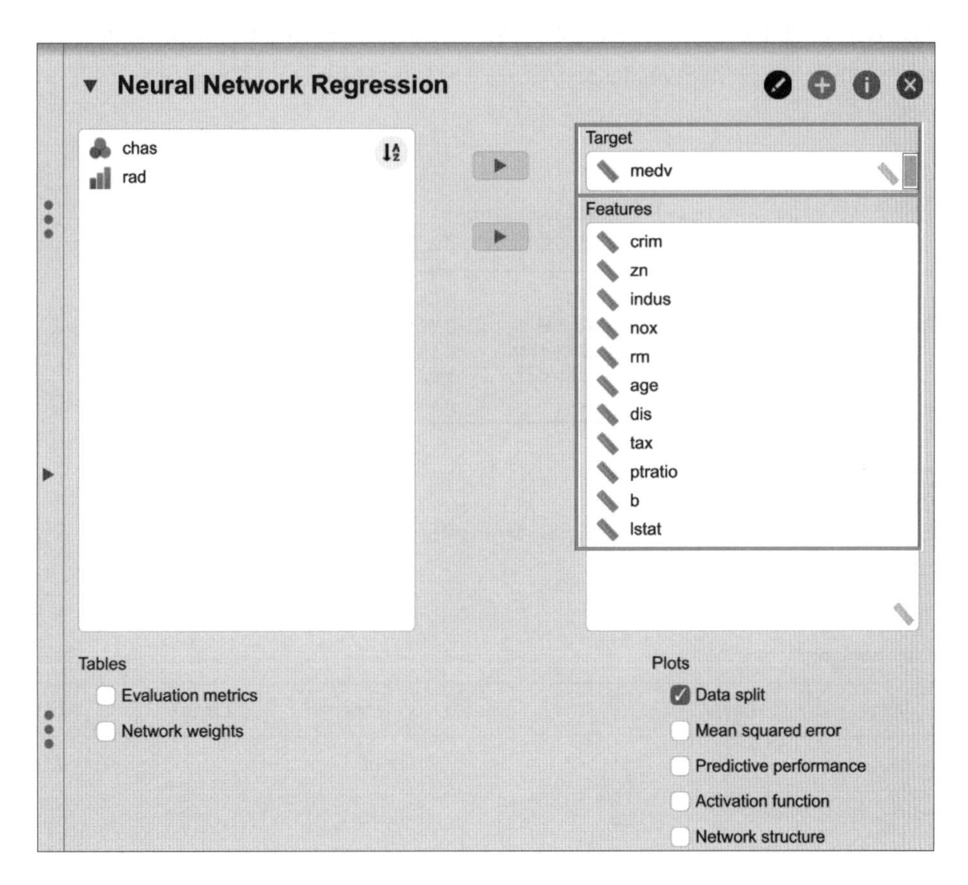

3단계 : [Tables]에서 [Evaluation metrics], [Network weights]를 지정한다. [Plot]에서는 [Data split], [Mean squared error], [Predictive performance], [Activation function], [Network structure]를 지정한다.

Neural Network Regression

Hidden Layers	Nodes	n(Train)	n(Validation)	n(Test)	Validation MSE	Test MSE
3	24	324	81	101	0.573	0.630

Note. The model is optimized with respect to the *validation set mean squared error*.

Data Split

Train: 324	Validation: 81	Test: 101	Total: 506

결과 설명

신경망 회귀분석 결과, 은닉층 3개, 노드 24개, 학습 데이터(n(Train))는 324개, n(Validation)은 81개, n(Test)는 101개, 타당성 MSE(Validation MSE)는 0.573, Test MSE는 0.630임을 알 수 있다.

Evaluation Metrics

	Value
MSE	0.63
RMSE	0.794
MAE / MAD	0.581
MAPE	155.42%
R^2	0.493

결과 설명

MSE=0.63, RMSE=0.794, MAE/MAD=0.581, MAPE=155.42%, R^2=0.493임을 알 수 있다.

NetworkWeights

Node	Layer		Node	Layer	Weight
Intercept		→	Hidden 1	1	−2.082
crim	input	→	Hidden 1	1	−1.552
zn	input	→	Hidden 1	1	0.352
indus	input	→	Hidden 1	1	−0.234
nox	input	→	Hidden 1	1	0.288

rm	input	→	Hidden 1	1	1.463
age	input	→	Hidden 1	1	0.217
dis	input	→	Hidden 1	1	−0.464
tax	input	→	Hidden 1	1	−0.663
ptratio	input	→	Hidden 1	1	−1.952
b	input	→	Hidden 1	1	−0.323
lstat	input	→	Hidden 1	1	−0.327
Intercept		→	Hidden 10	1	−0.425
crim	input	→	Hidden 10	1	−0.105
zn	input	→	Hidden 10	1	0.25
indus	input	→	Hidden 10	1	1.421
nox	input	→	Hidden 10	1	1.188
rm	input	→	Hidden 10	1	1.399
age	input	→	Hidden 10	1	0.115
dis	input	→	Hidden 10	1	−0.334
tax	input	→	Hidden 10	1	−1.259
ptratio	input	→	Hidden 10	1	−0.536
b	input	→	Hidden 10	1	−0.449
lstat	input	→	Hidden 10	1	−1.864
		중간 생략			
Intercept		→	medv	output	−0.509
Hidden 1	3	→	medv	output	−1.841
Hidden 2	3	→	medv	output	−0.858
Hidden 3	3	→	medv	output	1.148
Hidden 4	3	→	medv	output	−2.662
Hidden 5	3	→	medv	output	1.451
Hidden 6	3	→	medv	output	1.825

Note. The weights are input for the logistic sigmoid activation function.

결과 설명

결과 내용이 너무 많아 중간 생략하고 일부만 발췌하였다. 왼쪽에서 오른쪽으로 향하는 화살표 표시는 input node에서 hidden node, output node로 향하는 것을 나타낸다. 선형결합으로 이루어진 가중치도 제시되어 있는데 가중치가 크다면 영향력이 큰 부분이라고 판단할 수 있다. indus(비소매업의 차지 비율), rm(가구당 룸수), 자동차에서 배출되는 질소산화물(nox)이 차지하는 비율이 높은 도심의 주택가격의 중앙값이 높게 책정됨을 알 수 있다.

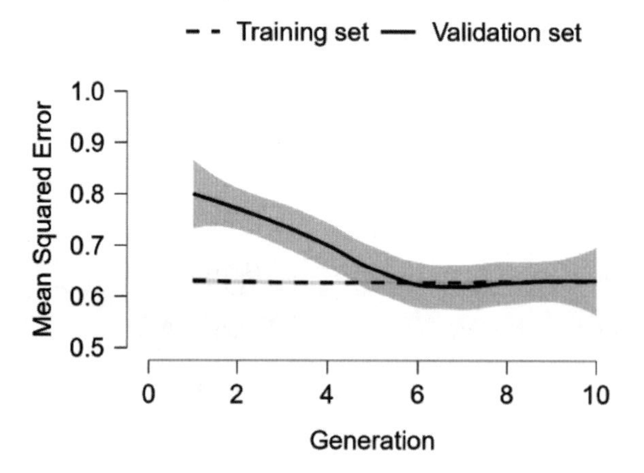

결과 설명

학습 데이터셋과 검정용 데이터셋의 플롯이 나타나 있다. 평균제곱오차는 예측값과 실제값의 차이(error)를 제곱하여 평균을 구한 것이다. 따라서 예측값과 실제값의 차이가 클수록 평균제곱오차의 값이 커지며, 이 값이 작을수록 예측력이 좋다고 할 수 있다.

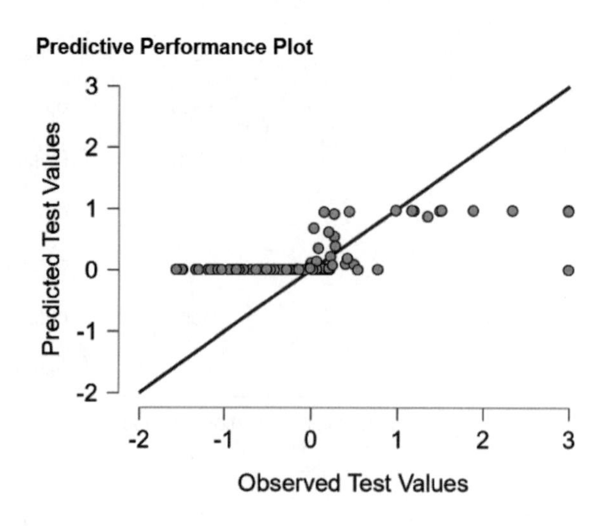

결과 설명

모델의 최상의 성능을 내도록 하는 값을 확인하기 위해 예측과 학습 데이터 사이의 거리를 측정하는 비용함수를 사용할 수 있다. 앞의 도표에서는 대각선에서 벗어나는 점들이 많은 것으로 보아 신경망 회귀분석에 의한 예측 성능이 우수하다고 볼 수 없다.

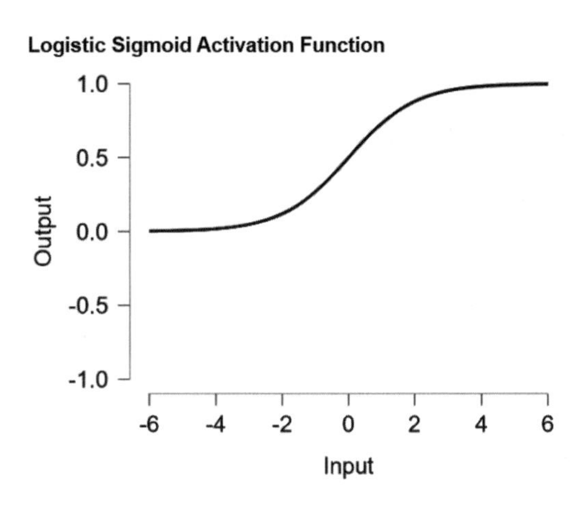

결과 설명

시그모이드 함수는 S자형 곡선 또는 시그모이드 곡선을 갖는 수학 함수이다. 시그모이드 함수를 활성화 함수로 사용하면 0과 1에 가까운 값을 통해 이진분류를 할 수 있다.

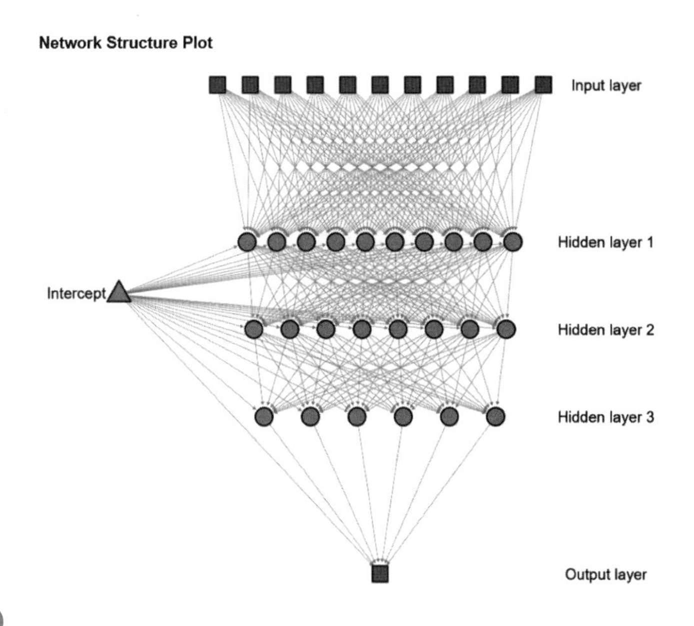

결과 설명

네트워크 구조상 입력층(Input layer), 은닉층(Hidden layer), 출력층(Output layer)이 시각화로 나타나 있다.

3-4 랜덤 포레스트 회귀분석 예제

랜덤 포레스트는 다수의 의사결정나무를 학습하는 앙상블 방법이다. 랜덤 포레스트는 검증, 분류, 회귀 등 다양한 문제에 활용된다. 여기서는 회귀분석에 대하여 살펴보자.

1단계: 앞에서 다룬 bostonhousing.csv 파일을 연다. 이어 [Machine Learning] 버튼을 누르고 [Regression]에서 [Random Forest] 버튼을 누른다.

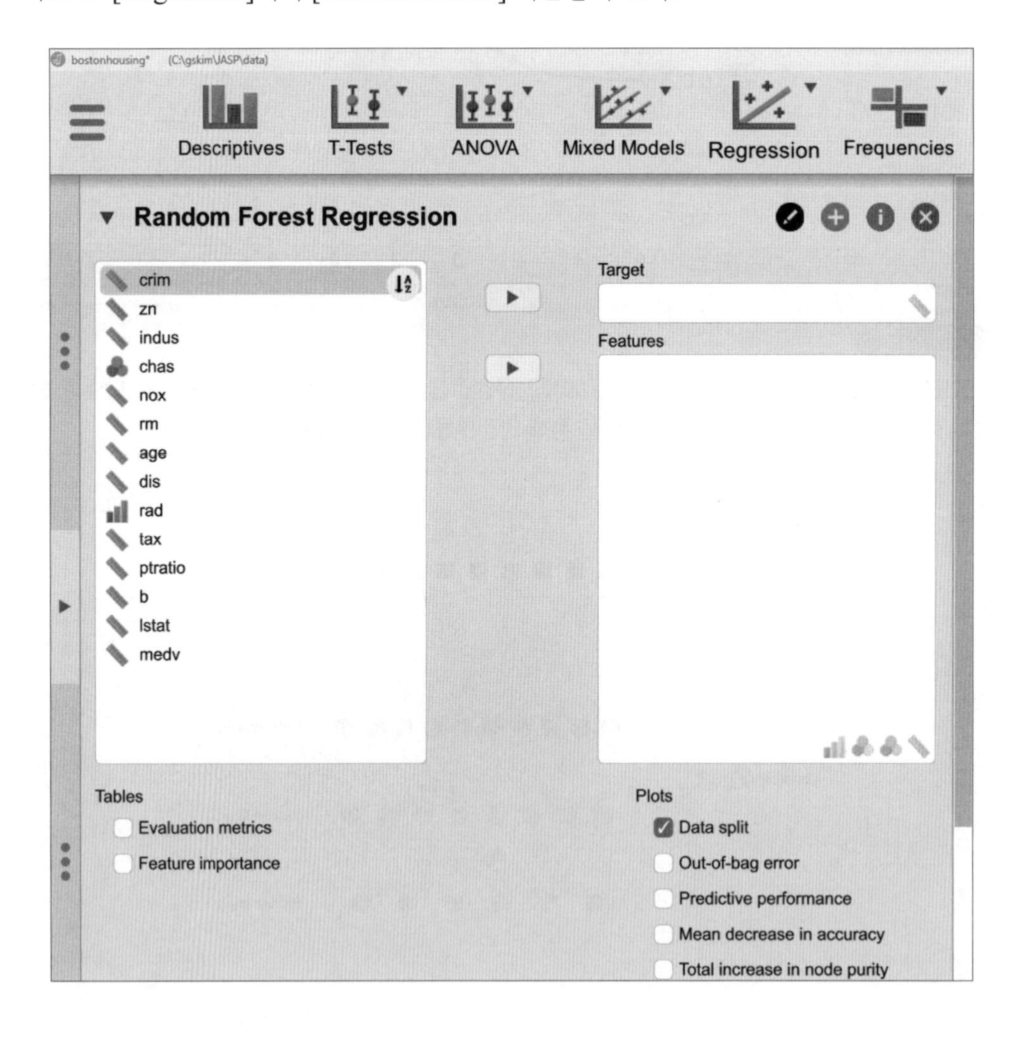

2단계 : 종속변수인 medv 변수를 [Target] 칸으로 옮기고, 나머지 모든 변수를 [Features] 칸으로 옮긴다. 그런 다음 [Tables]에서 [Evaluation metrics]와 [Feature importance]를 지정한다. [Plot]에서 [Out-of-bag error], [Predictive performance], [Mean decrease in accuracy], [Total increase in node purity]를 지정한다.

Random Forest Regression

Trees	Features per split	n(Train)	n(Validation)	n(Test)	Validation MSE	Test MSE	OOB Error
96	3	324	81	101	0.106	0.103	0.189

Note. The model is optimized with respect to the *out-of-bag mean squared error*.

Data Split

Train: 324	Validation: 81	Test: 101	Total: 506

결과 설명

랜덤 포레스트 회귀분석 결과, 훈련샘플(n(Train))은 324개, 타당성 샘플(n(Validation))은 81개, 검정용 샘플(n(Test))은 101개임을 알 수 있다. 타당성 MSE(Validation MSE)는 0.106, Test MSE는 0.103임을 알 수 있다. 다음으로 Error(Out-of-Bag Error) 추정치도 나타나 있다. OOB Error는 부트스트랩 집계를 사용하여 랜덤 포레스트, 부스트 결정트리 및 기타 기계학습 모델의 예측 오류를 측정하는 방법이다. 여기서는 0.189이다.

$$\lim_{N\to\infty}(1-\frac{1}{N})^N = e^{-1} = 0.189$$

Evaluation Metrics

	Value
MSE	0.103
RMSE	0.321
MAE / MAD	0.245
MAPE	175.29%
R²	0.905

결과 설명

모델의 평가지표인 MSE=0.103, RMSE=0.321, MAE/MAD=0.245, MAPE= 175.29%, R^2=0.905이다.

Feature Importance

	Mean decrease in accuracy	Total increase in node purity
lstat	0.638	41.599
rm	0.373	37.891
dis	0.112	14.037
crim	0.122	12.519
ptratio	0.105	11.436
nox	0.118	10.930
indus	0.131	8.785
tax	0.055	6.836
b	0.033	5.824
age	0.038	5.212
rad	0.026	2.535
chas	0.013	1.385
zn	0.006	1.200

결과 설명

이는 랜덤 포레스트 분석의 근본적 결과로 각 변수에 대한 데이터 분류가 얼마나 중요한지 보여준다. 여기서는 정확도에서 평균의 감소 정도가 크고 노드의 순도에서 총증가가 큰 lstat(저소득 업종에 종사하는 인구비율), rm(가구당 룸수), dis(보스턴시 5개 고용센터로부터의 거리), crim(인구 1인당 범죄발생수) 등이 중요함을 알 수 있다.

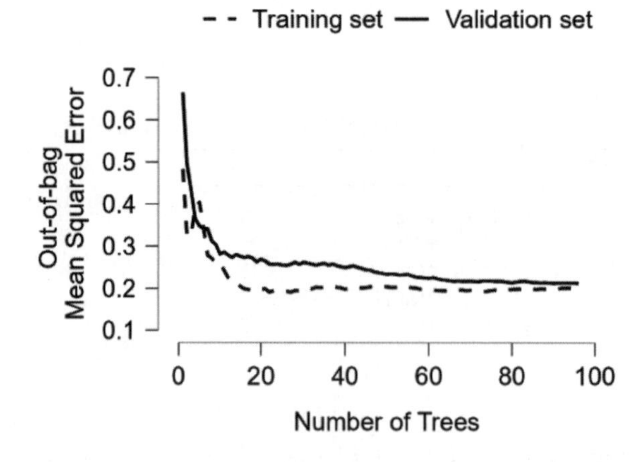

결과 설명

이 플롯은 학습 데이터셋과 타당성 데이터셋의 오류 및 트리수를 보여준다. 더 많은 트리를 추가하고 평균을 내면서 오류가 어떻게 떨어지는지 쉽게 알 수 있다.

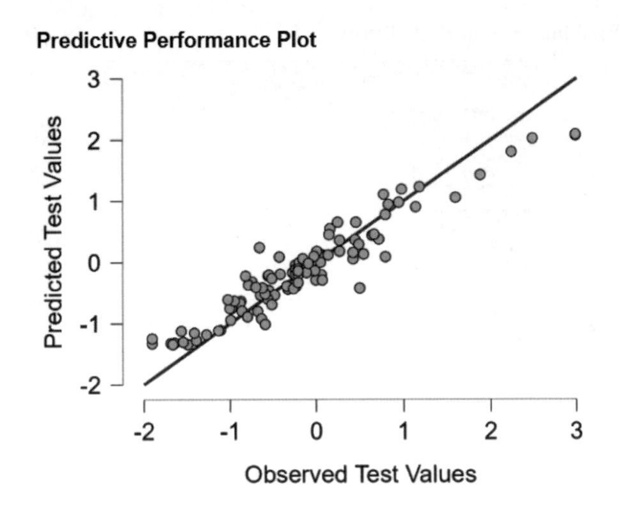

결과 설명

모델의 최상의 성능을 내도록 하는 값을 확인하기 위해 예측과 학습 데이터 사이의 거리를 측정하는 비용함수를 사용할 수 있다. 위의 도표에서는 대각선 주변에 점들이 많이 분포된 것으로 보아 랜덤 포레스트 회귀분석에 의한 예측 성능이 우수하다고 볼 수 있다.

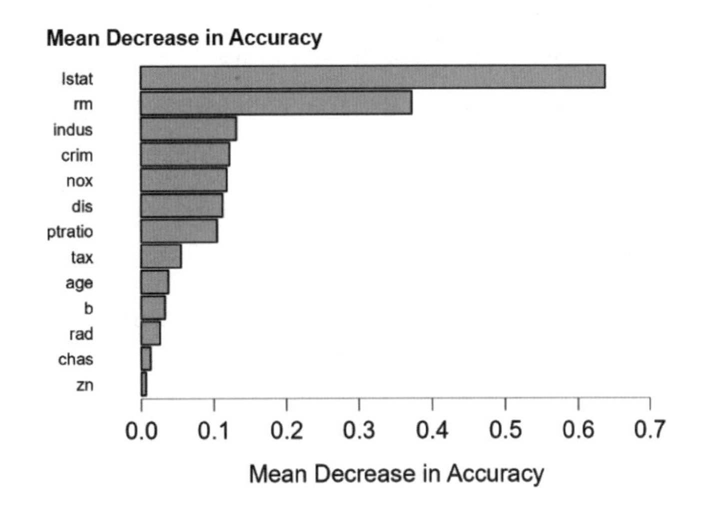

결과 설명

각 독립변수(features)의 정확성에서 평균 감소가 시각적으로 나타나 있다.

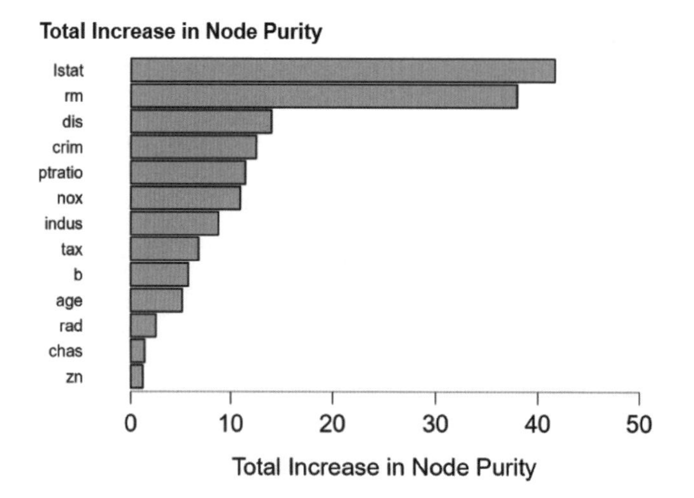

결과 설명

각 독립변수(features)의 노드 순도에서 총합 증가가 시각적으로 나타나 있다.

3-5 정규화 선형 회귀분석 예제

회귀계수들에 제약을 가해 일반화(generalization) 성능을 높이는 기법인 정규화 선형 회귀(regularized linear)에 대한 예제를 살펴보자. 회귀분석에서 정규화(regularization)는 회귀계수가 가질 수 있는 값에 제약조건을 부여하는 방법이다. 미래 데이터에 대한 오차의 기댓값은 모델의 편향(bias)과 분산(variance)으로 분해할 수 있다. 정규화는 분산을 감소시켜 일반화 성능을 높이는 기법이다. 물론 이 과정에서 편향이 증가할 수 있다.

1단계: 앞에서 다룬 bostonhousing.csv 파일을 연다. 이어 [Machine Learning] 버튼을 누르고 [Regression]에서 [Regularized Linear]를 지정한다.

2단계: [Regularized Linear Regression]에서 [Target] 칸으로 medv 변수를 옮기고, [Features] 칸에 chas 변수를 제외한 모든 변수를 옮긴다. [Tables]에서 [Evaluation metrics], [Regression coefficients]를 지정한다. [Plot]에서 [Data split], [Predictive performance], [Variable trace], [Legend], [λ evaluation], [Legend]를 지정한다.

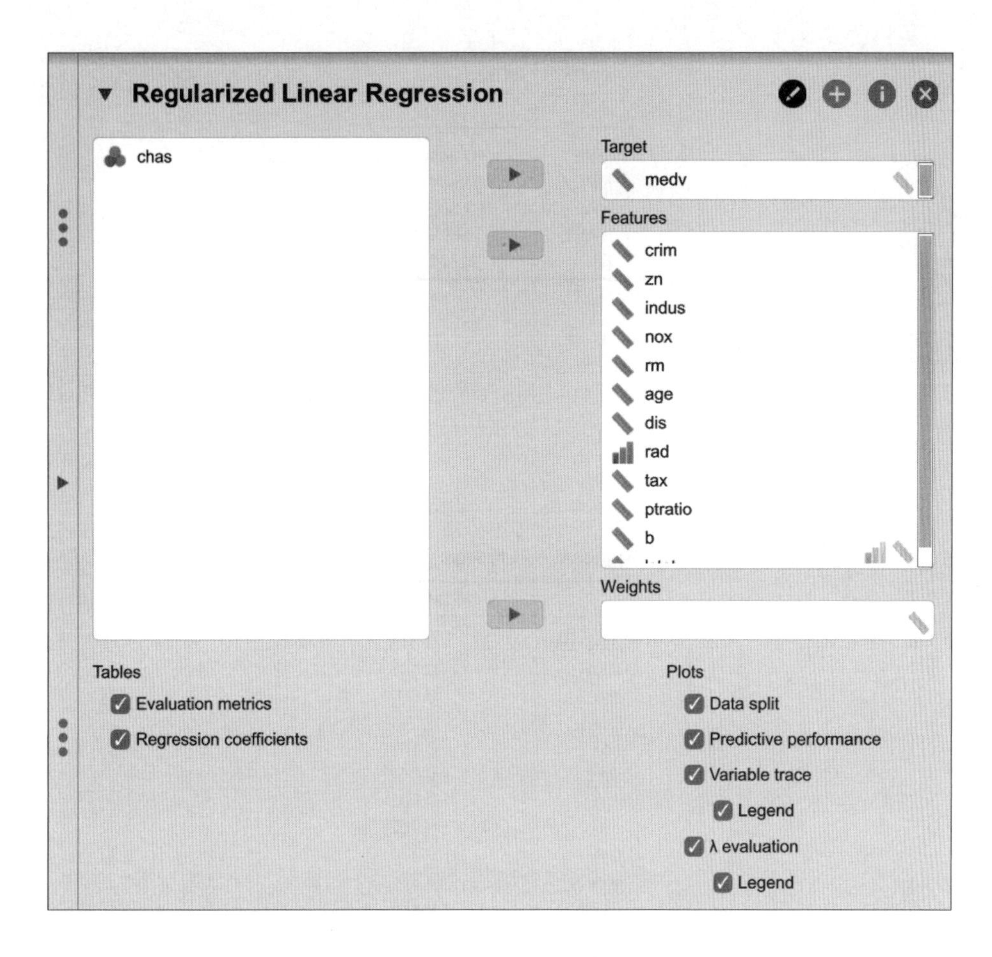

Regularized Linear Regression

Penalty	λ	n(Train)	n(Validation)	n(Test)	Validation MSE	Test MSE
L1 (Lasso)	0.002	324	81	101	0.277	0.341

Note. The model is optimized with respect to the *validation set mean squared error*.

Data Split

결과 설명

Regularize 회귀분석 결과, 훈련샘플(n(Train))이 324개, 타당성 샘플(n(Validation)) 샘플이 81개, 검정용 샘플(n(Test))이 101개임을 알 수 있다. 검정데이터 MSE(Validation MSE)는 0.277, 검정용 데이터 MSE(Test MSE)는 0.341임을 알 수 있다.

Evaluation Metrics

	Value
MSE	0.341
RMSE	0.584
MAE / MAD	0.362
MAPE	345.91%
R²	0.735

결과 설명

정규화 선형 회귀분석 결과, MSE=0.341, RMSE=0.584, MAE/MAD=0.362, MAPE=345.91%, R^2=0.735이다.

Regression Coefficients

	Coefficient (β)
(Intercept)	−0.043
crim	−0.108
zn	0.092
indus	0.041
nox	−0.178
rm	0.348
age	−0.002
dis	−0.262
rad	0.271
tax	−0.228
ptratio	−0.224
b	0.097
lstat	−0.440

결과 설명

각 변수에 해당하는 표준화 회귀계수가 나타나 있다. 여기서는 rm(가구당 룸수), rad(순환고속도로 접근성)가 양의 높은 값을 보인다. 반면에 lstat(저소득 업종에 종사하는 인구비율)는 −0.440, dis(보스턴시 5개 고용센터로부터의 거리)는 −0.262로 이를 통해 저소득 업종에 종사하는 비율이 높거나 보스턴시 고용센터로부터의 거리가 멀수록 medv(주택가격의 중앙값)가 떨어지는 것을 알 수 있다.

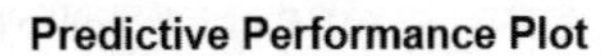

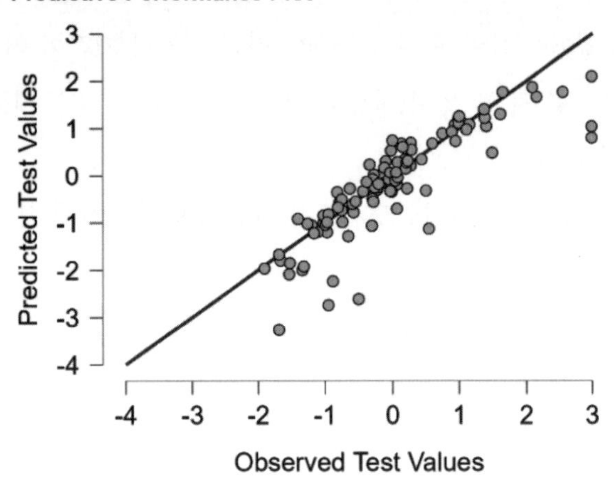

결과 설명

모델의 최상의 성능을 내도록 하는 값을 확인하기 위해 예측과 학습 데이터 사이의 거리를 측정하는 비용함수를 사용할 수 있다. 위 도표에서는 대각선 주변에 떨어져 있는 점들이 많이 분포된 것으로 보아 정규화 선형 회귀분석에 의한 예측 성능이 그리 높다고 판단하기 어렵다.

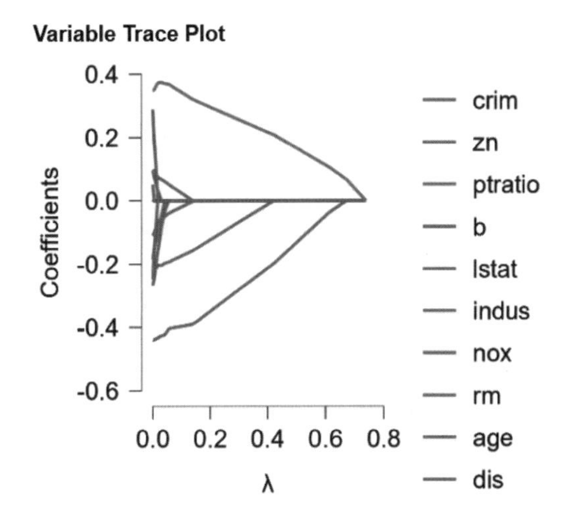

결과 설명

두 플롯에서 각 색상 선은 모델의 다른 계수에서 가져온 값을 나타낸다. 람다는 정규화 항(L1 표준)에 부여된 가중치이므로 람다가 0에 가까워지면 모델의 손실함수가 OLS 손실함수에 접근한다. 이것을 구체적으로 만들기 위해 LASSO 손실함수를 지정할 수 있는 한 가지 방법은 다음과 같다.

$$\beta_{lasso} = armin[RSS(\beta) + \lambda \times L1 - Norm(\beta)]$$

따라서 람다가 매우 작은 경우 LASSO 솔루션은 OLS 솔루션에 매우 근접해야 하며 모든 계수가 모델에 있어야 한다. 람다가 커짐에 따라 정규화 기간이 더 큰 영향을 미치고 모델에서 더 적은 변수를 볼 수 있다(점점 더 많은 계수가 0값이 되기 때문임). L1 정규화는 LASSO의 정규화 용어이다.

최적 회귀계수 벡터를 정규화하는 3가지 방법을 표로 정리하면 다음과 같다.

[표 14-4] 정규화 방법

	릿지회귀	라쏘회귀	엘라스틱넷
제약식	L2 norm	L1 norm	L1 + L2 norm
변수 선택	불가능	가능	가능
해	폐쇄적 형태	명시해 없음	명시해 없음
장점	변수 간 상관관계가 높아도 좋은 성능	변수 간 상관관계가 높으면 성능 낮음	변수 간 상관관계를 반영한 정규화
특징	크기가 큰 변수를 우선적으로 줄임	비중요 변수를 우선적으로 줄임	상관관계가 큰 변수를 동시에 선택하고 배제함

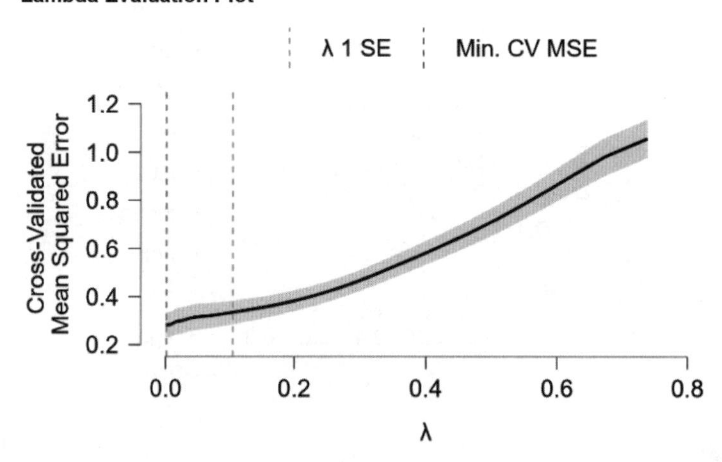

결과 설명

람다 평가 플롯에서 교차검증을 실시하는 MSE와 람다의 관계를 확인할 수 있다. 람다 범위 내에서 다른 평균제곱오차(MSE) 값-교차검증법을 이용하여 MSE를 계산하였다. 여기서는 교차검증오차가 최소기준오차의 1표준오차 이내일 때 최대 람다를 선택하였다.

3-6 서포트 벡터 머신: 회귀분석 예제

서포트 벡터 머신(Support Vector Machine, SVM)이란 데이터가 어느 카테고리에 속할지 판단하기 위해 가장 적절한 경계를 찾는 선형 모델을 말한다.

1단계: 앞에서 다룬 bostonhousing.csv 파일을 연다. 이어 [Machine Learning] 버튼을 누르고 [Regression]에서 [Support Vector Machine] 버튼을 누른다.

2단계: [Target] 칸으로 medv 변수를 옮기고, [Features] 칸에 나머지 모든 변수를 옮긴다. 이어 [Tables]에서 [Evaluation metrics], [Support vectors]를 지정한다. [Plot]에서는 [Data split], [Predictive performance]를 지정한다.

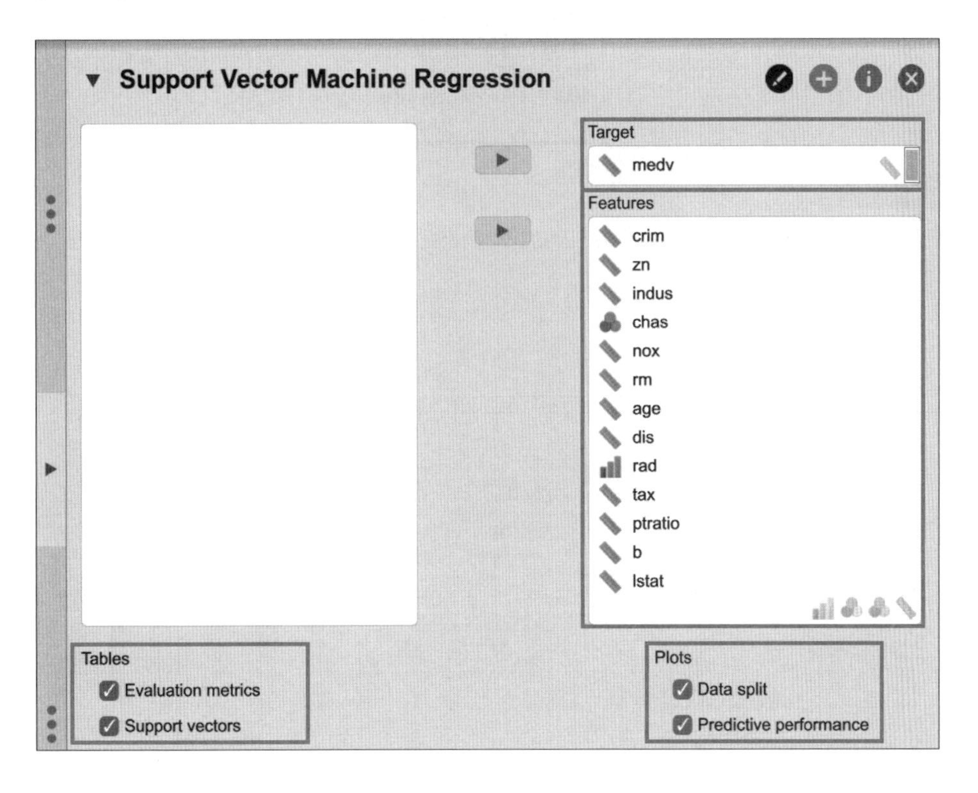

Support Vector Machine Regression

Support Vectors	n(Train)	n(Test)	Test MSE
397	405	101	0.398

Data Split

Train: 405	Test: 101	Total: 506

결과 설명

서포트 벡터 머신 회귀분석 결과, 훈련샘플은 405개, 검정용 샘플은 101개임을 알 수 있다. 검정용 데이터 MSE(Test MSE)는 0.398이다.

Evaluation Metrics

	Value
MSE	0.398
RMSE	0.631
MAE / MAD	0.37
MAPE	259.46%
R²	0.654

결과 설명

서포트 벡터 머신의 평가지표를 보면, MSE=0.398, RMSE=0.631, MAE/MAD=0.37, MAPE=259.46%, R^2=0.654이다.

Support Vectors

Row	crim	zn	indus	chas0	chas1	nox	rm	age	dis	rad.L	rad.Q	rad.C	rad.4	rad.5	rad.6	rad.7	rad.8	tax	ptratio	b	lstat
1	-0.416	2.943	-1.093	1	0	-1.404	-0.582	-1.758	2.576	-0.516	0.532	-0.445	0.313	-0.185	0.09	-0.034	0.009	-0.553	-0.949	0.422	-0.477
2	-0.415	-0.487	0.401	0	1	-0.041	-0.565	-0.447	-0.324	0	-0.38	2.352×10^{-17}	0.402	-80.05	-0.449	6.909×10^{-15}	0.617	-0.785	-0.949	0.396	0.12
3	-0.416	3.586	-1.233	1	0	-1.196	2.232	-1.257	0.628	-0.129	-0.323	0.286	0.201	-0.416	0.022	0.478	-0.494	-1.093	-1.735	0.395	-1.238
4	-0.411	-0.487	-1.202	1	0	-0.947	2.185	-1.125	-0.142	-0.387	0.133	0.222	-0.469	0.508	-0.382	0.205	-0.071	-0.785	-0.21	0.404	-1.272
5	-0.416	-0.487	-0.983	1	0	-0.973	-0.385	-0.713	2.003	-0.258	-0.152	0.413	-0.246	-0.185	0.494	-0.478	0.247	-0.334	0.159	0.317	-0.297
6	2.492	-0.487	1.015	1	0	1.194	-0.424	1.116	-1.048	0.516	0.532	0.445	0.313	0.185	0.09	0.034	0.009	1.529	0.806	0.441	1.977
7	-0.233	-0.487	-0.437	1	0	-0.144	-0.268	1.006	-0.017	-0.129	-0.323	0.286	0.201	-0.416	0.022	0.478	-0.494	-0.601	1.175	-1.187	1.076
8	-0.254	-0.487	1.231	1	0	2.73	0.321	1.116	-0.964	0	-0.38	2.352×10^{-17}	0.402	-80.05	-0.449	6.909×10^{-15}	0.617	-0.031	-1.735	0.084	-0.737
9	-0.411	2.943	-0.902	1	0	-1.24	1.229	-1.452	0.628	-0.129	-0.323	0.286	0.201	-0.416	0.022	0.478	-0.494	-0.969	0.344	0.441	-1.273
10	-0.405	-0.487	0.406	1	0	-1.016	0.56	-1.331	1.028	-0.129	-0.323	0.286	0.201	-0.416	0.022	0.478	-0.494	-0.707	-1.134	0.441	-0.894
											중간생략										
400	0.821	-0.487	1.015	1	0	1.599	0.248	0.932	-0.858	0.516	0.532	0.445	0.313	0.185	0.09	0.034	0.009	1.529	0.806	-3.435	1.586
401	-0.382	-0.487	1.567	1	0	0.598	-0.658	0.953	-0.629	-0.129	-0.323	0.286	0.201	-0.416	0.022	0.478	-0.494	0.171	1.268	0.351	0.333
402	-0.409	0.799	-0.905	1	0	-1.093	0.457	-0.937	1.137	0.129	-0.323	-0.286	0.201	0.416	0.022	-0.478	-0.494	-0.642	-0.857	0.297	-0.74
403	0.11	-0.487	1.015	1	0	1.409	-3.876	0.687	-1.036	0.516	0.532	0.445	0.313	0.185	0.09	0.034	0.009	1.529	0.806	-0.022	-0.775
404	-0.386	-0.487	-0.211	1	0	0.262	-1.273	0.154	-0.473	0.129	-0.323	-0.286	0.201	0.416	0.022	-0.478	-0.494	-0.102	0.344	0.441	1.188
405	-0.286	-0.487	-0.437	1	0	-0.144	-0.831	0.939	-0.004	-0.129	-0.323	0.286	0.201	-0.416	0.022	0.478	-0.494	-0.601	1.175	0.023	0.798

결과 설명

서포트 벡터량이 나타나 있다. 서포트 벡터 머신(SVM)의 맥락에서 초평면(결정 경계) 방정식은 다음과 같다.

$$w^T x + b = 0$$

여기서 w는 초평면에 수직인 벡터, x는 입력 데이터 벡터, b는 바이어스 항이다.
데이터 포인트 x와 초평면 사이의 거리는 다음 방정식을 사용하여 계산할 수 있다.

거리(x, 초평면) = |w^T x + b| / ||w||

여기서 ||w||는 가중치 벡터 w의 크기이다.
서포트 벡터는 마진 또는 마진 내에 있는 데이터 포인트이며, 초평면까지의 거리는 마진과 같다. 마진은 다음과 같이 정의한다.

마진 = 2 / ||w||

SVM 알고리즘의 목표는 지원 벡터와 초평면 사이의 거리를 마진과 동일하게 유지하면서 데이터 포인트 클래스를 구분하는 초평면을 찾아 마진을 최대화하는 것이다. 이것은 더 나은 일반화 성능으로 이어지고 과적합의 위험을 줄여준다.

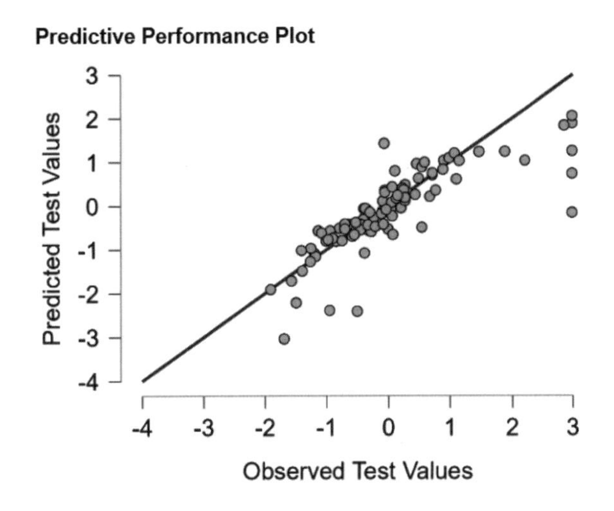

결과 설명

모델의 최상의 성능을 내도록 하는 값을 확인하기 위해 예측과 학습 데이터 사이의 거리를 측정하는 비용함수를 사용할 수 있다. 위의 도표에서는 대각선 주변에 떨어져 있는 점들이 많이 분포된 것으로 보아 서포트 벡터 머신 선형 회귀분석에 의한 예측 성능이 높다고 판단하기 어렵다.

지금까지 다양한 방법으로 수행한 회귀모델 평가 결과를 종합해서 다음 표로 정리할 수 있다. 여기서는 랜덤 포레스트와 부스팅에 의한 방법이 다른 방법에 비해 우수함을 알 수 있다.

[표 14-5] 회귀분석 평가지표 비교

	Boosting	Decision Tree	Neural Network	Random Forest	Regularized linear	Support Vector Machine
MSE	0.129	0.321	0.63	0.103	0.341	0.398
RMSE	0.359	0.567	0.794	0.321	0.584	0.631
MAE/MAD	0.278	0.351	0.581	0.245	0.362	0.37
MAFE	300.11%	447.04%	155.42%	175.29%	345.91%	259.46%
R^2	0.846	0.646	0.494	0.905	0.735	0.654

알아두면 좋아요!

머신러닝 회귀분석 학습에 유용한 내용들을 살펴볼 수 있는 사이트이다.

• JASP 이용 머신러닝_회귀 정보 제공

• 정규화 선형회귀에 대한 설명 블로그

분석 도전

1. UCI Machine Learning Repository 사이트(https://archive.ics.uci.edu/datasets)를 방문하여 회귀분석 관련 데이터를 내려받아 분석을 수행하고 결과를 설명해보자.

15장 머신러닝의 분류

학습목표

☑ 다음과 같이 다양한 머신러닝의 분류 방법을 이해한다.
1) 부스팅(Boosting)
2) 의사결정나무(Decision Tree)
3) K-최근접 이웃(K-nearest Neighbors)
4) 선형 판별(Linear Discriminant)
5) 신경망(Neural Network)
6) 랜덤 포레스트(Random Forest)
7) 서포트 벡터 머신(Support Vector Machine)

☑ 다양한 분류 방법으로 머신러닝을 실행하고 결과를 해석한다.

1 머신러닝의 분류 알고리즘

앞서 14장에서도 다룬 것처럼, 지도학습과 비지도학습을 구별하는 가장 쉬운 방법은 데이터에 레이블이 지정되어 있는지 여부를 확인하는 것이다. 지도학습은 입력 데이터를 기반으로 정의된 레이블을 예측하는 기능을 학습한다. 데이터를 범주로 분류(분류 문제)하거나 결과를 예측(회귀 알고리즘)할 수 있다. 비지도학습은 명시적으로 제시되지 않은 데이터셋의 기본 패턴을 드러내는데, 이를 통해 데이터 포인트의 유사성(클러스터링 알고리즘)을 발견하거나 변수의 숨겨진 관계(연결 규칙 알고리즘)를 밝혀낼 수 있다.

강화학습은 보상을 최대화하기 위해 에이전트가 환경과의 상호작용을 기반으로 행동을 취하는 것을 배우는 또 다른 유형의 기계학습이다. 이것은 시행착오 접근법을 따르는 인간의 학습 과정과 가장 유사하다.

지도학습은 분류 알고리즘과 회귀 알고리즘으로 분류될 수 있다. 분류모델은 개체가 속한 범주를 식별하는 반면 회귀 모델은 연속 출력을 예측한다. 분류 알고리즘과 회귀 알고리즘 사이에 모호한 선이 있을 수 있다. 분류와 회귀분석 모두에 많은 알고리즘을 사용할 수 있으며, 분류는 임계값이 적용된 회귀모형일 뿐이다. 숫자가 임계값보다 높으면 참(true)으로, 낮으면 거짓(false)으로 분류된다.

1-1 부스팅

부스팅(boosting)은 약한 학습자(Weak Learner)를 결합하여 강한 학습자를 형성하며, 약한 학습자는 실제 분류와 약간 연관된 분류자를 정의한다. 강한 학습자(Strong Learner)는 약한 학습자와 대조적으로 올바른 범주와 연관된 분류자이다.

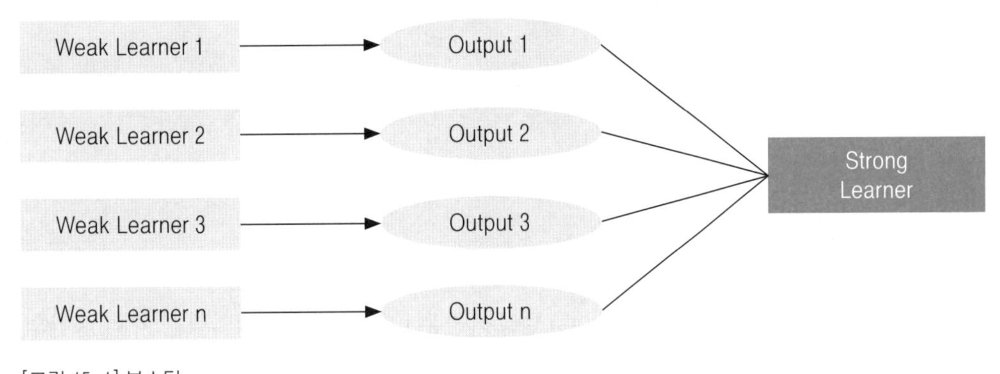

[그림 15-1] 부스팅

1-2 의사결정나무

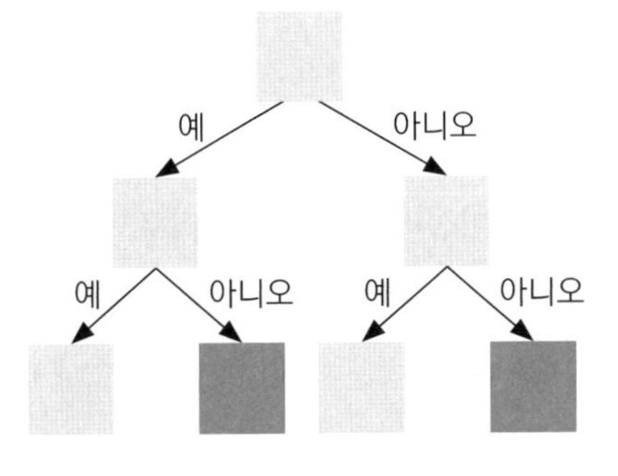

[그림 15-2] 의사결정나무

의사결정나무(decision tree)는 계층 접근 방식으로 트리 분기를 구성하며, 각 분기는 if-else문으로 간주할 수 있다. 분기는 가장 중요한 기능을 기반으로 데이터셋을 하위 집합으로 분할하여 개발한다. 최종 분류는 의사결정나무의 잎에서 이루어진다.

1-3 K-최근접 이웃 알고리즘

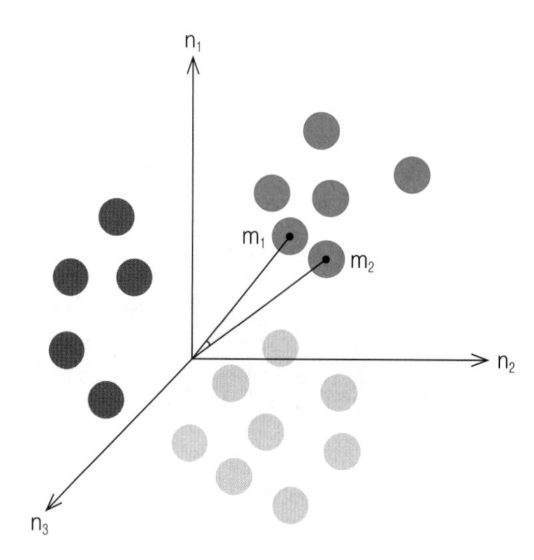

[그림 15-3] K-최근접 이웃 알고리즘

K-최근접 이웃(K-nearest neighbors) 알고리즘은 n개의 피처로 정의되는 차원 공간의 각 데이터 포인트를 나타내는 것으로 생각할 수 있다. 한 점과 다른 점 사이의 거리를 계산한 다음, 가장 가까운 관측 데이터 포인트의 레이블을 기준으로 관측되지 않은 데이터 레이블을 지정한다.

1-4 선형판별

선형판별(linear discriminant)은 머신러닝에서 전처리로 이용되는 차원축소 방법이다. 이는 집단 구분을 높게 유지하면서 낮은 차원으로 데이터를 투사하는 것을 목적으로 한다. 이 기법은 처음에는 2개 집단을 나누는 문제에 적용되었으나 나중에는 여러 집단에 적용하는 방식으로 확장되었다.

1-5 신경망

신경망(neural network)은 인간의 두뇌에서 영감을 얻은 방식으로 데이터를 처리하도록 컴퓨터를 가르치는 인공지능 방식이다. 인간의 두뇌와 비슷한 계층 구조로 상호 연결된 노드 또는 뉴런을 사용하는 딥러닝이 대표적인 예이다. 신경망은 컴퓨터가 실수에서 배우고 지속적으로 개선하는 데 사용하는 적응형 시스템을 생성한다. 인공 신경망은 문서 요약 또는 얼굴 인식과 같은 복잡한 문제를 더 정확하게 하는 데 이용된다.

1-6 랜덤 포레스트

이름에서 알 수 있듯이 랜덤 포레스트(random forest)는 의사결정나무의 집합이다. 여러 예측변수의 결과를 집계하는 일반적인 유형의 앙상블 방법이다. 랜덤 포레스트(무작위 숲)는 각 트리에서 원래 데이터셋의 무작위 샘플링에 대한 훈련이 이루어진다. 랜덤 포레스트는 데이터셋에서 중복을 허용하면서 임의로 일정한 개수만큼 행을 선택하여 의사결정나무를 만드는 배깅(bagging)을 이용한다. 이와 같은 방식으로 트리를 만들면 모두 동일하지는 않더라도 학습 데이터의 일부를 기반으로 분석된다. 의사결정나무와 비교하여 모델에 추가된 레이어가 더 많기 때문에 일반화 가능성은 더 높지만 해석 가능성은 더 낮다.

1-7 서포트 벡터 머신

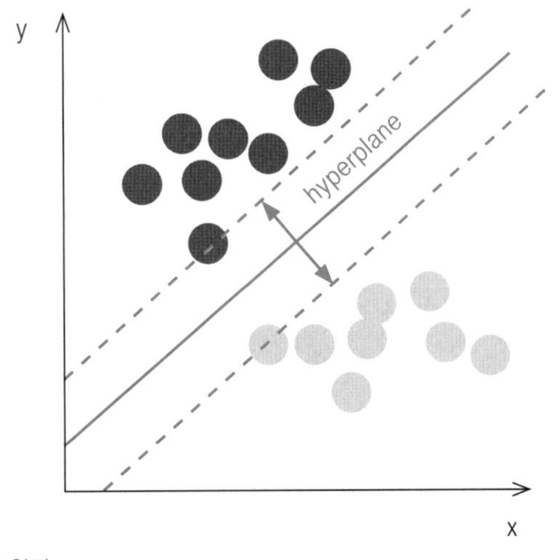

[그림 15-4] 서포트 벡터 머신 원리

서포트 벡터 머신(Support Vector Machine, SVM)은 양의 클래스와 음의 클래스 사이의 경계와 관련된 위치를 기준으로 데이터를 분류하는 가장 좋은 방법을 찾는다. 이 경계를 서로 다른 클래스의 데이터 지점 간 거리를 최대화하는 하이퍼플레인(hyperplane)이라고 한다. 의사결정나무 및 랜덤 포레스트와 유사하게 서포트 벡터 머신은 분류와 회귀 모두에 사용할 수 있으며, 서포트 벡터 분류기(Support Vector Classifiers, SVC)는 분류 문제에 사용한다.

2 데이터 설명

여기서 사용할 데이터(iris.csv)는 아이리스(붓꽃)에 대한 자료이다. 아이리스 꽃잎의 각 부분의 너비와 길이 등을 측정한 데이터로, 150개의 레코드로 구성되어 있다. 데이터에 포함된 6개의 변수에 대하여 간략하게 설명하면, 데이터는 총 6개의 필드로 구성되어 있다. caseno는 단지 순서를 표시하는 것이므로 분석에서 제외한다. 2번째부터 5번째까지의 필드 4개는 입력변수로 사용되고, 맨 아래의 Species 속성은 목표(종속)변수로 사용된다.

[표 15-1] 데이터 설명

caseno	일련번호(1부터 150까지 입력됨)
SepalLength	꽃받침의 길이 정보(단위: cm)
SepalWidth	꽃받침의 너비 정보(단위: cm)
PetalLength	꽃잎의 길이 정보(단위: cm)
PetalWidth	꽃잎의 너비 정보(단위: cm)
Species	꽃의 종류 정보로 setosa / versicolor / virginica 3종류로 구분됨

데이터 iris.csv

	A	B	C	D	E	F	G	H
1	caseno	SepalLeng	SepalWidt	PetalLeng	PetalWidtl	Species		
2	1	5.1	3.5	1.4	0.2	setosa		
3	2	4.9	3	1.4	0.2	setosa		
4	3	4.7	3.2	1.3	0.2	setosa		
5	4	4.6	3.1	1.5	0.2	setosa		
6	5	5	3.6	1.4	0.2	setosa		
7	6	5.4	3.9	1.7	0.4	setosa		
8	7	4.6	3.4	1.4	0.3	setosa		
9	8	5	3.4	1.5	0.2	setosa		
10	9	4.4	2.9	1.4	0.2	setosa		
11	10	4.9	3.1	1.5	0.1	setosa		
12	11	5.4	3.7	1.5	0.2	setosa		
13	12	4.8	3.4	1.6	0.2	setosa		
14	13	4.8	3	1.4	0.1	setosa		
15	14	4.3	3	1.1	0.1	setosa		
16	15	5.8	4	1.2	0.2	setosa		
17	16	5.7	4.4	1.5	0.4	setosa		
18	17	5.4	3.9	1.3	0.4	setosa		
19	18	5.1	3.5	1.4	0.3	setosa		
20	19	5.7	3.8	1.7	0.3	setosa		
21	20	5.1	3.8	1.5	0.3	setosa		
22	21	5.4	3.4	1.7	0.2	setosa		
23	22	5.1	3.7	1.5	0.4	setosa		
24	23	4.6	3.6	1	0.2	setosa		
25	24	5.1	3.3	1.7	0.5	setosa		
26	25	4.8	3.4	1.9	0.2	setosa		
27	26	5	3	1.6	0.2	setosa		
28	27	5	3.4	1.6	0.4	setosa		
29	28	5.2	3.5	1.5	0.2	setosa		
30	29	5.2	3.4	1.4	0.2	setosa		

3 분류 연습

3-1 부스팅

1단계 : iris.csv 데이터를 불러온다.

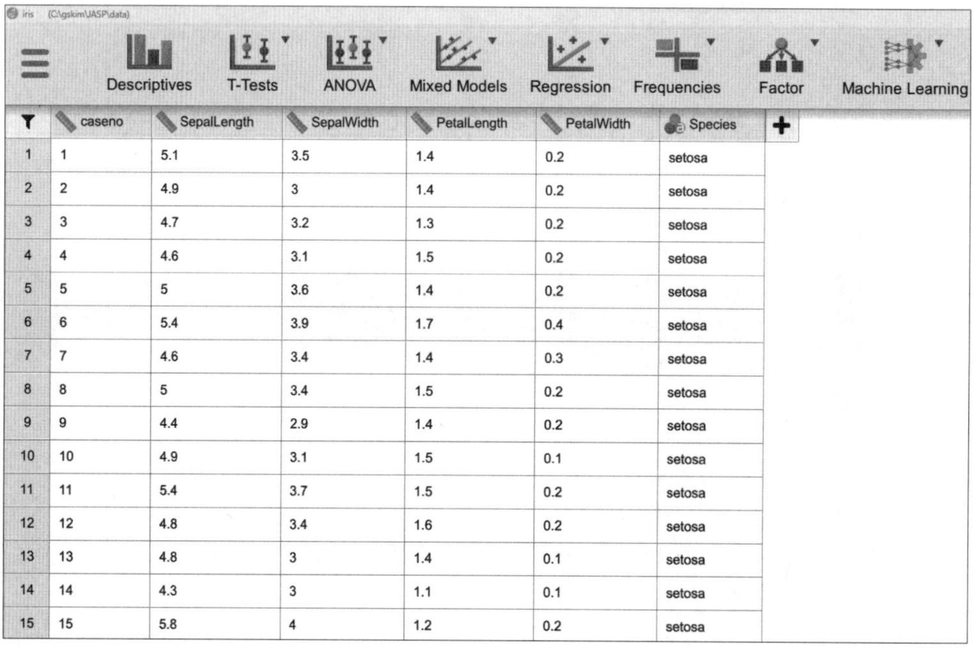

	caseno	SepalLength	SepalWidth	PetalLength	PetalWidth	Species
1	1	5.1	3.5	1.4	0.2	setosa
2	2	4.9	3	1.4	0.2	setosa
3	3	4.7	3.2	1.3	0.2	setosa
4	4	4.6	3.1	1.5	0.2	setosa
5	5	5	3.6	1.4	0.2	setosa
6	6	5.4	3.9	1.7	0.4	setosa
7	7	4.6	3.4	1.4	0.3	setosa
8	8	5	3.4	1.5	0.2	setosa
9	9	4.4	2.9	1.4	0.2	setosa
10	10	4.9	3.1	1.5	0.1	setosa
11	11	5.4	3.7	1.5	0.2	setosa
12	12	4.8	3.4	1.6	0.2	setosa
13	13	4.8	3	1.4	0.1	setosa
14	14	4.3	3	1.1	0.1	setosa
15	15	5.8	4	1.2	0.2	setosa

2단계 : [Machine Learning] 버튼을 누르고 [Classification]의 [Boosting] 버튼을 누른다. 꽃의 종류를 나타내는 Species 변수를 [Target] 칸으로 옮기고, 꽃의 정보를 나타내는 4개의 변수 SepalLength, SepalWidth, PetalLength, PetalWidth를 [Features] 칸으로 옮긴다.

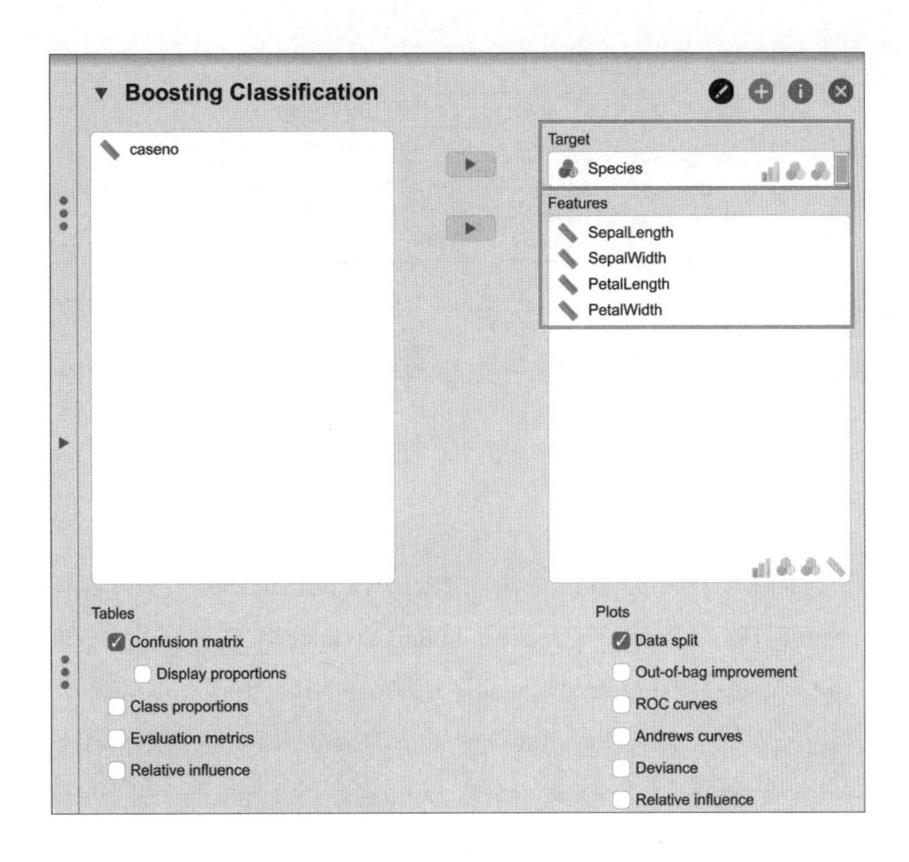

Boosting Classification

Trees	Shrinkage	n(Train)	n(Validation)	n(Test)	Validation Accuracy	Test Accuracy
24	0.100	96	24	30	1.000	0.900

Note. The model is optimized with respect to the ***out-of-bag accuracy***.

Data Split

결과 설명

Boosting Classification의 기본 정보가 나와 있다. 학습 데이터수는 96개, 타당성 검정샘플 24개, 검정샘플 30개로 구성되어 있다. 타당정확도(Validation Accuracy)는 1이고 검정정확도(Test Accuracy)는 0.900이다. 실행할 때마다 결과가 달라지니 참고하기 바란다.

Confusion Matrix

		Predicted		
		setosa	versicolor	virginica
Observed	setosa	10	0	0
	versicolor	0	6	0
	virginica	0	3	11

결과 설명

아이리스(iris) 종류에 대한 검정샘플 30개 중 제대로 분류된 대각선 값을 합산한 값을 나눈 값이 검정정확도이다. 여기서 정확도는 0.90(10+6+11/30)이다. 모델이 setosa와 versicolor는 정확히 분류해내고 있지만, virginica를 구별하는 데는 애를 먹고 있음을 알 수 있다.

3단계 : [Tables]에서 [Evaluation metrics], [Relative influence]를 체크한다. [Plots]에서 [Data split], [ROC curves], [Decision boundary matrix], [Legend], [Points]에 체크한다. 여기서 [out-of-bag improvement]는 예측이 얼마나 정확한가에 대한 추정을 수치로 나타내는 것이다. ROC(Receiver Operating Characteristic)는 모든 임계값에서 분류모델의 성능을 보여주는 그래프를 말한다. ROC 곡선 아래 영역을 뜻하는 AUC(Area Under the Curve)가 높으면 클래스를 구분하는 모델의 성능이 훌륭하다는 것을 의미한다.

Evaluation Metrics

	setosa	versicolor	virginica	Average / Total
Support	10	6	14	30
Accuracy	1.000	0.900	0.900	0.933
Precision (Positive Predictive Value)	1.000	0.667	1.000	0.933
Recall (True Positive Rate)	1.000	1.000	0.786	0.900
False Positive Rate	0.000	0.125	0.000	0.042
False Discovery Rate	0.000	0.333	0.000	0.111
F1 Score	1.000	0.800	0.880	0.904
Matthews Correlation Coefficient	1.000	0.764	0.813	0.859
Area Under Curve (AUC)	1.000	0.969	0.964	0.978
Negative Predictive Value	1.000	1.000	0.842	0.947
True Negative Rate	1.000	0.875	1.000	0.958
False Negative Rate	0.000	0.000	0.214	0.071
False Omission Rate	0.000	0.000	0.158	0.053
Threat Score	∞	1.000	3.667	∞
Statistical Parity	0.333	0.300	0.367	1.000

Note. All metrics are calculated for every class against all other classes.

결과 설명

검정용 샘플 30개에 대한 평가지표가 나타난다. 정확도, 재현율, F1값, Area Under Curve(AUC) 중심으로 보면 된다.

Relative Influence

	Relative Influence
PetalLength	88.686
PetalWidth	11.161
SepalWidth	0.106
SepalLength	0.047

결과 설명

3종류의 아이리스에 대한 SepalLength(꽃받침 길이), SepalWidth(꽃받침 너비), PetalLength(꽃잎 길이), PetalWidth(꽃잎 너비)의 상대적 영향력이 나타난다. PetalLength가 88.69로 가장 영향력이 큼을 알 수 있다.

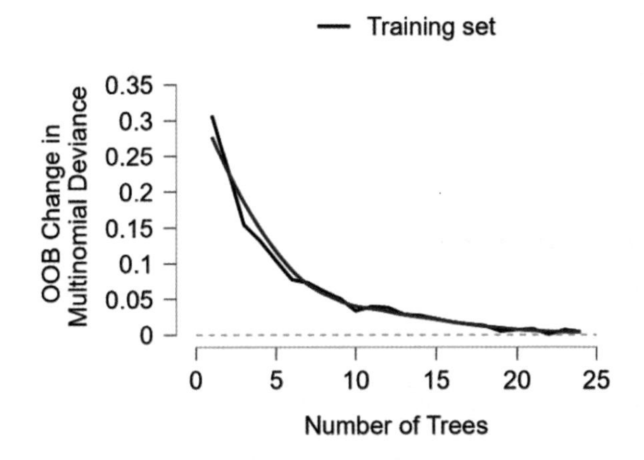

결과 설명

OOB 평가(out-of-bag-evaluation)는 모델의 품질을 평가하는 방법이다. out-of-bag 오류는 각각의 부트스트랩 샘플에 해당 데이터 포인트를 포함하지 않는 트리의 예측을 사용하여 계산된, 각 예측 결과에 대한 평균 오류이다. 트리 24 정도에서 OOB가 가장 낮음을 알 수 있다.

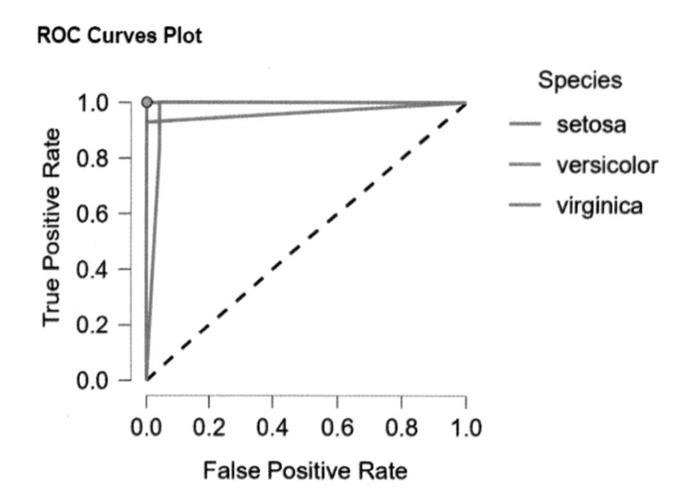

결과 설명

ROC(Receiver Operating Characteristic) Curve는 민감도(sensitivity)와 1-특이도(specificity)로 그려지는 곡선이다. ROC Curve에서 곡선 밑면적(AUC)은 반드시 0.5보다 커야 하고 일반적으로 0.7 이상은 되어야 수용할 만한 수준이다. AUC의 면적이 넓어야 검사도구나 모델의 정확도가 높다고 해석한다. 여기서는 setosa, versicolor의 정확도가 높음을 알 수 있다.

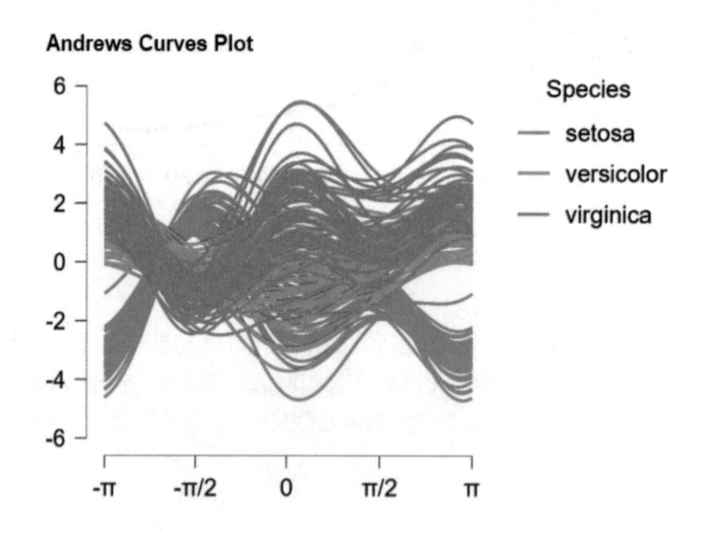

결과 설명

데이터 시각화에서 Andrews 곡선(또는 Andrews 플롯)은 고차원 데이터의 구조를 시각화하는 방법이다. SepalLength, SepalWidth, PetalLength, PetalWidth를 각각 x_1, x_2, x_3, x_4, $X1$, $X2$, $X3$, $X4$라고 푸리에 급수 $f_x(t)fx(t)$에 입력하여 시각화하였다. 이 방법을 통해서 고차원 데이터를 평면

에 그려낸 결과, 곡선들 간의 거리가 가까울수록 비슷한 유형의 데이터임을 나타낸다. 즉, setosa와 versicolor는 정확하게 분류하고 있으나 파란색의 virginica는 다른 형태의 곡선을 그리고 있어 이상치 데이터가 존재함을 나타낸다.

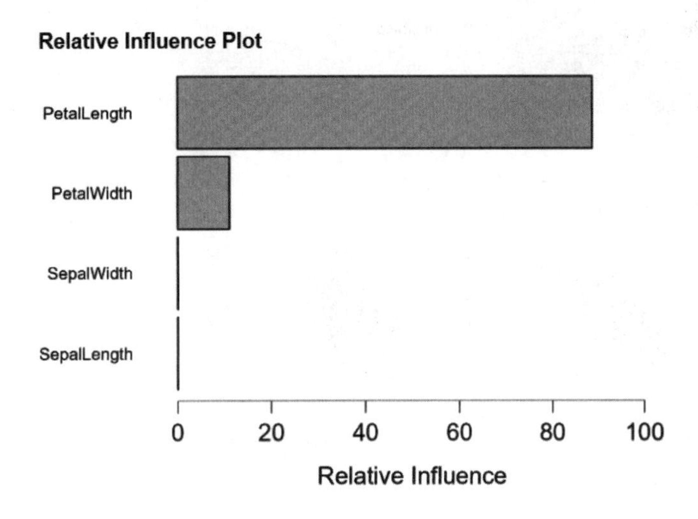

결과 설명

3종류의 아이리스 분류에는 SepalLength(꽃받침 길이), SepalWidth(꽃받침 너비), PetalLength(꽃잎 길이), PetalWidth(꽃잎 너비)의 영향력이 나와 있다. PetalLength가 가장 영향력이 큰 것을 알 수 있다.

Decision Boundary Matrix

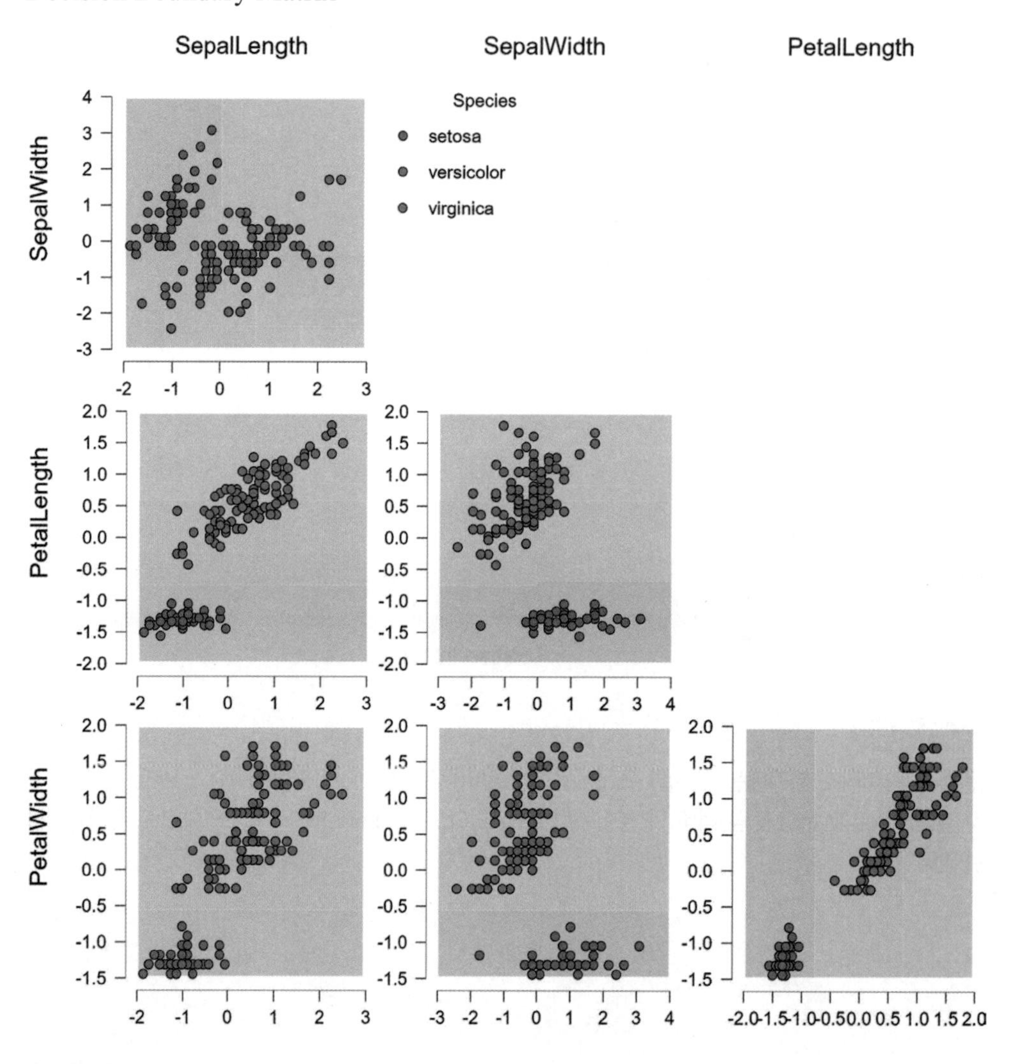

결과 설명

붉은색의 setosa는 petal length와 petal width에서 다른 것들과 구별된다. 다른 두 종은 구별이 쉽지 않아 보인다.

4단계: 지금까지 분석한 내용을 데이터창에 저장해보자. [Export Result]에서 [Add predictions to data]를 누른다. [Column name]에 'pred_boost'라고 입력한다. [Save as]에서 [Browse] 버튼을 누르고 저장경로를 설정한 다음 저장파일명을 정한다(여기서는 trainboost.jaspML로 하였다). [Save trained model]을 누른다.

이어 그림의 ②의 ▶ 단추를 누른다. 그러면 예측 데이터 저장창을 확인할 수 있다.

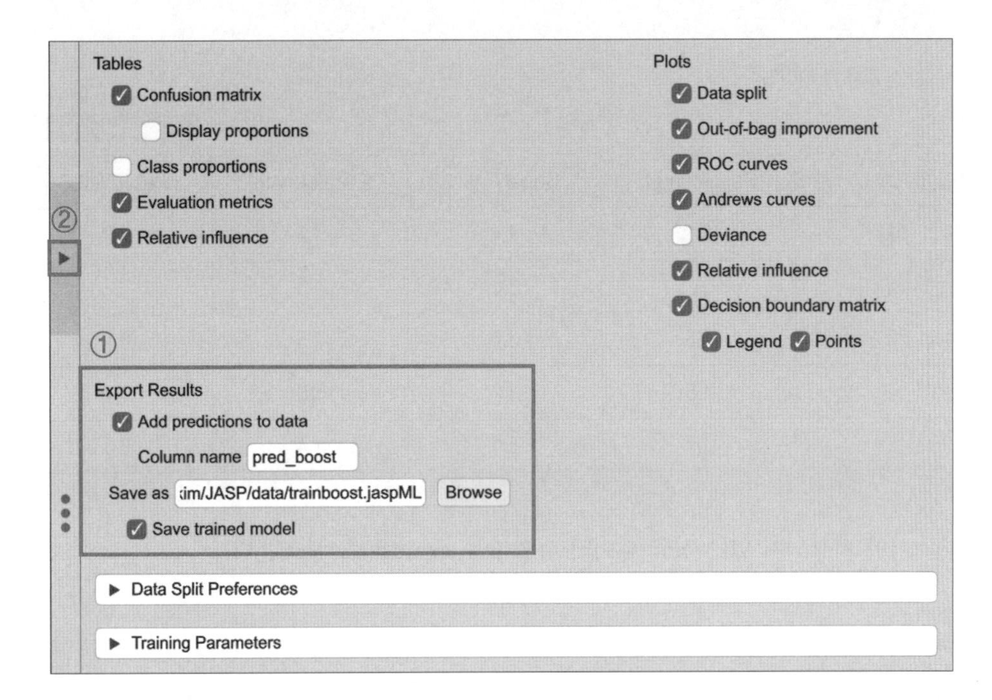

	caseno	SepalLength	SepalWidth	PetalLength	PetalWidth	Species	pred_boost
1	1	5.1	3.5	1.4	0.2	setosa	setosa
2	2	4.9	3	1.4	0.2	setosa	setosa
3	3	4.7	3.2	1.3	0.2	setosa	setosa
4	4	4.6	3.1	1.5	0.2	setosa	setosa
5	5	5	3.6	1.4	0.2	setosa	setosa
6	6	5.4	3.9	1.7	0.4	setosa	setosa
7	7	4.6	3.4	1.4	0.3	setosa	setosa
8	8	5	3.4	1.5	0.2	setosa	setosa
9	9	4.4	2.9	1.4	0.2	setosa	setosa
10	10	4.9	3.1	1.5	0.1	setosa	setosa
11	11	5.4	3.7	1.5	0.2	setosa	setosa
12	12	4.8	3.4	1.6	0.2	setosa	setosa
13	13	4.8	3	1.4	0.1	setosa	setosa
14	14	4.3	3	1.1	0.1	setosa	setosa
15	15	5.8	4	1.2	0.2	setosa	setosa

5단계 : 신규 데이터 5개를 투입하여 예측해보자.

[표 15-2] 신규 추가 데이터

데이터 iris_new.csv

caseno	SepalLength	SepalWidth	PetalLength	PetalWidth
1	5.1	3.4	1.6	0.2
2	5	3.3	1.5	3
3	4.6	3.2	1.5	0.1
4	4.5	3.2	1.6	0.1
5	4.3	3.5	1.4	0.3

6단계 : 이미 저장되어 있는 신규 데이터 파일(iris_new.csv)을 불러온다.

데이터 iris_new.csv

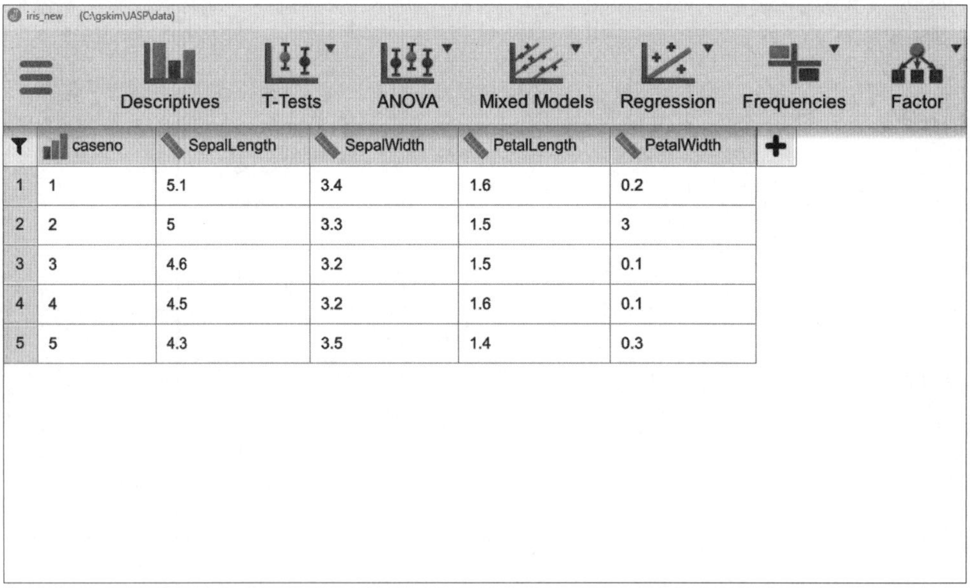

iris_new (C:\gskim\JASP\data)

Descriptives T-Tests ANOVA Mixed Models Regression Frequencies Factor

	caseno	SepalLength	SepalWidth	PetalLength	PetalWidth
1	1	5.1	3.4	1.6	0.2
2	2	5	3.3	1.5	3
3	3	4.6	3.2	1.5	0.1
4	4	4.5	3.2	1.6	0.1
5	5	4.3	3.5	1.4	0.3

7단계: [Machine Learning] 버튼을 누르고, 가장 하단의 [Prediction]에서 [Prediction] 버튼을 누른다.

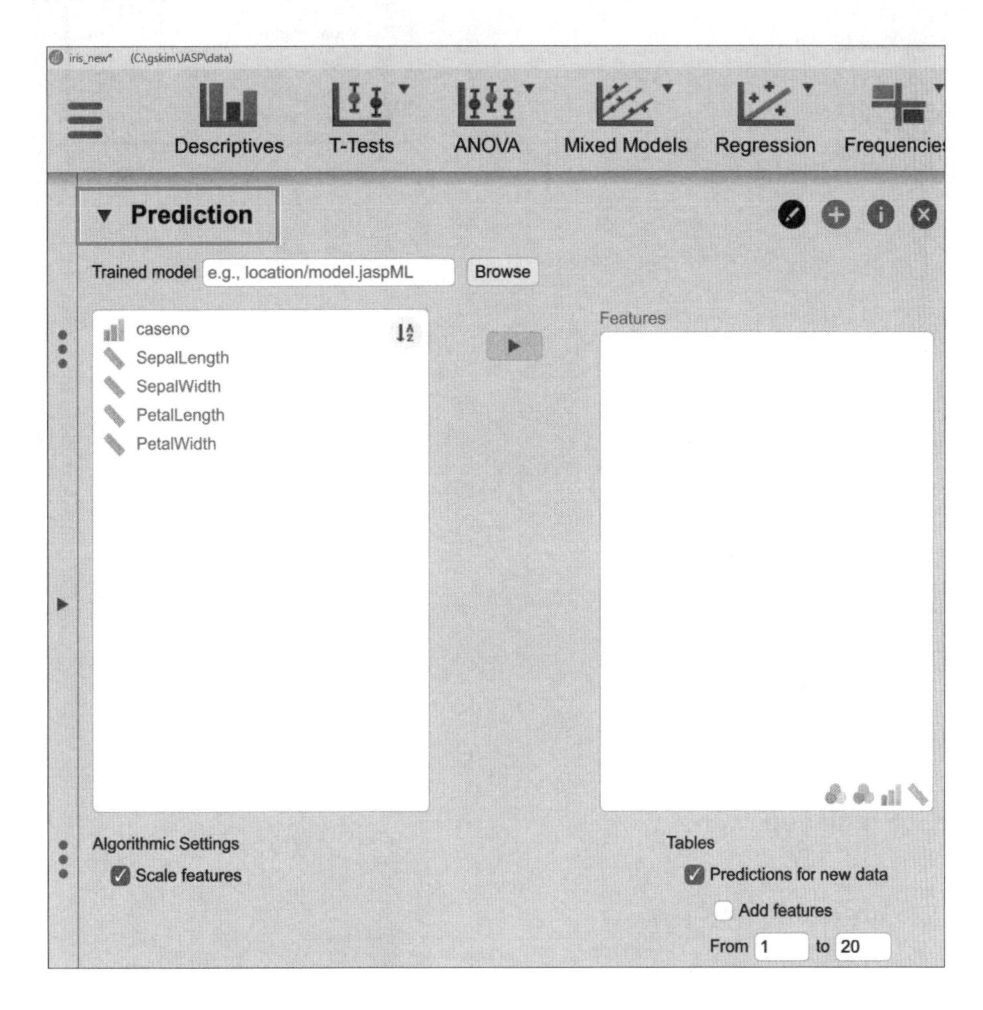

8단계: [Prediction] 창의 [Trained model]에서 [Browse]를 눌러 신규 데이터(iris_new.csv)가 저장되어 있는 경로를 설정한다. 꽃의 정보를 나타내는 4개의 변수 SepalLength, SepalWidth, PetalLength, PetalWidth를 [Features] 칸으로 보낸다. 그런 다음 [Tables]에서 [Predictions for new data]와 [Add features]를 체크한다. 신규 데이터가 5개이므로 시작은 1, 마지막은 5를 나타내도록 'From 1 to 5'를 지정한다. 또한 예측분석 결과를 내보내기 위해 [Export Results]에서 [Add predictions to data]를 체크하고, [Column name]을 pred_new라고 지정한다.

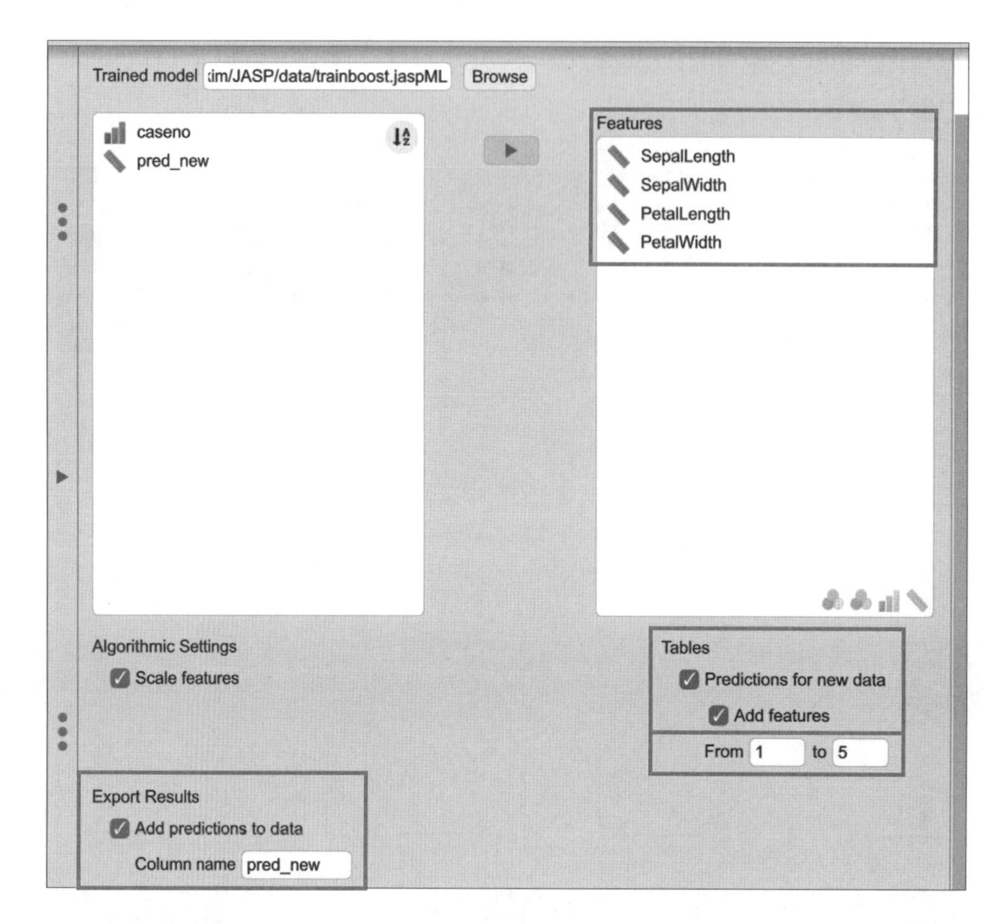

Prediction

Loaded Model: Classification

Method	Trees	Shrinkage	n(Train)	n(New)
Boosting	24	0.100	96	5

Predictions for New Data

Row	Predicted	SepalLength	SepalWidth	PetalLength	PetalWidth
1	virginica	1.180	0.614	0.956	−0.427
2	versicolor	0.885	−0.153	−0.239	1.785
3	versicolor	−0.295	−0.920	−0.239	−0.505
4	virginica	−0.590	−0.920	0.956	−0.505
5	setosa	−1.180	1.381	−1.434	−0.348

결과 설명

신규 데이터 5개를 입력한 결과 첫 번째는 virginica, 두 번째는 versicolor, 세 번째는 versicolor, 네 번째는 virginica, 다섯 번째는 setosa로 예측됨을 알 수 있다.

9단계: 신규 데이터창에서 데이터를 확인하기 위해 ▶모양(Show data)을 누른다. 그러면 다음과 같은 결과를 얻을 수 있다.

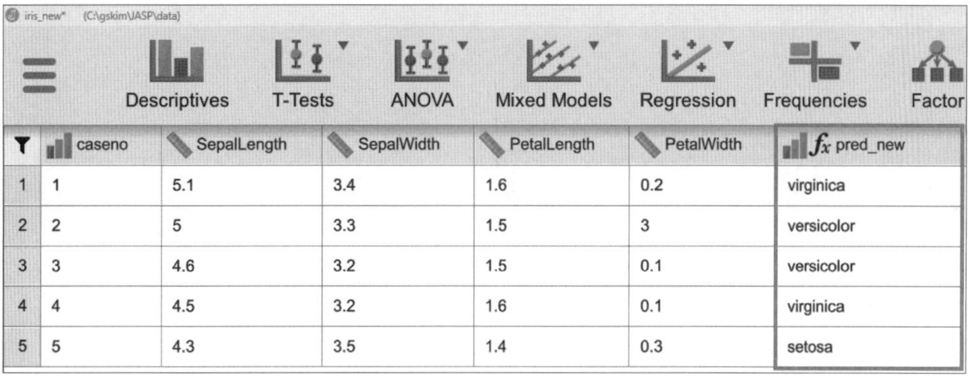

iris_new* (C:\gskim\JASP\data)

Descriptives T-Tests ANOVA Mixed Models Regression Frequencies Factor

	caseno	SepalLength	SepalWidth	PetalLength	PetalWidth	pred_new
1	1	5.1	3.4	1.6	0.2	virginica
2	2	5	3.3	1.5	3	versicolor
3	3	4.6	3.2	1.5	0.1	versicolor
4	4	4.5	3.2	1.6	0.1	virginica
5	5	4.3	3.5	1.4	0.3	setosa

3-2 의사결정나무

의사결정나무(Decision Tree) 분석은 if-else문의 원리를 이용하여 목표변수에 영향을 미치는 독립변수 중에서 가장 유의한 것을 차례로 선택하는 방법이다.

1단계: iris.csv 데이터를 불러온다. [Machine Learning]을 누른 다음, [Classification]의 [Decision Tree] 버튼을 누른다.

2단계: 이어 Species 변수를 [Target] 칸으로 옮긴다. 아이리스의 정보를 나타내는 4개의 변수인 SepalLength, SepalWidth, PetalLength, PetalWidth는 [Features] 칸으로 옮긴다. 그리고 다음과 같이 나머지 옵션들을 설정한다.

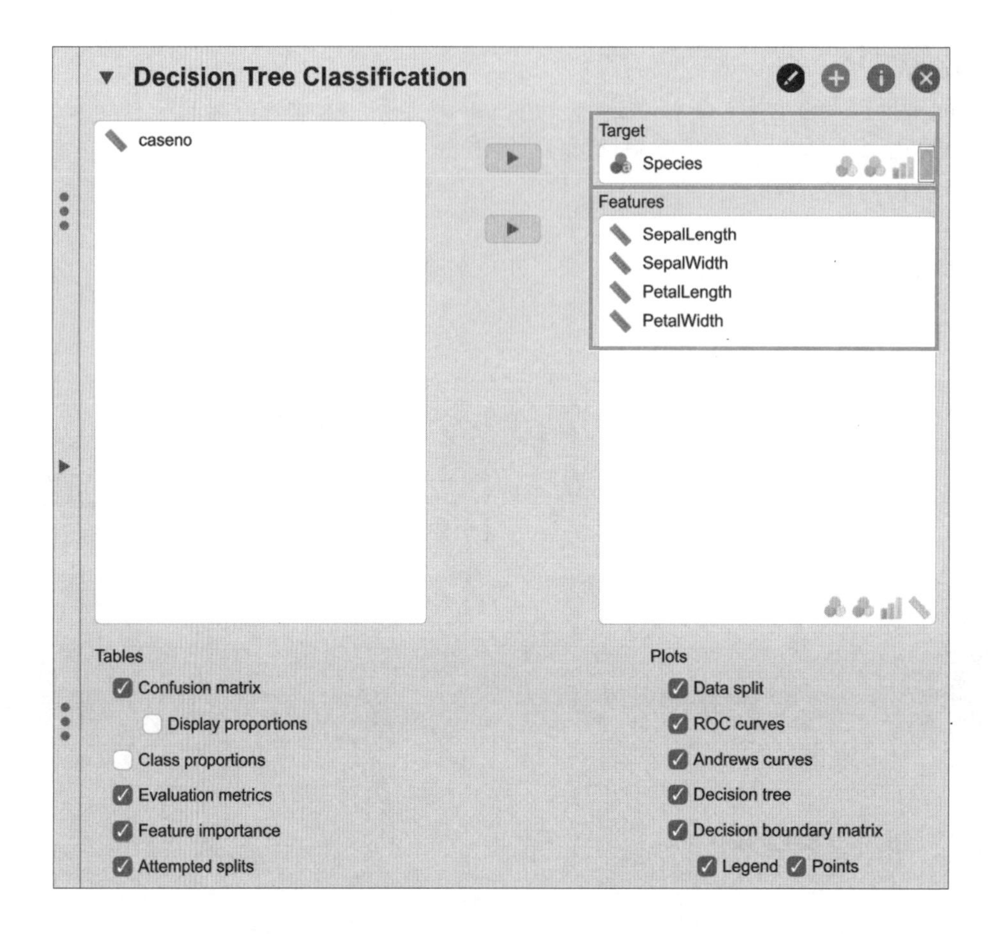

Decision Tree Classification

Decision Tree Classification

Splits	n(Train)	n(Test)	Test Accuracy
19	120	30	0.967

Data Split

Train: 120 | Test: 30 | Total: 150

결과 설명

의사결정나무(Decision Tree Classification)의 기본 정보가 나와 있다. 학습 데이터수는 120개, 검정샘플은 30개로 구성되어 있다. 검정정확도는 0.967이다. 실행할 때마다 결과가 달라지니 참고하기 바란다.

Confusion Matrix

		Predicted		
		setosa	versicolor	virginica
Observed	setosa	9	0	0
	versicolor	0	10	1
	virginica	0	0	10

결과 설명

아이리스 종류에 대한 검정샘플 30개 중 제대로 분류된 대각선의 값을 합산한 다음 나눈 값이 검정 정확도인데, 여기서는 0.967(9+10+10/30)이다. 모델이 setosa와 virginicav는 정확히 분류해내고 있지만, versicolor를 구별하는 데는 애를 먹고 있음을 알 수 있다.

Evaluation Metrics

	setosa	versicolor	virginica	Average / Total
Support	9	11	10	30
Accuracy	1.000	0.967	0.967	0.978
Precision (Positive Predictive Value)	1.000	1.000	0.909	0.970
Recall (True Positive Rate)	1.000	0.909	1.000	0.967
False Positive Rate	0.000	0.000	0.050	0.017
False Discovery Rate	0.000	0.000	0.091	0.030
F1 Score	1.000	0.952	0.952	0.967
Matthews Correlation Coefficient	1.000	0.929	0.929	0.953
Area Under Curve (AUC)	1.000	0.955	0.975	0.977
Negative Predictive Value	1.000	0.950	1.000	0.983
True Negative Rate	1.000	1.000	0.950	0.983
False Negative Rate	0.000	0.091	0.000	0.030
False Omission Rate	0.000	0.050	0.000	0.017
Threat Score	∞	10.000	5.000	∞
Statistical Parity	0.300	0.333	0.367	1.000

Note. All metrics are calculated for every class against all other classes.

결과 설명

검정샘플 30개에 대한 평가지표가 나와 있다. 정확도, 재현율, F1값, Area Under Curve(AUC) 중심으로 보면 된다.

Feature Importance

	Relative Importance
PetalWidth	33.939
PetalLength	32.231
SepalLength	20.434
SepalWidth	13.395

결과 설명

아이리스 3종류 분류에서 SepalLength(꽃받침 길이), SepalWidth(꽃받침 너비), PetalLength(꽃잎 길이), PetalWidth(꽃잎 너비)의 영향력이 나와 있다. PetalWidth가 33.939로 영향력이 상대적으로 높다.

Splits in Tree

	Obs. in Split	Split Point	Improvement
PetalLength	120	−0.741	40.490
PetalWidth	79	0.591	30.310
PetalLength	42	0.619	3.810

Note. For each level of the tree, only the split with the highest improvement in deviance is shown.

결과 설명

의사결정나무는 루트노드에서 리프로 데이터를 전달하여 학습된다. 데이터는 결과변수 측면에서 자식노드가 더 '순수'(즉, 동종)하게 되도록 예측변수에 따라 반복적으로 분할된다. 의사결정나무 구조에서 자식노드는 부모노드보다 향상도가 더 증가하도록 구성되어야 한다.

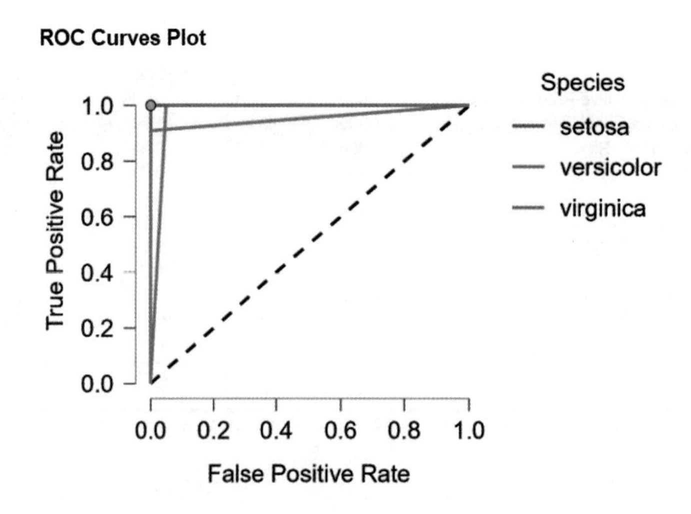

결과 설명

ROC Curve(Receiver Operating Characteristic Curve)는 민감도(Sensitivity)와 1-특이도(Specificity)로 그려지는 곡선이다. ROC Curve에서 곡선 밑면적(AUC)은 반드시 0.5보다 커야 하고 일반적으로 0.7 이상은 되어야 수용할 만한 수준이다. AUC의 면적이 넓어야 검사도구나 모델의 정확도가 높다고 해석한다. 여기서는 setosa, verginica의 정확도가 높음을 알 수 있다.

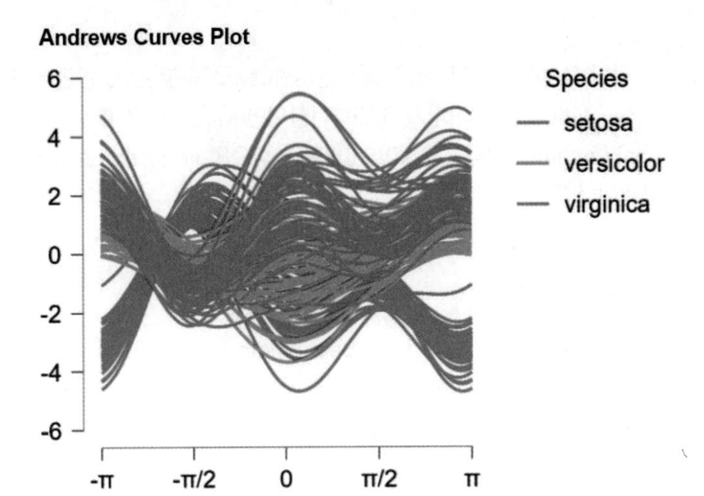

결과 설명

Andrews 곡선은 다중 형상을 저차원 공간으로 축소하여 대상 변수 또는 분류와의 관계를 표시하는 방법이다. Andrews 곡선은 단일 관측치 또는 데이터 행의 모든 형상을 함수에 매핑한다. 분석 결과에서 곡선들 간의 거리가 가까울수록 비슷한 유형의 데이터라는 것을 나타낸다. 즉, setosa와 versicolor는 정확하게 분류하고 있으나 파란색의 virginica는 다른 형태의 곡선을 그리고 있어 이상치 데이터가 존재하고 있음을 나타낸다.

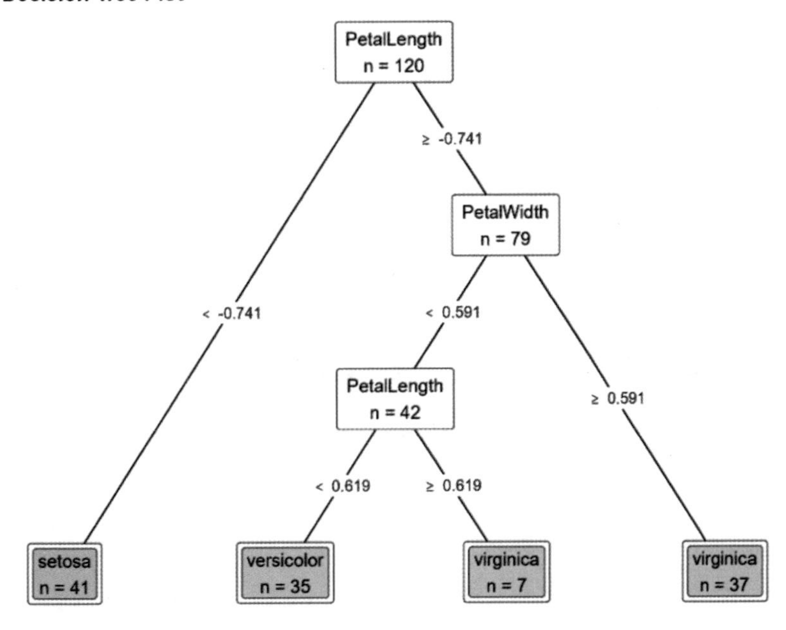

결과 설명

Petal Length(꽃잎 길이)가 -0.741보다 작은 경우는 setosa로 구분된다. 반면에 Petal Length가 -0.741 이상이고 Petal Width(꽃잎 너비)가 0.591 이상이면 virginica로 분류된다. Petal Width가 0.591 이하이고 Sepal Length(꽃받침 길이)가 0.619보다 작으면 versicolor로 구분되고, 0.619 이상이면 virginica로 구분된다.

Decision Boundary Matrix

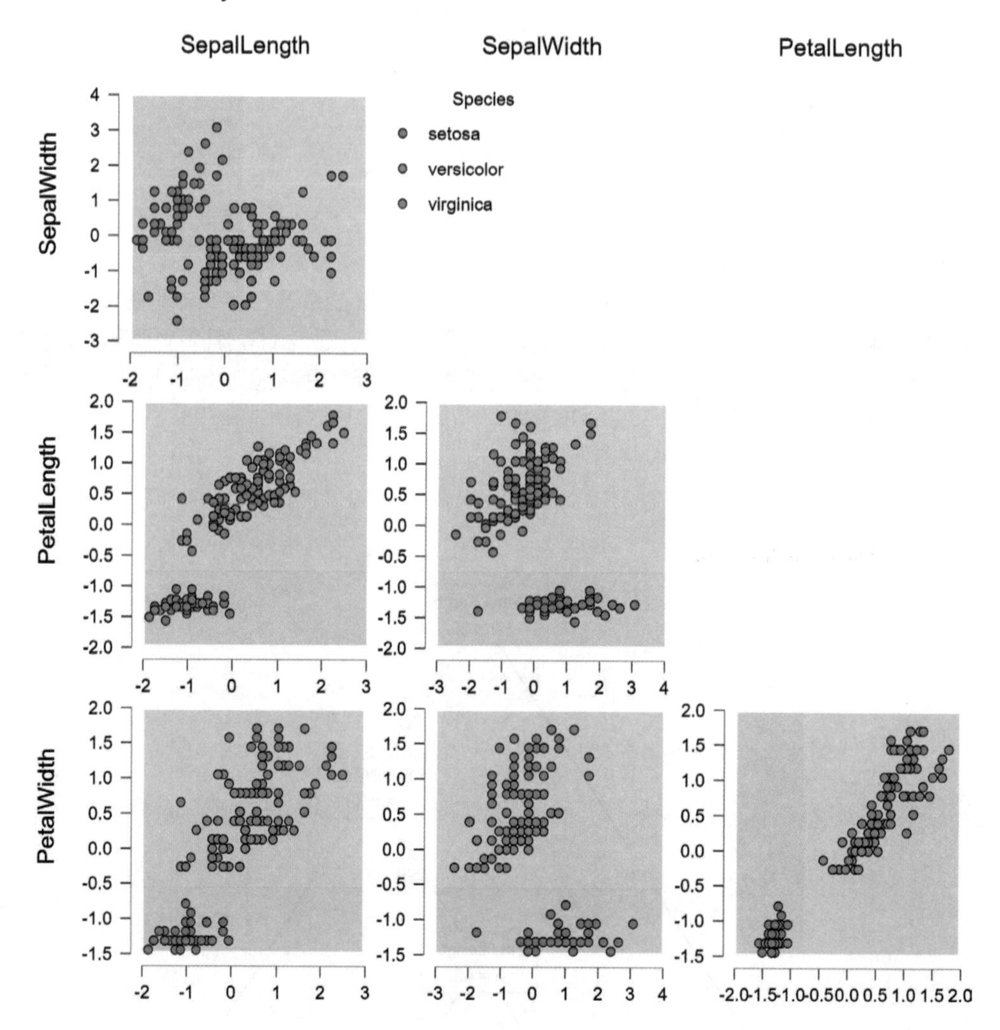

결과 설명

붉은색의 setosa는 SepalWidth, PetalLength와 PetalWidth에서 다른 것들과 구별되는 것을 알 수 있다. 다른 두 종은 구별이 쉽지 않아 보인다.

3-3 K-최근접 이웃

K-최근접 이웃(K-Nearest Neighbors, KNN)은 머신러닝에서 사용되는 분류(classification) 알고리즘이다. 유사한 특성을 가진 데이터는 유사한 범주에 속하는 경향이 있다는 가정하에 사용한다.

1단계: iris.csv 데이터를 불러온다. [Machine Learning] 버튼을 누르고 [Classification]의 [K-Nearest Neighbors] 버튼을 누른다. Species 변수를 [Target] 칸으로, 꽃의 정보를 나타내는 4개의 변수 SepalLength, SepalWidth, PetalLength, PetalWidth를 [Features] 칸으로 옮긴다. 그리고 다음과 같이 나머지 옵션들을 설정한다.

K-Nearest Neighbors Classification

K-Nearest Neighbors Classification

Nearest neighbors	Weights	Distance	n(Train)	n(Validation)	n(Test)	Validation Accuracy	Test Accuracy
3	rectangular	Euclidean	96	24	30	0.958	0.933

Note. The model is optimized with respect to the *validation set accuracy*.

Data Split

Train: 96	Validation: 24	Test: 30	Total: 150

결과 설명

분석에서는 유클리디안(Euclidean)거리 계산 방식이 사용되었고 훈련샘플은 96개, 타당샘플은 24개, 검정샘플은 30개임을 알 수 있다. 타당정확성은 0.958이고 검정정확성은 0.933이다.

Confusion Matrix

		Predicted		
		setosa	versicolor	virginica
Observed	setosa	7	0	0
	versicolor	0	8	1
	virginica	0	1	13

결과 설명

아이리스 종류에 대한 검정샘플 30개 중 제대로 분류된 대각선의 값을 합산한 다음 나눈 값이 검정 정확도인데 여기서는 0.933(7+8+13/30)이다. 모델이 setosa와 virginica는 정확히 분류해내고 있지만, versicolor를 구별하는 데는 애를 먹고 있음을 알 수 있다.

Class Proportions

	Data Set	Training Set	Validation Set	Test Set
setosa	0.333	0.396	0.208	0.233
versicolor	0.333	0.344	0.333	0.300
virginica	0.333	0.260	0.458	0.467

결과 설명

아이리스 종류별 데이터셋(훈련셋, 타당셋, 검정셋)의 비율이 나와 있다.

Evaluation Metrics

	setosa	versicolor	virginica	Average / Total
Support	7	9	14	30
Accuracy	1.000	0.933	0.933	0.956
Precision (Positive Predictive Value)	1.000	0.889	0.929	0.933
Recall (True Positive Rate)	1.000	0.889	0.929	0.933
False Positive Rate	0.000	0.048	0.063	0.037
False Discovery Rate	0.000	0.111	0.071	0.061
F1 Score	1.000	0.889	0.929	0.933
Matthews Correlation Coefficient	1.000	0.841	0.866	0.902
Area Under Curve (AUC)	1.000	0.913	0.926	0.946
Negative Predictive Value	1.000	0.952	0.938	0.963
True Negative Rate	1.000	0.952	0.938	0.963
False Negative Rate	0.000	0.111	0.071	0.061
False Omission Rate	0.000	0.048	0.063	0.037
Threat Score	∞	2.667	4.333	∞
Statistical Parity	0.233	0.300	0.467	1.000

Note. All metrics are calculated for every class against all other classes.

결과 설명

검정샘플 30개에 대한 평가지표가 나와 있다. 정확도, 재현율, F1값, Area Under Curve(AUC) 중심으로 보면 된다.

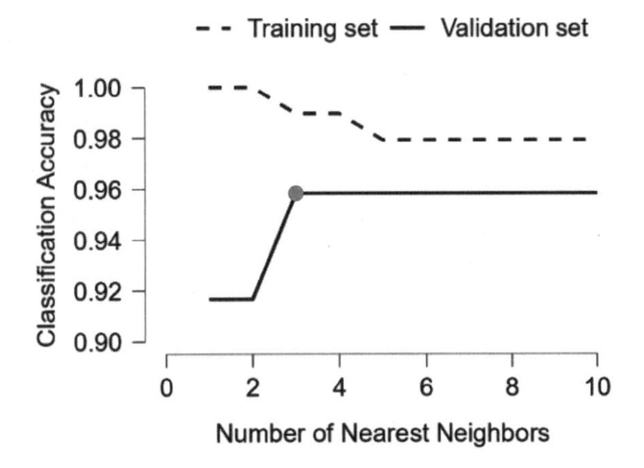

결과 설명

x축의 근접이웃숫자와 y축의 분류정확도가 학습 데이터셋(Training set)과 타당성셋(Validation set)별로 분류정확도 플롯으로 나타나 있다. 근접이웃숫자가 3일 때 분류정확도가 가장 높음을 알 수 있다.

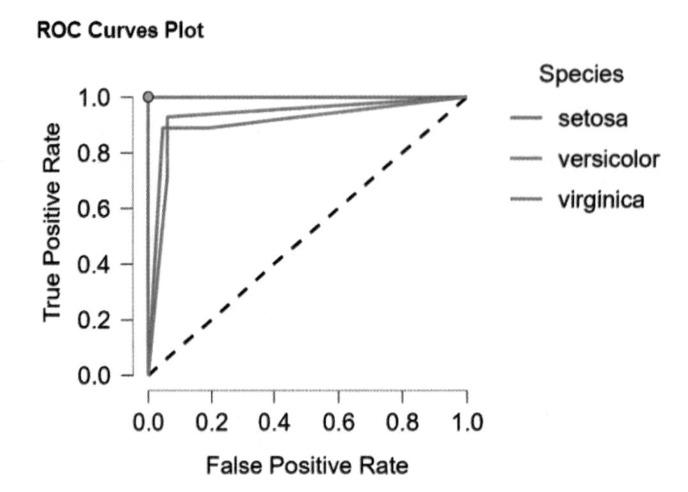

결과 설명

ROC(Receiver Operating Characteristic) Curve는 민감도(Sensitivity)와 1-특이도(Specificity)로 그려지는 곡선이다. ROC Curve에서 곡선 밑면적(AUC)은 반드시 0.5보다 커야 하고 일반적으로 0.7 이상은 되어야 수용할 만한 수준이다. AUC의 면적이 넓어야 검사도구나 모델의 정확도가 높다고 해석한다. 여기서는 setosa, virginica의 정확도가 높음을 알 수 있다.

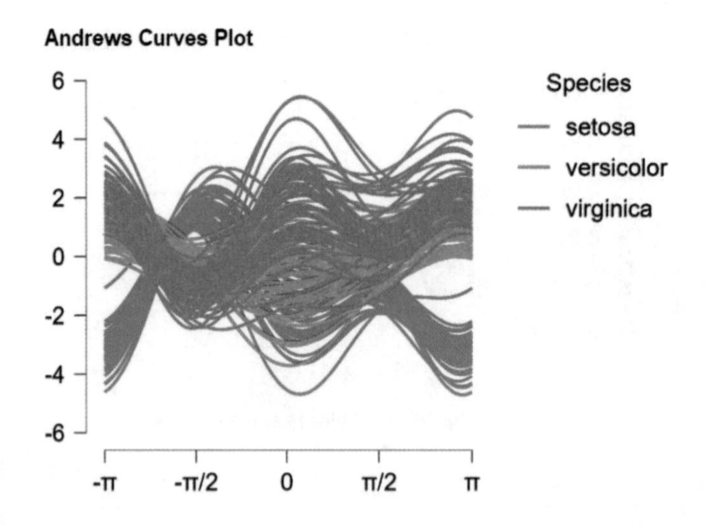

결과 설명

Andrews 곡선은 다중 형상을 저차원 공간으로 축소하여 대상 변수 또는 분류와의 관계를 표시하는 방법이다. Andrews 곡선은 단일 관측치 또는 데이터 행의 모든 형상을 함수에 매핑한다. 분석 결과에서 곡선들 간의 거리가 가까울수록 비슷한 유형의 데이터라는 것을 나타낸다. 즉, setosa와

versicolor는 정확하게 분류하고 있으나 파란색의 virginica는 다른 형태의 곡선을 그리고 있어 이상치 데이터가 존재하고 있음을 나타낸다.

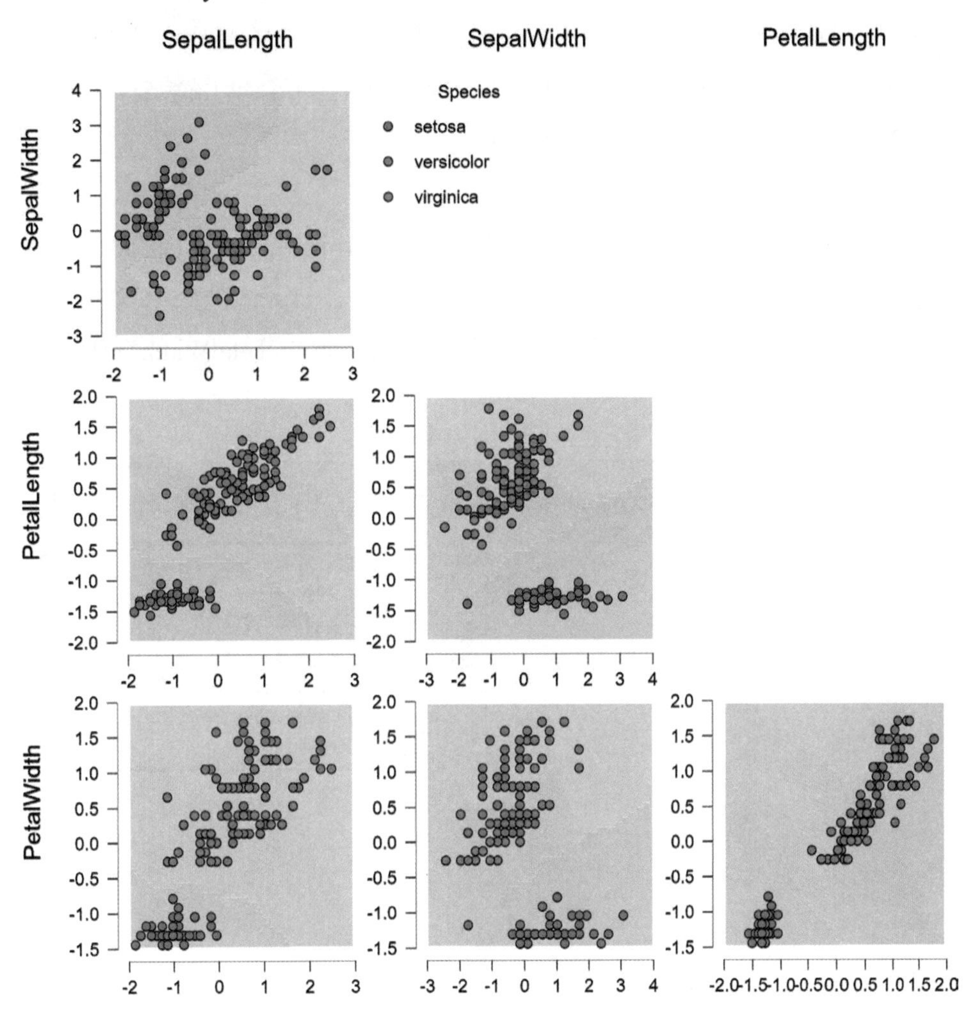

결과 설명

붉은색의 setosa는 SepalWidth, PetalLength와 PetalWidth에서 다른 것들과 구별이 되는 것을 알 수 있다. 다른 두 종(versicolor, virginica)은 구별이 쉽지 않아 보인다.

3-4 선형판별분석

로지스틱 회귀분석은 이변량의 종속변수와 양적인 독립변수를 통해서 분류하고 예측하는 방법이다. 만약 클래스가 3개 이상인 경우에는 선형판별분석(Linear Discriminant Analysis, LDA)을 이용한다. 선형판별분석을 할 때 분포의 평균과 분산에 대해 알고 있으면 도움이 되지만, 통계나 선형 대수학에 대한 배경 지식이 필수적이지는 않다. 선형판별분석은 준비와 적용이 간단한 분석방법이다.

1단계: iris.csv 데이터를 불러온다. 이어 [Machine Learning]을 누르고 [Classification]의 [Linear Discriminant] 버튼을 누른다. Species 변수를 [Target] 칸으로, 꽃의 정보를 나타내는 4개의 변수 SepalLength, SepalWidth, PetalLength, PetalWidth를 [Features] 칸으로 옮긴다.

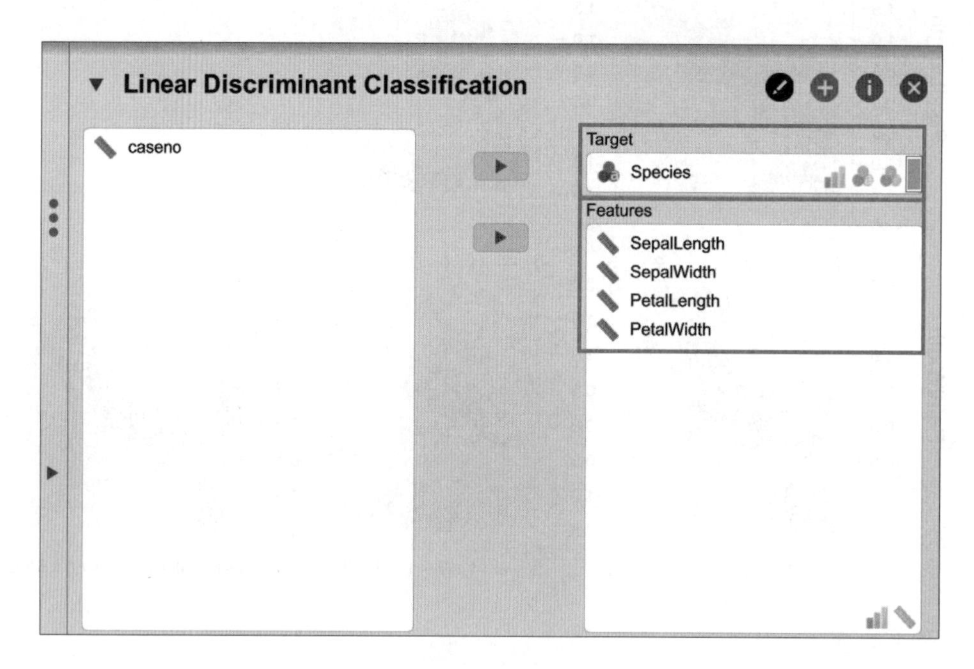

2단계 : 선형판별분석을 실시하기 위해 다음과 같이 옵션을 설정하면, 아래와 같은 결과를 얻을 수 있다.

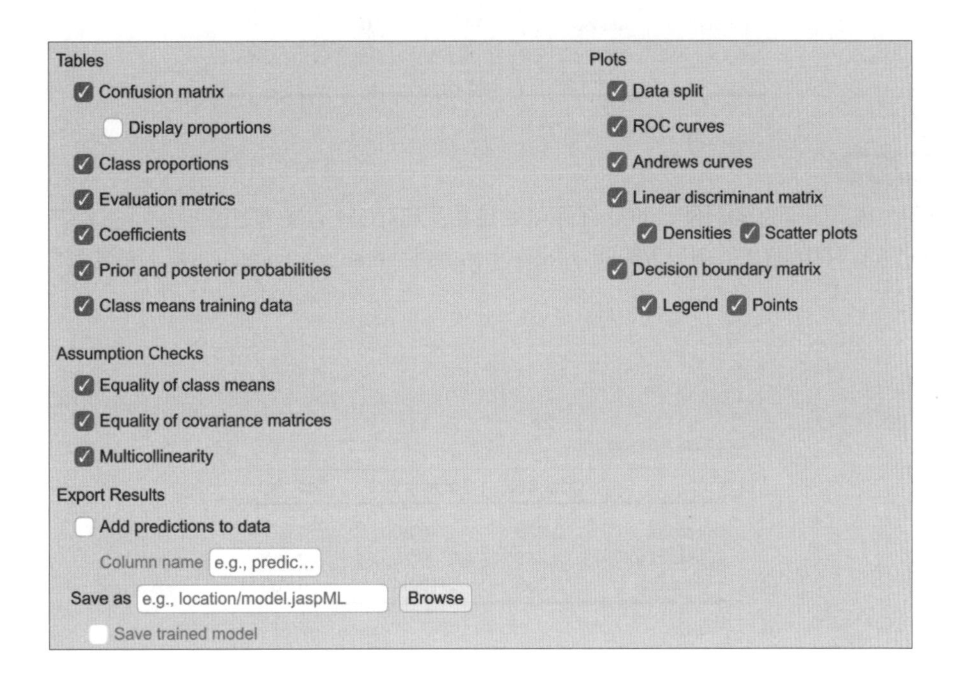

Linear Discriminant Classification

Linear Discriminant Classification

Linear Discriminants	Method	n(Train)	n(Test)	Test Accuracy
2	Moment	120	30	1.000

Data Split

결과 설명

선형판별함수는 2개, 학습 데이터는 120개, 검정 데이터는 30개, 검정정확도(Test Accuracy)는 1로 되어 있다.

Confusion Matrix

		Predicted		
		setosa	versicolor	virginica
Observed	setosa	14	0	0
	versicolor	0	7	0
	virginica	0	0	9

결과 설명

아이리스 종류에 대한 검정샘플 30개 중 제대로 분류된 대각선의 값을 합산한 다음 나눈 값이 검정 정확도인데, 여기서는 1.0(14+7+9/30)이다. 모델이 setosa, versicolor, virginica를 정확히 분류해내고 있다.

Class Proportions

	Data Set	Training Set	Test Set
setosa	0.333	0.300	0.467
versicolor	0.333	0.358	0.233
virginica	0.333	0.342	0.300

결과 설명

Setosa, versicolor, virginica에 대한 각 데이터셋별 비율이 나와 있다.

Evaluation Metrics

	setosa	versicolor	virginica	Average / Total
Support	14	7	9	30
Accuracy	1.000	1.000	1.000	1.000
Precision (Positive Predictive Value)	1.000	1.000	1.000	1.000
Recall (True Positive Rate)	1.000	1.000	1.000	1.000
False Positive Rate	0.000	0.000	0.000	0.000
False Discovery Rate	0.000	0.000	0.000	0.000
F1 Score	1.000	1.000	1.000	1.000
Matthews Correlation Coefficient	1.000	1.000	1.000	1.000
Area Under Curve (AUC)	1.000	0.907	1.000	0.969
Negative Predictive Value	1.000	1.000	1.000	1.000
True Negative Rate	1.000	1.000	1.000	1.000
False Negative Rate	0.000	0.000	0.000	0.000
False Omission Rate	0.000	0.000	0.000	0.000
Threat Score	∞	∞	∞	∞
Statistical Parity	0.467	0.233	0.300	1.000

Note. All metrics are calculated for every class against all other classes.

결과 설명

검정샘플 30개에 대한 평가지표가 나와 있다. 정확도, 재현율, F1값, Area Under Curve(AUC) 중심으로 보면 된다.

Linear Discriminant Coefficients

	LD1	LD2
(Constant)	-0.340	-0.029
SepalLength	0.655	-0.028
SepalWidth	0.818	-0.912
PetalLength	-3.841	1.700
PetalWidth	-2.183	-2.182

결과 설명

2개의 선형판별식을 구할 수 있다.

LD1 = −0.340 + 0.655SepalLength +0.818SepalWidth−3.841PetalLength−2.183PetalWidth

LD2 = −0.029 - 0.028SepalLength −0.912SepalWidth+1.700PetalLength−2.182PetalWidth

Prior and Posterior Class Probabilities

	Prior	Posterior
setosa	0.300	0.467
versicolor	0.358	0.237
virginica	0.342	0.296

결과 설명

아이리스 종류별로 사전과 사후 분류확률이 나타나 있다.

Class Means in Training Data

	SepalLength	SepalWidth	PetalLength	PetalWidth
setosa	-0.992	0.888	-1.301	-1.256
versicolor	0.122	-0.590	0.300	0.187
virginica	0.846	-0.176	0.999	1.086

결과 설명

학습 데이터의 아이리스 종류와 특징변수에 대한 평균이 나타나 있다.

Tests of Equality of Class Means

	F	df1	df2	p
SepalLength	233.839	1	148	< .001
SepalWidth	32.937	1	148	< .001
PetalLength	1341.936	1	148	< .001
PetalWidth	1592.824	1	148	< .001

Note. The null hypothesis specifies equal class means.

결과 설명

아이리스 종류별 4개 변수(SepalLength, SepalWidth, PetalLength, PetalWidth)의 평균은 <0.001에서 차이가 있음을 알 수 있다.

Tests of Equality of Covariance Matrices

	χ^2	df	p
Box's M	140.943	20	< .001

Note. The null hypothesis specifies equal covariance matrices.

결과 설명

p-value=0.000 < 0.01이므로 유의수준 0.05에서 'H_0 : 공분산행렬은 동일할 것이다'라는 가설을 기각한다. 케이스가 많을 경우 공분산행렬에 위배될 수 있다.

Pooled Within-Class Matrices Correlations

	SepalLength	SepalWidth	PetalLength	PetalWidth
SepalLength	1.000			
SepalWidth	0.533	1.000		
PetalLength	0.966	0.340	1.000	
PetalWidth	0.244	0.820	−0.015	1.000

결과 설명

투입한 독립변수별 상관행렬이 나타나 있다.

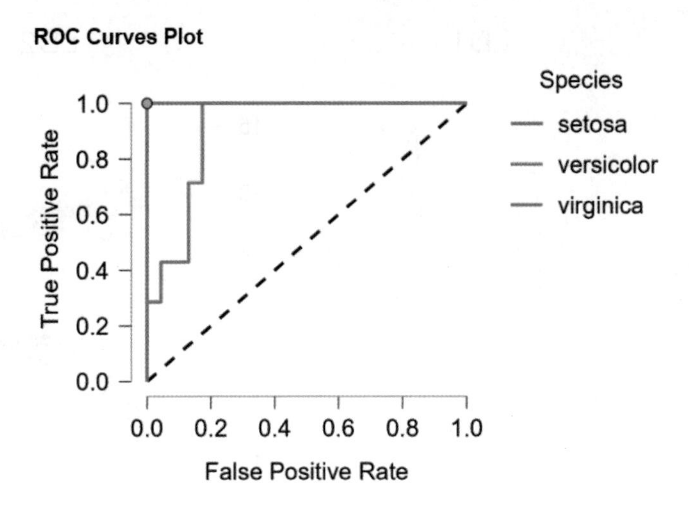

결과 설명

ROC(Receiver Operating Characteristic) Curve는 민감도(Sensitivity)와 1-특이도(Specificity)로 그려지는 곡선이다. ROC Curve에서 곡선 밑면적(AUC)은 반드시 0.5보다 커야 하고 일반적으로 0.7 이상은 되어야 수용할 만한 수준이다. AUC의 면적이 넓어야 검사도구나 모델의 정확도가 높다고 해석한다. 여기서는 virginica의 정확도가 높음을 알 수 있다.

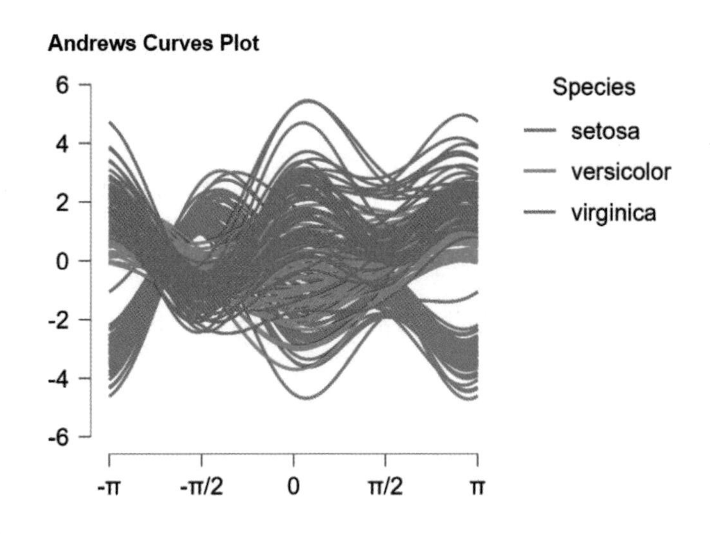

결과 설명

Andrews 곡선은 다중 형상을 저차원 공간으로 축소하여 대상 변수 또는 분류와의 관계를 표시하는 방법이다. Andrews 곡선은 단일 관측치 또는 데이터 행의 모든 형상을 함수에 매핑한다. 분석 결과에서 곡선들 간의 거리가 가까울수록 비슷한 유형의 데이터라는 것을 나타낸다. 즉, setosa와 versicolor는 정확하게 분류하고 있으나 파란색의 virginica는 다른 형태의 곡선을 그리고 있어 이상치 데이터가 존재하고 있음을 나타낸다.

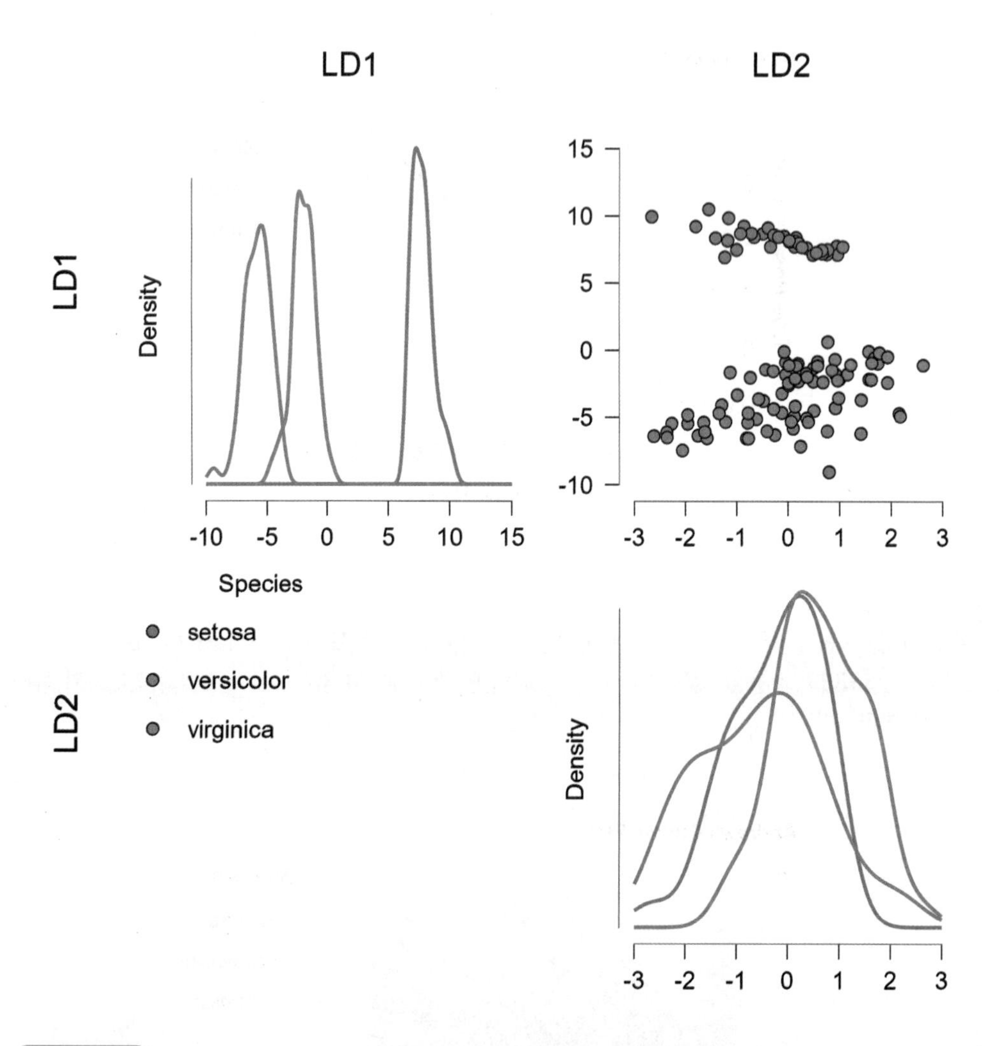

결과 설명

선형판별식으로 구분되는 밀도와 아이리스 종류별 내용이 그림으로 나타나 있다.

Decision Boundary Matrix

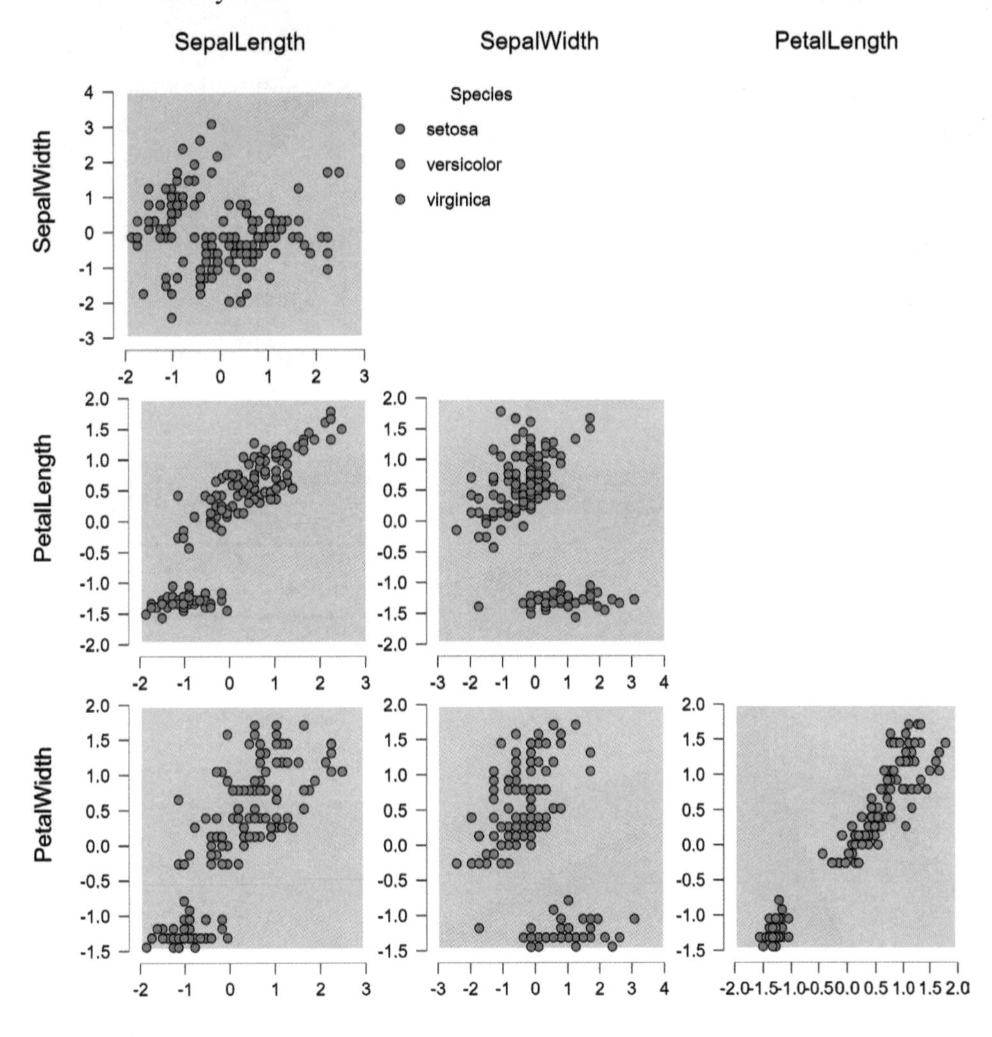

결과 설명

붉은색의 setosa는 SepalWidth, PetalLength와 PetalWidth에서 다른 것들과 구별이 되는 것을 알 수 있다. 다른 두 종(versicolor, virginica)은 구별이 쉽지 않아 보인다.

3-5 신경망

신경망 또는 뉴럴 네트워크(neural network)는 신경회로 또는 신경의 망이라는 뜻으로, 현대에 들어서는 인공 뉴런이나 노드로 구성된 인공 신경망을 의미한다.

1단계: 앞에서 다룬 iris.csv 파일을 연다. 이어 [Machine Learning] 버튼을 누르고 [Classification]에서 [Neural Network] 버튼을 누른다. Species 변수를 [Target] 칸으로, 꽃의 정보를 나타내는 4개의 변수 SepalLength, SepalWidth, PetalLength, PetalWidth를 [Features] 칸으로 옮긴다.

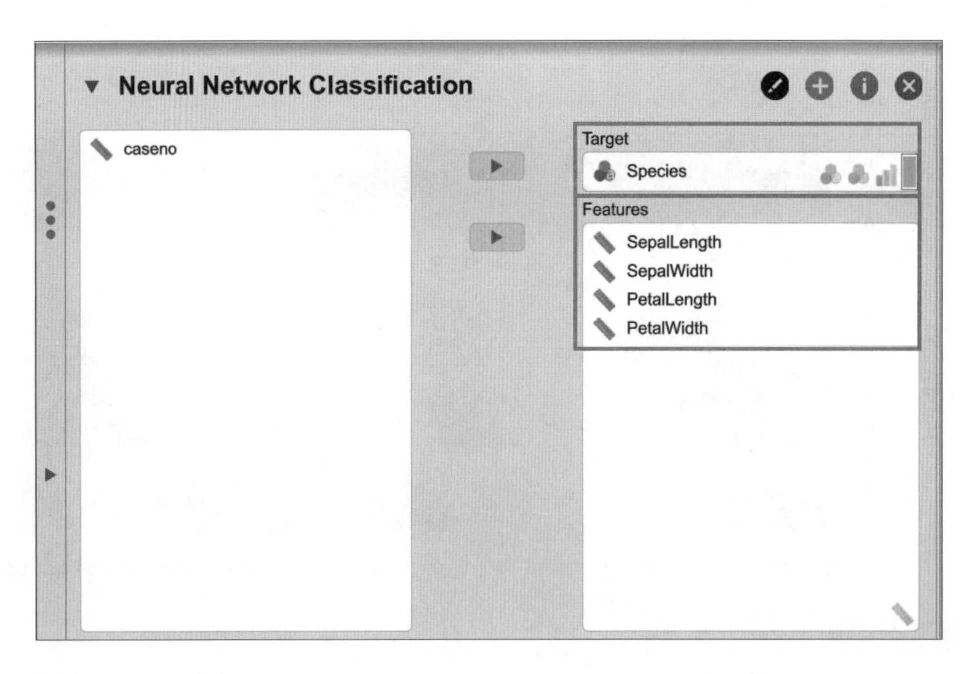

2단계 : Neural Network Classification 창에서 다음과 같이 설정한다.

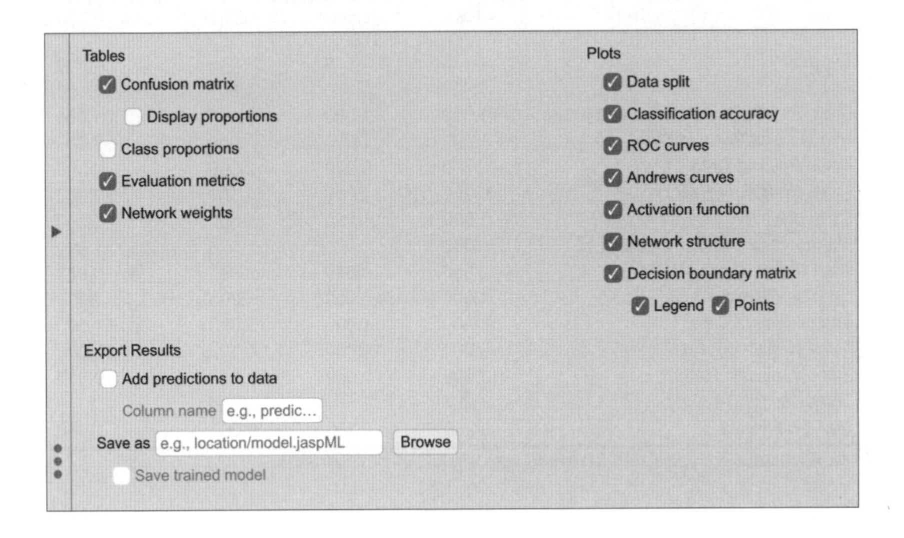

Neural Network Classification

Hidden Layers	Nodes	n(Train)	n(Validation)	n(Test)	Validation Accuracy	Test Accuracy
1	2	96	24	30	0.958	1.000

Note. The model is optimized with respect to the *validation set accuracy*.

Data Split

Train: 96 Validation: 24 Test: 30 Total: 150

결과 설명

신경망 분류분석 결과, 은닉층 1개, 노드 2개, 학습 데이터(n(Train))는 96, n(Validation)은 24, n(Test)는 30, 타당성정확도는 0.958, 검정정확도는 1.000임을 알 수 있다.

Confusion Matrix

		Predicted		
		setosa	versicolor	virginica
Observed	setosa	6	0	0
	versicolor	0	9	0
	virginica	0	0	15

결과 설명

혼동행렬에서 아이리스 종류에 대한 검정샘플 30개 중 제대로 분류된 대각선의 값을 합산한 다음 나눈 값이 검정정확도인데, 여기서는 1(6+9+15/30)이다. 모델이 setosa, virginica, versicolor를 정확히 구별하고 있다.

Evaluation Metrics

	setosa	versicolor	virginica	Average / Total
Support	6	9	15	30
Accuracy	1.000	1.000	1.000	1.000
Precision (Positive Predictive Value)	1.000	1.000	1.000	1.000
Recall (True Positive Rate)	1.000	1.000	1.000	1.000
False Positive Rate	0.000	0.000	0.000	0.000
False Discovery Rate	0.000	0.000	0.000	0.000
F1 Score	1.000	1.000	1.000	1.000
Matthews Correlation Coefficient	1.000	1.000	1.000	1.000
Area Under Curve (AUC)	1.000	0.619	0.967	0.862
Negative Predictive Value	1.000	1.000	1.000	1.000
True Negative Rate	1.000	1.000	1.000	1.000
False Negative Rate	0.000	0.000	0.000	0.000
False Omission Rate	0.000	0.000	0.000	0.000
Threat Score	∞	∞	∞	∞
Statistical Parity	0.200	0.300	0.500	1.000

Note. All metrics are calculated for every class against all other classes.

결과 설명

검정샘플 30개에 대한 평가지표가 나와 있다. 정확도, 재현율, F1값, Area Under Curve(AUC) 중심으로 보면 된다.

Network Weights

Node	Layer		Node	Layer	Weight
Intercept		→	Hidden 1	1	−1.310
SepalLength	input	→	Hidden 1	1	−0.075
SepalWidth	input	→	Hidden 1	1	0.237
PetalLength	input	→	Hidden 1	1	1.469
PetalWidth	input	→	Hidden 1	1	2.174
Intercept		→	Hidden 2	1	−3.477
SepalLength	input	→	Hidden 2	1	−0.807
SepalWidth	input	→	Hidden 2	1	2.053
PetalLength	input	→	Hidden 2	1	−2.896
PetalWidth	input	→	Hidden 2	1	−3.070
Intercept		→	virginica	output	−1.060
Hidden 1	1	→	virginica	output	−2.295
Hidden 2	1	→	virginica	output	2.736
Intercept		→	setosa	output	1.035
Hidden 1	1	→	setosa	output	−1.716
Hidden 2	1	→	setosa	output	−3.612
Intercept		→	versicolor	output	−1.276
Hidden 1	1	→	versicolor	output	2.050
Hidden 2	1	→	versicolor	output	−3.012

Note. The weights are input for the logistic sigmoid activation function.

결과 설명

화살표 방향표시는 input node에서 hidden node, output node로 향하는 것을 나타낸다. 선형결합으로 이루어진 가중치가 있는데, 가중치가 크면 영향력이 큰 부분이라고 판단한다. Input layer의

Hidden Layer 1에서 Petal Length의 영향력이 크고, Hidden Layer 2에서 Petal Width의 영향력이 크다.

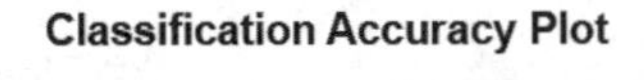

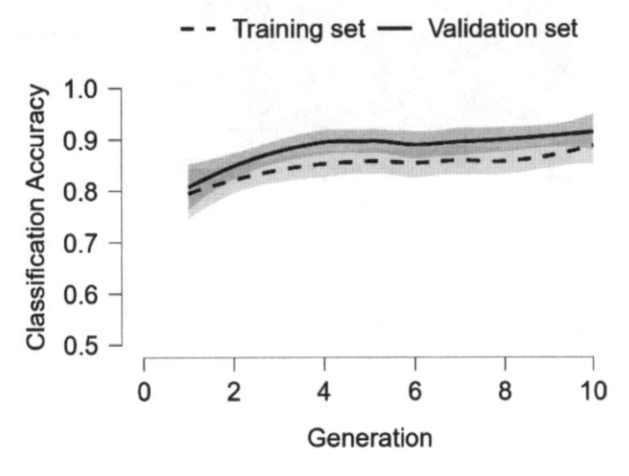

결과 설명

평균제곱오차는 예측값과 실제값의 차이(error)를 제곱하여 평균을 구한 것이다. 예측값과 실제값의 차이가 클수록 평균제곱오차의 값도 커지므로 이 값이 작을수록 예측력이 좋다고 할 수 있다. 학습 데이터셋과 검정용 데이터셋의 플롯이 나타나 있다.

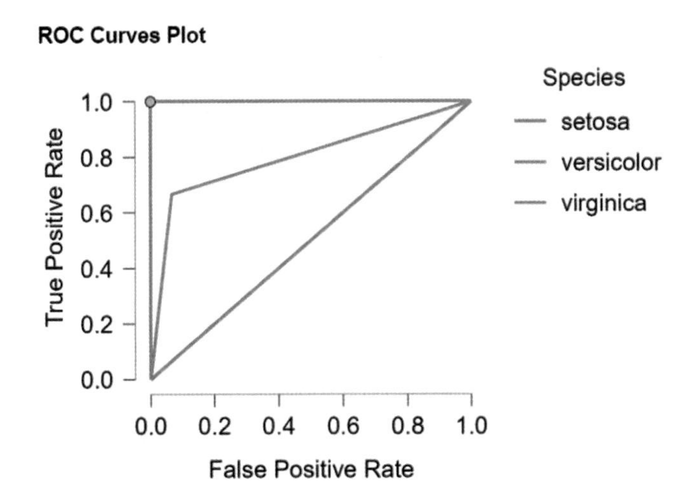

결과 설명

ROC(Receiver Operating Characteristic) Curve는 민감도(Sensitivity)와 1-특이도(Specificity)로 그려지는 곡선이다. ROC Curve에서 곡선 밑면적(AUC)은 반드시 0.5보다 커야 하고 일반적으로 0.7 이상은 되어야 수용할 만한 수준이다. AUC의 면적이 넓어야 검사도구나 모델의 정확도가 높다고 해석한다. 여기서는 setosa의 정확도가 높음을 알 수 있다.

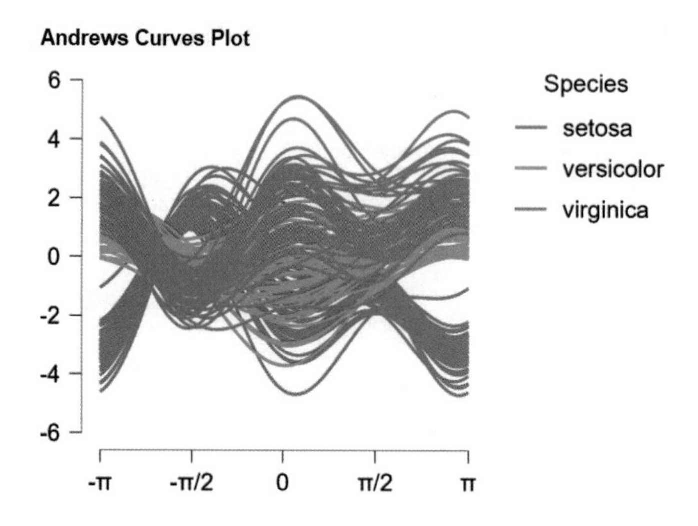

결과 설명

Andrews 곡선은 다중 형상을 저차원 공간으로 축소하여 대상 변수 또는 분류와의 관계를 표시하는 방법이다. Andrews 곡선은 단일 관측치 또는 데이터 행의 모든 형상을 함수에 매핑한다. 분석 결과에서 곡선들 간의 거리가 가까울수록 비슷한 유형의 데이터라는 것을 나타낸다. 즉, setosa와 versicolor는 정확하게 분류하고 있으나 파란색의 virginica는 다른 형태의 곡선을 그리고 있어 이상치 데이터가 존재하고 있음을 나타낸다.

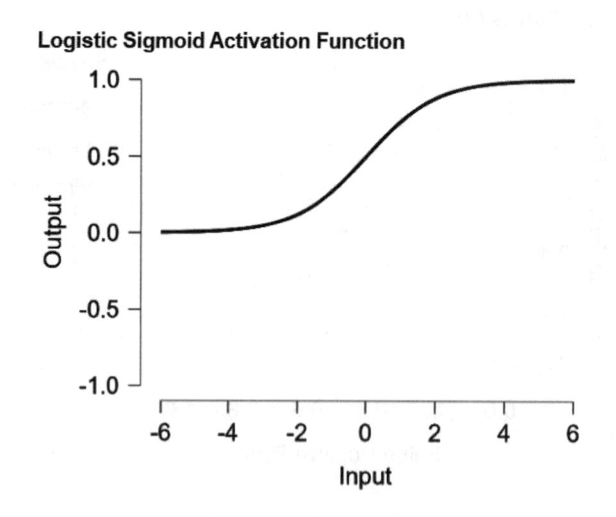

결과 설명

시그모이드(Sigmoid) 함수는 S자형 곡선 또는 시그모이드 곡선을 갖는 수학 함수이다. 시그모이드 함수를 활성화 함수로 사용하면, 0과 1에 가까운 값을 통해 이진분류를 할 수 있다.

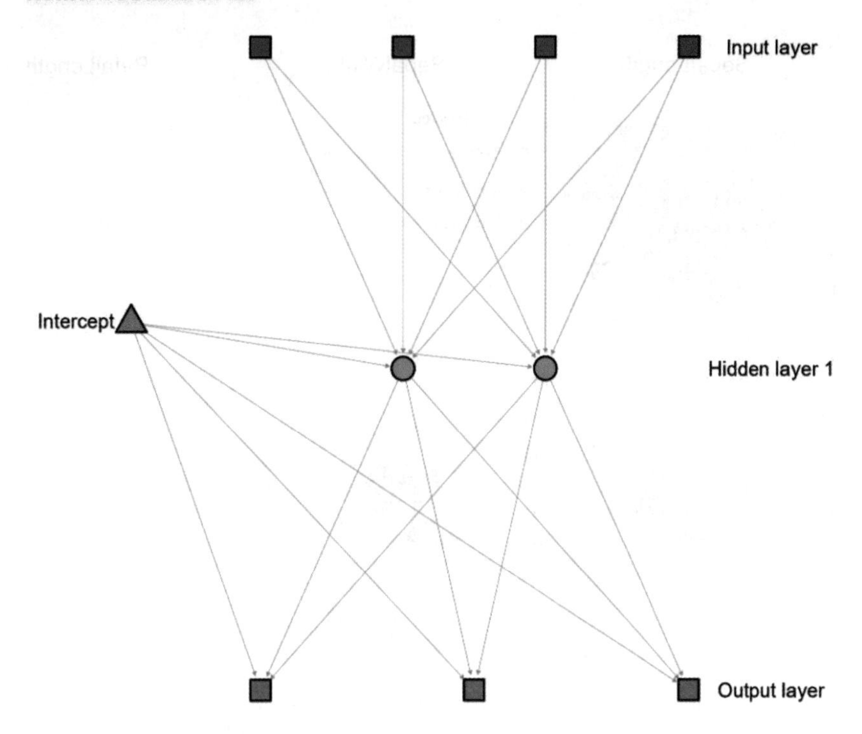

결과 설명

네트워크 구조상 입력층(Input layer), 은닉층(Hidden layer3), 출력층(Output layer)이 시각화로 나타나 있다.

Decision Boundary Matrix

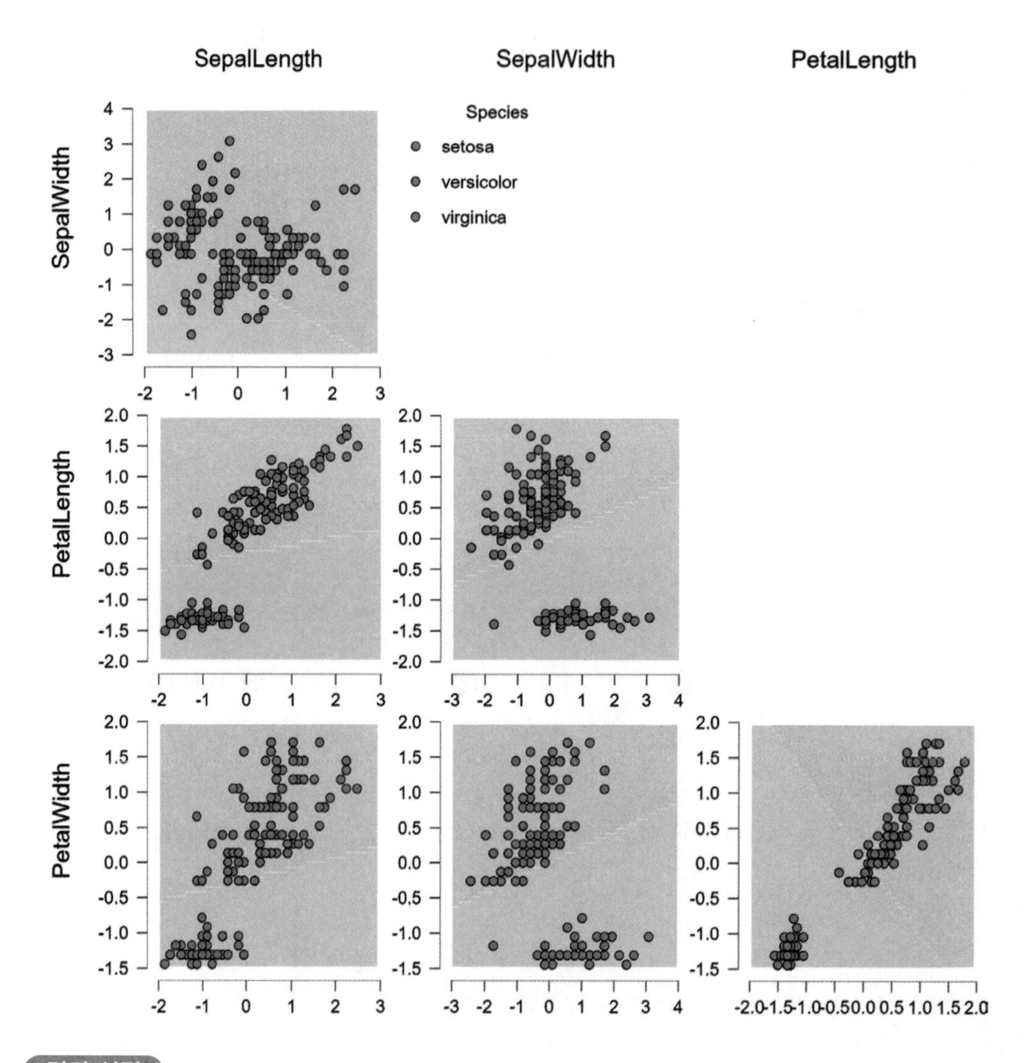

결과 설명

붉은색의 setosa는 SepalWidth, PetalLength와 PetalWidth에서 다른 것들과 구별되는 것을 알 수 있다. 다른 두 종(versicolor, virginica)은 구별이 쉽지 않아 보인다.

3-6 랜덤 포레스트

랜덤 포레스트(random forest)는 분류, 회귀 분석 등에 사용되는 앙상블 학습 방법의 일종이다. 훈련 과정에서 구성한 다수의 결정트리로부터 분류 또는 평균 예측치(회귀)를 출력함으로써 동작한다. 여기서는 랜덤 포레스트 분류 방식을 알아본다.

1단계: 앞에서 다룬 iris.csv 파일을 연다. 이어 [Machine Learning] 버튼을 누르고 [Classification]에서 [Random Forest] 버튼을 누른다. Species 변수를 [Target] 칸으로, 꽃의 정보를 나타내는 4개의 변수 SepalLength, SepalWidth, PetalLength, PetalWidth를 [Features] 칸으로 옮긴다.

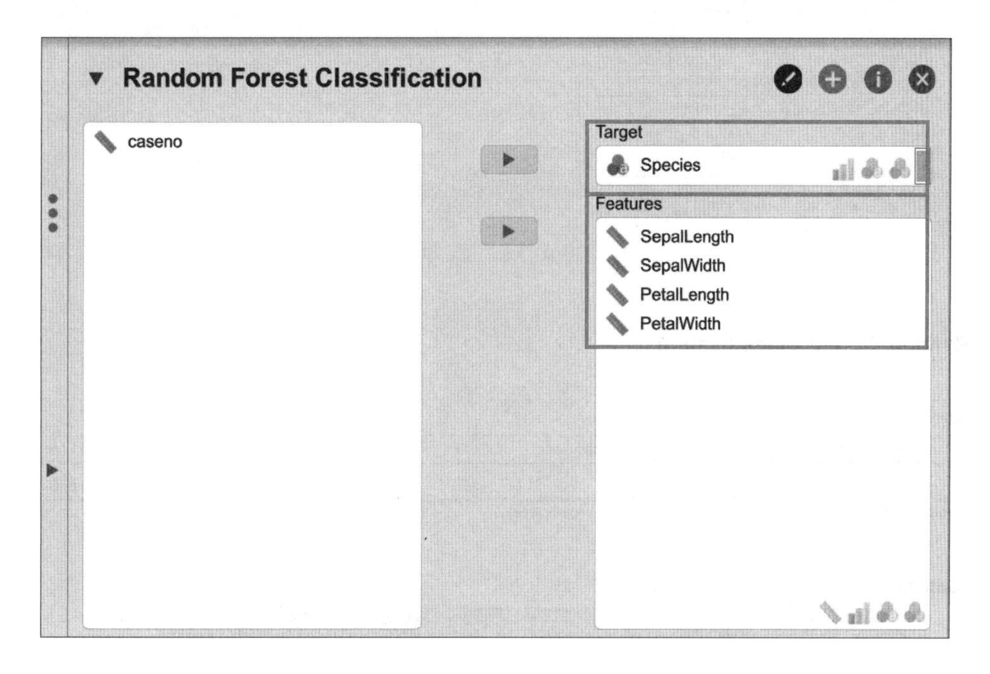

2단계: [Random Forest Classification] 창의 [Tables]와 [Plots]에서 다음과 같이 옵션을 설정한다.

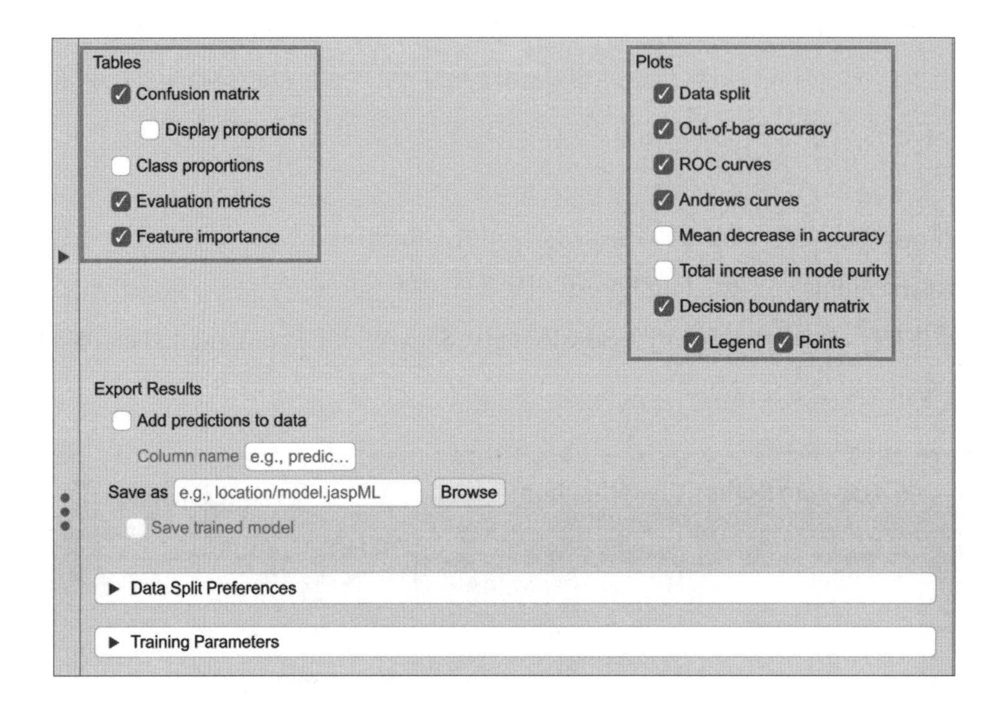

Random Forest Classification

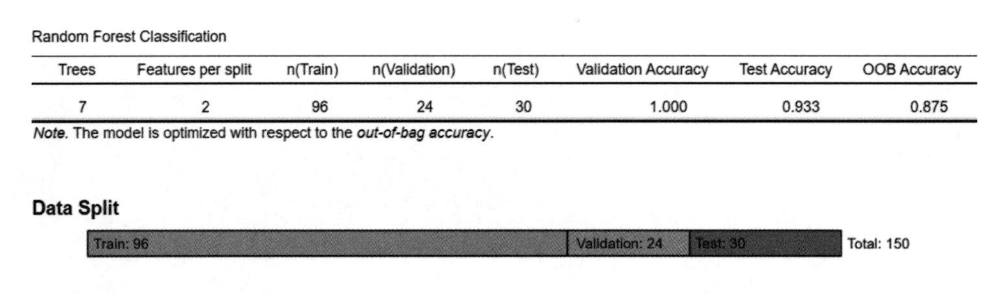

Random Forest Classification

Trees	Features per split	n(Train)	n(Validation)	n(Test)	Validation Accuracy	Test Accuracy	OOB Accuracy
7	2	96	24	30	1.000	0.933	0.875

Note. The model is optimized with respect to the *out-of-bag accuracy*.

Data Split

결과 설명

랜덤 포레스트 분류분석 결과, 훈련샘플(n(Train))이 96개, 타당성 샘플(n(Validation))이 24개, 검정샘플(n(Test))이 30개임을 알 수 있다. 타당정확성(Validation Accuracy)은 1.000, 검정정확성(Test Accuracy)은 0.933임을 알 수 있다. OOB 정확성(OOB Accuracy)은 0.875이다.

Confusion Matrix

		Predicted		
		setosa	versicolor	virginica
Observed	setosa	12	0	0
	versicolor	0	9	1
	virginica	0	1	7

결과 설명

혼동행렬에서 아이리스 종류에 대한 검정샘플 30개 중 제대로 분류된 대각선의 값을 합산한 다음 나눈 값이 검정정확도인데, 여기서는 0.933(12+9+7/30)이다. 모델이 setosa는 정확히 구분하고 있는데 virginica, versicolor는 각각 오분류하고 있다.

Evaluation Metrics

	setosa	versicolor	virginica	Average / Total
Support	12	10	8	30
Accuracy	1.000	0.933	0.933	0.956
Precision (Positive Predictive Value)	1.000	0.900	0.875	0.933
Recall (True Positive Rate)	1.000	0.900	0.875	0.933
False Positive Rate	0.000	0.050	0.045	0.032
False Discovery Rate	0.000	0.100	0.125	0.075
F1 Score	1.000	0.900	0.875	0.933
Matthews Correlation Coefficient	1.000	0.850	0.830	0.893
Area Under Curve (AUC)	1.000	0.948	0.991	0.980
Negative Predictive Value	1.000	0.950	0.955	0.968
True Negative Rate	1.000	0.950	0.955	0.968
False Negative Rate	0.000	0.100	0.125	0.075
False Omission Rate	0.000	0.050	0.045	0.032
Threat Score	∞	3.000	2.333	∞
Statistical Parity	0.400	0.333	0.267	1.000

Note. All metrics are calculated for every class against all other classes.

결과 설명

검정샘플 30개에 대한 평가지표가 나와 있다. 정확도, 재현율, F1값, Area Under Curve(AUC) 중심으로 보면 된다.

Feature Importance

	Mean decrease in accuracy	Total increase in node purity
PetalLength	0.492	0.324
PetalWidth	0.116	0.091
SepalLength	0.060	0.048
SepalWidth	0.030	5.252×10^{-4}

결과 설명

변수 중요도는 랜덤 포레스트의 기본 결과이며 각 변수가 데이터 분류에 얼마나 중요한지를 보여준다. 여기서는 정확도에서 평균의 감소 정도가 크고 노드의 순도에서 총증가가 큰 PetalLength(꽃잎 길이), PetalWidth(꽃잎 너비) 등이 중요한 변수임을 알 수 있다.

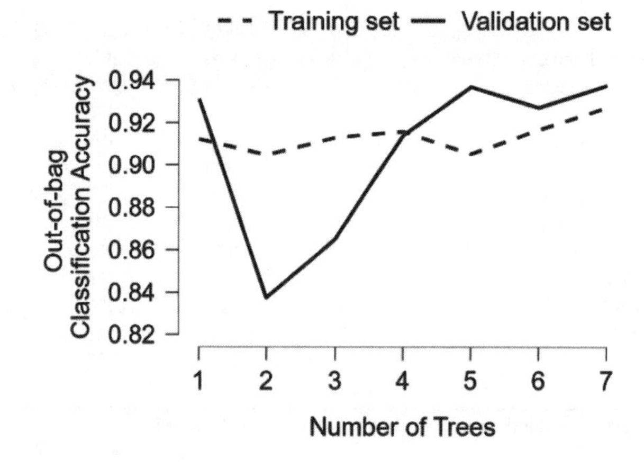

결과 설명

이 플롯은 학습 데이터셋과 타당성 데이터셋의 정확성 및 트리수를 보여준다. 더 많은 트리를 추가하면 정확도가 높아지는 것을 알 수 있다.

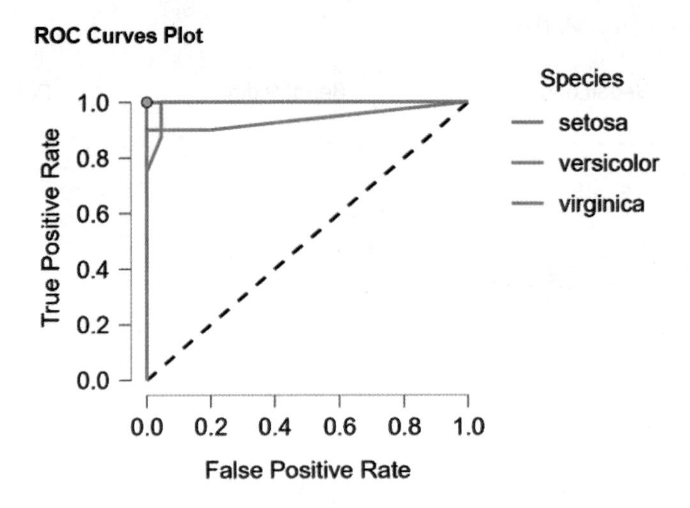

결과 설명

ROC(Receiver Operating Characteristic) Curve는 민감도(Sensitivity)와 1-특이도(Specificity)로 그려지는 곡선이다. ROC Curve에서 곡선 밑면적(AUC)은 반드시 0.5보다 커야 하고 일반적으로 0.7 이상은 되어야 수용할 만한 수준이다. AUC의 면적이 넓어야 검사도구나 모델의 정확도가 높다고 해석한다. 여기서는 setosa와 virginica의 정확도가 높음을 알 수 있다.

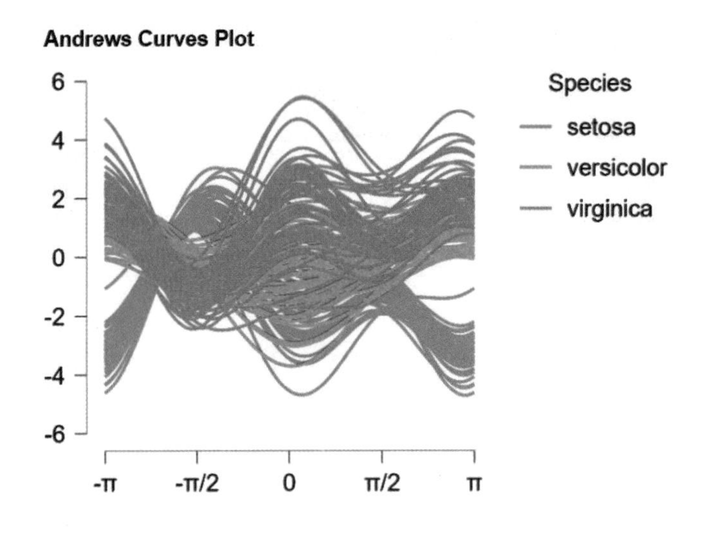

결과 설명

Andrews 곡선은 다중 형상을 저차원 공간으로 축소하여 대상 변수 또는 분류와의 관계를 표시하는 방법이다. Andrews 곡선은 단일 관측치 또는 데이터 행의 모든 형상을 함수에 매핑한다. 분석 결과에서 곡선들 간의 거리가 가까울수록 비슷한 유형의 데이터라는 것을 나타낸다. 즉, setosa와 versicolor는 정확하게 분류하고 있으나 파란색의 virginica는 다른 형태의 곡선을 그리고 있어 이상치 데이터가 존재하고 있음을 나타낸다.

Decision Boundary Matrix

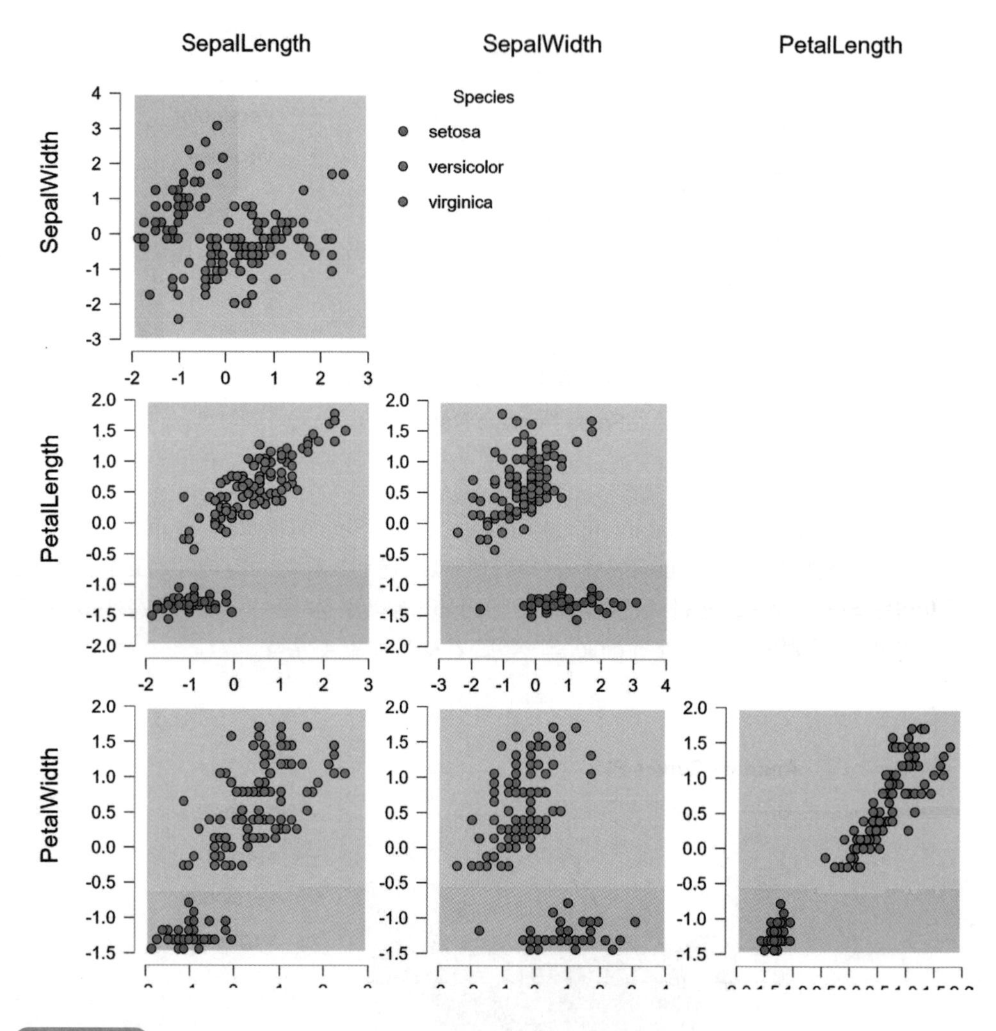

결과 설명

붉은색의 setosa는 SepalWidth, PetalLength와 PetalWidth에서 다른 것들과 구별되는 것을 알 수 있다. 다른 두 종(versicolor, virginica)은 구별이 쉽지 않아 보인다.

3-7 서포트 벡터 머신

서포트 벡터 머신(Support Vector Machine) 분류는 최대 마진 분류기를 확장한 개념으로 몇몇 훈련 관측치들을 잘못 분류하더라도 나머지 관측치들은 더 잘 분류할 수 있는 방법이다.

1단계: 앞에서 다룬 iris.csv 파일을 연다. [Machine Learning]을 누른 다음 [Classification]에서 [Support Vector Machine] 버튼을 누른다. Species 변수를 [Target] 칸으로, 꽃의 정보를 나타내는 4개의 변수 SepalLength, SepalWidth, PetalLength, PetalWidth를 [Features] 칸으로 옮긴다. 그리고 [Tables]와 [Plots]를 다음 그림과 같이 설정한다.

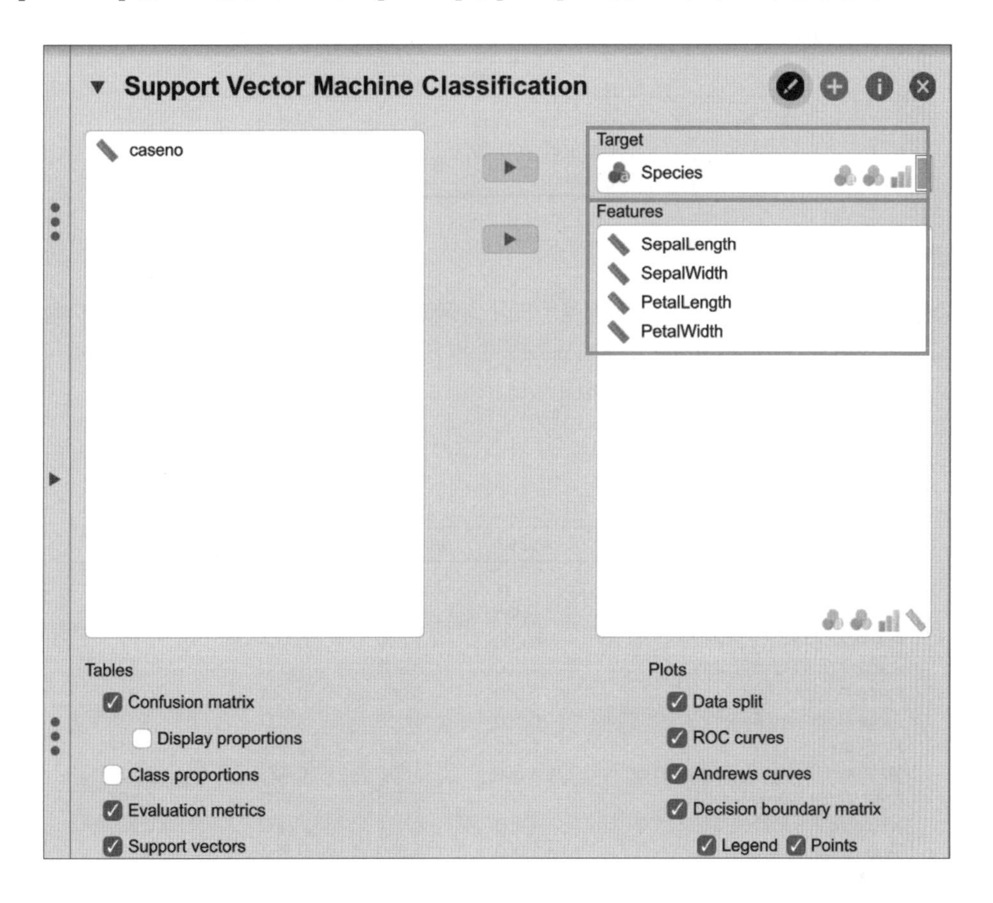

Support Vector Machine Classification

Support Vectors	n(Train)	n(Test)	Test Accuracy
27	120	30	0.967

Data Split

Train: 120	Test: 30	Total: 150

결과 설명

서포트 벡터 머신 분류 결과, 훈련샘플(n(Train)) 120개, 검정샘플(n(Test))은 30개임을 알 수 있다. 검정정확성(Test Accuracy)은 0.967임을 알 수 있다.

Confusion Matrix

		Predicted		
		setosa	versicolor	virginica
Observed	setosa	11	0	0
	versicolor	0	9	1
	virginica	0	0	9

결과 설명

혼동행렬에서 아이리스 종류에 대한 검정샘플 30개 중 제대로 분류된 대각선의 값을 합산한 다음 나눈 값이 검정정확도인데, 여기서는 0.967(11+9+9/30)이다. 모델이 setosa와 virginica는 정확히 구분하고 있는데 versicolor는 1개를 오분류하고 있다.

Evaluation Metrics

	setosa	versicolor	virginica	Average / Total
Support	11	10	9	30
Accuracy	1.000	0.967	0.967	0.978
Precision (Positive Predictive Value)	1.000	1.000	0.900	0.970
Recall (True Positive Rate)	1.000	0.900	1.000	0.967
False Positive Rate	0.000	0.000	0.048	0.016
False Discovery Rate	0.000	0.000	0.100	0.033
F1 Score	1.000	0.947	0.947	0.967
Matthews Correlation Coefficient	1.000	0.926	0.926	0.951
Area Under Curve (AUC)	1.000	0.625	0.976	0.867
Negative Predictive Value	1.000	0.952	1.000	0.984
True Negative Rate	1.000	1.000	0.952	0.984
False Negative Rate	0.000	0.100	0.000	0.033
False Omission Rate	0.000	0.048	0.000	0.016
Threat Score	∞	9.000	4.500	∞
Statistical Parity	0.367	0.300	0.333	1.000

Note. All metrics are calculated for every class against all other classes.

결과 설명

검정샘플 30개에 대한 평가지표가 나와 있다. 정확도, 재현율, F1값, Area Under Curve(AUC) 중심으로 보면 된다.

Support Vectors

Row	SepalLength	SepalWidth	PetalLength	PetalWidth
2	0.189	−1.967	0.704	0.394
8	0.551	0.557	0.534	0.526
10	0.551	−1.279	0.647	0.394
12	−1.139	−1.279	0.420	0.657
18	−0.294	−0.132	0.420	0.394
24	−0.898	−1.279	−0.429	−0.130
30	−1.139	−1.508	−0.259	−0.262
33	0.310	−1.049	1.043	0.263
35	0.551	−0.590	0.760	0.394
41	0.551	−0.820	0.647	0.788
46	1.638	−0.132	1.157	0.526
47	0.310	−0.132	0.647	0.788
50	−0.898	0.557	−1.166	−0.917
52	1.035	−0.132	0.704	0.657
63	0.310	−0.361	0.534	0.263
94	0.793	0.327	0.760	1.050
96	0.068	0.327	0.590	0.788
99	0.431	−1.967	0.420	0.394
100	−1.622	−1.738	−1.392	−1.180
106	−0.535	−0.132	0.420	0.394
107	0.068	−0.132	0.760	0.788
108	0.189	−0.132	0.590	0.788
111	0.189	−0.361	0.420	0.394
115	0.551	−1.738	0.364	0.132
116	1.155	−0.590	0.590	0.263
118	0.793	−0.590	0.477	0.394
119	0.431	−0.590	0.590	0.788

결과 설명

해당 변수에 대한 벡터량이 계산되어 있다.

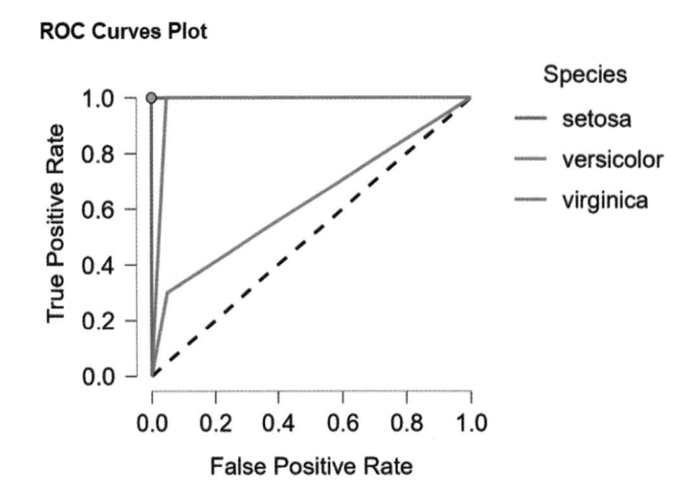

결과 설명

ROC(Receiver Operating Characteristic) Curve는 민감도(Sensitivity)와 1-특이도(Specificity)로 그려지는 곡선이다. ROC Curve에서 곡선 밑면적(AUC)은 반드시 0.5보다 커야 하고 일반적으로 0.7 이상은 되어야 수용할 만한 수준이다. AUC의 면적이 넓어야 검사도구나 모델의 정확도가 높다고 해석한다. 여기서는 setosa와 virginica는 정확도가 높다. 반면에 versicolor는 정확도가 낮음을 알 수 있다.

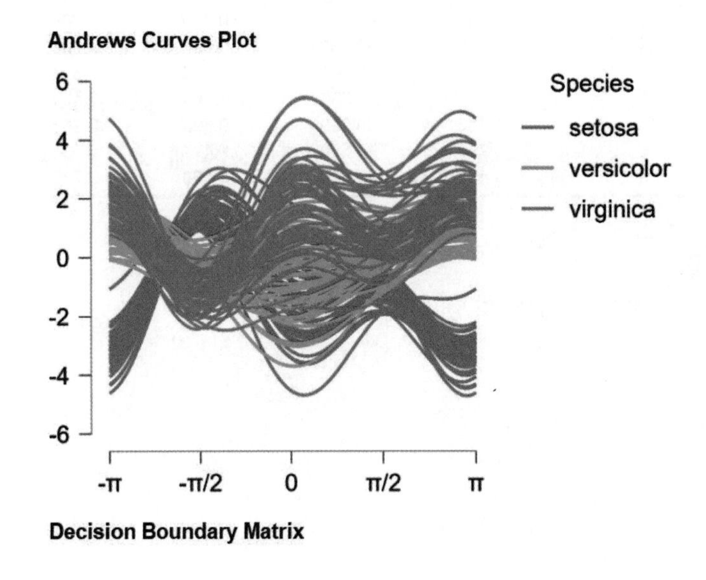

결과 설명

Andrews 곡선은 다중 형상을 저차원 공간으로 축소하여 대상 변수 또는 분류와의 관계를 표시하는 방법이다. Andrews 곡선은 단일 관측치 또는 데이터 행의 모든 형상을 함수에 매핑한다. 분석 결과에서 곡선들 간의 거리가 가까울수록 비슷한 유형의 데이터라는 것을 나타낸다. 즉, setosa와 versicolor는 정확하게 분류하고 있으나 파란색의 virginica는 다른 형태의 곡선을 그리고 있어 이상치 데이터가 존재함을 나타낸다.

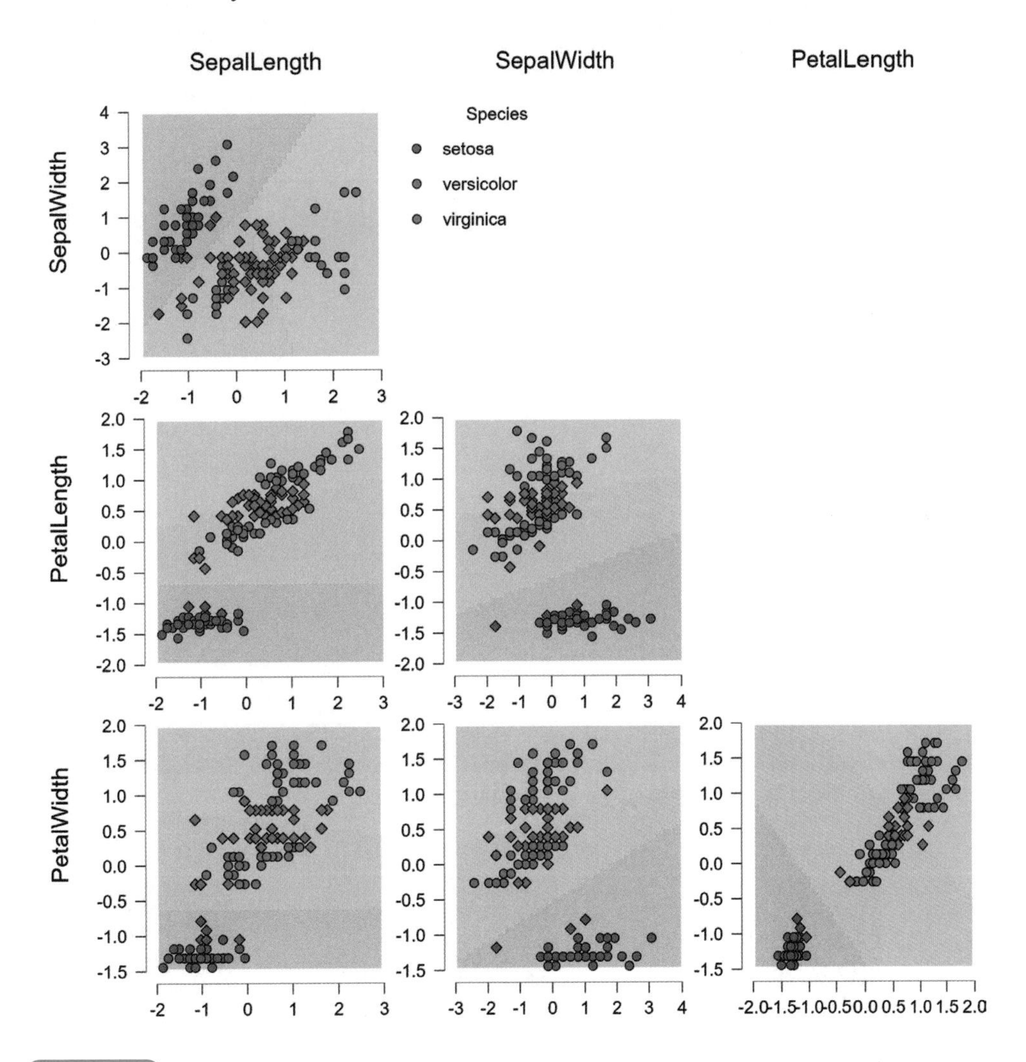

결과 설명

붉은색의 setosa는 SepalWidth, PetalLength와 PetalWidth에서 다른 것들과 구별되는 것을 알 수 있다. 다른 두 종(versicolor, virginica)은 구별이 쉽지 않아 보인다.

지금까지 머신러닝과 관련된 다양한 분류방법을 알아보았다. 아래 표는 분석방법에 따른 주요 지표를 요약 정리한 것이다. 분석자는 이 표를 참고하여 분류에 적합한 모델을 선정할 수 있다.

[표 15-3] 분류_평가지표 비교

	Boosting	Decision Tree	K-Nearest Neighbors	Linear Discriminant	Neural Network	Random Forest	Support Vector Machine
Accuracy	0.933	0.978	0.956	1	1	0.956	0.978
F1 score	0.904	0.967	0.933	1	1	0.933	0.967
AUC	0.978	0.977	0.946	0.969	0.862	0.980	0.867

알아두면 좋아요!

머신러닝_분류 학습에 유용한 내용들을 살펴볼 수 있는 사이트이다.

• 머신러닝 이용 분류분석 설명

• 분류분석 4가지 유형 설명

• 머신러닝 이용 분류분석 소개

• 머신러닝 분류 설명

• 머신러닝 학습을 위한 데이터 제공
(UC Irvine Machine Learning Repository)

분석 도전

1. 다음은 Pima Indians Diabetes 데이터셋(pima.csv)이다. 미국 원주민 중 피마족(Pima Indians)은 원래 당뇨병 유병률이 적었는데, 서구식 식습관이 보편화되며 당뇨병 유병률이 급속도로 늘었다고 한다. 이 데이터는 총 9가지 속성으로 구성되어 있다.

- 임신횟수(x1)
- 글루코스 내성(glucose tolerance) 실험 후의 혈당수치(x2)
- 확장기 혈압(mm Hg)(x3)
- 상완삼두근 피부 두께(mm)(x4)
- 혈액 내 인슐린 수치(mu U/ml)(x5)
- BMI(비만도) 수치(weight in kg/(height in m)^2)(x6)
- 당뇨병 가족력(x7)
- 나이(years)(x8)
- 당뇨병 여부(0 or 1; 1은 발병)(y1)

이 데이터를 이용하여 머신러닝(분류)을 실시하고 각 분석방법의 장단점을 이야기해보자.

16장 머신러닝_클러스터링

학습목표

☑ 클러스터링 개념을 이해한다.
☑ 다양한 클러스터링분석 개념을 이해한 후 분석을 수행한다.

1 클러스터링 개념

1-1 클러스터링

클러스터링(clustering)은 비지도학습(unsupervised learning)의 한 분야로, 데이터를 서로 다른 그룹으로 분류하는 기법이다. 데이터를 서로 다른 그룹으로 분류하면, 데이터를 더욱 효율적으로 처리하고 분석할 수 있다. 예를 들어, 고객 데이터를 클러스터링하면 고객 그룹을 나누어 각 그룹의 특징을 파악하고 이에 따라 맞춤형 마케팅 전략을 수립할 수 있다.

클러스터링에 사용하는 기본 식은 유클리디안 거리(Euclidean distance)이다. 이는 개체 간에 거리가 가까울수록 유사성(similiarity)이 높아 동일 군집으로 묶일 가능성이 높음을 시사한다. 유클리디안 거리를 구하는 식은 다음과 같다.

$$d = \sqrt{(x_2 - x_1)^2 + (y_2 - y_1)^2}$$

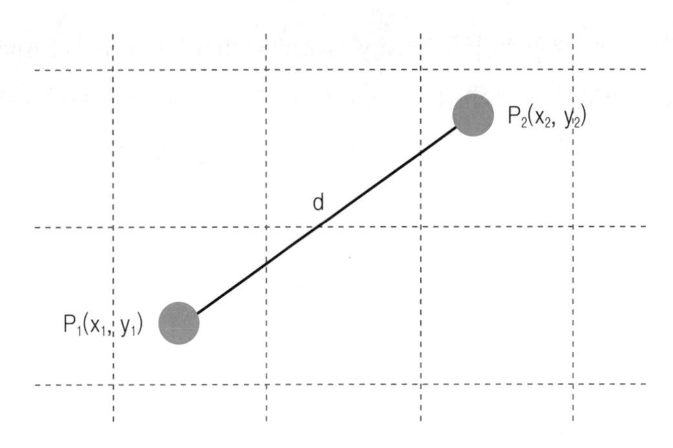

[그림 16-1] 유클리디안 거리

클러스터링 알고리즘은 다양한 방법으로 구현할 수 있다. 대표적인 클러스터링 알고리즘으로는 K-평균 클러스터링, 계층적 클러스터링, 밀도 기반 클러스터링 등이 있다. 각각의 특징을 살펴보면 다음과 같다.

첫 번째, K-평균 클러스터링(K-means clustering) 알고리즘은 데이터를 K개의 그룹으로 분류하는 알고리즘이다. K-평균 클러스터링에서는 같은 클러스터(군집)에 속한 데이터는 서로 '가깝다'라고 가정한다. 이때 각각의 클러스터마다 '중심'이 하나씩 존재하고, 각각의 데이터가 그 중심과 '얼마나 가까운가'를 비용(cost)으로 정의한다. K-평균 클러스터링은 이렇게 정의된 비용을 가장 크게 줄일 수 있는 클러스터를 찾는 알고리즘이다. 이 알고리즘은 초기에 K개의 중심점을 임의로 지정하고, 데이터를 가장 가까운 중심점에 할당한다. 이후 각 그룹의 중심점을 다시 계산하고, 새로운 중심점을 기반으로 데이터를 다시 할당한다. 이러한 과정을 중심점의 이동이 더 이상 없을 때까지 반복한다.

두 번째, 계층적 클러스터링(hierarchical clustering) 알고리즘은 클러스터링(군집화)을 계층적으로 수행하는 알고리즘이다. 이는 사용자가 모델을 교육하기 전에 생성할 클러스터 수를 지정하지 않는 클러스터링 기법의 일종이다. 이러한 유형의 클러스터링 기법을 연결 기반 방법이라고도 한다. 이 방법에서는 데이터셋의 단순한 구분을 수행하지 않지만 일정 거리가 지나면 서로 병합하는 클러스터의 계층 구조를 제공한다. 계층적 클러스터링을 수행한 뒤 데이터는 덴드로그램(dendrogram)으로 표현된다. 덴드로그램에서는 위에서부터 유사성이 높은 데이터가 먼저 그룹화되고 유사성이 낮은 데이터는 차후에 그룹화되는 특성이 있다.

세 번째, 밀도 기반 클러스터링(Density-Based Spatial Clustering of Applications with Noise, DBSCAN) 알고리즘 데이터는 핵심(core)이 경계(border)를 중심으로 서로 군집화된다. 그림에서 보는 바와 같이 좌표 P에서 Q로 이동하면서 핵심을 중심으로 군집화하게 된다.

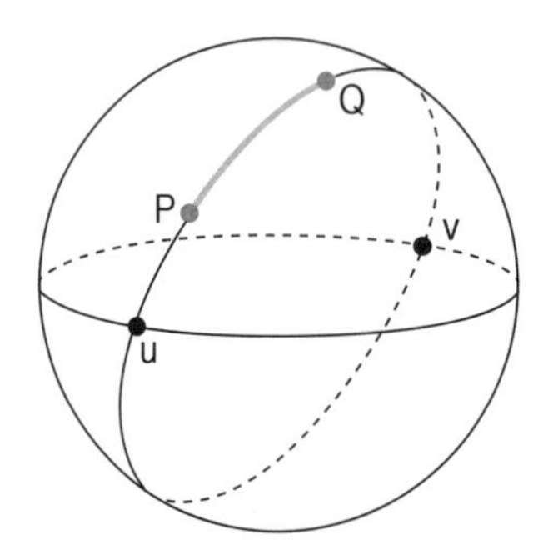

[그림 16-2] 밀도 기반 클러스터링(DBSCAN) 알고리즘 로직

이 알고리즘은 K-평균 클러스터링 알고리즘과 달리 클러스터 개수를 미리 정하지 않아도 되며, 노이즈 데이터를 처리할 수 있다는 장점이 있다.

1-2 JASP 머신러닝 클러스터링

1) 밀도 기반

밀도 기반 클러스터링(DBSCAN)에서 매개변수 군집은 데이터 플롯의 다른 밀도를 기반으로 다양한 밀도 영역을 분리하여 형성된다. 밀도 기반 클러스터링 알고리즘은 이러한 유형의 기술에서 가장 많이 사용되는 알고리즘이다. 이 알고리즘의 주요 아이디어는 클러스터의 각 점에 대해 주어진 반경 근처에 포함된 최소 점수가 있어야 한다는 것이다. 밀도 기반 클러스터링 알고리즘은 서로 다른 모양으로 군집을 형성할 수 있으며, 이러한 유형의 알고리즘은 데이터셋에 노이즈 또는 특이치가 포함된 경우에 가장 적합하다.

2) 퍼지 C-평균

퍼지 클러스터링 기법은 군집 내 오차 제곱합(SSE)을 최소로 하는 방식으로 군집을 수행하며 K-평균군집 알고리즘과 유사한 것이다. 지정된 군집에 속하는 점의 확률은 0에서 1 사이에 있는 값이다. 이 유형의 기법에서 가장 널리 사용되는 알고리즘은 퍼지 C-평균 클러스터링(fuzzy C-means clustering) 알고리즘이다. 이 알고리즘에서는 군집에 속할 확률에 의해 가중되는 모든 점의 평균으로 군집의 중심을 계산한다.

3) 이웃 기반 기계학습

이웃 기반 기계학습은 유사한 항목이 유사하지 않은 항목보다 서로 관련될 가능성이 높다는 원칙에 의존하는 기계학습 알고리즘의 한 유형이다. 이웃 기반 기계학습 알고리즘은 근접성 또는 유사성 측정을 사용하여 주어진 항목 또는 항목 집합과 유사한 항목을 식별한다. 이러한 알고리즘은 권장 시스템, 클러스터링 및 이상 탐지를 포함한 다양한 애플리케이션에서 널리 사용된다.

가장 인기 있는 이웃 기반 기계학습 알고리즘 중 하나는 K-최근접 이웃 알고리즘(K-Nearest Neighbors, KNN)이다. KNN은 분류 및 회귀 작업에 사용되는 지도학습 알고리즘이다. KNN에서 알고리즘은 유사성 척도를 기반으로 지정된 쿼리 지점에 가장 가까운 이웃을 검색한다. KNN에서 사용되는 가장 일반적인 유사성 척도는 유클리드 거리(Euclidean distance)이지만, 맨해튼 거리(Manhattan distance), 민코프스키 거리(Minkowski distance), 코사인 유사성(cosine similarity)과 같은 다른 척도도 사용된다.

또 다른 인기 있는 이웃 기반 알고리즘은 협력 필터링이다. 상호협력 필터링(collaborative filtering)은 유사한 사용자의 기본 설정에 따라 항목을 권장하는 권장 알고리즘의 한 유형이다. 상호협력 필터링은 항목에 대한 사용자의 기본 설정을 포함하는 '사용자 항목 매트릭스'를 작성하여 작동한다. 그런 다음 알고리즘은 선호도에 따라 유사한 사용자를 식별하고, 유사한 사용자가 좋아하는 항목을 추천한다.

이웃 기반 기계학습 알고리즘의 주요 장점 중 하나는 단순성과 구현의 용이성이다. 이웃 기반 기계학습 알고리즘에서는 기본 데이터 분포에 대한 가정이 필요하지 않으며 변수 간의 비선형 관계를 처리할 수 있다. 또한 해석이 용이하여 많은 응용 프로그램에서 인기가 있다. 다만, 이웃 기반 알고리즘에도 몇 가지 제한이 있다. 데이터셋이 클 경우 계산 비용이 많이 들 수 있고, 데이터셋의 차원이 높거나 노이즈가 많거나 관련 없는 기능이 포함된 경우 성능이 좋지 않을 수 있다. 그러나 결론적으로, 이웃 기반 기계학습 알고리즘은 기계학습 도구상자의 강력한 도구라 할 수 있다. 다양한 응용 프로그램에서 사용할 수 있으며 단순성과 해석 가능성으로 인해 여러 작업에 널리 활용할 수 있다.

4) 랜덤 포레스트

랜덤 포레스트 클러스터링(random forest clustering)은 의사결정나무를 사용하여 트리 숲을 만드는 감독되지 않은 기계학습 알고리즘의 한 유형으로, 각 트리는 학습 데이터의 무작위 하위 집합과 기능의 무작위 하위 집합을 사용하여 구축된다. 의사결정나무의 숲이 자라기 때문에 '포레스트'라고 부른다. 그런 다음 이 트리의 데이터를 병합하여 가장 정확한 예측을 보장한다. 단독 의사결정나무는 하나의 결과와 좁은 범위의 그룹을 갖지만, 포레스트는 더 많은 수의 그룹 및 결정으로 보다 정확한 결과를 보장한다.

트리의 숲이 구성되면 알고리즘은 트리의 과반수 투표를 기반으로 각 데이터 포인트를 클러스터에 할당한다. 즉, 각 트리가 리프 노드(leaf node)에 데이터 포인트를 할당하고 모든 트리에서 가장 일반적인 리프 노드가 해당 데이터 포인트의 클러스터 할당을 결정한다.

랜덤 포레스트 클러스터링의 장점 중 하나는 고차원 데이터를 처리하고 형상 간의 비선형 관계를 식별할 수 있다는 것이다. 또한 각 트리가 학습 데이터의 무작위 하위 집합을 사용하여 구축되기 때문에 알고리즘은 데이터의 노이즈 및 특이치에 강하다.

랜덤 포레스트 클러스터링의 또 다른 장점은 누락된 데이터를 처리할 수 있다는 것이다. 데이터 포인트에 특정 피처에 대한 결측값이 있는 경우에도 알고리즘은 다른 피처를 사용하여 데이터 포인트를 클러스터에 할당할 수 있다. 그러나 랜덤 포레스트 클러스터링에는 몇 가지 제한 사항도 있다. 주요 단점은 이 알고리즘이 매우 큰 데이터셋에 적합하지 않을 수 있다는 것이다. 트리 숲을 만드는 데에 계산비용이 많이 들 수 있으며, 의사결정나무가 데이터를 직사각형 또는 초직각으로 분할하는 경향이 있기 때문에 클러스터의 기하학적 구조가 복잡한 경우 알고리즘이 제대로 수행되지 않을 수 있다. 결론적으로, 랜덤 포레스트 클러스터링은 고차원 데이터를 처리할 수 있고 노이즈 및 특이치에 강하다. 그러나 매우 큰 데이터셋이나 복잡한 기하학적 구조를 가진 데이터에는 적합하지 않을 수 있다.

2 데이터 조사

데이터 조사 방법의 사례를 들어 살펴보자. 커피 애호가들이 자주 찾는 Sunbucks라는 카페가 있다고 가정하자. Sunbucks 전략기획팀에서는 고객 성향에 근거하여 고객들을 군집화하는 작업을 하려 한다. 최근 조사자료를 근거로 하여 6개의 변수를 측정하기로 하였다. 100명의 데이터 중 20명만 추출하여 군집분석을 실시하려고 한다.

[표 16-1] 설문조사 시트

id(　　)	설문척도						
문항	적극 동의 안 함			보통임			적극 동의
(x1) 커피 마시기를 즐겨함	①	②	③	④	⑤	⑥	⑦
(x2) 커피 마시기는 금전적으로 부담이 됨	①	②	③	④	⑤	⑥	⑦
(x3) 커피음료를 즐기며 다른 베이커리도 즐김	①	②	③	④	⑤	⑥	⑦
(x4) 커피음료 선택 시 최선의 선택을 하려 함	①	②	③	④	⑤	⑥	⑦
(x5) 커피음료 마시기에 관심 없음	①	②	③	④	⑤	⑥	⑦
(x6) 커피음료 구매 시 쿠폰, 할인카드 등으로 절약함	①	②	③	④	⑤	⑥	⑦

[표 16-2] 데이터

데이터 cluster.csv, cluster.jasp

id	x1	x2	x3	x4	x5	x6
1	6	4	7	3	2	3
2	2	3	1	4	5	4
3	7	2	6	4	1	3
4	4	6	4	5	3	6
5	1	3	2	2	6	4
6	6	4	6	3	3	4
7	5	3	6	3	3	4
8	7	3	7	4	1	4
9	2	4	3	3	6	3
10	3	5	3	6	4	6
11	1	3	2	3	5	3
12	5	4	5	4	2	4
13	2	2	1	5	4	4
14	4	6	4	6	4	7
15	6	5	4	2	1	4
16	3	5	4	6	4	7
17	4	4	7	2	2	5
18	3	7	2	6	4	3
19	4	6	3	7	2	7
20	2	3	2	4	7	2

3 클러스터링분석

3-1 밀도 기반 클러스터링

밀도 기반 클러스터링(DBSCAN) 알고리즘은 동일 군집에 속하는 데이터는 서로 근접하게 분포할 것이라는 가정을 기반으로 클러스터링을 한다.

1단계 : cluster.csv 또는 cluster.jasp 데이터를 불러온다.

cluster (C:\gskim\JASP\data)

Descriptives T-Tests ANOVA Mixed Models Regression Frequencies Factor Machine Learning

	id	x1	x2	x3	x4	x5	x6
1	1	6	4	7	3	2	3
2	2	2	3	1	4	5	4
3	3	7	2	6	4	1	3
4	4	4	6	4	5	3	6
5	5	1	3	2	2	6	4
6	6	6	4	6	3	3	4
7	7	5	3	6	3	3	4
8	8	7	3	7	4	1	4
9	9	2	4	3	3	6	3
10	10	3	5	3	6	4	6

2단계: [Machine Learning] 버튼을 누르고 [Clustering]에서 [Density-Based]를 지정한다.

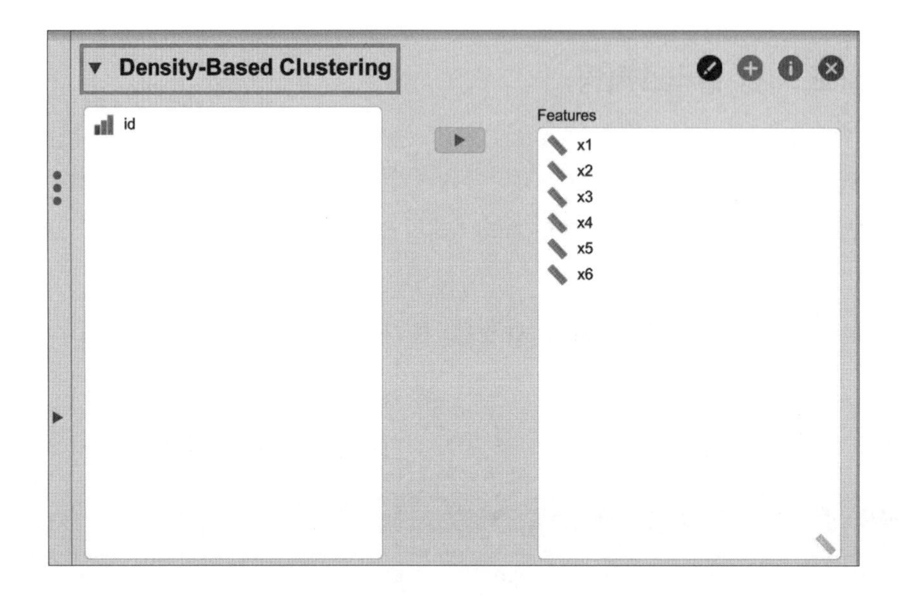

3단계: 밀도 기반 클러스터링을 위해서 [Tables]와 [Plots]에서 다음과 같이 지정한다.

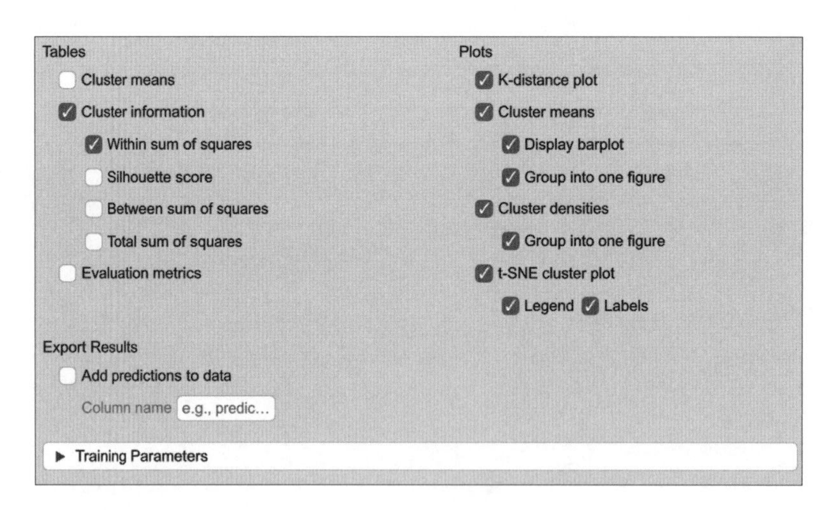

Density-Based Clustering

Clusters	N	R^2	AIC	BIC	Silhouette
3	20	0.779	59.370	77.290	0.500

결과 설명

밀도 기반 클러스터링 결과, 클러스터(Clusters) 3개로 구성되었다. 관찰수(N)는 20이다. 설명력(R^2)은 0.779이다. AIC=59.370, BIC=77.290, 실루엣 계수(Silhouette coefficient)=0.500이다. 실루엣 계수의 값은 각 데이터 포인트와 주위 데이터 포인트들과의 거리 계산을 통해 구한다. 실루엣 계수는 군집 안에 있는 데이터들은 잘 모여 있는지, 군집끼리는 서로 잘 구분되는지 등을 판단하고 클러스터링을 평가하는 척도이다. 실루엣 계수의 평균값이 1에 가까울수록 클러스터링이 잘 되었다고 생각할 수 있다. 계산식은 다음과 같다.

실루엣 계수 = b-a/max(a, b)

a : 같은 클러스터의 다른 인스턴스까지의 거리 평균

b : 두 번째로 가까운 클러스터의 인스턴스까지의 거리 평균

Cluster Information

Cluster	Noisepoints	1	2	3
Size	1	8	6	5
Explained proportion within-cluster heterogeneity	0.000	0.513	0.330	0.157
Within sum of squares	0.000	11.977	7.721	3.667

결과 설명

노이즈포인트(Noisepoints)는 1, 클러스터1은 8, 클러스터2는 6, 클러스터3은 5개체로 구성되어 있다.

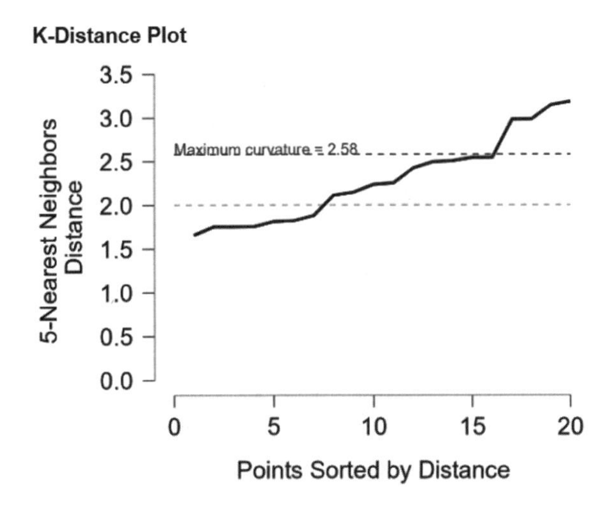

결과 설명

X축의 거리에 의해 정렬된 점과 y축 5개에 근접한 이웃 간의 거리가 나타나 있다. 최대 곡률(Maximum curvature)은 2.58이다.

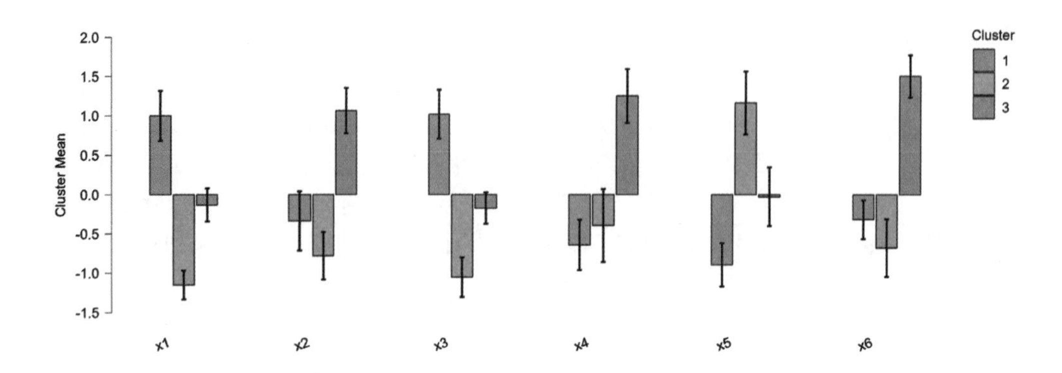

결과 설명

분석에 투입된 모든 변수(features)의 클러스터 평균이 나와 있다. 클러스터1은 x1(커피 마시기를 즐겨함), x3(커피음료를 즐기며 다른 베이커리도 즐김)의 값이 높은 것으로 보아 '커피 애호군'임을 알 수 있다. 반면 클러스터2는 x1, x3의 값이 낮은 것으로 보아 '커피 비애호군'임을 알 수 있다. 클러스터3은 x2(커피 마시기는 금전적으로 부담이 됨), x4(커피음료 선택 시 최선의 선택을 하려고 함), x6(커피음료 구매 시 쿠폰, 할인카드 등으로 절약함)의 값이 높게 나와 '경제적 커피 애용자군'이라고 할 수 있다.

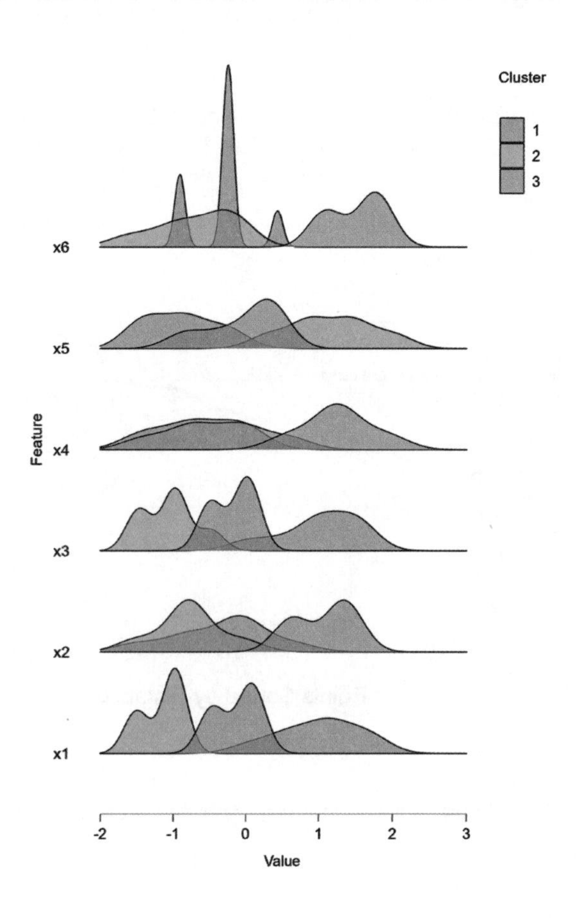

결과 설명

노이즈포인트 클러스터1, 클러스터2, 클러스터3에 해당하는 분석에 투입된 모든 변수(features)의 클러스터 평균이 나와 있다.

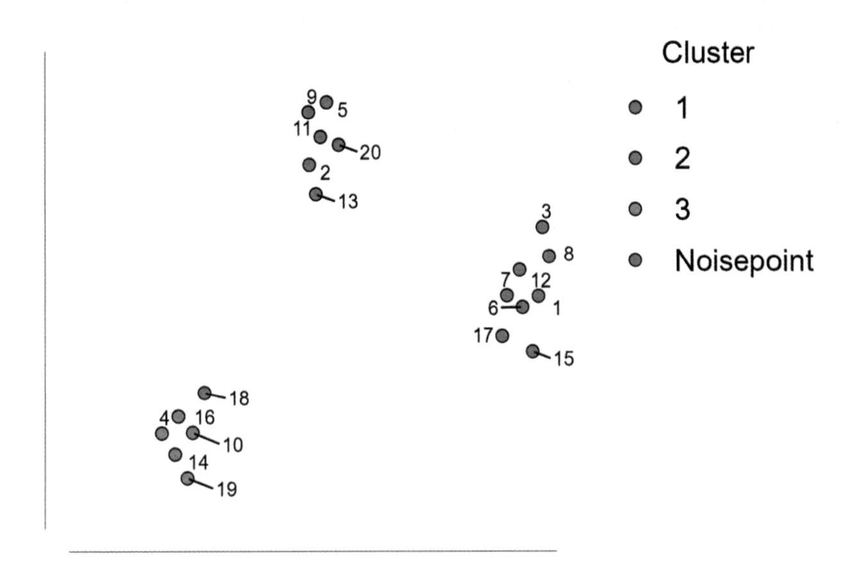

결과 설명

클러스터1은 1, 3, 6, 7, 8, 12, 15, 17 번호를 갖는 커피전문점 이용자들로 구성되어 있음을 알 수 있다. 클러스터2는 2, 5, 9, 11, 13, 20번 이용자로 구성되어 있다. 클러스터3은 4, 10, 14, 16, 19번 이용자로 구성되어 있다. 커피전문점 이용자 18번은 어느 군집에도 속하지 않는 아웃라이어(outlier)가 되는데, 이를 노이즈포인트(Noisepoint)라고 한다.

3-2 퍼지 C-평균 클러스터링

퍼지 C-평균 클러스터링(Fuzzy C-means clustering)은 K-평균 클러스터링(K-means clustering)과 매우 유사한 방법으로, 군집 내 관측치 간 유사성을 최대화하고 군집 간 비유사성을 최대화하는 최적해(optimal solution)를 반복적인 연산을 통해 찾는 방법이다.

1단계 : cluster.csv 또는 cluster.jasp 데이터를 불러온다.

2단계 : [Machine Learning] 버튼을 누르고 [Clustering]에서 [Fuzzy C-Means]를 지정한다. 이어 [Features] 칸으로 x1, x2, x3, x4, x5, x6 변수를 옮긴다.

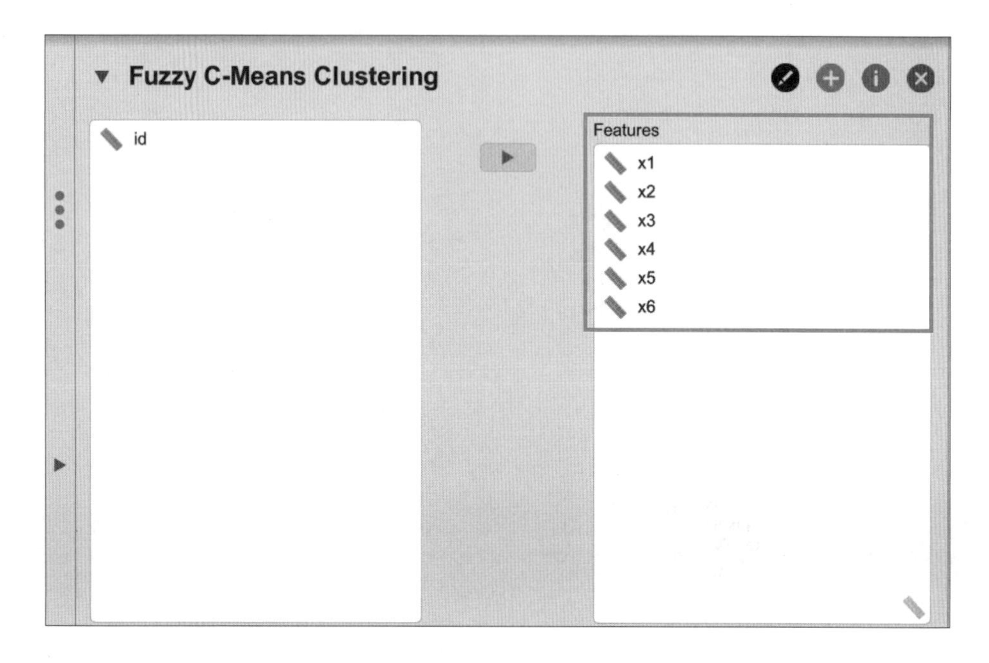

3단계 : [Tables]와 [Plots]에서 다음과 같이 여러 내용을 지정한다. 또한 데이터창에 해당 군집을 나타내기 위하여 [Export Results]에서 [Add predictions to data]를 지정한다. 이어 ①과 같이 [Column name] 칸에 'cluster'를 입력한다. ②와 같이 ▶를 누르면 군집 분석에 개체별 속하는 군집을 확인할 수 있다.

Tables
② ▶
☑ Cluster means
☑ Cluster information
☑ Within sum of squares
☑ Silhouette score
☐ Centroids
☐ Between sum of squares
☐ Total sum of squares
☑ Evaluation metrics

Plots
☑ Elbow method
☑ Cluster means
☑ Display barplot
☑ Group into one figure
☑ Cluster densities
☑ Group into one figure
☑ t-SNE cluster plot
☑ Legend ☑ Labels

Export Results
☑ Add predictions to data
① Column name cluster

▶ Training Parameters

Fuzzy C-Means Clustering ▼

Clusters	N	R^2	AIC	BIC	Silhouette
3	20	0.720	65.720	83.640	0.530

Note. The model is optimized with respect to the *BIC* value.

결과 설명

군집수는 3, 전체 데이터는 20, 설명력(R^2)=0.720, AIC=65.720, BIC=83.640, 실루엣 계수(Silhouette)는 0.530임을 알 수 있다. 실루엣 계수의 값은 각 데이터 포인트와 주위 데이터 포인트들과의 거리 계산을 통해 구한다. 실루엣 계수는 군집 안에 있는 데이터들은 잘 모여 있는지, 군집끼리는 서로 잘 구분되는지 등을 판단하고 클러스터링을 평가하는 척도이다. 실루엣 계수의 평균값이 1에 가까울수록 클러스터링이 잘 되었다고 볼 수 있다.

Cluster Information

Cluster	1	2	3
Size	6	8	6
Explained proportion within-cluster heterogeneity	0.260	0.403	0.337
Within sum of squares	7.721	11.977	10.017
Silhouette score	0.560	0.526	0.495

결과 설명

클러스터1은 6개, 클러스터2는 8개, 클러스터3은 6개로 구성되어 있다. 클러스터1의 실루엣 점수는 0.560, 클러스터2는 0.526, 클러스터3은 0.495이다.

Evaluation Metrics

	Value
Maximum diameter	3.185
Minimum separation	2.253
Pearson's γ	0.855
Dunn index	0.707
Entropy	1.089
Calinski-Harabasz index	24.109

Note. All metrics are based on the *euclidean* distance.

결과 설명

클러스터링(군집화) 알고리즘 결과를 평가하는 다양한 지표가 나타나 있다. 피어슨 감마(Pearson's γ)는 거리 간의 상관관계로, 0은 동일한 군집을 의미하고 1은 다른 군집을 의미한다. 던 인덱스(Dunn index)는 클러스터 내 최대거리에 대한 클러스터 간 최소거리의 비로 나타낸다. 무질서한 양의 척도인 엔트로피(Entropy)값은 1.089로 나타나 있다. 클러스터링이 잘 되었다면 군집 간 변동이 커야 하는데 칼린스키-하라바즈 인덱스(Calinski-Harabasz index)가 클수록 클러스터링이 잘 되었다고 판단할 수 있다.

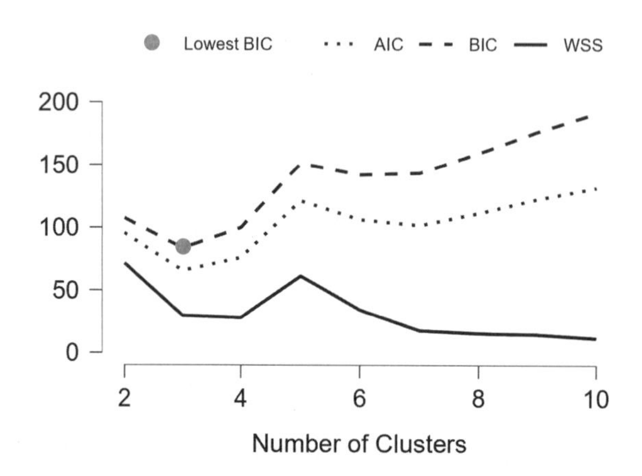

결과 설명

베이지안 정보 기준(Bayesian Information Criterion, BIC)값이 작을수록 좋은 클러스터링 모델임을 알 수 있다. BIC가 가장 낮은 지점에서 군집수가 결정된다. 여기서는 세 군집으로 나누는 것이 타당하다.

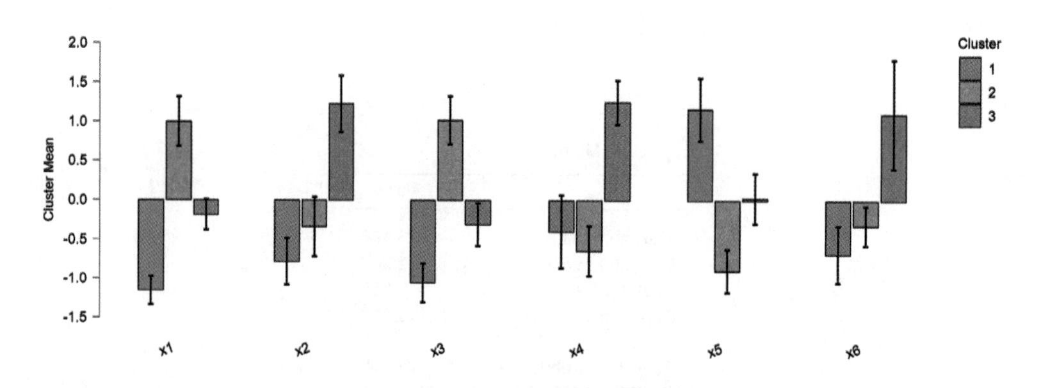

결과 설명

군집별 변수 특성이 나타나 있다. 클러스터1은 x1(커피 마시기를 즐겨함), x3(커피음료를 즐기며 다른 베이커리도 즐김)의 값이 낮아 '커피 비애호군'이라고 명명할 수 있다. 클러스터2는 x1(커피 마시기를 즐겨함), x3(커피음료를 즐기며 다른 베이커리도 즐김)의 값이 높게 나와 '커피 애호군'임을 알 수 있다. 클러스터3은 x2(커피 마시기는 금전적으로 부담이 됨), x4(커피음료 선택 시 최선의 선택을 하려

함), x6(커피음료 구매 시 쿠폰, 할인카드 등으로 절약함)의 값이 높게 나와 '경제적 커피 애용자군'이라고 할 수 있다.

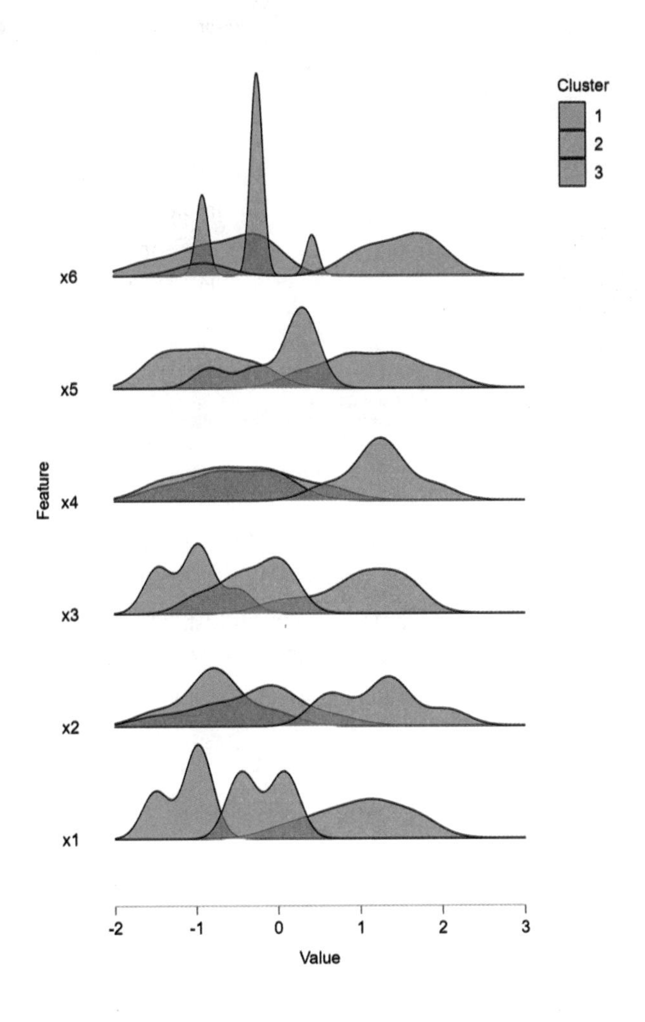

결과 설명

클러스터별 해당하는 변수에 대한 분포가 나타나 있다.

결과 설명

T-SNE(T-Distributed Stochastic Neighbor Embedding)는 고차원 데이터를 가져와 저차원 그래프(일반적으로 2D)로 줄여주는 훌륭한 차원 감소 기술이다. T-SNE는 분산을 최대화하려고 시도하는 대신 점 사이의 거리를 기반으로 유사성 측정을 계산하기 때문에 이 경우 더 나은 해결방안이 될 수 있다. 클러스터1은 2, 5, 9, 11, 13, 20으로 구성되어 있다. 클러스터2는 1, 3, 6, 7, 8, 12, 15, 17로 구성되어 있다. 클러스터3은 4, 10, 14, 16, 18, 19로 구성되어 있다.

3-3 계층적 클러스터링

계층적 클러스터링(hierarchical clustering)은 여러 개의 군집 중에서 유사도가 가장 높은 혹은 거리가 가까운 군집 2개를 선택하여 하나로 합치면서 군집 개수를 줄여나가는 방법이다. 이를 합체 군집화(agglomerative clustering)라고 부르기도 한다.

1단계 : cluster.csv 또는 cluster.jasp 데이터를 불러온다.

2단계 : [Machine Learning] 버튼을 누르고 [Clustering]에서 [Hierarchical]을 지정한다. 이어 [Features] 칸으로 x1, x2, x3, x4, x5, x6 변수를 옮긴다.

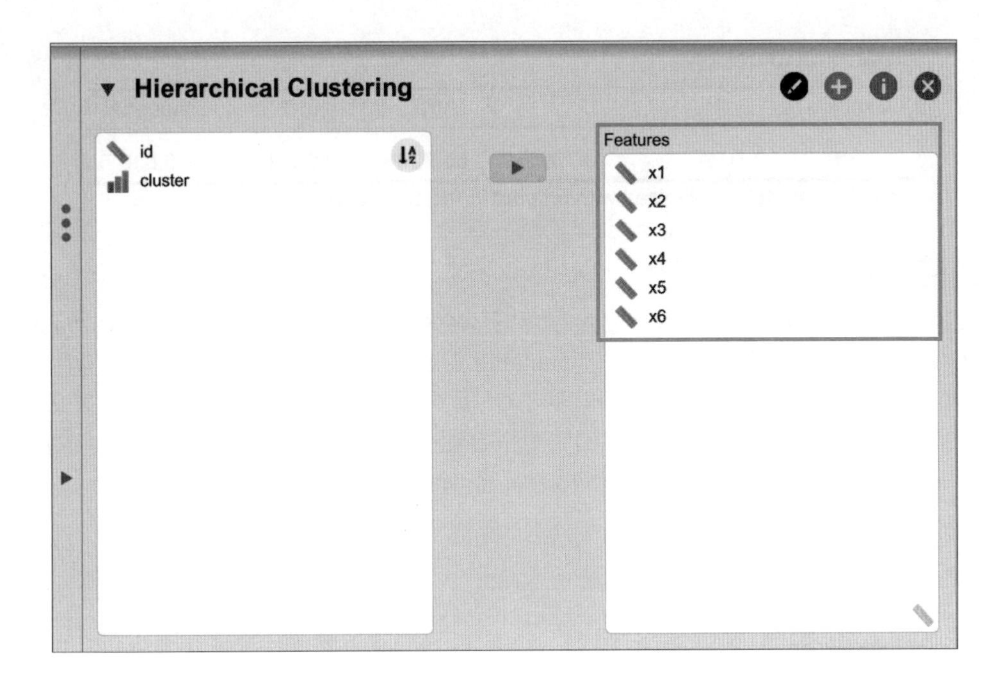

3단계: [Tables]와 [Plots]에서 다음과 같이 여러 내용을 지정한다. 또한 데이터창에 해당 군집을 나타내기 위하여 [Export Results]에서 [Add predictions to data]를 지정한다. 이어 ①과 같이 [Column name] 칸에는 'cluster'를 입력한다. ②와 같이 ▶를 누르면 군집분석에 개체별 속하는 군집을 확인할 수 있다.

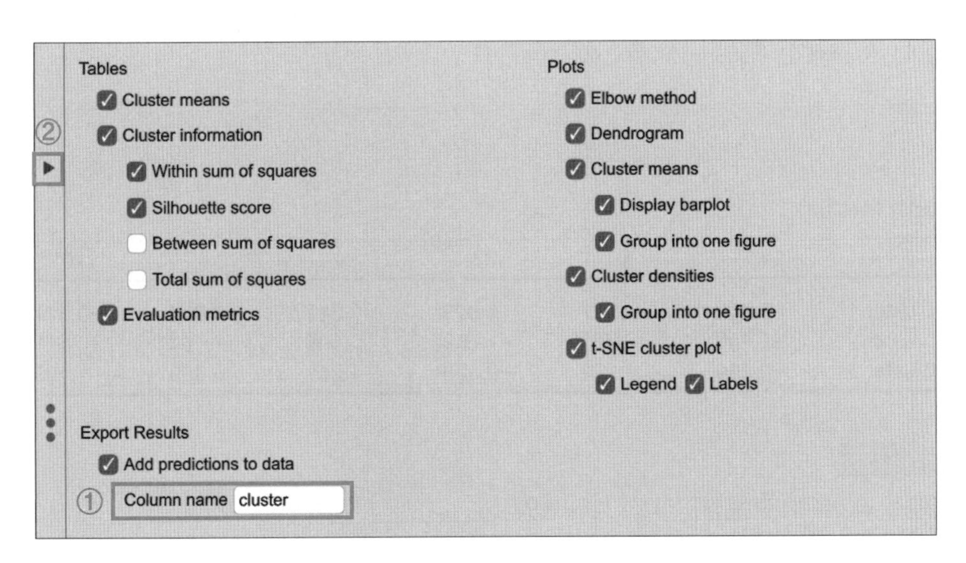

Hierarchical Clustering

Clusters	N	R²	AIC	BIC	Silhouette
3	20	0.739	65.720	83.640	0.530

Note. The model is optimized with respect to the *BIC* value.

결과 설명

계층적 군집분석의 기본 정보를 확인할 수 있다. 군집수는 3, 전체 데이터는 20, 설명력(R^2)=0.739, AIC=65.720, BIC=83.640, 실루엣 계수(Silhouette)는 0.530임을 알 수 있다. 실루엣 계수의 값은 각 데이터 포인트와 주위 데이터 포인트들과의 거리 계산을 통해 구한다. 실루엣 계수는 군집 안에 있는 데이터들은 잘 모여 있는지, 군집끼리는 서로 잘 구분되는지 등을 판단하고 클러스터링을 평가하는 척도이다. 실루엣 계수의 평균값이 1에 가까울수록 클러스터링이 잘 되었다고 볼 수 있다.

Cluster Information

Cluster	1	2	3
Size	8	6	6
Explained proportion within-cluster heterogeneity	0.403	0.260	0.337
Within sum of squares	11.977	7.721	10.017
Silhouette score	0.526	0.560	0.495

결과 설명

군집1은 6개체로 구성되어 있고 군집2는 8개체, 군집3은 6개체로 구성되어 있다. 군집1의 실루엣 점수는 0.526, 군집2는 0.560, 군집3은 0.495이다.

Cluster Means

	x1	x2	x3	x4	x5	x6
Cluster 1	1.000	-0.337	1.019	-0.642	-0.894	-0.317
Cluster 2	-1.149	-0.780	-1.052	-0.395	1.164	-0.679
Cluster 3	-0.184	1.229	-0.306	1.251	0.028	1.103

결과 설명

군집별로 각 변수에 대한 평균거리가 나타나 있다.

Evaluation Metrics

	Value
Maximum diameter	3.185
Minimum separation	2.253
Pearson's γ	0.855
Dunn index	0.707
Entropy	1.089
Calinski-Harabasz index	24.109

Note. All metrics are based on the *euclidean* distance.

결과 설명

클러스터링(군집화) 알고리즘 결과를 평가하는 다양한 지표가 나타나 있다. 피어슨 감마(Pearson's γ)는 거리 간의 상관관계로 0은 동일한 군집을 의미하고 1은 다른 군집을 의미한다. 던 인덱스(Dunn index)는 클러스터 내 최대거리에 대한 클러스터 간 최소거리의 비로 나타낸다. 무질서한 양의 척도인 엔트로피값 1.089가 나타나 있다. 엔트로피가 1.089라는 것은 1.089만큼 모른다는 것이며 군집분류를 제대로 하지 못하고 있다는 것이다. 만약 클러스터링이 잘 되었다면 군집 간 변동이 커야 하는데 칼린스키-하라바즈 인덱스(Calinski-Harabasz index)가 클수록 클러스터링이 잘 되었다고 볼 수 있다.

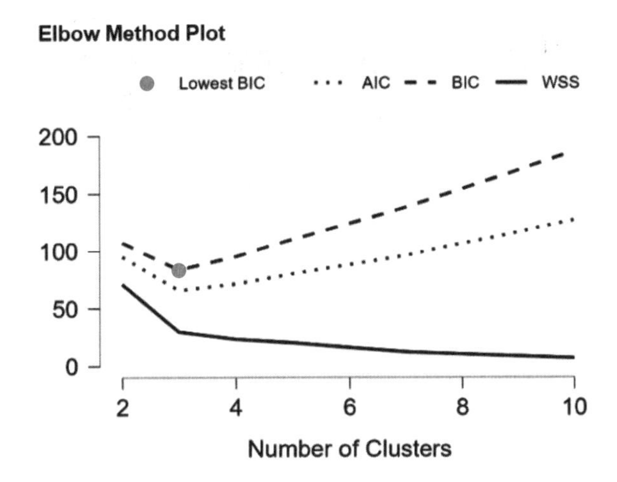

결과 설명

베이지안 정보 기준(Bayesian information criterion, BIC)값이 작을수록 좋은 클러스터링 모델임을 알 수 있다. BIC가 가장 낮은 지점에서 군집수가 결정된다. 여기서는 세 군집으로 나누는 것이 타당하다.

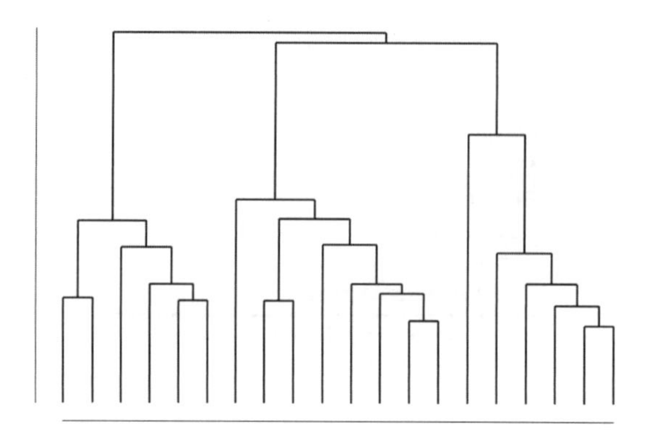

결과 설명

덴드로그램(dendrogram)으로 군집화 상태를 나타낸 것이다. 커피전문점 이용자를 세 집단으로 나눈다면 위에서부터 세 군집으로 나눌 수 있다.

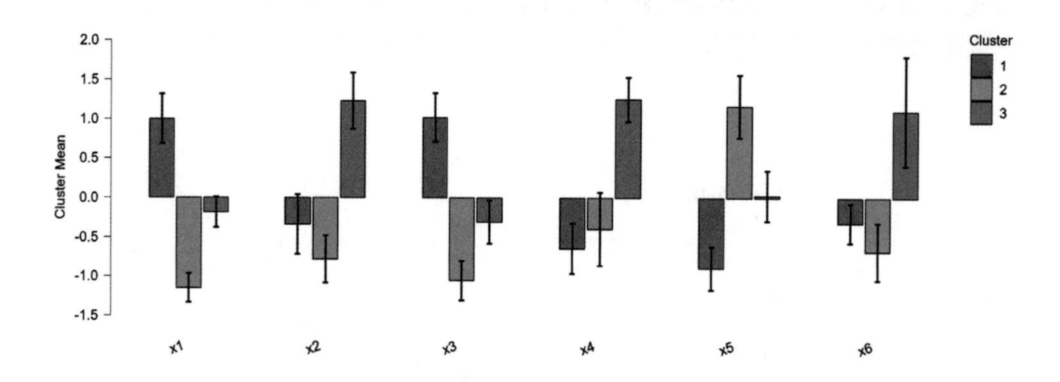

결과 설명

클러스터별 변수의 특성이 나타나 있다. 클러스터1의 특징은 x1(커피 마시기를 즐겨함), x3(커피음료를 즐기며 다른 베이커리도 즐김) 값이 높으므로 '커피 애호군'임을 알 수 있다. 클러스터2는 x1(커피 마시기를 즐겨함), x3(커피음료를 즐기며 다른 베이커리도 즐김)의 값이 낮으므로 '커피 비애호군'이라고 할 수 있다. 클러스터3은 x2(커피 마시기는 금전적으로 부담이 됨), x4(커피음료 선택 시 최선의 선택을 하려 함), x6(커피음료 구매 시 쿠폰, 할인카드 등으로 절약함) 값이 높게 나와 '경제적 커피 애용자군'이라고 볼 수 있다.

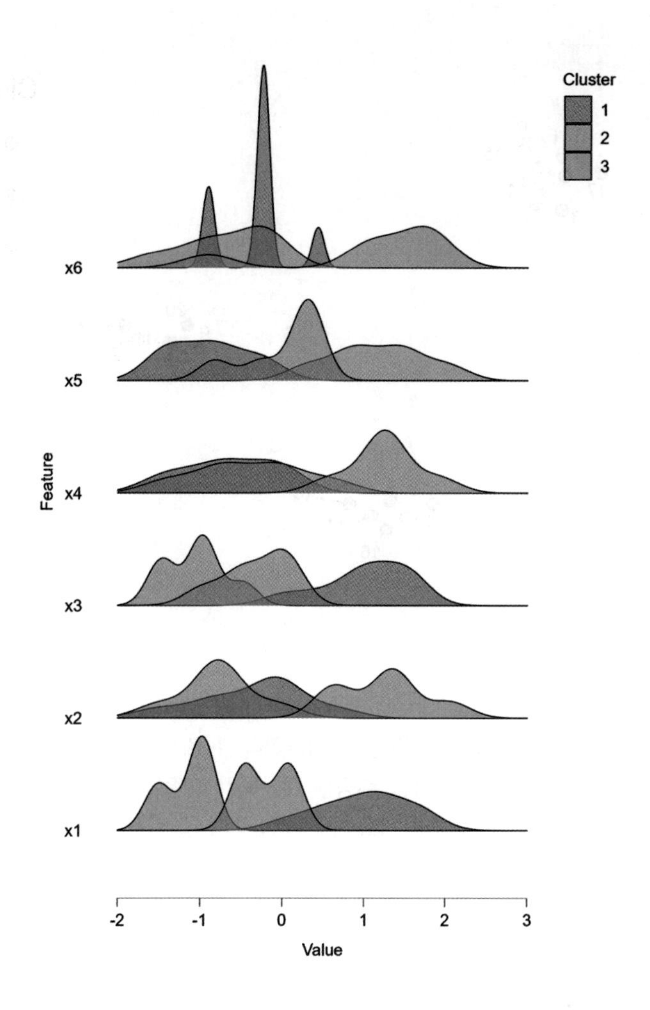

결과 설명

클러스터에 따른 변수별 해당 데이터 분포가 나타나 있다.

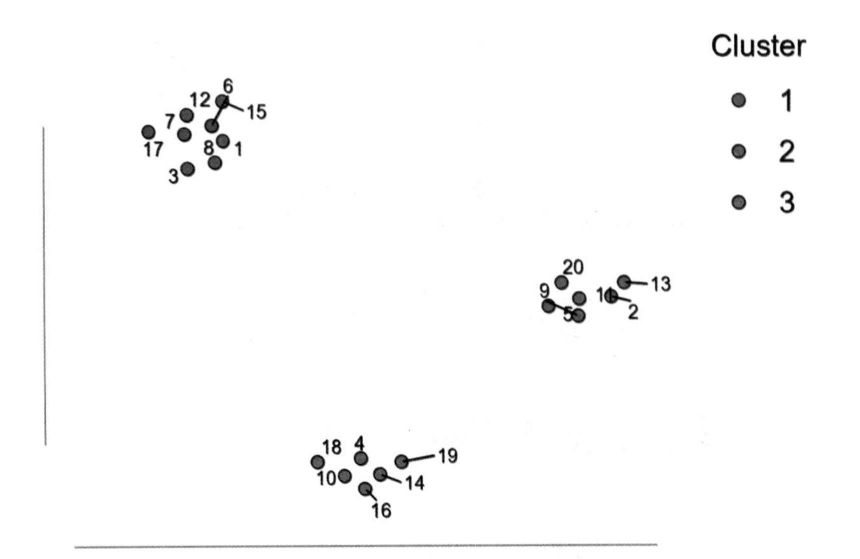

결과 설명

T-SNE(T-Distributed Stochastic Neighbor Embedding)는 고차원 데이터를 가져와 저차원 그래프(일반적으로 2D)로 줄여주는 훌륭한 차원 감소 기술이다. T-SNE는 분산을 최대화하려고 시도하는 대신 점 사이의 거리를 기반으로 유사성 측정을 계산하기 때문에 이 경우 더 나은 솔루션이 될 수 있다. 클러스터1은 1, 3, 6, 7, 8, 12, 15, 17로 구성되어 있다. 클러스터2는 2, 5, 9, 11, 13, 20으로 구성되어 있다. 클러스터 3은 4, 10, 14, 16, 19로 구성되어 있다.

3-4 이웃 기반 클러스터링

이웃 기반 클러스터링(neighborhood-based clustering)은 어떤 데이터가 주어졌을 때 그 주변(이웃)의 데이터를 살펴본 뒤 더 많은 데이터가 포함되어 있는 범주로 분류하는 방식이다. 이는 지도학습 알고리즘 중 하나로 직관적이고 간단한 클러스터링 방법이다.

1단계: cluster.csv 또는 cluster.jasp 데이터를 불러온다.

2단계: [Machine Learning] 버튼을 누르고 [Clustering]에서 [Neighborhood-Based]를 지정한다. 이어 [Features] 칸으로 x1, x2, x3, x4, x5, x6 변수를 옮긴다.

3단계: [Tables]와 [Plots]에서 다음과 같이 지정한다.

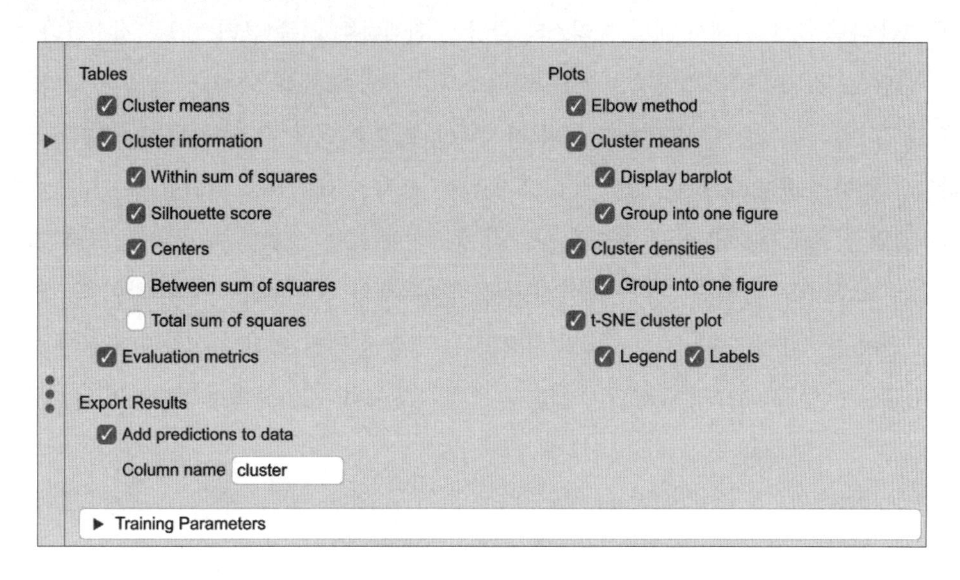

4단계: 이후 결과에 대한 내용은 앞에서 서술한 것과 유사하다. 앞의 내용을 참고하기 바란다.

3-5 랜덤 포레스트 클러스터링

랜덤 포레스트 클러스터링(random forest clustering)은 비지도 머신러닝을 수행하기 위해 랜덤 포레스트와 클러스터링이라는 2가지 강력한 방법을 결합한 것이다. 랜덤 포레스트는 분류 및 회귀 작업 모두에 사용할 수 있는 일종의 앙상블 학습방법이다. 랜덤 포레스트에서는 데이터의 하위 집합에 대해 많은 수의 결정트리가 학습되고 최종 예측은 모든 개별 트리의 예측을 평균하여 이루어진다. 이 방법은 과적합을 줄이고 예측 정확도를 높이는 데 도움이 된다.

반면 클러스터링은 유사한 데이터 포인트를 특징에 따라 그룹화하는 감독되지 않은 기계학습 기술이다. 클러스터링의 목표는 레이블이나 범주에 대한 사전지식 없이 데이터의 패턴이나 구조를 식별하는 것이다. 랜덤 포레스트 클러스터링은 랜덤 포레스트 알고리즘을 사용하여 클러스터링을 수행한다. 각 데이터 포인트에 대한 레이블이나 값을 예측하는 대신 랜덤 포레스트를 사용하여 각 포인트를 클러스터에 할당한다. 랜덤 포레스트의 각 의사결정나무는 데이터의 랜덤 하위 집합과 기능의 랜덤 하위 집합에 대해 학습한다. 그런 다음 각 트리에서 개별 클러스터 할당을 집계하여 최종 클러스터를 결정한다.

랜덤 포레스트 클러스터링은 기존 클러스터링 기술에 비해 몇 가지 장점이 있다. 첫째, 초기 시작 조건에 덜 민감하고 보다 안정적인 결과를 얻을 수 있다. 둘째, 클러스터링 작업의 공통적 문제라 할 수 있는 노이즈가 많은 고차원 데이터를 처리할 수 있다. 셋째, 클러스터링 프로세스에서 각 기능의 상대적 중요성에 대한 정보를 제공할 수 있다. 그러나 랜덤 포레스트 클러스터링은 특히 대규모 데이터셋의 경우 계산비용이 많이 들 수 있다는 점에 유의해야 한다. 또한 클러스터 개수와 기능 선택이 여전히 결과의 품질에 상당한 영향을 미칠 수 있으며 신중한 매개변수 조정이 필요하다는 점에 유의해야 한다.

1단계 : cluster.csv 또는 cluster.jasp 데이터를 불러온다.

2단계 : [Machine Learning] 버튼을 누르고 [Clustering]에서 [Random Forest]를 지정한다. 이어 [Features] 칸으로 x1, x2, x3, x4, x5, x6 변수를 옮긴다.

3단계 : [Tables]와 [Plots]에서 다음과 같이 지정한다.

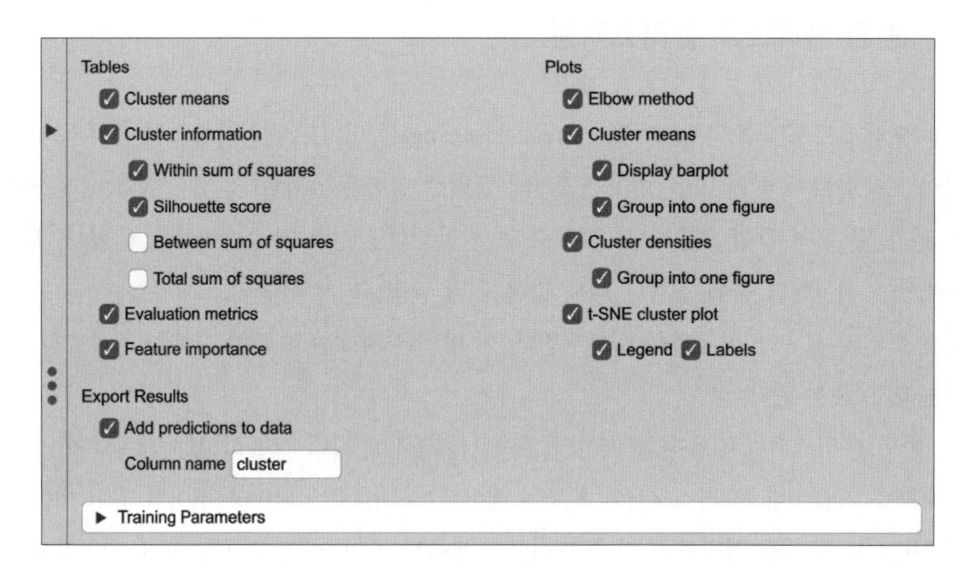

4단계: 이후 결과 부분은 앞에서 설명한 내용과 유사하므로 여기서는 생략한다. 앞의 내용을 참고하기 바란다.

알아두면 좋아요!

머신러닝_클러스터링 학습에 유용한 내용들을 살펴볼 수 있는 사이트이다.

- 클러스터링분석 알고리즘 소개

- 머신러닝 클러스터링 방법 소개

- K-평균 클러스터링 방법 소개

분석 도전

1. UCI Machine Learning Repository 사이트(https://archive.ics.uci.edu/datasets)를 방문하여 클러스터링 관련 데이터를 내려받아 분석을 수행하고 결과를 설명해보자.

참고문헌

Albert-László Barabási (2016). *Network Science*. Cambridge University Press.

Carmen D. Tekwe, Randy L. Carter, Harry M. Cullings, & Raymond J. Carroll (2014). Multiple Indicators Multiple Causes (MIMIC) Model. *Stat Med*, Nov 9, 33(25), 4469–4481.

Epskamp, S., & Fried, E. I. (2015). *bootnet: Bootstrap methods for various network estimation routines*. R-Package.

Epskamp, S., Borsboom, D., & Fried, E. I. (2018). Estimating psychological networks and their accuracy: A tutorial paper. *Behavior Research Methods*, 50(1), 195-212.

Fornell, C., & Larcker, D. F.(1981), Evaluating Structural Equations Models with Unobservable Variables and Measurement Error. *Journal of Marketing Research*, 18(February), 39-50.

Hair, J. F., Hult, G. T. M., Ringle, C. M., & Sarstedt, M. (2022). *A Primer on Partial Least Squares Structural Equation Modeling (PLS-SEM)*, 3rd ed.. Thousand Oakes, CA: Sage.

Henseler, J., Ringle, C. M., & Sarstedt, M. (2015). A New Criterion for Assessing Discriminant Validity in Variance-based Structural Equation Modeling. *Journal of the Academy of Marketing Science*, 43(1), 115-135.

Hodge, R. W., & Treiman, D. J. (1968). Social participation and social status. *American Sociological Review*, 722-740.

Holzinger, K., & Swineford, F. (1939). *A study in factor analysis: The stability of a bifactor solution*. Supplementary Educational Monograph, no. 48. Chicago: University of Chicago Press.

Jöreskog, K. G., & Sörbom, D. (1996). *LISREL 8: User's reference guide*, 2nd ed.. Scientific Software International.

Rosseel, Y. (2012). lavaan: An R Package for Structural Equation Modeling. *Journal of Statistical Software*, 48, 1-36. (http://www.jstatsoft.org/v48/i02/)

Schumacker, R. E., & Lomax, R. G. (2016). *A beginner's guide to structural equation modeling*, 4th ed.. Routledge.

Van De Schoot, R., Lugtig, P., & Hox, J. (2012). A checklist for testing measurement invariance. *European Journal of Developmental Psychology*, 9, 486–492. (doi: 10.1080/17405629.2012.686740)

Zafarani, R., Abbash, M. A., & Liu, H (2014). *Social Media Mining: An introduction*. Cambridge University Press.

https://en.wikipedia.org/wiki/Centrality

https://www.ncbi.nlm.nih.gov/pmc/articles/PMC5863042/

찾아보기

M

N

O

P

Q

R

S

T

V

W

ㄱ

ㄴ

ㄷ

ㄹ

ㅁ

ㅂ

ㅅ

ㅇ

ㅈ

ㅊ

ㅋ

ㅌ

ㅍ

ㅎ